Statik mit finiten Elementen

Friedel Hartmann • Casimir Katz

Statik mit finiten Elementen

2. Auflage

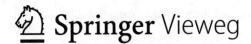 Springer Vieweg

Friedel Hartmann
Baunatal, Deutschland

Casimir Katz
Sofistik AG
Oberschleissheim, Deutschland

ISBN 978-3-662-58924-3   ISBN 978-3-662-58925-0   (eBook)
https://doi.org/10.1007/978-3-662-58925-0

Die Deutsche Nationalbibliothek verzeichnet diese Publikation in der Deutschen Nationalbibliografie; detaillierte bibliografische Daten sind im Internet über http://dnb.d-nb.de abrufbar.

Springer Vieweg
© Springer-Verlag GmbH Deutschland, ein Teil von Springer Nature 2002, 2019

Lektorat: Dipl.-Ing. Ralf Harms

Springer Vieweg ist ein Imprint der eingetragenen Gesellschaft Springer-Verlag GmbH, DE und ist ein Teil von Springer Nature.
Die Anschrift der Gesellschaft ist: Heidelberger Platz 3, 14197 Berlin, Germany

Vorwort

Die Methode der finiten Elemente ist heute aus den technischen Büros und Ingenieurbüros nicht mehr wegzudenken. Insofern hat sie eine beispiellose Erfolgsgeschichte hinter sich und wohl auch noch ein gutes Stück vor sich. Plötzlich war es möglich, Tragwerke zu analysieren, die vorher einer Berechnung nicht zugänglich waren.

Mit dem Erfolg kam aber auch die Kritik, denn es wurde spürbar, dass die Kenntnis der Grundlagen nicht im gleichen Sinne mitgewachsen ist, ja Prüfingenieure klagen, dass die Methode zunehmend unkritisch eingesetzt wird, ohne dass die Ergebnisse in irgendeiner Form hinterfragt werden. Oft fehlt es an dem einfachsten Verständnis für die Grenzen und Möglichkeiten der Methode.

Das ist eigentlich schade, denn hinter den finiten Elementen steckt, so merkwürdig das jetzt hier klingen mag, ,richtige', klassische Statik. Die Methode der finiten Elemente bedeutet mehr, als dass man ein Tragwerk in kleine Elemente zerlegt, sie in den Knoten verbindet und die Belastung durch Knotenkräfte ersetzt. Das ist ein beliebtes Modell, aber dieses Modell verkürzt die statische Wirklichkeit in einem solchen Maße, dass es schon wieder irreführend ist. Zu oft wird vergessen, dass dieses Modell nur ein Modell 'als ob' ist.

Die Unkenntnis der Grundlagen ist um so mehr zu bedauern, als die Idee hinter den finiten Elementen eigentlich sehr einfach ist. Es ist das klassische Prinzip der virtuellen Verrückungen: So wie ein Waagebalken ins Gleichgewicht kommt, wenn wir die eine Last mit der anderen Last aufwiegen, so ist es mit den finiten Elementen: In der linken Waagschale liegt, im übertragenen Sinn, die ursprüngliche Belastung p, und wir legen in die rechte Waagschale eine Ersatzlast p_h so, dass bei jeder Drehung des Waagebalkens beide Lasten die gleiche Arbeit leisten. Das ist – natürlich etwas verkürzt – die Methode der finiten Elemente.

Ein Verständnis für die Grundlagen der finiten Elemente ist Voraussetzung dafür, dass man FE-Programme sinnvoll einsetzen kann, dass man Ergebnisse bewerten kann, denn erst aus dem Wissen um die Grundlagen kommt die nötige Souveränität und Gelassenheit im Umgang mit FE-Programmen.

Das Ziel des Buches war es daher, die Grundlagen der finiten Elemente in einer an die Vorstellungswelt des Ingenieurs angepassten Sprache darzustellen, sie so aufzubereiten, dass die Statik hinter den finiten Elementen sichtbar wird. Dabei kam es uns vor allem darauf an, die Ideen zu vermitteln. Sie waren wichtig und nicht unbedingt die technischen Details, denn die Statik sollte im Vordergrund stehen und nicht das Programmieren der Elemente. Und so haben wir auch viel Wert auf illustrative Beispiele gelegt.

Die finiten Elemente wurden nicht von Mathematikern sondern von Ingenieuren erfunden (Argyris, Clough, Zienkiewicz). In der Tradition der mittelalterlichen Baumeister wurden Elemente ersonnen und ausprobiert, ohne dass man die genauen Hintergründe gekannt hätte. Die Ergebnisse waren empirisch brauchbar, und man war dankbar, dass man überhaupt Antworten auf Fragen erhielt, die vorher unlösbar waren. In einem zweiten Zeitalter, das man barock nennen könnte, wurden dann immer komplexere Elemente entwickelt, ein FE-Programm bot dem Benutzer 50 oder mehr verschiedene Elemente an. Die dritte Phase, die der Aufklärung, begann damit, dass sich die Mathematiker mit der Methode beschäftigten und versuchten, die Hintergründe der Methode zu finden. In Teilen war ihr Bemühen vergeblich oder extrem schwierig, da die Ingenieure in der Vergangenheit ‚Kunstgriffe‘ angewandt hatten (reduzierte Integration, nichtkonforme Elemente, diskrete Kirchhoff-Elemente), die nicht in das Muster der Voraussetzungen passten. Hinzu kam das Problem, dass manche mathematischen Gesetze (z.B. das Maximumsprinzip) auf diskrete Systeme angepasst werden mussten. Zug um Zug wuchs aber die Erkenntnis, und heute haben zumindest Mathematiker kein schlechtes Gefühl mehr, wenn sie sich mit den Grundlagen der finiten Elemente auseinandersetzen, ja es gelingt sogar jetzt zutreffende Voraussagen über die Eigenschaften eines Elements zu machen, das man analysiert hat. Insofern muss man anerkennen, dass zu den Grundlagen der finiten Elemente auch mathematische Aspekte gehören.

Die Autoren dieses Buches sind beide Ingenieure mit mathematischem Hintergrund, die zwischen der Welt der angewandten Mathematik und der Praxis stehen. Mit ein Ziel dieses Buches ist es, dem Praktiker die mathematischen Grundlagen in einer Form nahe zu bringen, die es ihm erlaubt, ohne detaillierte Kenntnisse der Mathematik vertiefte Einsicht in die Grundlagen der Methode zu erwerben. Wenn es die letztlich unersetzliche kritische Beschäftigung mit den Ergebnissen der FE-Methode unterstützt, hat es seinen Zweck erreicht.

Im Mai 2001   *Friedel Hartmann, Casimir Katz*

Danksagung Die Kolleginnen und Kollegen Dipl.-Ing. Baumann, Prof. Dr.-Ing. Barth, Dr.-Ing. Bellmann, Dipl.-Ing. Filus, Dipl.-Ing. Grätsch, Prof. Dr.-Ing. Holzer, Dr.rer.nat Dr.-Ing. Jahn, Dipl.-Ing. Kemmler, Dr.-Ing. Kimmich, Prof. Dr.-Ing. Pauli, Dr.-Ing. Pflanz, Prof. Dr.-Ing. Ramm, Prof. Dr.-Ing. Schikora, Prof. Dr.-Ing. Schnellenbach-Held, Dr.-Ing. Schroeter, Dipl.-Ing. v. Spiess haben uns tatkräftig unterstützt. Ihnen gilt unser besonderer Dank.

Zweite Auflage

Zwischen der ersten deutschen Auflage im Jahr 2001 und der hier vorliegenden neuen zweiten deutschen Auflage liegen 18 Jahre. Nur unterbrochen von der ersten und dann stark erweiterten zweiten englischen Ausgabe (600 Seiten), die den theoretischen Details viel Raum gibt. Wenn man die Auflagen nebeneinander legt, dann fällt auf, wie sich die Gewichte in der Darstellung der finiten Elemente verschoben haben.

Ging es früher um die technischen und numerischen Aspekte, so geht es heute vorwiegend um die Modellierung eines Tragwerks mit finiten Elementen, denn das Paradies, in das uns die finiten Elemente geführt haben, hat Dornen. Finite Elemente sind alles andere als einfach. Spätestens die Vergleichsberechnungen eines Prüfingenieurs mit einem zweiten FE-Programm geben Anlass über das ,wie' einer Modellierung mit finiten Elementen nachzudenken.

Es sind praktisch zwei Aspekte, die sich miteinander verschränken der numerische Aspekt, wie groß mache ich die finiten Elemente, wo verfeinere ich das Netz und alle Fragen der Modellierung, wie löse ich das Tragwerk in Elemente auf, welche Elemente wähle ich? In einer Umgebung, die durch das Ausufern der technischen Normen und Nachweise strapaziert ist, ist die Beantwortung dieser Fragen essentiell.

Dabei ist es aber wichtig, dass die Verhältnismäßigkeit gewahrt wird, und das bedingt wieder, dass man versteht was finite Elemente sind, welche Ideen hinter den finiten Elementen stecken, man mit der nötigen Gelassenheit an die Numerik herangehen kann, Herr im Hause bleibt.

In diesem Sinne will das Buch Hilfe und Unterstützung anbieten, indem es dem Tragwerksplaner die Statik hinter den finiten Elementen deutlich macht – überraschenderweise ist das klassische Thema der Einflussfunktionen dabei eine große Hilfe – und über die Klippen und Untiefen einer FE-Berechnung führt.

Kassel/München

Januar 2019

Friedel Hartmann, Casimir Katz

hartmann@be-statik.de, Casimir.Katz@sofistik.de

Danksagung Herr Kollege Werkle, Hochschule Konstanz, hat uns bei der korrekten Formulierung der *Äquivalenten Spannungs Tranformation*, Abschn. 4.6, tatkräftig unterstützt. Dafür sei ihm an dieser Stelle gedankt.

Inhaltsverzeichnis

1. Was sind finite Elemente?

Auf der ersten Blick sind finite Elemente einfach: Man unterteilt ein Tragwerk in kleine Elemente, ersetzt die Belastung durch Knotenkräfte und formuliert das Gleichgewicht in den Knoten. Man kommt so schnell in die Methode hinein aber im Grunde auch nicht sehr viel weiter, was schade ist, denn man verpasst doch sehr viel.

Die Methode der finiten Elemente ist ein Energieverfahren und Energie oder Arbeit ist das Produkt von Kraft und Weg und das sind die beiden Pole, um die sich die Statik dreht. Spätestens die finiten Elemente erinnern uns daran, dass die Balance – die Kinematik – eine genauso große Rolle spielt wie die Kräfte, wie die Lasten. Ja, man könnte, schaut man den finiten Elementen zu, die Statik mit Fug und Recht als angewandte Kinematik bezeichnen.

An den Anfang wollen wir daher einen Dreizeiler setzen, der überraschend klingen mag, der aber die Grundidee der FEM formuliert, so wie sie der ‚Erfinder‘ der finiten Elemente, der Bauingenieur *Clough*, verstand.

1.1 Finite Elemente in drei Zeilen

Mit der Unterteilung eines Tragwerks in finite Elemente generiert man eine Schar von Lastfällen p_i, die man so kombiniert,

$$p_h = u_1 \, p_1 + u_2 \, p_2 + \ldots + u_n \, p_n \tag{1.1}$$

dass p_h ‚wackeläquivalent‘ zu dem Original-Lastfall p ist, *Clough* 1956 [136].

1.2 Fünf Thesen

FEM = Computer generierte Bewegungen

Ein in finite Elemente unterteiltes Tragwerk kann nur noch Bewegungen ausführen, die sich mit den Einheitsverformungen φ_i der Knoten darstellen lassen, s. Abb. 1.1, also den Bewegungen, bei denen man einen Knoten um 1 Meter auslenkt und gleichzeitig alle anderen Knoten festhält. Dem FE-Modell fehlt es also an Flexibilität und das ist das Problem, denn die Kinematik eines

© Springer-Verlag GmbH Deutschland, ein Teil von Springer Nature 2019
F. Hartmann, C. Katz, *Statik mit finiten Elementen*,
https://doi.org/10.1007/978-3-662-58925-0_1

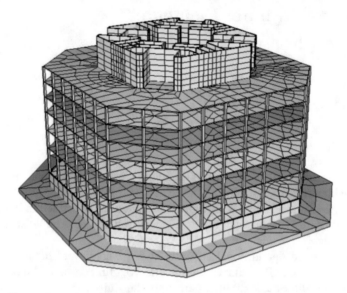

Abb. 1.1 Unterteilung eines Gebäudes in finite Elemente

Tragwerks (Thema Einflussfunktionen) ist der Schlüssel zu allem. Das war schon in der ‚alten Statik' so, aber es gilt erst recht für die finiten Elemente.

Das Tragwerk in der Skizze des Architekten mag zwar hübsch aussehen, aber es lebt nicht. Das schaffen erst Ingenieure mit ihren finiten Elementen.

Finite Elemente heißt leben, heißt Bewegung, denn Statik ist das Studium der (infinitesimalen) Bewegungen von Kräften im Raum

Mit Platten- und Scheibenelementen versetzt man das Gebäude in Abb. 1.1 in die Lage ‚computer-generierte' Bewegungen auszuführen und damit auf die Belastung zu reagieren. Aber selbst sehr kleine Elemente werden noch zu grob sein, um die Gleichgewichtslage des Gebäudes exakt darzustellen. Der Ausweg ist radikal aber simpel: Das FE-Programm ersetzt den Originallastfall p durch einen ‚wackeläquivalenten' Lastfall p_h, einen Lastfall, den es mit den Elementen lösen kann, was heißt, dass die zugehörige Gleichgewichtslage durch die Einheitsverformungen der Knoten *exakt* dargestellt werden kann. Wie das geht, wollen wir im folgenden skizzieren.

Anmerkung 1.1. Infinitesimal bedeutet hier nicht notwendig klein, sondern bedeutet, dass sich die Kräfte bei einer Drehung (etwa dem Momentengleichgewicht) auf der Tangente an den Drehkreis bewegen. Das ist die Grundregel in der linearen Statik.

FEM = Ersatzlastverfahren

Zum Verständnis sei vorausgeschickt, dass ein FE-Programm in *Arbeit* und *Energie* denkt, es klassifiziert Lasten nach der Arbeit, die diese bei einer virtuellen Verrückung leisten, so wie wir einen Ball in die Luft werfen, um ein Gefühl für sein Gewicht zu bekommen.

An dem FE-Modell ermittelt das Programm als erstes die äquivalenten Knotenkräfte f_i aus der Belastung p. Das f_i in einem Knoten ist die Arbeit, die die Last leistet, wenn man den Knoten um einen Meter auslenkt, $u_i = 1$, und gleichzeitig alle anderen Knoten festhält, $u_j = 0$ sonst, dem Tragwerk also die Einheitsverformung φ_i erteilt.

Das ergibt insgesamt einen Vektor $\boldsymbol{f}$ mit n Komponenten

$$f_i = \delta A_a(p, \varphi_i) = \textit{Arbeit der Last } p \textit{ auf den Wegen } \varphi_i\,, \qquad (1.2)$$

wenn das FE-Modell n Freiheitsgrade u_i hat. Dieser Vektor ist die Messlatte, an der sich das FE-Programm orientiert, denn das FE-Programm stellt die Verformung des Tragwerks (also die Knotenverschiebungen u_i) so ein, dass die äquivalenten Knotenkräfte f_{hi} der *shape forces* mit diesem Vektor übereinstimmen, $\boldsymbol{f}_h = \boldsymbol{f}$. *Das ist die Grundgleichung der finiten Elemente.*

Was sind die *shape forces*? Um eine Einheitsverformung φ_i zu erzeugen, sind Kräfte nötig, die wir die *shape forces* p_i nennen, die zu der Einheitsverformung φ_i gehören. Jedes p_i ist ein eigenständiger Lastfall, ein Ensemble von Kräften, die um den ausgelenkten Knoten herum verteilt sind. Lenkt man alle n Knoten gleichzeitig aus, drückt das Tragwerk also in eine Form $\boldsymbol{u} = \{u_1, u_2, \ldots, u_n\}^T$, dann muss man diese Lastfälle überlagern

$$p_h = u_1\,p_1 + u_2\,p_2 + \ldots + u_n\,p_n\,, \qquad (1.3)$$

und das Ergebnis ist der FE-Lastfall p_h zum Vektor $\boldsymbol{u}$ – zur Form $\boldsymbol{u}$.

Nun stelle man sich einmal das Tragwerk mit der ursprünglichen Verkehrslast p vor und daneben, in einer zweiten Figur, das Tragwerk in einer irgendwie verschobenen Lage $\boldsymbol{u}$, in die das Tragwerk durch die Wirkung der noch genauer zu bestimmenden Kräfte p_h gedrückt worden ist.

Damit sind wir bei der Analogie zur Waage: Wir stellen den FE-Lastfall p_h so ein – durch geeignete Wahl der u_i – dass er ‚wackeläquivalent' zur Verkehrslast ist, dass bei jedem Wackeln an dem Tragwerk mit einer der n Einheitsverformungen φ_i die virtuellen äußeren Arbeiten in den beiden Lastfällen p und p_h gleich sind

$$f_{hi} = \delta A_a(LF\,p_h, \varphi_i) = \delta A_a(LF\,p, \varphi_i) = f_i\,, \qquad (1.4)$$

oder mit $p_h = \sum_j u_j\,p_j$

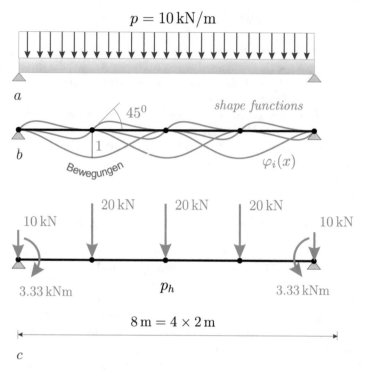

Abb. 1.2 Balken **a)** System und Belastung, **b)** *shape functions,* **c)** die Knotenkräfte werden so eingestellt, dass sie arbeitsäquivalent zur Originalbelastung sind, $f_i \cdot 1 = (p, \varphi_i)$

$$f_{hi} = \delta A_a(p_h, \varphi_i) = \delta A_a \Big(\sum_{j=1}^{n} u_j\, p_j, \varphi_i \Big) = \sum_{j=1}^{n} \delta A_a(p_j, \varphi_i)\, u_j = f_i\,. \quad (1.5)$$

Nun gilt in jedem LF p_j beim Wackeln mit einem φ_i die Regel *außen = innen*

$$\delta A_a(p_j, \varphi_i) = \delta A_i(\varphi_j, \varphi_i)\,, \quad\quad\quad\quad (1.6)$$

ist die virtuelle *äußere* Arbeit δA_a der *shape forces* p_j auf den Wegen φ_i (linke Seite) gleich der virtuellen *inneren* Arbeit δA_i zwischen φ_j und φ_i (rechte Seite), (φ_j ist die Verformung im Lastfall p_j) gilt also

$$f_{hi} = \sum_{j=1}^{n} \delta A_i(\varphi_j, \varphi_i)\, u_j = \sum_{j=1}^{n} k_{ij}\, u_j = f_i\,, \quad\quad (1.7)$$

und hier sind wir plötzlich bei der Steifigkeitsmatrix, denn die innere Arbeit $\delta A_i(\varphi_i, \varphi_j)$ ist gleich dem Element k_{ij} der Steifigkeitsmatrix $\boldsymbol{K}$.

    Die Forderung *gleiche Arbeit auf gleichen Wegen* φ_i, also $f_{hi} = f_i$ für alle i, ist daher genau dann erfüllt, wenn der Vektor $\boldsymbol{u}$ dem Gleichungssystem

$$Ku = f \tag{1.8}$$

genügt. Bei jeder Drehung des Waagebalkens leisten die Gewichte auf den beiden Seiten einer Waage dieselbe Arbeit, $f_h = f$. Das ist sinngemäß die Bedeutung dieser Gleichung.

Nun wollen wir ja eigentlich nicht einen Lastfall approximieren, $p_h \sim p$, sondern möglichst genaue Ergebnisse für die Spannungen bekommen, was hat das $f_{hi} = f_i$ damit zu tun? Es bedeutet genau das.

Denn das $f_{hi} = f_i$ kann auch als Orthogonalität in den inneren Arbeiten gelesen werden, Stichwort: *Galerkin-Orthogonalität*,

$$f_{hi} - f_i = \delta A_a(p_h, \varphi_i) - \delta A_a(p, \varphi_i) = \delta A_i(u_h, \varphi_i) - \delta A_i(u, \varphi_i)$$
$$= \delta A_i(u_h - u, \varphi_i) = 0. \tag{1.9}$$

Und das ist die Orthogonalität im Innern, in den virtuellen inneren Arbeiten, in den Schnittkräften sozusagen. Bei einem Balken würde das bedeuten

$$f_{hi} - f_i = \delta A_i(w_h - w, \varphi_i) = \int_0^l \frac{(M_h - M)\, M_i}{EI}\, dx = 0, \tag{1.10}$$

d.h. die Differenz $M_h - M$ zwischen dem Moment M_h der FE-Lösung und dem exakten Moment M ist so austariert, dass sie im Mittel des Integrals orthogonal ist zu den Momenten $M_i = -EI\, \varphi_i''$ der *shape functions*. Besser bekommt man es mit finiten Elementen nicht hin.

Das Ziel ist es also schon, den Fehler in den Spannungen zu minimieren, aber weil wir die wahren Spannungen nicht kennen, hier das Moment, müssen wir den Umweg über die äußeren Kräfte gehen.

Das Prinzip Waage, die ‚Wackeläquivalenz' $f_h = f$ war auch genau der Ansatz von *Clough*, [136], dem ‚Schöpfer' der finiten Elemente[1].

Die FEM bringt also ihr ‚eigenes Personal' ihre eigenen Lastfälle p_i mit. Der FE-Lastfall, das ist der Lastfall, den das Programm eigentlich löst – und exakt löst – ist eine Überlagerung dieser Lastfälle, der *shape forces*

$$p_h = \sum_{i=1}^{n} u_i\, p_i \qquad \text{der FE-Lastfall}. \tag{1.11}$$

Bei Stabtragwerken sind die *shape forces* (in der Regel) wirklich Knotenkräfte, ähnlich wie in Abb. 1.2, aber bei Flächentragwerken muss man sich von dem Gedanken lösen. Dann sind es vielmehr Linienlasten und Flächenlasten, die die Scheibe in die Form u drücken, s. Abb. 1.3, und die Arbeiten dieser Kräfte p_h auf den Wegen φ_i nennen wir $f_{hi} = \delta A_a(p_h, \varphi_i)$ und wir behandeln die f_{hi} wie ‚Knotenkräfte', aber es sind keine echten Knotenkräfte

---

[1] Detaillierter ist das in [50] im Kapitel ‚Wie die Lawine ins Rollen kam' dargestellt.

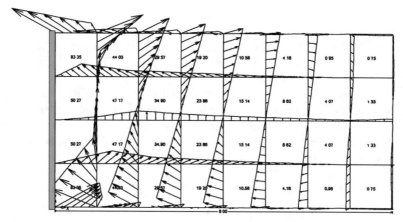

Abb. 1.3 LF g bei einer Kragscheibe. Die FE-Belastung besteht aus Linienlasten und Flächenlasten. Für diesen Lastfall bemessen wir streng genommen die Scheibe

– die würden das Material zum Fließen bringen – sondern vielmehr ‚Rechenpfennige' wie Eins im Sinn, s. das einleitende Beispiel in Kapitel 4.

Und so wie die *shape functions* φ_i, $i = 1, 2, \ldots, n$ den Raum $\mathcal{V}_h$ aufspannen, also alle Verformungen $u_h(x) = \sum_i u_i\, \varphi_i(x)$, so spannen – spiegelbildlich hierzu – die *shape forces* p_i einen Raum $\mathcal{P}_h$ von Kräften auf, in dem die Lastfälle

$$p_h = \sum_{i=1}^{n} u_i\, p_i \qquad (1.12)$$

liegen. Zu jedem u_h in $\mathcal{V}_h$ gibt es einen korrespondierenden Lastfall p_h in $\mathcal{P}_h$, der die Kräfte darstellt, die die Verformung u_h erzeugen.

FEM = Projektionsverfahren

Man kann die FEM auch als ein Projektionsverfahren lesen. Die ‚Ebene' auf die projiziert wird, ist der Ansatzraum $\mathcal{V}_h$ – das sind alle die Verformungen, die das diskretisierte Tragwerk ausführen kann – und die FE-Lösung ist der Schatten der exakten Lösung. Die Metrik, die dem ganzen zugrunde liegt, ist die Verzerrungsenergie und das bedeutet, dass der *Abstand zwischen der exakten Lösung und der FE-Lösung gemessen in der Verzerrungsenergie* der kleinstmögliche ist. Dies garantiert, dass das Fehlerquadrat der Spannungen den kleinstmöglichen Wert hat.

Wir können uns das so vorstellen: Könnte man eine Scheibe exakt berechnen, dann würde sie die Lage $\boldsymbol{u}$ annehmen. Berechnet man sie mit finiten Elementen, dann nimmt sie statt dessen die Lage $\boldsymbol{u}_h$ an. Um nun die Scheibe aus der Lage $\boldsymbol{u}_h$ in die korrekte Lage $\boldsymbol{u}$ zu drücken, muss man zum Verschiebungsfeld $\boldsymbol{u}_h$ einen Korrekturterm $\boldsymbol{e} = \boldsymbol{u} - \boldsymbol{u}_h$ addieren.

Sind σ_{ij}^e und ε_{ij}^e die Spannungen und die Verzerrungen, die zu der Korrektur e gehören, so wählt das FE-Programm die FE-Lösung u_h so aus, dass die Verzerrungsenergie des Korrekturterms

$$a(e,e) = \int (\sigma_{xx}^e\,\varepsilon_{xx}^e + \tau_{xy}^e\,\gamma_{xy}^e + \sigma_{yy}^e\,\varepsilon_{yy}^e)\,d\Omega \quad \rightarrow \quad \text{Minimum} \qquad (1.13)$$

so klein wie möglich ist. Dies ist gleichbedeutend damit[2], dass die Arbeit, die nötig ist, um die Scheibe zurechtzurücken, also aus der FE-Lage u_h in die richtige Lage u zu drücken, ein Minimum ist. Kleiner kann man die Arbeit, die zur Korrektur nötig ist, nicht machen.

Weil ein Schatten (bei senkrechter Projektion) immer kürzer als das Original ist, ist die Verzerrungsenergie der FE-Lösung immer kleiner als die Verzerrungsenergie der exakten Lösung. Wir sagen, dass die Steifigkeit des Tragwerks von einem FE-Programm überschätzt wird.

Allerdings gilt das nur, solange keine Lager verschoben werden, denn dann handelt es sich um eine ‚schiefe' Projektion, bei der der Schatten länger als das Original ist. Es macht mehr Mühe, der steifen FE-Struktur eine Lagerverformung aufzuzwingen als dem Original, [44].

Weil die FE-Lösung ‚der Schatten' der wahren Lösung ist, lässt sich eine FE-Lösung auf demselben Netz auch nicht verbessern. Deswegen gibt es auf jedem Netz Lastfälle, bei denen sich die Knoten nicht bewegen, $u = 0$. Sie erkennt man daran, dass alle Knotenkräfte f_i null sind, obwohl die Belastung nicht null ist. *Jedes Projektionsverfahren hat einen blinden Fleck.*

FEM = Energieverfahren

Ein FE-Programm denkt und rechnet in Arbeit und Energie. Kräfte, die keine Arbeit leisten, existieren für ein FE-Programm nicht. Knotenkräfte repräsentieren *Äquivalenzklassen* von Kräften. Lasten, die dieselbe Arbeit leisten, sind für ein FE-Programm identisch.

Die moderne Statik ersetzt sozusagen die Null durch null Arbeit. Nach klassischem Verständnis ist eine Streckenlast $p(x)$ mit einer zweiten Streckenlast $p_h(x)$ identisch, wenn in jedem Punkt $0 \le x \le l$ des Trägers die Differenz null ist,

$$p(x) - p_h(x) = 0 \qquad 0 \le x \le l \qquad \text{starkes Gleichheitszeichen}. \qquad (1.14)$$

In der modernen Statik bescheiden wir uns damit, dass die beiden Streckenlasten bei jeder virtuellen Verrückung dieselbe Arbeit leisten, also

---

[2] Mit $u = u_h + e$ folgt $a(u,u) = a(u_h, u_h) + 2\,a(u_h, e) + a(e,e)$ und $a(u_h, e) = 0$ bei homogenen Randbedingungen, also keine Lagerverschiebung

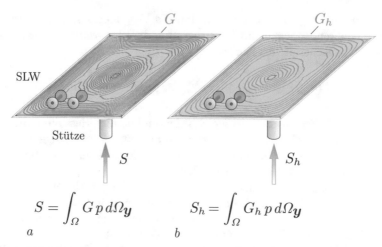

$$S = \int_{\Omega} G\,p\,d\Omega_{\boldsymbol{y}} \qquad\qquad S_h = \int_{\Omega} G_h\,p\,d\Omega_{\boldsymbol{y}}$$

a   b

Abb. 1.4 Brückenplatte mit zentrischer Stütze **a)** Einflussfläche G für die Stützenkraft S, **b)** die FEM benutzt eine genäherte Einflussfläche G_h und deswegen ist $S_h \neq S$

$$\int_0^l p(x)\,\delta w(x)\,dx = \int_0^l p_h(x)\,\delta w(x)\,dx \qquad \text{für alle } \delta w(x)\,. \qquad (1.15)$$

Das ist das *schwache Gleichheitszeichen*. Wenn *alle* wirklich alle bedeutet, dann ist das schwache Gleichheitszeichen natürlich identisch mit dem starken Gleichheitszeichen. In allen anderen Fällen, wenn wir die Gleichheit nur gegenüber endlich vielen virtuellen Verrückungen δw garantieren, bleibt eine Differenz.

FEM = Rechnen mit genäherten Einflussfunktionen

Die Stützenkraft S in Abb. 1.4 ermittelt der Ingenieur, indem er den SLW auf die Einflussfläche G setzt und G mit den Radlasten p überlagert

$$S = \int_{\Omega} G\,p\,d\Omega \qquad p = \text{Radlasten des SLW}\,. \qquad (1.16)$$

Genauso macht es das FE-Programm. Es berechnet sich die Einflussfläche und überlagert. Weil aber die FE-Einflussfläche G_h nicht mit der exakten Einflussfläche deckungsgleich ist, ist das Ergebnis S_h nur eine Näherung. Das ist der Grund, warum FE-Ergebnisse von den exakten Werten abweichen.

Der Fehler der FEM steckt in den Einflussfunktionen.

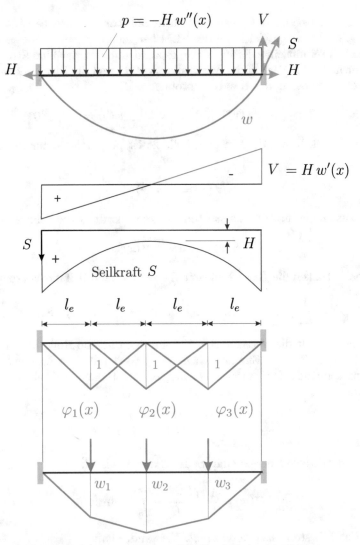

Abb. 1.5 Seil unter Belastung und Unterteilung des Seils in vier Elemente

1.3 Finite Elemente am Seil

Wir wollen die obigen Thesen nun an einem quer gespannten Seil erläutern, s. Abb. 1.5, und – anders als in der Einleitung – das *Prinzip vom Minimum der potentiellen Energie* zur Herleitung der Gleichung $\boldsymbol{K}\boldsymbol{w} = \boldsymbol{f}$ benutzen. Wir

tun das, um bei dieser Gelegenheit zu demonstrieren, dass es verschiedene
Wege gibt, die Grundgleichung der FEM herzuleiten.

Das Seil sei mit einer Kraft H vorgespannt und es trage eine Streckenlast
p. Gesucht ist der Verlauf der Vertikalkraft $V(x)$ und die Biegelinie $w(x)$ des
Seils, die die Lösung des Randwertproblems

$$-Hw''(x) = p(x) \qquad 0 < x < l \qquad w(0) = w(l) = 0\,, \qquad (1.17)$$

ist. Die Vertikalkraft $V(x)$ in dem Seil, sie ist proportional zur Seilneigung
$w'(x)$

$$V(x) = Hw'(x)\,, \qquad (1.18)$$

bildet zusammen mit der konstanten Horizontalkraft H die Seilkraft

$$S(x) = \sqrt{H^2 + V(x)^2}\,. \qquad (1.19)$$

Was beim Balken die Biegesteifigkeit EI ist, ist beim Seil die Vorspannung[3]

$$w(x) = \frac{1}{EI}(\ldots \ldots) \quad \text{Balken} \qquad w(x) = \frac{1}{H}(\ldots \ldots) \quad \text{Seil}\,. \qquad (1.20)$$

Statisch spielt die Vertikalkraft V beim Seil dieselbe Rolle wie die Quer-
kraft V beim Balken. Energetisch ist sie jedoch mit dem Moment M des
Balkens verwandt: Die potentielle Energie eines Balkens ist bekanntlich der
Ausdruck

$$\Pi(w) = \frac{1}{2} \int_0^l \frac{M^2}{EI}\, dx - \int_0^l p\,w\, dx\,, \qquad (1.21)$$

und die potentielle Energie eines Seils ist der Ausdruck

$$\Pi(w) = \frac{1}{2} \int_0^l \frac{V^2}{H} - \int_0^l p\,w\, dx\,. \qquad (1.22)$$

Energetisch besteht also eine formale Verwandtschaft

$$\frac{1}{2} \int_0^l \frac{M^2}{EI}\, dx \equiv \frac{1}{2} \int_0^l \frac{V^2}{H}\, dx\,, \qquad (1.23)$$

dies zum Verständnis.

Um nun den Durchhang des Seils unter Last und die Vertikalkraft V zu
berechnen, unterteilen wir das Seil in vier lineare finite Elemente, s. Abb. 1.5.
Linear bedeutet, dass die Durchbiegung zwischen den Knoten linear verläuft.
Wir erlauben dem Seil also nur noch die Verformungen, die sich durch die drei
Einheitsverformungen $\varphi_i(x)$, die drei Seilecke in Abb. 1.5, darstellen lassen,

---

[3] Beim Stimmen einer Gitarre ändert man H

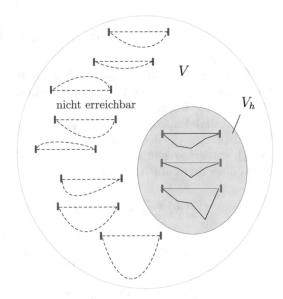

Abb. 1.6 Die Seilecke, die das FE-Programm darstellen kann, bilden eine kleine Teilmenge $\mathcal{V}_h$ des Verformungsraums $\mathcal{V}$

$$w_h(x) = w_1\varphi_1(x) + w_2\varphi_2(x) + w_3\varphi_3(x) \qquad \text{(FE-Ansatz)}. \qquad (1.24)$$

Die Durchbiegungen w_1, w_2, w_3 in den drei Knoten sind praktisch Gewichte an den Einheitsverformungen. Sie verraten, wieviel von jeder Einheitsverformung das Seileck w_h enthält.

Alle Seilecke, die sich mit diesem Ansatz darstellen lassen, bilden den sogenannten Ansatzraum $\mathcal{V}_h$, s. Abb. 1.6.

Bleiben wir bei diesem Bild, so können wir uns $\mathcal{V}_h$ als Teil des *Verformungsraums* $\mathcal{V}^4$ des Seils denken. In $\mathcal{V}$ liegen alle die Biegelinien, die das Seil theoretisch annehmen kann und daher ist klar, dass die Seilecke in $\mathcal{V}_h$ wirklich nur einen kleinen Ausschnitt aus $\mathcal{V}$ darstellen.

Wie sollen wir nun die drei Zahlen w_1, w_2, w_3 in dem FE-Ansatz wählen? Mit welchen Werten w_i erhalten wir die beste Näherung?

Hier hilft das *Prinzip vom Minimum der potentiellen Energie* weiter. Dieses besagt: Die Durchbiegung w des Seils macht die potentielle Energie auf $\mathcal{V}$ zum Minimum, d.h. diejenige Biegelinie in $\mathcal{V}$, deren potentielle Energie

$$\Pi(w) = \frac{1}{2}\int_0^l H(w')^2 dx - \int_0^l p\, w\, dx \qquad (1.25)$$

am kleinsten ist, ist auch die Gleichgewichtslage des Seils.

Unsere Idee ist es, diese Eigenschaft zur Bestimmung der FE-Lösung zu nutzen: Wenn die exakte Biegelinie w die Konkurrenz auf ganz $\mathcal{V}$ gewinnt, dann wählen wir die Durchbiegungen w_i der drei Knoten so, dass die FE-Lösung

---

[4] ‚oder $\mathcal{V}$ wie Vorrat'

$$w_h(x) = \sum_{i=1}^{3} w_i\, \varphi_i(x) \tag{1.26}$$

wenigstens auf der *Teilmenge* $\mathcal{V}_h \subset \mathcal{V}$ die Konkurrenz gewinnt, also unter allen Biegelinien, die in $\mathcal{V}_h$ liegen, den kleinsten Wert für die potentielle Energie (1.25) liefert.

Auf Grund des Ansatzes (1.26) ist jedes Seileck in $\mathcal{V}_h$ an den drei Knotenverschiebungen w_i, dem Vektor $\boldsymbol{w} = \{w_1, w_2, w_3\}^T$, (das ist seine ‚Adresse' in $\mathcal{V}_h$), erkennbar und daher ist die potentielle Energie eines Seilecks in $\mathcal{V}_h$ durch diese drei Zahlen festgelegt

$$
\begin{aligned}
\Pi(w_h) = \Pi(\boldsymbol{w}) &= \frac{1}{2}\,\boldsymbol{w}^T \boldsymbol{K}\boldsymbol{w} - \boldsymbol{f}^T \boldsymbol{w} \\
&= \frac{1}{2}\,[w_1, w_2, w_3]\,\frac{H}{l_e}
\begin{bmatrix} 2 & -1 & 0 \\ -1 & 2 & -1 \\ 0 & -1 & 2 \end{bmatrix}
\begin{bmatrix} w_1 \\ w_2 \\ w_3 \end{bmatrix}
- [f_1, f_2, f_3]
\begin{bmatrix} w_1 \\ w_2 \\ w_3 \end{bmatrix} \\
&= \frac{H}{l_e}(w_1^2 - w_1 w_2 + w_2^2 - w_2 w_3 + w_3^2) - f_1 w_1 - f_2 w_2 - f_3 w_3\,,
\end{aligned}
\tag{1.27}
$$

wobei die Matrix $\boldsymbol{K}$ und der Vektor $\boldsymbol{f}$ die Elemente

$$k_{ij} = \int_0^l H\varphi_i'\,\varphi_j'\,dx \qquad \text{und} \qquad f_i = \int_0^l p\,\varphi_i\,dx \qquad l = 4\,l_e \tag{1.28}$$

haben. Das Minimum von Π auf $\mathcal{V}_h$ zu finden, ist daher äquivalent mit der Aufgabe, den Vektor $\boldsymbol{w}$ zu finden, der die *Funktion* $\Pi(\boldsymbol{w}) = \Pi(w_1, w_2, w_3)$ zum Minimum macht. Notwendig dafür ist bekanntlich, dass die ersten Ableitungen der Funktion $\Pi(\boldsymbol{w})$ nach den 3 Parametern w_i im tiefsten Punkt, an der Stelle $\boldsymbol{w}$, verschwinden,

$$\frac{\partial \Pi}{\partial w_i} = \sum_{j=1}^{3} k_{ij}\,w_j - f_i = 0\,, \qquad i = 1, 2, 3\,, \tag{1.29}$$

oder ausgeschrieben,

$$\frac{H}{l_e}
\begin{bmatrix} 2 & -1 & 0 \\ -1 & 2 & -1 \\ 0 & -1 & 2 \end{bmatrix}
\begin{bmatrix} w_1 \\ w_2 \\ w_3 \end{bmatrix}
=
\begin{bmatrix} p\,l_e \\ p\,l_e \\ p\,l_e \end{bmatrix}\,. \tag{1.30}$$

Das ist das Gleichungssystem $\boldsymbol{K}\boldsymbol{w} = \boldsymbol{f}$, und die zugehörige Lösung $w_1 = w_3 = 1.5\,p\,l_e$, $w_2 = 2.0\,p\,l_e$ markiert auf $\mathcal{V}_h$ die beste Annäherung an die exakte Biegelinie

$$w_h(x) = p\,l_e\,(1.5 \cdot \varphi_1(x) + 2.0 \cdot \varphi_2(x) + 1.5 \cdot \varphi_3(x))\,. \tag{1.31}$$

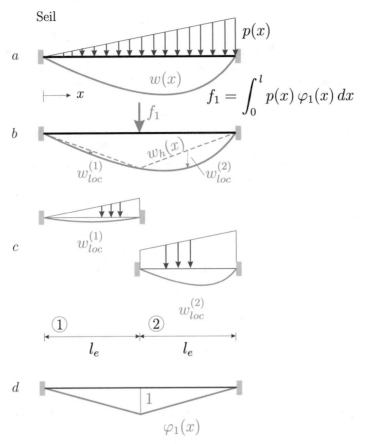

Abb. 1.7 Seilberechnung mit zwei Elementen, **a)** Belastung und Biegelinie, **b)** FE-Lösung + lokale Lösungen, **c)** lokale Lösungen, **d)** Einheitsverformung des Knotens. Bemerkenswert ist, dass die Tangente im Mittenknoten automatisch stetig ist (kein Knick!), kein Sprung in der Querkraft $V = H\,w'$

1.4 Addition der lokalen Lösung

Nun sieht man auf dem Bildschirm kein Seileck, sondern eine wohlgeschwungene Parabel, also die exakte Kurve, s. Abb. 1.7 b. Wie macht das das Programm? Es geht genau so vor, wie wir das beschrieben haben:

- Es unterteilt das Seil in kleine Elemente.
- Es reduziert die Belastung in die Knoten, es berechnet also die f_i.
- Es löst das Gleichungssystem $\boldsymbol{Kw} = \boldsymbol{f}$.

Wenn es jetzt stehen bleiben würde, dann würde man auf dem Bildschirm ein Seileck sehen.

Es folgt nun aber noch ein weiterer Schritt. Das Programm berechnet für jedes Element die sogenannte *lokale Lösung* w_{loc} (auch partikuläre Lösung w_p genannt). Das ist die Durchbiegung, die die Streckenlast an dem *beidseitig festgehaltenen* Element erzeugt, und diese wird elementweise zu dem Seileck addiert. So ist die exakte Seilkurve in Abb. 1.7 entstanden.

Das ist eine 1:1 Kopie des Drehwinkelverfahrens, das erst alle Belastung in die Knoten reduziert, dann einen Knotenausgleich ausführt und zum Schluss feldweise die lokalen Lösungen einhängt. Das Lösen des Gleichungssystems $Kw = f$ in der FEM entspricht einem Knotenausgleich in einem Schritt.

So gelingt es also den finiten Elementen trotz ihrer beschränkten Kinematik, also der Verwendung von

- linearen Ansätzen für die Element-Längsverschiebungen
- kubischen Polynomen für die Element-Durchbiegungen

die exakten Verformungen zu generieren; die lokalen Lösungen bringen den fehlenden ‚Schwung' in die Verformungsfigur. Die u_{loc} bzw. w_{loc} stehen in einer (aus der Statik-Literatur übernommen) Bibliothek des FE-Programms und werden von dort bei Bedarf abgerufen (oder jedesmal neu mit dem *Übertragungsverfahren* berechnet).

All dies gilt genau genommen nur, wenn die Steifigkeiten EA bzw. EI konstant sind, weil nur dann die Element-Einheitsverformungen φ_i^e homogene Lösungen der Stab- bzw. Balkendifferentialgleichung sind. Bei gevouteten Trägern liefern die finiten Elementen also nur eine Näherung, was aber auch für das Drehwinkelverfahren gilt.

Die Äquivalenz *Finite Elemente = Drehwinkelverfahren* bedeutet aber auch, dass es keinen Sinn macht, die Stiele und Riegel eines Rahmens weiter in Elemente zu unterteilen. Es bringt nichts an Genauigkeit.

Bei Flächentragwerken funktioniert das so leider nicht, weil zum einen auf den Kanten des Netzes unendlich viele Punkte, sprich Knoten, liegen und man zum anderen die lokalen Lösungen nicht kennt. Am nähesten kommt dem Drehwinkelverfahren noch die *Methode der Randelemente* (BEM), die den Rand in Randelemente unterteilt, einen Knotenausgleich auf dem Rand ausführt und dann mittels Einflussfunktionen die Schnittgrößen im Inneren berechnet, [41].

Anmerkung 1.2. Die finiten Elemente werden gerne am Balken erklärt. Wir machen das auch. Damit die finiten Elemente aber finite Elemente bleiben, müssen wir uns darauf verständigen, dass alle diese Demonstrationen sich auf den Zeitpunkt beziehen, *bevor* die lokale Lösung zur FE-Lösung addiert wird.

1.5 Projektion

Die FEM ist ein Projektionsverfahren. Arbeit ist ein Skalar – wie die Temperatur und der Luftdruck. Arbeit ist *Kraft × Weg* und Arbeit und Energie sind dasselbe. Das Integral

$$\frac{1}{2} \int_0^l \frac{V^2}{H} \, dx \,, \qquad V = Hw' \,, \tag{1.32}$$

ist die innere Energie des Seils in der ausgelenkten Lage w. Es ist die Verzerrungsenergie, die nach unserem Verständnis in dem ausgelenkten Seil gespeichert ist.

Energie ist das Maß, mit dem die finiten Elemente arbeiten. Wenn man ein Maß hat, dann hat man auch eine *Topologie*, dann gibt es nah und fern.

In der Topologie, die auf dem *euklidischen Maß*

$$|\boldsymbol{x}| = \sqrt{x_1^2 + x_2^2 + x_3^2} \tag{1.33}$$

beruht, sind zwei Städte A und B benachbart, wenn der Abstand zwischen ihren Ortsvektoren $\boldsymbol{a}$ und $\boldsymbol{b}$ (bezogen auf den geographischen Nullpunkt) klein ist,

$$|\boldsymbol{a} - \boldsymbol{b}| \text{ ,klein`} \quad \Longrightarrow \quad A \text{ und } B \text{ liegen nah beeinander} \,. \tag{1.34}$$

Das leitet direkt über zu dem Begriff der Projektion, zum Schattenwurf. Der Schatten $\boldsymbol{x}'$ eines Vektors $\boldsymbol{x}$ ist der Vektor in der Ebene, der den kürzesten Abstand zur Spitze von $\boldsymbol{x}$ hat, s. Abb. 1.8, was bedeutet, dass der Fehlervektor

$$\boldsymbol{e} = \boldsymbol{x} - \boldsymbol{x}' \,, \tag{1.35}$$

die kleinstmögliche Länge hat

$$|\boldsymbol{e}| = \sqrt{(x_1 - x_1')^2 + (x_2 - x_2')^2 + (x_3 - 0)^2} = \text{Minimum} \,. \tag{1.36}$$

Von jedem anderen Punkt $\hat{\boldsymbol{x}}$ in der Ebene ist der Weg zur Spitze des Vektors $\boldsymbol{x}$ länger

$$|\hat{\boldsymbol{e}}| = |\boldsymbol{x} - \hat{\boldsymbol{x}}| > |\boldsymbol{e}| = |\boldsymbol{x} - \boldsymbol{x}'| \,. \tag{1.37}$$

Und dies ist also das *erste* Kennzeichnen einer Projektion: Der Schatten ist der Sieger in einem Wettbewerb. Er ist die Lösung eines Minimumproblems.

Das *zweite* Kennzeichen einer Projektion ist, dass der Fehler $\boldsymbol{e}$ orthogonal auf der $x_1 - x_2$-Ebene steht (wir nehmen an, dass die Sonne genau von oben scheint), denn das Skalarprodukt zwischen dem Fehler und dem Schatten ist null

$$\boldsymbol{e}^T \boldsymbol{x}' = 0 \,, \tag{1.38}$$

was bedeutet, dass der Schatten des Fehlers $\boldsymbol{e}$ keine Ausdehnung hat, weil der Fehler genau in die Projektionsrichtung fällt. Ein Projektionsverfahren ist also *blind gegenüber Fehlern, die in der Blickrichtung liegen*. Alle Vektoren $\bar{\boldsymbol{x}}$, die ,über` dem Vektor $\boldsymbol{x}$ liegen, sich nur um einen additiven Term in

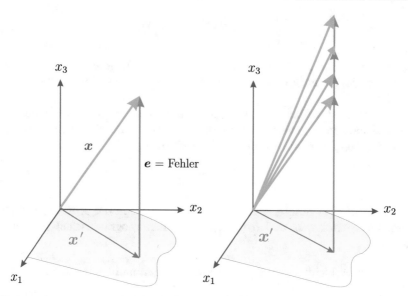

Abb. 1.8 Alle Vektoren haben denselben Schatten x'. Das Projektionsverfahren ist blind gegenüber Unterschieden in Projektionsrichtung

Projektionsrichtung von dem Vektor x unterscheiden, haben den gleichen Schatten, s. Abb. 1.8.

Das *dritte* Kennzeichen ist, dass eine nochmalige Projektion nichts bringt, der Fehler nicht kleiner gemacht werden kann: *Der Schatten des Schattens ist der Schatten.* Ein Projektionsverfahren bleibt nach dem ersten Schritt stehen, während andere Operationen wie z.B. das Quadrieren *ad infinitum* fortgesetzt werden können.

Das *vierte* Kennzeichen ist, dass der Schatten eine kürzere Länge hat, als das Original, s. Abb. 1.8. Übertragen auf die finiten Elemente bedeutet das, dass die Projektion w_h auf den Unterraum $\mathcal{V}_h$, die FE-Lösung, eine kleinere Energie hat als die exakte Lösung w.

Die FE-Biegelinie w_h löst also das folgende Minimumproblem:
Finde die Biegelinie

$$w_h(x) = w_1\varphi_1(x) + w_2\varphi_2(x) + w_3\varphi_3(x) \tag{1.39}$$

in $\mathcal{V}_h$, deren Fehler $e = w - w_h$ senkrecht auf $\mathcal{V}_h$ steht

$$a(e, \varphi_i) = 0 \qquad i = 1, 2, 3, \qquad \textit{Galerkin Orthogonalität} \tag{1.40}$$

die also – was damit gleichbedeutend ist – den kürzesten Abstand zur wahren Biegelinie w aufweist!

Abstand hier als Abstand in der inneren Energie, für die wir in der FEM gerne die Notation

$$\frac{1}{2}\, a(w,w) := \frac{1}{2} \int_0^l H\,(w')^2\, dx = \frac{1}{2} \int_0^l \frac{V^2}{H}\, dx \qquad (1.41)$$

benutzen. Die drei Gleichungen (1.40) sind wegen[5]

$$a(e,\varphi_i) = a(w - w_h, \varphi_i) = a(w, \varphi_i) - a(w_h, \varphi_i)$$

$$= f_i - \sum_{j=1}^{3} a(\varphi_j, \varphi_i)\, w_j = f_i - \sum_{j=1}^{3} k_{ij} w_j = 0 \qquad i = 1,2,3 \quad (1.42)$$

mit dem System $\boldsymbol{K w} = \boldsymbol{f}$ in (1.30) identisch.

Und die Projektion w_h weist wirklich den kleinsten Fehler in der *inneren Energie* auf

$$\frac{1}{2} \int_0^l \frac{V_e^2}{H}\, dx = \frac{1}{2}\, a(e,e) = \text{Minimum}\,, \qquad V_e = He' = H(w' - w_h')\,, \quad (1.43)$$

denn der Versuch durch Addition einer Funktion $v_h \in \mathcal{V}_h$ zu e den Abstand weiter zu verkürzen scheitert, weil die Energie größer wird und nicht kleiner

$$a(e + v_h, e + v_h) = a(e,e) + 2\underbrace{a(e,v_h)}_{=0} + \underbrace{a(v_h,v_h)}_{>0}\,, \qquad (1.44)$$

und zwar wächst sie genau um die Energie $a(v_h, v_h)$ der Testfunktion, die man dazu addiert.

Weil die Verzerrungsenergie der FE-Lösung kleiner als die Verzerrungsenergie der exakten Lösung ist

$$\frac{1}{2}\, a(w_h, w_h) = \frac{1}{2} \int_0^l \frac{V_h^2}{H}\, dx < \frac{1}{2} \int_0^l \frac{V^2}{H}\, dx = \frac{1}{2}\, a(w,w)\,, \qquad (1.45)$$

also der Schatten eine kürzere Länge (= Energie) hat als w, sagen wir das FE-Tragwerk sei zu steif. Diese Abschätzung ergibt sich mit $w = w_h + e$ direkt aus[6]

$$0 < a(w,w) = a(w_h + e, w_h + e) = a(w_h, w_h) + 2\underbrace{a(e,w_h)}_{=0} + \underbrace{a(e,e)}_{>0}\,. \quad (1.46)$$

---

[5] $a(w, \varphi_i) = \delta A_i(w, \varphi_i) = $ virtuelle innere Energie im Seil bei der Verrückung φ_i, die gleich der virtuellen äußeren Arbeit $\delta A_a(w, \varphi_i) = (p, \varphi_i) = f_i$ ist

[6] Wenn der Faktor $1/2$ nicht wesentlich ist, lassen wir ihn oft weg und nennen gelegentlich $a(w,w)$ auch ohne diesen Faktor die Verzerrungsenergie.

Die Verzerrungsenergie oder innere Energie ist also das Maß, mit dem die finiten Elementen arbeiten. Nah und fern, groß und klein, beziehen sich auf dieses Maß.

Durch die innere Energie wird auf dem Verformungsraum $\mathcal{V}$ des Seils eine Topologie induziert. Die Energie ist dort sogar eine *Norm*, d.h. sie ist in der Lage, die Elemente von $\mathcal{V}$ zu *trennen*, denn zwei Biegelinien w_1 und w_2 sind genau dann gleich, wenn ihr Abstand in der Energie null ist

$$\frac{1}{2} \int_0^l \frac{(V_1 - V_2)^2}{H} \, dx = 0 \quad \Rightarrow \quad w_1 = w_2 \, . \tag{1.47}$$

Und eine Funktion w ist in dieser Metrik klein, wenn ihre Energie (im wesentlichen also das Quadrat ihrer ersten Ableitung integriert) klein ist, und die exakte Biegelinie w und das FE-Seileck w_h liegen in dieser Metrik nah beieinander, wenn die Energie der nötigen Korrektur

$$e(x) = w(x) - w_h(x) \qquad (e = \text{Fehler}) \tag{1.48}$$

klein ist,

$$\frac{1}{2} \int_0^l \frac{V_e^2}{H} \, dx = \frac{1}{2} \int_0^l H(w' - w_h')^2 \, dx = \text{klein} \quad \Longrightarrow \quad e(x) = \text{klein} \, , \tag{1.49}$$

wenn also das Fehlerquadrat der ersten Ableitungen des Fehlers $e(x)$ klein ist.

Diese Energiemetrik ist sinnvoller als der naive Abstandsbegriff, für den z.B. eine kleine Auslenkung des Seils wie etwa $w(x) = 0.1 \sin(10\,x)$, eine ‚kleine‘ Funktion ist, während sie für die FEM eine ‚große‘ Funktion ist, weil der rasche Wechsel der Ausschläge, auch wenn sie an sich klein sind, die Verzerrungsenergie nach oben treibt,

$$\int_0^1 w(x)^2 \, dx = 0.005 \, , \qquad \frac{1}{2} \int_0^1 H w'(x)^2 \, dx = 50.0 \cdot H \qquad (\text{Energie}) \, . \tag{1.50}$$

Aus statischer Sicht ist es also besser Biegelinien nach der Energie zu beurteilen, die in ihnen enthalten ist.

Noch besser wäre es, beide Anteile in das Maß, in die Metrik einfließen zu lassen. Damit kommt man zu den sogenannten *Sobolev-Normen*, die, je nach Ordnung m der Norm, die Ableitungen bis zur Ordnung m messen

$$\|w\|_m = \left[\int_0^l \left[w(x)^2 + w'(x)^2 + \ldots + w^{(m)}(x)^2 \right] dx \right]^{1/2} \tag{1.51}$$

und Funktionen nach diesem Maß klassifizieren. Man kann hiermit verschieden feine Topologien auf $\mathcal{V}$ erzeugen. So wie ja der Abstand zweier Vektoren nicht nur von dem Abstand der beiden ersten Komponenten abhängt, $|\boldsymbol{a} - \boldsymbol{b}| = \sqrt{(a_1 - b_1)^2}$, das wäre eine sehr grobe Topologie, sondern vom Abstand *aller* Komponenten

$$|\boldsymbol{a} - \boldsymbol{b}| = \sqrt{(a_1 - b_1)^2 + (a_2 - b_2)^2 + \ldots + (a_n - b_n)^2}\,. \qquad (1.52)$$

Diese Metrik erlaubt die beste Unterscheidung, sie erzeugt die feinst mögliche Topologie. So wie in einer Lotterie der Gewinn um so höher ausfällt, je mehr Ziffern in der Losnummer mit der gezogenen Zahl übereinstimmen.

Anmerkung 1.3. Wenn sich Lager senken, ist die Projektion ,schief', dann hat der Schatten eine größere Länge als das Original, und der Fehler $e = w - w_h$ steht nicht mehr senkrecht auf $\mathcal{V}_h$

$$a(e, v_h) \neq 0\,, \qquad v_h \in \mathcal{V}_h\,, \qquad (1.53)$$

und die Ungleichung $a(w_h, w_h) < a(w, w)$ gilt nicht mehr, s. (1.45). Ja in diesem Fall ist es so, dass die FE-Lösung eine größere innere Energie hat als die exakte Lösung, $a(w, w) < a(w_h, w_h)$, was ja auch der Anschauung entspricht: Je steifer ein Tragwerk ist, um so mehr Energie ist nötig, um ein Lager auzulenken.

1.6 Der Fehler der FE-Lösung

Drei Funktionen bestimmen die Statik des Seils:

- Die Durchbiegung w
- Die Schnittkraft $V = Hw'$
- Die Belastung $p = -Hw''$

– also die nullte ( ), die erste ($'$) und die zweite Ableitung ($''$) der Biegelinie und die FEM muss sich entscheiden, welcher der drei Abstände

$$w - w_h \qquad \text{Fehler in der Durchbiegung}$$
$$V - V_h \qquad \text{Fehler in der Schnittkraft}$$
$$p - p_h \qquad \text{Fehler in der Belastung}$$

möglichst klein werden soll. Im Prinzip haben wir die Antwort darauf oben schon gegeben: Die FE-Lösung stellt sich so ein, dass der Fehler in der Schnittkraft, $V - V_h$, der ersten Ableitung ($'$), möglichst klein wird

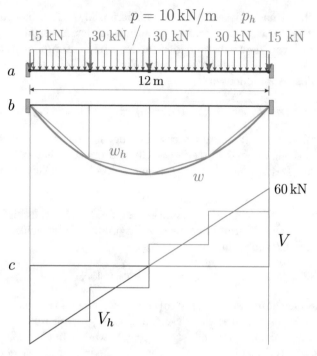

Abb. 1.9 Die drei Fehler einer FE-Lösung, **a)** der Fehler in der Belastung, $p - p_h$, **b)** der Fehler in der Durchbiegung, $w - w_h$, **c)** der Fehler in den Schnittgrößen, $V - V_h$. Das FE-Programm strebt danach, den Fehler $V - V_h$ in den Schnittkräften zu minimieren

$$\int_0^l (V - V_h)^2 dx = \int_0^l H^2 (w' - w_h')^2 dx \quad \rightarrow \quad \text{Minimum}. \quad (1.54)$$

Eine FE-Lösung möchte also keinen Schönheitspreis gewinnen, sich nicht möglichst genau an die wahre Biegelinie (die nullte Ableitung) anschmiegen oder die Belastung (die zweite Ableitung) treu nachbilden, sondern sie legt mehr Gewicht auf Seelenverwandtschaft, auf bestmögliche Annäherung an die inneren Werte, die Verzerrungsenergie.

Der Fehler $p - p_h$ in der Belastung, das p_h sind hier die Knotenkräfte f_i, ist also nicht das primäre Augenmerk eines FE-Programms, aber es ist der einzige Fehler, den wir kontrollieren können, den wir quantifizieren können.

Wir bräuchten daher eine Formel, die es erlauben würde, aus dem Unterschied $p - p_h$ auf der Lastseite auf die Differenz $V - V_h$ in der Schnittkraft und den Unterschied $w - w_h$ in der Durchbiegung zu schließen.

Beim Differenzieren durchlaufen wir diese Kette in der Richtung

$$w \quad \Rightarrow \quad V = H w' \quad \Rightarrow \quad p = -H w'', \quad (1.55)$$

und in umgekehrter Richtung müssen wir integrieren

$$w = \iint -\frac{p}{H} \, dx \, dx \quad \Leftarrow \quad V = \int -p \, dx \quad \Leftarrow \quad p = -H \, w''. \qquad (1.56)$$

Anders als die Differentiation, die aufrauht, glättet die Integration. Beim Rückwärtsgehen wird aus einem etwaigen großen Fehler in den Lasten ein kleinerer Fehler in den Schnittkräften und noch eine Stufe höher ein noch kleinerer Fehler in den Durchbiegungen, wie Abb. 1.9 anschaulich illustriert.

Das ist eine beruhigende Beobachtung, aber technisch geht sie nicht über eine Vermutung hinaus, denn es gibt leider keine verlässliche Methode aus dem Unterschied in den Lasten auf den Unterschied in den Schnittkräften zu schließen. Wäre es anders, so könnte man eine erste Lösung auf einem groben Netz berechnen, diese dann korrigieren, und man hätte die exakte Lösung.

Anmerkung 1.4. Man würde vermuten, dass die Funktion w_I in $\mathcal{V}_h$, die die Lösung in den Knoten interpoliert, auch die Funktion ist, die den Fehler $e = w - w_h$ in der Energie zum Minimum macht, $a(e, e) \to Minimum$, also w_h und w_I zusammenfallen. Unsere Beobachtungen sagen jedoch etwas anderes. Die Lösung w des Systems $Kw = f$ sind nicht die Knotenverschiebungen der exakten Lösung. Nur bei den 1-D Standardgleichungen wie $EI \, w^{IV} = p_z$ und $-EA \, u'' = p_x$ und dem Seil, $-H w'' = p_z$, ist die Interpolierende auch die Funktion mit dem kleinsten Fehler in der Energie, ist $w_h = w_I$. Notwendig dafür ist, dass die homogenen Lösungen in $\mathcal{V}_h$ liegen, [50].

Der *drift* $w_h(\boldsymbol{x}_k) \neq w(\boldsymbol{x}_k)$ der FE-Lösungen in den Knoten bei Flächentragwerken ist also kein Defekt, sondern eher ein ‚Qualitätsmerkmal'. *Nicht interpolieren, sondern den Abstand in der Energie minimieren!*

1.7 Eine schöne Idee, die nicht funktioniert

- Eine FE-Lösung lässt sich auf demselben Netz nicht verbessern.

Weil der Fehler seine Ursache in den abweichenden Lasten hat, so könnte man auf die Idee kommen, das Seil mit den Fehlerkräften zu belasten, diesen Lastfall mit den finiten Elementen zu lösen, gegebenenfalls noch einmal korrigieren, und das so lange bis die Fehlerkräfte unter eine vorgegebene Schranke ε sinken.

Allein diese Idee funktioniert leider nicht, denn die Fehlerkräfte

$$p_e = p - p_h \qquad (1.57)$$

fallen durch den Rost des FE-Netzes, (es sind *spurious loadcases*), d.h. die äquivalenten Knotenkräfte sind alle null

$$f_i = \int_0^l p_e \, \varphi_i \, dx = 0 \qquad \text{für alle } \varphi_i, \qquad (1.58)$$

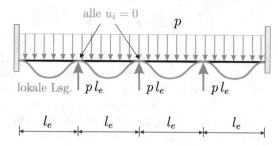

Abb. 1.10 Die Knotenverschiebungen sind null, weil
die Gegenkräfte die Knoten
in der Schwebe halten. Es
gibt nur die lokalen Lösungen w_{loc}, die von Knoten
zu Knoten spannen

und null Knotenkräfte bedeutet eben null Verformungen

$$Ku = 0 \quad \Rightarrow \quad u = 0.\tag{1.59}$$

Die FE-Lösung w_h ist ja der Schatten der Biegelinie w. Da der Fehler $w - w_h$ aber senkrecht (im Sinne der Energie) auf der Teilmenge $\mathcal{V}_h$ steht,

$$a(e, \varphi_i) = \int_0^l H(w' - w_h') \, \varphi_i' \, dx = 0 \qquad \text{für alle } \varphi_i,\tag{1.60}$$

wirft er keinen Schatten, ist sein Bild die Funktion $w_h = 0$.

Führen wir das Thema weiter, so bedeutet dies, dass es Lastfälle gibt, bei denen sich die Knoten nicht bewegen, s. Abb. 1.10. Das passiert immer dann, wenn die Belastung p so auf dem Netz verteilt ist, dass sie auf den Wegen φ_i *keine Arbeit leistet*, die äquivalenten Knotenkräfte f_i alle null sind

$$f_i = \delta A_a(p, \varphi_i) = 0, \qquad i = 1, 2, \ldots n.\tag{1.61}$$

Lasten, die in die Projektionsrichtung fallen, haben keinen Schatten oder besser ‚null Schatten' und sie existieren somit für das FE-Programm nicht. Wenn so etwas passiert, muss man das Netz ändern.

Nahe an null kommen FE-Lösungen, wenn die Belastung schachbrettartig angeordnet ist, also im Rhythmus der Elemente alterniert, positiv auf weißen Feldern und negativ auf schwarzen Feldern, denn dann heben sich die Beiträge benachbarter Felder zu den Knotenkräften f_i gegenseitig auf.

1.8 Schwache Lösung

FEM = ‚Wackelstatik'

Wir haben oben die Gleichung $Kw = f$ aus dem Prinzip vom Minimum der potentiellen Energie hergeleitet, und gesehen, dass das Vorgehen der FEM einem Projektionsverfahren gleicht, bei dem die FE-Lösung so eingestellt wird, dass der Fehler $e = w - w_h$ orthogonal zu dem Unterraum $\mathcal{V}_h$

ist

$$a(w - w_h, \varphi_i) = 0 \qquad \text{für alle } \varphi_i \in \mathcal{V}_h\,. \tag{1.62}$$

Diese Gleichung nennt man die *Galerkin Orthogonalität*. Bei einem Balken wäre das die Gleichung

$$a(w - w_h, \varphi_i) = \int_0^l \frac{(M - M_h)\, M_i}{EI}\, dx = 0 \qquad M_i = -EI\, \varphi_i''\,. \tag{1.63}$$

Betrachtet man die Gleichung aber genauer, dann stutzt man: Wie kann man die Orthogonalität kontrollieren, wenn man den exakten Momentenverlauf $M(x)$, wie z.B. in Abb. 1.11, nicht kennt?

Das geht, weil die virtuelle innere Arbeit gleich der virtuellen äußeren Arbeit ist, $\delta A_i(w - w_h, \varphi_i) = \delta A_a(p - p_h, \varphi_i)$, und daher die Orthogonalität im Innern gleichbedeutend mit der Orthogonalität der Fehlerlasten $p - p_h$ ist

$$\delta A_i = \int_0^l \underbrace{(M - M_h)}_{\text{unbekannt}} \frac{M_i}{EI}\, dx = \int_0^l \underbrace{(p - p_h)}_{\text{bekannt}} \varphi_i\, dx = \delta A_a = 0\,, \tag{1.64}$$

die ja von $\boldsymbol{K}\boldsymbol{w} = \boldsymbol{f}$, oder eben $\boldsymbol{f}_h = \boldsymbol{f}$, garantiert wird, denn

$$\int_0^l (p - p_h)\, \varphi_i\, dx = \int_0^l p\, \varphi_i\, dx - \int_0^l p_h\, \varphi_i\, dx = f_i - f_i^h = 0\,. \tag{1.65}$$

Das *Prinzip der virtuellen Verrückungen* erlaubt also die *Galerkin Orthogonalität* nach ‚außen' zu wenden. Die Projektion bedeutet, dass wir die FE-Lösung w_h so einstellen, dass sie arbeitsäquivalent oder, wie wir auch sagen, ‚wackeläquivalent' zu der wahren Lösung ist.

$$\text{Projektion} = \underbrace{\text{Galerkin-Orthogonalität}}_{innen} = \underbrace{\text{Wackeläquivalenz}}_{aussen} \tag{1.66}$$

Ursprünglich bedeutet die Orthogonalität Gleichheit in den virtuellen inneren Arbeiten, denn $a(w, \varphi_i) = \delta A_i(w, \varphi_i)$ ist eine innere Arbeit

$$a(w - w_h, \varphi_i) = \delta A_i(w, \varphi_i) - \delta A_i(w_h, \varphi_i) = 0\,. \tag{1.67}$$

Weil nun aber $\delta A_i = \delta A_a$ ist, kann man sie auch als Gleichheit in den virtuellen äußeren Arbeiten schreiben

$$a(w - w_h, \varphi_i) = \delta A_a(p, \varphi_i) - \delta A_a(p_h, \varphi_i) = 0\,, \tag{1.68}$$

und das ist die ‚Wackeläquivalenz' wie sie die Marktfrau benutzt. Auf dem Wochenmarkt sind p und p_h die Gewichte in den beiden Waagschalen und

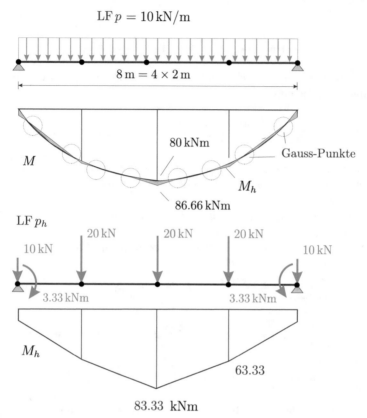

LF $p = 10\,\mathrm{kN/m}$

$8\,\mathrm{m} = 4 \times 2\,\mathrm{m}$

80 kNm

Gauss-Punkte

M

M_h

86.66 kNm

LF p_h

20 kN   20 kN   20 kN

10 kN   10 kN

3.33 kNm   3.33 kNm

M_h

63.33

83.33 kNm

Abb. 1.11 Die Ersatzbelastung wird so ausgesucht, dass sie arbeitsäquivalent zur Originalbelastung ist und das Fehlerquadrat des Moments minimal wird. In der Balkenstatik sind die Ersatzlasten gerade die umgedrehten Festhaltekräfte

φ_i ist die Drehung der Waage. Die Waage ist im Gleichgewicht, wenn die Arbeiten der beiden Gewichte gleich groß sind.

Prinzip der virtuellen Verrückungen als Testverfahren

Die Wackeläquivalenz hängt an dem Prinzip der virtuellen Verrückungen. Nun trägt dieses Prinzip eine große Erblast mit sich. Davon wollen wir hier jedoch absehen und ganz naiv das Prinzip der virtuellen Verrückungen als eine mathematische Aussage, als eine Feststellung verstehen.

Wenn $3 \cdot 4 = 12$ ist, dann ist auch $\delta u \cdot 3 \cdot 4 = 12 \cdot \delta u$ für jede Zahl δu. Das ist das Prinzip der virtuellen Verrückungen in seiner elementarsten Form und so verwendet es auch die FEM.

Interessanter wird die Gleichung $\delta u \cdot 3 \cdot u = 12 \cdot \delta u$, wenn man aus ihr ein *Variationsproblem* zur Bestimmung der ‚starken Lösung' $u = 4$ macht. Betrachten wir das näher.

An einer Feder mit einer Steifigkeit von $k = 3$ kN/m hängt eine Kraft $f = 12$ kN. Gemäß dem Federgesetz $k \cdot u = f$ genügt dann die Verlängerung u der Feder der Gleichung $3 \cdot u = 12$. Wenn aber $3 \cdot u = 12$ ist, dann ist natürlich auch $\delta u \cdot 3 \cdot u = 12 \cdot \delta u$, gleich wie groß δu ist.

In demselben Sinn gilt: Wenn ein Vektor $\boldsymbol{u}$ das Gleichungssystem $\boldsymbol{K}\boldsymbol{u} = \boldsymbol{f}$ löst, dann ist auch $\delta\boldsymbol{u}^T\boldsymbol{K}\boldsymbol{u} = \delta\boldsymbol{u}^T\boldsymbol{f}$ wie immer auch der Vektor $\delta\boldsymbol{u}$ aussieht.

Und schließlich: Wenn die Biegelinie w der Differentialgleichung $EI\,w^{IV} = p$ genügt, dann ist $(\delta w, EI\,w^{IV}) = (\delta w, p)$ für beliebige virtuelle Verrückungen δw. Wir können also immer den gleichen Schluss ziehen

$$3\,u = 12 \qquad \Rightarrow \qquad \delta u \cdot 3\,u = 12 \cdot \delta u \qquad \text{für alle } \delta u$$

$$\boldsymbol{K}\boldsymbol{u} = \boldsymbol{f} \qquad \Rightarrow \qquad \delta\boldsymbol{u}^T\boldsymbol{K}\boldsymbol{u} = \delta\boldsymbol{u}^T\boldsymbol{f} \qquad \text{für alle } \delta\boldsymbol{u}$$

$$EI\,w^{IV}(x) = p(x) \qquad \Rightarrow \qquad \int_0^l \delta w\,EI\,w^{IV}\,dx = \int_0^l \delta w\,p\,dx \qquad \text{für alle } \delta w\,.$$

Links steht das Gleichgewicht der Feder, des Fachwerks (Steifigkeitsmatrix $\boldsymbol{K}$) und des Balkens. Die Gleichungen links sind die sogenannten *Euler-Gleichungen*. Rechts steht, was aus ihnen folgt, das Gleichgewicht im *schwachen Sinn*, im Sinn des Prinzips der virtuellen Verrückungen:

Wenn ein Tragwerk im Gleichgewicht ist, dann ist bei jeder virtuellen Verrückung δu die virtuelle innere Arbeit δA_i gleich der virtuellen äußeren Arbeit δA_a.

Schränken wir die virtuellen Verrückungen δw des Balkens auf *zulässige* Verrückungen ein, also Verrückungen, die mit den Lagerbedingungen verträglich sind, und nehmen wir der Einfachheit halber an, dass der gelenkig gelagerte Balken auf starren Lagern liegt, so gilt[7]

$$\int_0^l \delta w\,EI\,w^{IV}\,dx = \int_0^l \frac{M\,\delta M}{EI}\,dx \qquad (1.69)$$

und dann ist die obige dritte Gleichung identisch mit dem Schluss

$$EI\,w^{IV}(x) = p(x) \qquad \Rightarrow \qquad \underbrace{\int_0^l \frac{M\,\delta M}{EI}\,dx}_{\delta A_i} = \underbrace{\int_0^l \delta w\,p\,dx}_{\delta A_a}\,. \qquad (1.70)$$

Das Gleichgewicht im punktweisen Sinn impliziert also $\delta A_i = \delta A_a$.

Die moderne Statik

Die klassische Statik schließt von Links nach Rechts, die moderne Statik von Rechts nach Links

---

[7] Dies ist die erste Greensche Identität $\mathscr{G}(w, \delta w) = 0$ mit $M(0) = M(l) = 0$, [50].

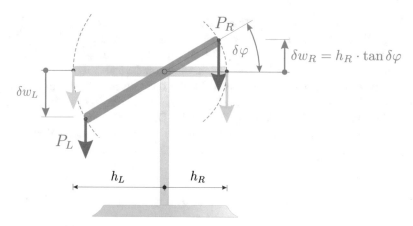

Abb. 1.12 Die Marktfrau kontrolliert das Gleichgewicht einer Waage mittels des Prinzips der virtuellen Verrückungen

$$\text{Euler-Gleichung} \quad \Rightarrow \quad \delta A_i = \delta A_a \quad \text{klassische Statik} \quad (1.71)$$

$$\text{Euler-Gleichung} \quad \Leftarrow \quad \delta A_i = \delta A_a \quad \text{moderne Statik}. \quad (1.72)$$

Sie formuliert die Suche nach der Gleichgewichtslage als *Variationsproblem*. Die Auslenkung u der Feder, die Knotenverschiebungen $\boldsymbol{u}$ des Fachwerks, die Biegelinie w des Balkens sind die Lösungen dreier Variationsprobleme:

Gesucht ist eine Zahl u, ein Vektor $\boldsymbol{u}$, eine Funktion w so, dass

$$\delta u \cdot 3\,u = 12 \cdot \delta u \qquad \text{für alle } \delta u\,,$$

$$\boldsymbol{\delta u}^T \boldsymbol{K}\,\boldsymbol{u} = \boldsymbol{\delta u}^T \boldsymbol{f} \qquad \text{für alle } \boldsymbol{\delta u}\,,$$

$$\int_0^l \frac{M\,\delta M}{EI}\,dx = \int_0^l \delta w\,p\,dx \qquad \text{für alle } \delta w\,.$$

Die Lösungen dieser Variationsprobleme nennt man *schwache Lösungen* im Gegensatz zu den Lösungen der Euler-Gleichungen (wie $EI\,w^{IV} = p$), die man *starke Lösungen* nennt.

Die entscheidende Frage ist: Wann ist der umgekehrte Schluss zulässig? Wann ist eine schwache Lösung auch eine starke Lösung?

$$3\,u = 12 \qquad \Longleftarrow \qquad \delta u \cdot 3\,u = 12 \cdot \delta u\,,$$

$$\boldsymbol{K}\boldsymbol{u} = \boldsymbol{f} \qquad \Longleftarrow \qquad \boldsymbol{\delta u}^T \boldsymbol{K}\boldsymbol{u} = \boldsymbol{\delta u}^T \boldsymbol{f}\,,$$

$$EI\,w^{IV}(x) = p(x) \qquad \Longleftarrow \qquad \int_0^l \frac{M\,\delta M}{EI}\,dx = \int_0^l \delta w\,p\,dx\,.$$

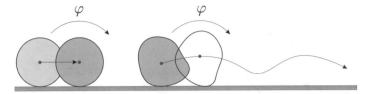

Abb. 1.13 Der Monteur prüft die Exzentrizität des Zylinders, indem er ihn über den Tisch rollt

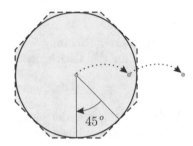

Abb. 1.14 Das Vieleck ist einem Kreis bezüglich aller Rotationen, die ein Vielfaches von 45° sind, äquivalent

Wie oft müssen wir an der Feder, dem Fachwerk, dem Balken wackeln, bevor wir sicher sein können, dass die schwache Lösung auch eine starke Lösung ist? Bei der Feder reicht ein Test. Wenn das Fachwerk n Freiheitsgrade hat, dann muss $\delta A_i = \delta A_a$ für n linear unabhängige Vektoren $\boldsymbol{\delta u}$ gelten, bevor wir den Schluss $\boldsymbol{Ku} = \boldsymbol{f}$ wagen können. Beim Balken müssen wir theoretisch unendlich viele Tests fahren – so viele virtuelle Verrückungen δw gibt es.

Betrachten wir das an einem konkreten Beispiel. Wenn die Marktfrau das Gleichgewicht einer Waage kontrolliert

$$P_l\,h_l = P_r\,h_r\,, \tag{1.73}$$

so tippt sie die Waage leicht an, Abb. 1.12. Wenn ein kurze Drehung die Waage nicht in Rotation versetzt, dann müssen die Arbeiten, die von den beiden Kräften links und rechts, P_l und P_r, geleistet werden, gleich groß sein, und dann, so schließt sie, muss das Hebelgesetz (1.73) gelten

$$P_l\,h_l = P_r\,h_r \quad\Longleftarrow\quad P_l\,h_l\tan\varphi = P_r\,h_r\tan\varphi \quad \text{für alle Drehungen } \varphi\,. \tag{1.74}$$

Die Marktfrau benutzt das Prinzip der virtuellen Verrückungen: *Wenn ein System im Gleichgewicht ist, so ist bei jeder virtuellen Verrückung die virtuelle äußere Arbeit gleich der virtuellen inneren Arbeit, also null*[8]

$$\text{Gleichgewicht} \quad\Longrightarrow\quad \delta A_a = \delta A_i = 0 \tag{1.75}$$

---

[8] Der Waagebalken ist starr, $\delta A_i = 0$, deswegen muss bei jeder Drehung $\delta A_a = 0$ sein

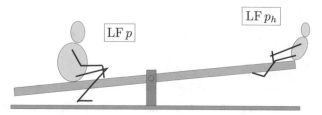

Abb. 1.15 Bei jeder Bewegung der Wippe leisten Vater und Sohn dieselbe Arbeit

in umgekehrter Richtung – *contromano*. Sie schließt aus der Gültigkeit der Variation auf das Gleichgewicht

$$\text{Gleichgewicht} \quad \Longleftarrow \quad \delta A_a = 0 \,. \tag{1.76}$$

Auch der Monteur, der einen Zylinder mit seinen Fingern über den Tisch rollt, dreht den Schluss, der eigentlich die Richtung

$$\text{Perfekter Zylinder} \quad \Longrightarrow \quad \text{Achse ,eiert' nicht}$$

hat, um, schließt von rechts nach links, s. Abb. 1.13.

Wie natürlich wird man so auf den Begriff der *Näherung* geführt. Man fährt nur noch endlich viele Tests. Der Lehrling, der aus einem Vierkant einen Rundstahl mit Radius R schleifen soll, beginnt mit einem quadratischen Eisen mit der Kantenlänge $2\,R$. Das ist schon ein guter Start, denn das Quadrat ist einem Kreis hinsichtlich aller Drehungen, die ein Vielfaches von 90° sind, äquivalent – hat der Schwerpunkt nach einer 90° Drehung dieselbe Höhe über dem Tisch wie vorher, s. Abb. 1.14.

Indem der Lehrling nun mehr und mehr Kanten in das Profil hinein-schleift, $4 \to 8 \to 16 \to \ldots$, vergrößert er den Test- und Ansatzraum $\mathcal{V}_h$ und kommt damit dem Kreisquerschnitt immer näher. So macht es auch die moderne Statik.

Die Methode der finiten Elemente konstruiert einen Ersatzlastfall, der be-züglich endlich vieler Tests ,wackeläquivalent' zum richtigen Lastfall ist.

Wackeläquivalent meint äquivalent bezüglich der Testfunktionen, der vir-tuellen Verrückungen φ_i

$$\delta A_a(p, \varphi_i) = \delta A_a(p_h, \varphi_i) \,. \tag{1.77}$$

In der aller einfachsten Form sehen wir diesen Äquivalenzgedanken in Abb. 1.15 vor uns: Bei jeder Drehung der Wippe leisten Vater (LF p) und Sohn (LF p_h) (oder ist es umgekehrt?) dieselbe Arbeit. Bezüglich den möglichen Drehungen der Wippe sind Vater und Sohn einander äquivalent.

1.9 Seil

Wie man nun diese Gedanken technisch umsetzt, soll an Hand eines Seils aus vier linearen Elementen erläutert werden. Vier Elemente bedeutet drei Innenknoten und daher ist der FE-Ansatz eine Entwicklung nach den Einheitsverformungen der drei Innenknoten

$$w_h(x) = w_1\,\varphi_1(x) + w_2\,\varphi_2(x) + w_3\,\varphi_3(x) \qquad \text{(FE-Ansatz)}. \qquad (1.78)$$

Nun steht jede Einheitsverformung φ_i auch gleichzeitig für eine spezielle Kombination von Knotenkräften, nämlich die drei Knotenkräfte, die dem Seil gerade die Form φ_i geben. Wir nennen diese drei Lastfälle p_1, p_2, p_3[9].

So entsteht die erste Einheitsverformung, das Seileck φ_1 in Abb. 1.16, wenn im linken Lagerknoten eine Kraft $f_1 = P = H/l_e$ das Seil stützt, im nächsten Knoten eine doppelt so große Kraft $f_2 = 2P$ nach unten drückt und darauf eine Kraft $f_3 = P$ das Seil wieder nach oben drückt. Das H ist die horizontale Kraft, mit der das Seil vorgespannt ist. Diese drei Kräfte

$$f_1 = -\frac{H}{l_e} \quad \uparrow \qquad f_2 = 2\frac{H}{l_e} \quad \downarrow \qquad f_3 = -\frac{H}{l_e} \quad \uparrow \qquad (1.79)$$

geben dem Seil die Form $\varphi_1(x)$ und sie stellen den LF p_1 dar. Genauso ist es mit den anderen beiden Seilecken, s. Abb. 1.16.

Wegen der Gültigkeit des Superpositionsgesetzes gehört daher zu einem Seileck wie

$$w_h = w_1\,\varphi_1(x) + w_2\,\varphi_2(x) + w_3\,\varphi_3(x) \qquad (1.80)$$

eine entsprechende Kombination p_h der drei *shape forces*

$$p_h = w_1\,p_1 + w_2\,p_2 + w_3\,p_3\,. \qquad (1.81)$$

Wir stellen die FE-Belastung p_h nun durch eine geeignete Wahl der Zahlen w_i (der Knotendurchbiegungen!) so ein, dass sie der Streckenlast p im Sinne des *Prinzips der virtuellen Verrückungen* äquivalent ist. Das ist die Idee.

Die Knotenkräfte f_i sollen bei einer virtuellen Verrückung des Seils dieselbe Arbeit leisten, wie die Streckenlast p.

Weil man an drei Kräfte f_i nicht unendlich viele Forderungen stellen kann, so viele Testfunktionen liegen ja in $\mathcal{V}$, schränken wir die Tests auf die Verrückungen in $\mathcal{V}_h$ ein und weil die drei φ_i den Raum $\mathcal{V}_h$ aufspannen, reicht es, die Tests mit den drei φ_i durchzuführen. So herrscht automatisch

---

[9] Das sind die *shape forces*, die zu den *shape functions* φ_i gehören

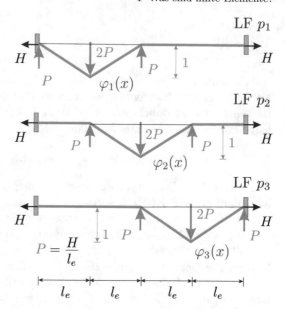

Abb. 1.16 Die drei Lastfälle p_1, p_2, p_3 erzeugen die
drei Seilecke $\varphi_1, \varphi_2, \varphi_3$

pari zwischen der Zahl der f_i und der Zahl der Tests, der $\delta w = \varphi_i$.

- Die drei Einheitsverformungen φ_i dienen als Testfunktionen, als virt. Verrückungen $\delta w = \varphi_i$, mit denen wir den FE-Lastfall p_h auf die Probe stellen.

Die virtuelle Arbeit der Streckenlast bei einer Verrückung φ_i ist

$$\delta A_a(p, \varphi_i) = \int_0^l p\,\varphi_i\,dx\,, \tag{1.82}$$

und die virtuelle Arbeit der drei Knotenkräfte f_i in den Knoten x_1, x_2, x_3 ist
bei derselben Verrückung

$$\delta A_a(p_h, \varphi_i) = f_1\,\varphi_i(x_1) + f_2\,\varphi_i(x_2) + f_3\,\varphi_i(x_3)\,. \tag{1.83}$$

Diese Arbeiten sollen also jeweils gleich sein, s. Abb. 1.17,

$$\delta A_a(p, \varphi_i) = \delta A_a(p_h, \varphi_i)\,, \quad i = 1, 2, 3\,. \tag{1.84}$$

Nun kann man die virtuelle äußere Arbeit der drei Knotenkräfte auch als
virtuelle innere Arbeit schreiben

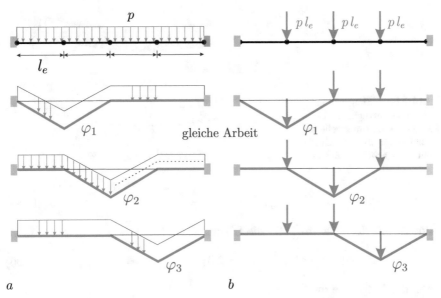

Abb. 1.17 Die Arbeiten der Streckenlast p und der Knotenkräfte auf den Wegen φ_i sind gleich groß, $\delta A_a(p_h, \varphi_i) = \delta A_a(p, \varphi_i)$. Deswegen heißen die Knotenkräfte äquivalente Knotenkräfte.

$$\delta A_a(p_h, \varphi_i) = f_1\, \varphi_i(x_1) + f_2\, \varphi_i(x_2) + f_3\, \varphi_i(x_3) \qquad \text{(außen)}$$

$$= \delta A_i(w_h, \varphi_i) = \sum_{j=1}^{3} \int_0^l H\, \varphi'_j\, \varphi'_i\, dx\, w_j = \sum_{j=1}^{3} k_{ij}\, w_j \qquad \text{(innen)}.$$

$$\tag{1.85}$$

Die letzte Summe ist das Skalarprodukt der Zeile i der Steifigkeitsmatrix

$$\boldsymbol{K} = \frac{H}{l_e} \begin{bmatrix} 2 & -1 & 0 \\ -1 & 2 & -1 \\ 0 & -1 & 2 \end{bmatrix} \qquad k_{ij} = \int_0^l H\varphi'_i\, \varphi'_j\, dx = \int_0^l \frac{V_i\, V_j}{H}\, dx, \tag{1.86}$$

mit dem Vektor $\boldsymbol{w}$ der Knotenverschiebungen. Die drei Tests (1.84) sind also identisch mit den drei Zeilen des Systems

$$\boldsymbol{K}\boldsymbol{w} = \boldsymbol{f}. \tag{1.87}$$

Rechts stehen die äquivalenten Knotenkräfte aus der Streckenlast

$$f_i = \int_0^l p\, \varphi_i\, dx, \tag{1.88}$$

die, weil p konstant ist, alle gleich groß sind

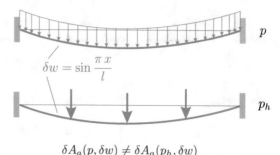

Abb. 1.18 Sinuswelle als virtuelle Verrückung. Bezüglich einer Sinuswelle ist der Lastfall p_h dem Original nicht arbeitsäquivalent

$$\delta A_a(p, \delta w) \neq \delta A_a(p_h, \delta w)$$

$$f_1 = f_2 = f_3 = p\,l_e\,, \tag{1.89}$$

und so hat das System (1.87) die Lösung

$$w_1 = 1.5\,p\,l_e\,, \qquad w_2 = 2.0\,p\,l_e\,, \qquad w_3 = 1.5\,p\,l_e\,, \tag{1.90}$$

was der Biegelinie die Gestalt

$$w_h = p\,l_e(1.5 \cdot \varphi_1(x) + 2.0 \cdot \varphi_2(x) + 1.5 \cdot \varphi_3(x))\,, \tag{1.91}$$

gibt. Das stimmt mit (1.31) überein.

Letztendlich haben wir durch den FE-Algorithmus den Lastfall p durch drei Knotenkräfte, den Lastfall p_h, ersetzt. Ein Prüfstatiker, dem als einziges Sensorium die Einheitsverformungen zur Verfügung stünden, würde keinen Unterschied zwischen den beiden Lastfällen p und p_h feststellen, wenn er an dem Seil wackelt. Bei jedem Wackeltest mit einer der Einheitsverformungen würde die Antwort des Seils, die Arbeit der Kräfte, gleich groß sein.

Nur wenn er sein Sensorium verfeinert, wenn er z.B. eine Sinuswelle

$$\delta w = \sin(\pi x/l) \tag{1.92}$$

als virtuelle Verrückung wählt, s. Abb. 1.18, wird er merken, dass die beiden Lastfälle nicht gleich sein können, weil die virtuellen Arbeiten nicht gleich sind

$$\int_0^l p \sin \frac{\pi x}{l}\,dx \neq \sum_{i=1}^3 f_i \sin \frac{\pi x_i}{l} \qquad x_i = \text{Knoten}\,. \tag{1.93}$$

1.10 Fehlerquadrat

Finite Elemente bedeutet also *Restriktion*, bedeutet Verkürzung der Bewegungsmöglichkeiten eines Tragwerks auf Bewegungen, die im wesentlichen stückweise linear, quadratisch oder kubisch verlaufen. Nun gilt:

- Die FE-Lösung ist diejenige Verformungsfigur des Tragwerks, die unter den noch verbliebenen Bewegungsmöglichkeiten die kleinste potentielle Energie aufweist.
- Dies ist gleichbedeutend damit, dass der zugehörige Lastfall p_h arbeitsäquivalent zum Originallastfall p ist,
- und dass der Abstand zwischen der exakten Lösung und der FE-Lösung, $e = w - w_h$, in der Verzerrungsenergie zum Minimum wird, s. Abb. 1.19

$$a(e,e) \quad \rightarrow \quad \text{Minimum}. \tag{1.94}$$

Der letzte Ausdruck ist, je nach Bauteil, eine abkürzende Schreibweise für

$$a(e,e) = \int_0^l \frac{(V - V_h)^2}{H} \, dx \qquad \text{Seil} \tag{1.95a}$$

$$a(e,e) = \int_0^l \frac{(M - M_h)^2}{EI} \, dx \qquad \text{Balken} \tag{1.95b}$$

$$a(e,e) = \int_0^l \frac{(N - N_h)^2}{EA} \, dx \qquad \text{Stab} \tag{1.95c}$$

Anmerkung 1.5. Das Fehlerquadrat $a(e,e)$ ist ein (sehr) globales Maß, denn dabei wird über alle Elemente integriert und für die ganze Mühe erhält man am Schluss *eine* Zahl. Das ist ein mageres Ergebnis. Aber die FEM benutzt auch noch eine *lokale Kontrolle* und die steckt in der Galerkin-Orthogonalität $a(w - w_h, \varphi_i) = 0$. Sei (x_a, x_b) das Intervall, auf dem die *shape function* $\varphi_i(x)$,lebt', dann ist der Fehler in den Momenten orthogonal zu dem Moment M_i bzw. der Krümmung $\kappa_i = -\varphi_i''$ der Ansatzfunktion

$$a(w - w_h, \varphi_i) = \int_{x_a}^{x_b} \frac{(M - M_h) M_i}{EI} \, dx = \int_{x_a}^{x_b} (M - M_h) \, \kappa_i \, dx = 0, \tag{1.96}$$

und das für jede *shape function*. Die φ_i passen also auf, dass die FE-Lösung w_h lokal ,in der Flucht' bleibt.

1.11 Skalarprodukt und schwache Lösung

- Finite Elemente = Energie = Arbeit = Skalarprodukt

In der klassischen Statik bestimmen wir die Biegelinie w eines Balkens, indem wir die Differentialgleichung $EI\,w^{IV} = p$ lösen und die Lösung den Randbedingungen anpassen. Gemäß dem Prinzip der virtuellen Verrückungen ist aber die klassische Lösung auch eine Lösung der Variationsaufgabe:

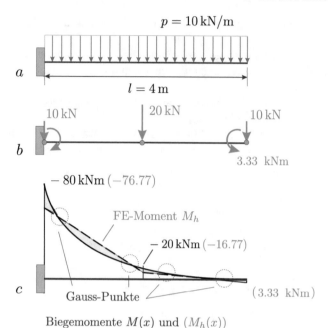

Biegemomente $M(x)$ und $(M_h(x))$

Abb. 1.19 Kragarm mit Streckenlast und FE-Ersatzbelastung. Die Größe der Knoten-kräfte und Knotenmomente wird so eingestellt, dass das Fehlerquadrat von $M - M_h$ zum Minimum wird. In der Stabstatik sind die Knotenkräfte und Knotenmomente f_i (*actio*) gerade die umgedrehten (*reactio*) Festhaltekräfte des Drehwinkelverfahrens

Bestimme die Biegelinie w so, dass bei jeder virtuellen Verrückung δw die virtuelle innere Energie gleich der virtuellen äußeren Arbeit ist

$$\int_0^l \frac{M\,\delta M}{EI}\,dx = \int_0^l p\,\delta w\,dx \qquad \text{für alle } \delta w \in V\,. \tag{1.97}$$

Die Variationsaufgabe und die Differentialgleichung sind gleichwertige Formu-lierungen. Die Differentialgleichung $EI\,w^{IV} = p$ nennt man, s.o., die *Euler-Gleichung* des Variationsprinzips.

Die moderne Statik löst keine Differentialgleichungen mehr, sondern sie löst Variationsprobleme. FE-Lösungen sind Variationslösungen. Man bezeich-net die FE-Lösungen auch als *schwache Lösungen*. Gewöhnlich wird der Be-griff so erklärt, dass bei einer FE-Formulierung

$$\int_0^l \frac{M_h\,M_i}{EI}\,dx = \int_0^l p\,\varphi_i\,dx\,, \qquad i = 1, 2, \ldots n\,, \tag{1.98}$$

der FE-Ansatz nur zweimal ableitbar sein muss, $M_h = -EI\,w_h''$, damit die virtuelle innere Energie einen Sinn gibt, während doch die Euler-Gleichung $EI\,w^{IV} = p$ voraussetzt, dass die vierte Ableitung von w existiert.

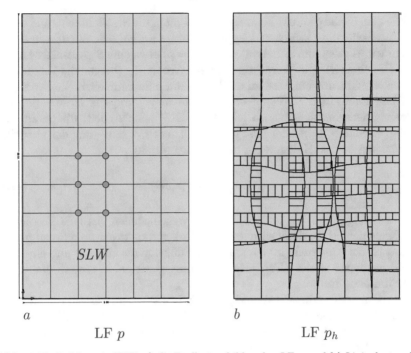

a b

LF p LF p_h

Abb. 1.20 Brücke mit SLW, **a)** die Radlasten bilden den LF p und **b)** Linienlasten den FE-Lastfall p_h und mit feiner werdender Elementierung konvergiert der FE-SLW (hoffentlich) gegen den richtigen SLW, konvergiert $p_h(\delta w) \to p(\delta w)$ für jedes δw

Schwache Konvergenz

Treffender scheint uns jedoch die folgende Interpretation. In der Mathematik kennt man den Begriff der *schwachen Konvergenz*, der ganz eng mit dem Skalarprodukt zusammenhängt.

Das Skalarprodukt ist ja im Grunde der Finger, den wir in die Luft halten, um – im übertragenen Sinn – herauszufinden aus welcher Richtung der Wind weht. Es ist das Messinstrument der finiten Elemente (und vieler anderer Messungen im Alltag auch).

Um die Masse m eines Ziegels zu bestimmen, nehmen wir den Ziegel in die Hand und werfen ihn hoch. Aus der Kraft K und der Beschleunigung a, die wir dem Ziegel erteilen, können wir so gemäß dem Gesetz $K = m \cdot a$ auf die Masse m des Ziegels schließen. *Wir schließen indirekt.*

Und so geht auch ein FE-Programm vor. Die Belastung, die auf ein Tragwerk wirkt, kann ein FE-Programm nur indirekt wahrnehmen, indem es an dem Tragwerk ,wackelt', ihm eine virtuelle Verrückung erteilt und die Arbeit misst, die die Lasten dabei leisten. Und das Wackeln, das ist das Skalarprodukt.

Mit dem Skalarprodukt kommt die *Dualität* in die Statik hinein, und damit die Unterscheidung zwischen *Weggrößen* und *Kraftgrößen*. Wir testen ein A, indem wir es gegen ein B halten, wobei $A(= p)$ etwa eine Streckenlast ist und $B(= \delta w)$ eine virtuelle Verrückung und die Arbeit, die p gegen die Verrückung δw leistet, gibt uns ein Maß an die Hand, um p zu beurteilen.

Wenn man einen SLW auf eine Brücke fährt, und die Brücke dann in Schwingungen δw versetzt, so leistet der SLW eine Arbeit, die gerade das Skalarprodukt zwischen der Last p – das soll der SLW sein – und der virtuellen Verrückung δw ist. Hält man in dem Skalarprodukt

$$\int_\Omega p\, \delta w\, d\Omega =: p\,(\delta w) \tag{1.99}$$

die Belastung p nun fest und wackelt mit verschiedenen virtuelle Verrückungen δw an dem SLW, dann wird aus dem Skalarprodukt ein *Funktional* $p\,(\delta w)$.

Das ist ein Ausdruck, in den man eine Funktion δw einsetzt und eine Zahl zurückbekommt. Jeder SLW, jede Belastung, generiert in diesem übertragenen Sinn ein Funktional.

Ist das p der Original-SLW und p_h der FE-SLW, dann besteht die Methode der finiten Elemente genau darin, den SLW $p\,()$ auf $\mathcal{V}_h$ durch einen FE-SLW $p_h\,()$ so zu ersetzen, dass die beiden Fahrzeuge bezüglich aller virtuellen Verrückungen $\varphi_i \in \mathcal{V}_h$ übereinstimmen, s. Abb. 1.20,

$$p\,(\varphi_i) = p_h\,(\varphi_i), \qquad i = 1, 2, \ldots, n, \tag{1.100}$$

und der FE-SLW p_h konvergiert genau dann gegen den echten SLW, den Lastfall p (mit feiner werdender Unterteilung des Netzes), wenn in der Grenze das Funktional p_h mit dem Funktional p hinsichtlich *aller* virtuellen Verrückungen übereinstimmt

$$\lim_{h \to 0} p_h\,(\delta w) = p\,(\delta w) \qquad \text{für alle v. V. } \delta w \text{ des Tragwerks}. \tag{1.101}$$

Das bedeutet in der Mathematik *schwache Konvergenz*, und in diesem Sinne ist eine FE-Lösung eine *schwache Lösung*.

Wir beurteilen den Abstand zwischen p und p_h, dem Original-SLW und dem FE-SLW also nicht direkt, indem wir in jedem Punkt $\boldsymbol{x}$ der Brücke die Differenz der Radlasten, $|p_h(\boldsymbol{x}) - p(\boldsymbol{x})|$, kontrollieren, sondern nach den Effekten, die die beiden Fahrzeuge p_h und p gegenüber Dritten auslösen. Unser Urteil basiert auf der Überzeugung: *Wenn die Wirkungen gleich sind, dann müssen auch die Ursachen gleich sein.*

Diese Schlussweise ist – diese Bemerkung sei hier gestattet – typisch für die Moderne, in der der Substanzbegriff durch den Funktionsbegriff ersetzt worden ist. Wo es nicht mehr darauf ankommt, was etwas ‚an sich' ist, sondern nur noch darauf, wie es sich gegenüber andern verhält.

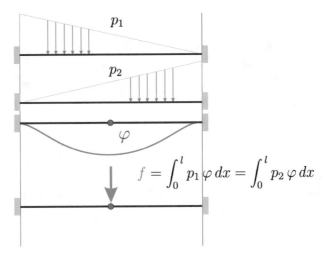

Abb. 1.21 Die äquivalente Knotenkraft (= die Arbeit) der beiden gleich hohen Dreieckslasten auf dem Weg φ ist gleich groß

1.12 Äquivalente Knotenkräfte

Kein Begriff bringt die Natur der finiten Elemente besser zum Ausdruck, als der Begriff der äquivalenten Knotenkraft, denn die FEM denkt nicht in Kräften, sondern in Arbeiten. Das ist das Sensorium, durch das die FEM die Welt wahrnimmt und Kräfte, die dieselbe Arbeit leisten, sind für die FEM identisch. Die Repräsentanten dieser *Äquivalenzklassen* sind die äquivalenten Knotenkräfte. Sie entstehen, wenn man die Belastung, etwa eine Flächenkraft p, gegen die Einheitsverformungen der Knoten arbeiten lässt,

$$f_i = \int_\Omega p\,\varphi_i\,d\Omega \qquad [\text{kNm}] = [\text{kN/m}^2][\text{m}][\text{m}^2]\,. \qquad (1.102)$$

Wieviel von einer Last in einem Knoten als äquivalente Knotenkraft ‚ankommt' hängt davon ab, wieviel von der Bewegung im Angriffspunkt der Last noch spürbar ist, die der Knoten ausgelöst hat. *So weit, wie eine Einheitsverformung reicht, so weit geht der Einfluss eines Knotens.* Die *shape functions* sind die Einflussfunktionen für die äquivalenten Knotenkräfte. (Wir benutzen die Begriffe Einheitsverformung und *shape function* wie Synonyme).

Nun ist virtuelle Arbeit ein unscharfes Maß, denn es ist anschaulich klar, dass es zu jeder Streckenlast p eine *zweite*, (*dritte, vierte, ...*), nicht mit p identische Streckenlast $\hat{p}$ gibt, die dieselbe Arbeit leistet wie p, s. Abb. 1.21

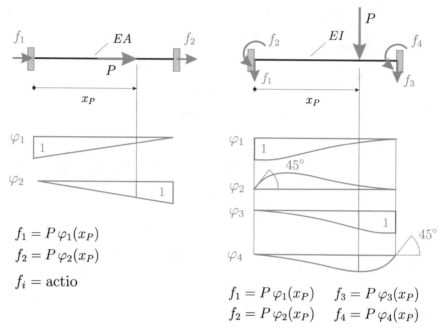

$$f_1 = P\,\varphi_1(x_P)$$
$$f_2 = P\,\varphi_2(x_P)$$
$$f_i = \text{actio}$$

$$f_1 = P\,\varphi_1(x_P) \qquad f_3 = P\,\varphi_3(x_P)$$
$$f_2 = P\,\varphi_2(x_P) \qquad f_4 = P\,\varphi_4(x_P)$$

Abb. 1.22 Reduktion der Belastung in die Knoten. Die arbeitsäquivalenten Knotenkräfte sind gleich den Arbeiten, die die beiden Kräfte P auf den Wegen der Einheitsverformungen leisten, angetragen sind hier die positiven Richtungen der f_i. Das Moment f_2 wird dann negativ sein. Statisch sind die f_i (*actio*) die umgedrehten Festhaltekräfte (*reactio*)

$$\int_0^l p\,\varphi_i\,dx = f_i = \int_0^l \hat{p}\,\varphi_i\,dx\,. \tag{1.103}$$

Eine einzelne Knotenkraft f_i wie in Abb. 1.22 repräsentiert also immer eine ganze Klasse von Lasten, nämlich alle die Lasten, die auf dem Weg φ_i dieselbe Arbeit leisten. Weil sie alle hinsichtlich der Knotenverformung φ_i äquivalent sind, stellt f_i eine *Äquivalenzklasse* von Lasten dar.

Und so erinnert uns jede Kraft f_i daran, dass die Genauigkeit der Ergebnisse nicht größer sein kann, als das Auflösungsvermögen des Netzes.

Äquivalenz ist der Schlüsselbegriff der finiten Elemente. Die FEM löst nicht den ursprünglichen Lastfall, sondern einen dazu äquivalenten Lastfall. Eine Äquivalenzrelation liegt vor, wenn aus $a \sim b$ und $b \sim c$ folgt, dass auch $a \sim c$, also

$$p \sim \varphi_i \quad \text{und} \quad p_h \sim \varphi_i \quad \Rightarrow \quad p \sim p_h\,. \tag{1.104}$$

Das Merkmal der finiten Elemente ist, dass diese Äquivalenz ‚endlich' ist, d.h. wir stellen die Äquivalenz nur bezüglich endlich vieler Testfunktionen $\varphi_i, i = 1, 2, \ldots n$ her.

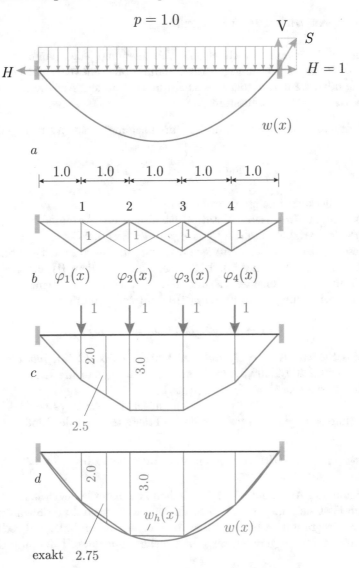

Abb. 1.23 FE-Berechnung eines Seils, **a)** System und Belastung, **b)** Dach- oder Hütchenfunktionen, **c)** FE-Lösung $w_h(x)$, **d)** Vergleich $w(x)$ und $w_h(x)$

1.13 Warum FE-Ergebnisse nur Näherungen sind

In Abb. 1.23 sieht man die exakte und die FE-Lösung eines Seils nebeneinander und dabei fällt auf, dass die FE-Lösung die exakte Lösung in den

Knoten genau trifft. Das ist kein Zufall:

- Ein FE-Programm berechnet jede Verschiebung, jede Spannung, jede Lagerkraft mit der zugehörigen Einflussfunktion – entweder mit einer Näherung oder, wenn die exakte Einflussfunktion in dem Ansatzraum $\mathcal{V}_h$ liegt,
  mit der exakten Einflussfunktion.

Die Einflussfunktion $G(y, x)$ für die Durchbiegung in einem Punkt x des Seils

$$w(x) = \int_0^l G(y, x)\, p(y)\, dy \tag{1.105}$$

ist das Seileck, das entsteht, wenn man eine Einzelkraft $P = 1$ in den Aufpunkt x stellt. In unserer Notation ist also x der Aufpunkt und y ist die
Integrationsvariable, also die Punkte ‚auf der Strecke'.

Dieses Seileck können die vier Ansatzfunktionen darstellen, und darum
stimmt in dem LF p in Abb. 1.23, aber auch in jedem (!) anderen LF die
FE-Lösung mit der exakten Lösung in dem Knoten x_1 überein.

Wir machen die Probe. Es sei $p(x) = \sin(\pi x/5)$, dann ist

$$\boldsymbol{f} = \{0.569, 0.920, 0.920, 0.569\}^T \tag{1.106}$$

und das System $\boldsymbol{K}\boldsymbol{w} = \boldsymbol{f}$, mit der Matrix $\boldsymbol{K}$, s. (2.48), hat die Lösung
$\boldsymbol{w} = \{1.489, 2.409, 2.409, 1.489\}^T$, und das sind genau die Knotenwerte der
exakten Lösung $w(x) = 25/\pi^2 \cdot \sin(\pi x/5)$.

Zurück zu (1.105). Weil $p = 1$ konstant ist, kann man es vor das Integral
ziehen und so ist das Integral gerade die Fläche A unter der Einflussfunktion

$$w_h(x_1) = \int_0^l G(y, x_1)\, p(y)\, dy = A \cdot 1.0 = 2.0 \cdot 1.0 = w(x_1). \tag{1.107}$$

Wenn aber der Aufpunkt $x = 1.5$ zwischen zwei Knoten liegt wie in Abb. 1.24
c, dann lässt sich das Dreieck nicht aus den vier Ansatzfunktionen erzeugen.
Das FE-Programm verbindet daher die beiden Knoten links und rechts vom
Aufpunkt mit einer geraden Linie und rechnet mit dieser Näherung $G_h(y, x)$

$$w_h(x) = \int_0^l G_h(y, x)\, p(y)\, dy = A_h \cdot 1.0 = 2.5 \neq 2.75 = w(x), \tag{1.108}$$

und erhält so natürlich auch nur einen genäherten Wert für die Durchbiegung,
nämlich $w_h(x) = 2.5$ m, statt des exakten Werts $w = 2.75$ m.

Nun wird der Leser sicher einwenden wollen: Ein FE-Programm berechnet
doch die Knotenwerte, indem es das Gleichungssystems $\boldsymbol{K}\boldsymbol{w} = \boldsymbol{f}$ löst und
die Werte dazwischen, indem es zwischen den Knoten interpoliert.

Das ist richtig, aber die Werte in dem Vektor $\boldsymbol{w}$ sind genauso groß, *als
ob* das FE-Programm sie mit den genäherten Einflussfunktionen berechnet

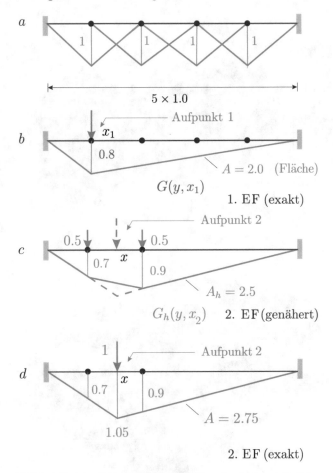

Abb. 1.24 FE-Modell eines Seils, Vorspannung $H = 1$, **a)** Ansatzfunktionen, **b)** Einflussfunktion (EF) für $w(x_1)$ und **c)** für die Durchbiegung $w(x)$ im Zwischenpunkt, **d)** die exakte Einflussfunktion für $w(x)$

hätte. **Das ist der entscheidende Punkt**. Von der klassischen Statik zu den finiten Elementen ist es ein ganz, ganz kurzer Weg.

Die Biegefläche der Platte in Abb. 1.25 hat das FE-Programm (theoretisch) so berechnet, dass es nacheinander in jeden Knoten x_i eine Kraft $P = 1$ gestellt hat und die sich darunter ausbildende Biegefläche $G_h(y, x_i)$ mit der konstanten Funktion g, dem Eigengewicht, überlagert hat[10]

$$w_h(x_i) = \int_\Omega G_h(y, x_i)\, g(y)\, d\Omega_y = \text{Volumen von } G_h \times g. \qquad (1.109)$$

---

[10] Das y an dem Flächenelement $d\Omega$ bedeutet, dass über y integriert wird.

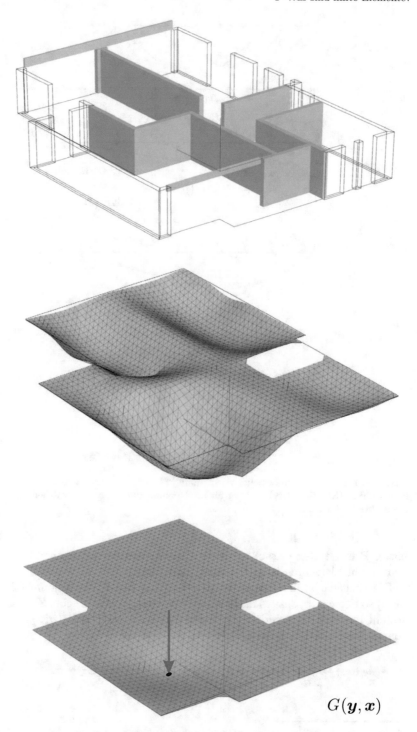

$$G(\boldsymbol{y}, \boldsymbol{x})$$

Abb. 1.25 Deckenplatte, **a)** System, **b)** Biegefläche im LF g, **c)** Einflussfunktion für die Durchbiegung w in einem Knoten $\boldsymbol{x}$, das Programm berechnet (theoretisch) diese Einflussfläche für jeden Knoten und stellt die Durchbiegungen genau so ein, als ob sie aus der Überlagerung der Belastung mit diesen Einflussfunktionen kämen. Die Genauigkeit dieser Einflussfunktionen bestimmt also die Genauigkeit der FE-Lösung

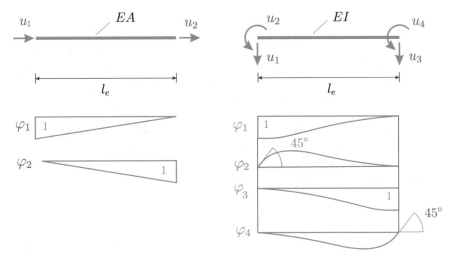

Abb. 1.26 Stab- und Balkenelement und zugehörige Einheitsverformungen

Wir sagen theoretisch, weil natürlich das FE-Programm die Knotenwerte durch das Lösen von $\boldsymbol{K}\boldsymbol{w} = \boldsymbol{f}$ bestimmt hat, aber diese sind genau so groß, *als ob* das FE-Programm die Einflussfunktion (1.109) benutzt hätte.

Das System $\boldsymbol{K}\boldsymbol{w} = \boldsymbol{f}$ ist der ‚kurze Weg' zu den w_i, die Formel (1.109) ist der ‚lange' Weg, aber die Ergebnisse sind dieselben[11]

$$w_h(\boldsymbol{x}_i) = w_i = \sum_j k_{ij}^{(-1)} f_j = \int_\Omega G_h(\boldsymbol{y}, \boldsymbol{x}_i)\, g(\boldsymbol{y})\, d\Omega\boldsymbol{y}\,. \qquad (1.110)$$

Dies ist das wenig bekannte Gesetz hinter den finiten Elementen.

So gut, wie die Einflussfunktionen sind, so gut sind die FE-Ergebnisse.

1.14 Steifigkeitsmatrizen

Beginnen wir mit einem Stab, s. Abb. 1.26. Er hat zwei Enden, also zwei Knoten x_i und zwei Freiheitsgrade, die horizontalen Verschiebungen u_i der Knoten und an jedem Ende wirkt eine Knotenkraft f_i. Der Zusammenhang zwischen den u_i und f_i wird beschrieben durch die Matrix

$$\frac{EA}{l} \begin{bmatrix} 1 & -1 \\ -1 & 1 \end{bmatrix} \begin{bmatrix} u_1 \\ u_2 \end{bmatrix} = \frac{EA}{l} \begin{bmatrix} 1 \\ -1 \end{bmatrix} u_1 + \frac{EA}{l} \begin{bmatrix} 1 \\ -1 \end{bmatrix} u_2 = \begin{bmatrix} f_1 \\ f_2 \end{bmatrix}\,. \quad (1.111)$$

---

[11] Ungläubige Leser dürfen das Integral partiell integrieren, um sich davon zu überzeugen.

Um diese Matrix herzuleiten, verschieben wir erst das linke Ende um 1 Meter, $u_1 = 1, u_2 = 0$ ($\boldsymbol{u} = \boldsymbol{e}_1$) und dann das rechte Ende $u_1 = 0, u_2 = 1$ ($\boldsymbol{u} = \boldsymbol{e}_2$) und notieren jeweils, welche Kräfte f_i dafür nötig sind. Diese Kräfte bilden die Spalten 1 und 2 der obigen Steifigkeitsmatrix, denn $\boldsymbol{K}^e\,\boldsymbol{e}_1$ = Spalte 1 und $\boldsymbol{K}^e\,\boldsymbol{e}_2$ = Spalte 2. $\boldsymbol{K}^e$ ist die Elementsteifigkeitsmatrix.

Für kleine Systeme reicht diese Handmethode durchaus aus. Wir wollen den Zugang jedoch etwas formalisieren.

Zu jedem Freiheitsgrad u_i eines Elements (e) gehört eine Einheitsverformung $\varphi_i^e(x)$, die die Verformung des Elements beschreibt, wenn $u_i = 1$ ist und alle anderen Freiheitsgrade gesperrt sind. Bei einem linearen Stab[12] sind das die beiden Funktionen

$$\varphi_1^e(x) = 1 - \frac{x}{l} \qquad \varphi_2^e(x) = \frac{x}{l}\,. \tag{1.112}$$

Zur Steifigkeitsmatrix kommt man über die *Wechselwirkungsenergie*

$$\int_0^l \frac{N\,\delta N}{EA}\,dx = a(u, \delta u) \tag{1.113}$$

das ist die virtuelle innere Arbeit δA_i zwischen u und δu, s. (3.56). Auf der Diagonalen, $a(u, u)$, ist sie – bis auf den fehlenden Faktor $1/2$ – die innere Energie.

Das Element k_{ij}^e einer Elementmatrix ist die Wechselwirkungsenergie zwischen den Einheitsverformungen φ_i^e und φ_j^e des Elements

$$k_{ij}^e = a(\varphi_i^e, \varphi_j^e) = \int_0^l \frac{N_i^e\,N_j^e}{EA}\,dx = \int_0^l EA\,\varphi_i^{e\prime}\,\varphi_j^{e\prime}\,dx\,. \tag{1.114}$$

Wegen $\delta A_a(p_i^e, \varphi_j^e) = \delta A_i(\varphi_i^e, \varphi_j^e)$ kann man auch sagen:

Das Element k_{ij}^e einer Elementmatrix ist gleich der Arbeit, die die Kräfte p_i^e, die *shape forces*, die das Element in die Form φ_i^e drücken, auf den Wegen der Einheitsverformung φ_j^e leisten

Speziell sind die Terme auf der Diagonalen, k_{ii}^e, die äquivalenten Knotenkräfte der Kräfte, die den Freiheitsgrad u_i aktivieren, $u_i = 1$, und die k_{ji}^e oberhalb und unterhalb davon (wir bleiben in der Spalte i) sind die äquiv. Knotenkräfte der Bremskräfte, also der Kräfte, die die Bewegung abstoppen, $u_j = 0$, was ja $\boldsymbol{K}^e\boldsymbol{e}_i = \boldsymbol{s}_i$ (Spalte i) entspricht.

Bei Balken- und Stabelementen mit konstanten Steifigkeiten EI bzw. EA ist zahlenmäßig kein Unterschied zwischen den treibenden/haltenden Kräften selbst und ihren äquivalenten Knotenkräften, also ihren Arbeiten, weil die φ_j

---

[12] Linear bedeutet hier, dass die Einheitsverformungen lineare Funktionen sind

die Knoten gerade um Eins auslenken. (Im folgenden lassen wir den oberen Index e weg).

Die Gestalt der Wechselwirkungsenergie $a(\varphi_i, \varphi_j)$ kann man an der ersten Greenschen Identität ablesen, die zur Differentialgleichung gehört, [50]. Beim Biegebalken $EI\,w^{IV}$ ist es die Überlagerung der Momente M_i und M_j der Einheitsverformungen

$$k_{ij} = a(\varphi_i, \varphi_j) = \int_0^l \frac{M_i\,M_j}{EI}\,dx\,. \tag{1.115}$$

Sinngemäß dasselbe gilt für Scheiben und Platten

$$k_{ij} = a(\boldsymbol{\varphi}_i, \boldsymbol{\varphi}_j) = \int_\Omega \boldsymbol{S}_i \bullet \boldsymbol{E}_j\,d\Omega = \int_\Omega \boldsymbol{\sigma}_i \bullet \boldsymbol{\varepsilon}_j\,d\Omega \tag{1.116}$$

$$k_{ij} = a(\boldsymbol{\varphi}_i, \boldsymbol{\varphi}_j) = \int_\Omega \boldsymbol{M}_i \bullet \boldsymbol{K}_j\,d\Omega = \int_\Omega \boldsymbol{m}_i \bullet \boldsymbol{\kappa}_j\,d\Omega\,, \tag{1.117}$$

wo die Einträge das L_2-Skalarprodukt (= Integral) zwischen dem Spannungstensor des Felds $\boldsymbol{\varphi}_i$ und des Verzerrungstensors des Felds $\boldsymbol{\varphi}_j$ bzw. des Momententensors $\boldsymbol{M}_i$ von φ_i und des Krümmungstensor $\boldsymbol{K}_j$ von φ_j sind.

Die nachgestellte Schreibweise ist die in der FEM gebräuchliche Schreibweise mit Vektoren (kleine Buchstaben) statt Matrizen (große Buchstaben).

Zu jeder Einheitsverformung $\boldsymbol{\varphi}_i$ einer Scheibe, (einem Verschiebungsfeld), gehört also ein Spannungsvektor $\boldsymbol{\sigma}_i$ und ein Verzerrungsvektor $\boldsymbol{\varepsilon}_i$

$$\boldsymbol{\sigma}_i = \{\sigma_{xx}(\boldsymbol{\varphi}_i), \sigma_{yy}(\boldsymbol{\varphi}_i), \sigma_{xy}(\boldsymbol{\varphi}_i)\}^T \quad \boldsymbol{\varepsilon}_i = \{\varepsilon_{xx}(\boldsymbol{\varphi}_i), \varepsilon_{yy}(\boldsymbol{\varphi}_i), 2\,\varepsilon_{xy}(\boldsymbol{\varphi}_i)\}^T\,. \tag{1.118}$$

Das sind einfach die Spannungen und Verzerrungen, die durch die Knotenbewegung $u_i = 1$ und $u_j = 0$ sonst ausgelöst werden. Weil sich alle drei Werte mit dem Ort ändern, sind es vektorwertige Funktionen.

Schreibt man jeden Vektor als Zeilenvektor und setzt die Zeilen untereinander, so entstehen Matrizen, drei Spalten breit und n Zeilen hoch,

$$\boldsymbol{B}_{(n\times 3)} = [\boldsymbol{\varepsilon}_1^T, \boldsymbol{\varepsilon}_2^T, \boldsymbol{\varepsilon}_3^T, \ldots, \boldsymbol{\varepsilon}_n^T]^T \quad \boldsymbol{S}_{(n\times 3)} = [\boldsymbol{\sigma}_1^T, \boldsymbol{\sigma}_2^T, \boldsymbol{\sigma}_3^T, \ldots, \boldsymbol{\sigma}_n^T]^T\,, \tag{1.119}$$

und die Steifigkeitsmatrix schreibt sich

$$\boldsymbol{K}_{(n\times n)} = \int_\Omega \boldsymbol{B}_{(n\times 3)}\,\boldsymbol{S}_{(3\times n)}^T\,d\Omega = \int_\Omega \boldsymbol{B}_{(n\times 3)}\boldsymbol{D}_{(3\times 3)}\boldsymbol{B}_{(3\times n)}^T\,d\Omega\,, \tag{1.120}$$

wobei $\boldsymbol{D}$ eine 3×3-Matrix ist, die die Verzerrungen in Spannungen umrechnet, $\boldsymbol{\sigma}_i = \boldsymbol{D}\,\boldsymbol{\varepsilon}_i,$

$$
\begin{bmatrix} \sigma_{xx} \\ \sigma_{yy} \\ \sigma_{xy} \end{bmatrix} = \frac{E}{1 - \nu^2} \begin{bmatrix} 1 & \nu & 0 \\ \nu & 1 & 0 \\ 0 & 0 & (1 - \nu)/2 \end{bmatrix} \begin{bmatrix} \varepsilon_{xx} \\ \varepsilon_{yy} \\ 2\,\varepsilon_{xy} \end{bmatrix}, \qquad (1.121)
$$

die also das Materialgesetz repräsentiert. In dieser Form gilt sie für ebene Spannungszustände. Für ebene Verzerrungszustände hat sie die Gestalt

$$
\boldsymbol{D} = \frac{E}{(1 + \nu)(1 - 2\,\nu)} \begin{bmatrix} (1 - \nu) & \nu & 0 \\ \nu & (1 - \nu) & 0 \\ 0 & 0 & (1 - 2\,\nu)/2 \end{bmatrix}. \qquad (1.122)
$$

Oft wird auch $2\,\varepsilon_{xy} = \gamma_{xy}$ gesetzt, und bei Platten gilt natürlich alles sinngemäß.

Drei Eigenschaften charakterisieren eine Steifigkeitsmatrix

$$\hat{\boldsymbol{u}}^T \boldsymbol{K} \boldsymbol{u} = \boldsymbol{u}^T \boldsymbol{K} \hat{\boldsymbol{u}} \qquad \text{Symmetrie, } \boldsymbol{u}, \hat{\boldsymbol{u}} \text{ beliebige Vektoren}$$

$$\boldsymbol{u}_0^T \boldsymbol{K} \boldsymbol{u} = 0 \qquad \text{Gleichgewicht}$$

$$\boldsymbol{K} \boldsymbol{u}_0 = \boldsymbol{0} \qquad \text{null Kräfte bei Starrkörperbewegungen}$$

wenn $\boldsymbol{u}_0$ der Knotenvektor einer Starrkörperbewegung ist. Wegen $\boldsymbol{K}\boldsymbol{u}_0 = \boldsymbol{0}$ sind Steifigkeitsmatrizen singulär (ein Vektor $\boldsymbol{u}_0 \neq \boldsymbol{0}$ wird auf den Nullvektor abgebildet). Sie werden erst dann regulär, wenn man die Spalten und Zeilen streicht, die zu gesperrten Freiheitsgraden gehören, also zu den Lagerknoten. Diese modifizierte Matrix nennt man die *reduzierte Steifigkeitsmatrix* und bezeichnet sie meist mit demselben Buchstaben $\boldsymbol{K}$.

Um das Tragwerk aus der neutralen Lage $\boldsymbol{u} = \boldsymbol{0}$ in die Lage $\boldsymbol{u}$ zu drücken ist Energie, sind Kräfte $p_h = \sum_i u_i\,p_i$ nötig. Stellen wir uns nun vor, dass wir dem Tragwerk in Gegenwart dieser Kräfte die virtuelle Verrückung φ_i erteilen, dann ist die virtuelle Arbeit der Kräfte gerade das Skalarprodukt der Zeile $\boldsymbol{z}_i$ (Einträge k_{ij}) der Steifigkeitsmatrix mit dem Vektor $\boldsymbol{u}$

$$
\delta A_a(p_h, \varphi_i) = \delta A_i(u_h, \varphi_i) = \sum_{j=1}^{n} a(\varphi_j, \varphi_i)\,u_j = \sum_{j=1}^{n} k_{ij}\,u_j = \boldsymbol{z}_i\,\boldsymbol{u}\,. \quad (1.123)
$$

Notieren wir in einem Vektor $\boldsymbol{f}$ die Arbeiten, die die Originalbelastung bei denselben Bewegungen leistet,

$$
f_i = \delta A_a(p, \varphi_i)\,, \qquad (1.124)
$$

und stellen wir nun den Vektor $\boldsymbol{u}$ so ein, dass er dem Gleichungssystem

$$
\boldsymbol{K}\boldsymbol{u} = \boldsymbol{f} \qquad (1.125)
$$

genügt, dann haben wir den FE-Lastfall $\boldsymbol{p}_h$ so justiert, dass er *arbeitsäquivalent*, ‚wackeläquivalent' zu dem Originallastfall ist, $\boldsymbol{f}_h = \boldsymbol{f}$.

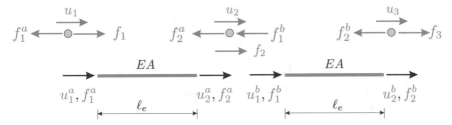

Abb. 1.27 Kopplung zweier Stabelemente

Echte Steifigkeitsmatrizen gibt es nur in der Stabstatik. Echt in dem Sinne, dass die Verknüpfung $\boldsymbol{K}\boldsymbol{u} = \boldsymbol{f}$ zwischen den Weggrößen u_i und den Kraftgrößen f_i exakt ist. In der Stabstatik kann man daher Steifigkeitsmatrizen auch unabhängig von finiten Elementen herleiten, indem man notiert, welche Kräfte zu den Einheitsverformungen φ_i gehören und so die einzelnen Spalten von $\boldsymbol{K}$ erzeugen, s. S. 130, [50].

1.15 Gesamtsteifigkeitsmatrix

Die Gesamtsteifigkeitsmatrix wiederholt das Muster der Elementmatrizen. Der Eintrag k_{ii} auf der Diagonalen ist die äquivalente Knotenkraft der Kraft, die nötig ist, den Knoten um $u_i = 1$ auszulenken und die k_{ij} oberhalb und unterhalb davon sind die äquivalenten Knotenkräfte der Bremskräfte, also der Kräfte die die Bewegung an den nächsten Knoten abstoppen. Weil nun die treibende Kraft gegen die Steifigkeit aller Elemente arbeiten muss, die in dem Knoten angeschlossen sind, ist k_{ii} eine Summe über die anliegenden Elementsteifigkeiten. Dem Zusammenbau der Gesamtsteifigkeitsmatrix entspricht also die Addition der Steifigkeiten in den Knoten.

Der Zusammenbau orientiert sich dabei an der Kopplung der Weggrößen, s. Abb. 1.27. Wenn zwei Elemente einen Knoten gemeinsam haben, dann müssen auch die Verformungen gleich sein. Umgekehrt bedeutet dies für eine Kraft, die in dem Knoten angreift, dass sie gegen die Steifigkeit beider Elemente arbeiten muss, die Steifigkeiten werden also addiert, wie bei *parallel geschalteten Federn*. Es ist diese Universalität der Kopplung von beliebigen Elementtypen, die die Stärke der finiten Elemente gegenüber anderen numerischen Näherungsverfahren ausmacht. Tatsächlich ist es erstaunlich, wie gut die finiten Elemente die Kopplung auch der unterschiedlichsten Elementtypen verkraften.

Wie sich die einzelnen Elemente eines Netzes zu einem Ganzen fügen, sei am Beispiel eines Stabs aus zwei Elementen verfolgt.

Die beiden Elementmatrizen des Stabes in Abb. 1.27 stehen auf der Diagonalen einer 4×4 Matrix[13] $\boldsymbol{K}^{\mathcal{D}}$

---

[13] $\boldsymbol{K}^{\mathcal{D}}$ = alle Elementmatrizen einzeln, unverbunden und $\boldsymbol{u}_{loc}$ und $\boldsymbol{f}_{loc}$ ist die Liste der Weg- und Kraftgrößen an den Elementenden

$$\boldsymbol{f}_{loc} = \begin{bmatrix} f_1^a \\ f_2^a \\ f_1^b \\ f_2^b \end{bmatrix} = \frac{EA}{\ell_e} \begin{bmatrix} 1 & -1 & 0 & 0 \\ -1 & 1 & 0 & 0 \\ 0 & 0 & 1 & -1 \\ 0 & 0 & -1 & 1 \end{bmatrix} \begin{bmatrix} u_1^a \\ u_2^a \\ u_1^b \\ u_2^b \end{bmatrix} = \boldsymbol{K}^{\mathcal{D}} \boldsymbol{u}_{loc}. \qquad (1.126)$$

Die Verschiebungen der Elementenden sind an die Knotenverschiebungen u_1, u_2, u_3 gekoppelt

$$\boldsymbol{u}_{loc} = \begin{bmatrix} u_1^a \\ u_2^a \\ u_1^b \\ u_2^b \end{bmatrix} = \begin{bmatrix} 1 & 0 & 0 \\ 0 & 1 & 0 \\ 0 & 1 & 0 \\ 0 & 0 & 1 \end{bmatrix} \begin{bmatrix} u_1 \\ u_2 \\ u_3 \end{bmatrix} = \boldsymbol{A}\boldsymbol{u}. \qquad (1.127)$$

Die Kräfte $\boldsymbol{f}_{loc}$ und die Knotenkräfte $\boldsymbol{f}$ müssen bei einer virtuellen Verrückung $\boldsymbol{\delta u}$ bzw. $\boldsymbol{\delta u}_{loc} = \boldsymbol{A}\,\boldsymbol{\delta u}$ die gleiche Arbeit leisten

$$\boldsymbol{f}_{loc}^T \, \boldsymbol{\delta u}_{loc} = \boldsymbol{f}^T \, \boldsymbol{\delta u} \qquad \text{oder} \qquad \boldsymbol{f}_{loc}^T \, \boldsymbol{A} \, \boldsymbol{\delta u} = \boldsymbol{f}^T \, \boldsymbol{\delta u}, \qquad (1.128)$$

was $\boldsymbol{f} = \boldsymbol{A}^T \boldsymbol{f}_{loc}$ ergibt und das sind natürlich gerade die Gleichgewichtsbedingungen zwischen den Stabendkräften und den Knotenkräften f_i

$$\boldsymbol{f} = \begin{bmatrix} f_1 \\ f_2 \\ f_3 \end{bmatrix} = \begin{bmatrix} 1 & 0 & 0 & 0 \\ 0 & 1 & 1 & 0 \\ 0 & 0 & 0 & 1 \end{bmatrix} \begin{bmatrix} f_1^a \\ f_2^a \\ f_1^b \\ f_2^b \end{bmatrix} = \boldsymbol{A}^T \boldsymbol{f}_{loc}. \qquad (1.129)$$

Entsprechend erhält man durch Multiplikation der Matrix $\boldsymbol{K}^{\mathcal{D}}$ von links und rechts mit $\boldsymbol{A}^T$ bzw. $\boldsymbol{A}$ die Gesamtsteifigkeitsmatrix

$$\boldsymbol{K} = \boldsymbol{A}^T \boldsymbol{K}^{\mathcal{D}} \boldsymbol{A} = \frac{EA}{\ell_e} \begin{bmatrix} 1 & -1 & 0 \\ -1 & 2 & -1 \\ 0 & -1 & 1 \end{bmatrix}. \qquad (1.130)$$

Was man hier auch sieht, ist, dass es eine Rangordnung der Freiheitsgrade gibt. Die *master* sind die Bewegungen der Knoten und die *slaves* sind die Bewegungen an den Elementenden, die den Knoten gegenüber liegen. Der *master* ist ein echter Freiheitsgrad und hat im Gleichungssystem seine Stelle, der *slave* hingegen wird entweder bereits bei der Elementformulierung oder erst beim Zusammenbau des Gleichungssystems eliminiert. Dies auf Elementebene zu tun ist eigentlich nur sinnvoll, wenn diese Bedingung lokal zu dem entsprechenden Element gehört, und wenn sich dadurch nicht der Rang der Steifigkeitsmatrix erhöht. Wendet man nämlich die explizite Form rekursiv mehrfach an, so steigt der Rang der Matrix und damit auch die Bandweite unter Umständen mit der Potenz der Schachtelungstiefe an.

Würde man auch die Bewegungen einzelner Knoten einschränken wollen, wie etwa in einem schräg verlaufenden Rollenlager,

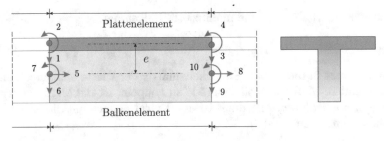

Abb. 1.28 Ankopplung eines Plattenbalkens an eine Platte

$$\boldsymbol{u}^T \boldsymbol{n} = u_x\, n_x + u_y\, n_y = 0\,, \qquad (1.131)$$

dann wäre das so, als ob man die Steifigkeitsmatrix mit einer weiteren Matrix $\boldsymbol{B}$ von links und rechts multiplizieren würde

$$\boldsymbol{K} = \boldsymbol{B}^T \boldsymbol{A}^T \boldsymbol{K}^{\mathcal{D}} \boldsymbol{A}\, \boldsymbol{B}\,, \qquad (1.132)$$

die die Kopplung der alten *master* an die dann neuen *master* beschreibt. Mit jeder weiteren Zwangsbedingung, also zusätzlichen Kopplungsbedingungen, Matrizen $\boldsymbol{C}, \boldsymbol{D}, \ldots$, schrumpft die Steifigkeitsmatrix

$$\boldsymbol{K} = \boldsymbol{D}^T \boldsymbol{C}^T \boldsymbol{B}^T \boldsymbol{A}^T \boldsymbol{K}^{\mathcal{D}} \boldsymbol{A}\, \boldsymbol{B}\, \boldsymbol{C}\, \boldsymbol{D}\,, \qquad (1.133)$$

bleiben immer weniger echte Freiheitsgrade übrig. Programmintern hat man natürlich kürzere Wege, um zu dem Endprodukt $\boldsymbol{K}$ zu kommen, aber mathematisch ist es eine Hilfe zu wissen, dass die Gesamtsteifigkeitsmatrix als das Produkt von Matrizen geschrieben werden kann.

Vor allem ‚unendlich' steife Elemente sollte man direkt über Koppelbedingungen und nicht über künstlich hoch gesetzte Steifigkeiten realisieren. Zum Beispiel kann man die Knotenverformungen u_x, u_y, u_z eines Knotens $\boldsymbol{x} = (x, y, z)$ in einem starren Körper explizit auf die Bewegung $u_{x,ref}, u_{y,ref}, u_{z,ref}$ und Rotation $\varphi_x, \varphi_y, \varphi_z$ der Referenzachse zurückführen

$$u_z = u_{z,ref} - (x - x_{ref})\, \varphi_{y,ref} + (y - y_{ref})\, \varphi_{x,ref}\,. \qquad (1.134)$$

Unterzüge werden gerne durch einen Balken modelliert, der unterhalb der Platte verläuft wie in Abb. 1.28 und dessen Bewegungen dann an die Bewegungen der Platte geknüpft werden,

$$\begin{bmatrix} u_5 \\ u_6 \\ u_7 \\ u_8 \\ u_9 \\ u_{10} \end{bmatrix} = \begin{bmatrix} 0 & -e & 0 & 0 \\ 1 & 0 & 0 & 0 \\ 0 & 1 & 0 & 0 \\ 0 & 0 & 0 & e \\ 0 & 0 & 1 & 0 \\ 0 & 0 & 0 & 1 \end{bmatrix} \begin{bmatrix} u_1 \\ u_2 \\ u_3 \\ u_4 \end{bmatrix} \qquad \text{oder} \qquad \boldsymbol{u}^B_{(6)} = \boldsymbol{A}_{(6\times4)}\, \boldsymbol{u}^P_{(4)}\,. \qquad (1.135)$$

Entsprechend erhält man eine modifizierte Balkenmatrix

$$A^T_{(4\times 6)}\, \boldsymbol{K}_{(6\times 6)}\, \boldsymbol{A}_{(6\times 4)} = \boldsymbol{K}_{(4\times 4)}\,, \tag{1.136}$$

die man direkt in die globale Steifigkeitsmatrix der Platte einbauen kann.

Eine andere Methode Freiheitsgrade zu koppeln, ist die Methode der *Lagrange Multiplikatoren*. Allerdings ist es oft nicht einfach mit dieser Methode stabile Lösungen zu erhalten.

1.16 Lagerbedingungen

Vor geometrischen Lagerbedingungen hat die FEM ‚Respekt' aber statische Randbedingungen erfüllt sie nur näherungsweise. Anders gesagt: Die FEM kennt ein *starkes* und ein *schwaches* Gleichheitszeichen.

Am gelenkig gelagerten Plattenrand ist die Durchbiegung wirklich in jedem Punkt $\boldsymbol{x}$ null (starkes Gleichheitszeichen). Statische Lagerbedingungen dagegen erfüllt sie nur im Sinne des Prinzips der virtuellen Verrückungen – im integralen Mittel – denn am freien Rand einer Platte ist z.B. nur garantiert, dass die Lagerkraft v_n, (der Kirchhoffschub), und die Flächenlasten p_h in der Nähe des Randes auf den Wegen der Einheitsverformungen φ_i der Randknoten null Arbeit leisten

$$\delta A_a = \int_\Omega p_h\,\varphi_i\,d\Omega + \int_\Gamma v_n\,\varphi_i\,ds = 0\,, \tag{1.137}$$

aber der freie Rand ist im strengen, punktweisen Sinn nicht kräftefrei. (Die virtuelle Verrückung $\delta w = \varphi_i$ setzt ja auch die Lasten p_h nahe dem Rand in Bewegung und deren Arbeit muss mitgezählt werden).

Auch das Randmoment an einem gelenkig gelagerten Rand ist punktweise nicht null, sondern nur so ausbalanciert, dass es und die Last p_h bei einer Verdrehung der Randknoten keine Arbeit leisten. Das bedeutet das schwache Gleichheitszeichen.

Dieselbe Logik gilt natürlich auch für eingeprägte Lasten, also z.B. Randlasten, denn die Randkräfte der FE-Lösung sind nur im schwachen Sinn, im Wackelsinn, mit den eingeprägten Kräften gleich, aber nicht punktweise.

Der technische Grund ist, dass bei der Konstruktion von $\mathcal{V}_h$ von vorneherein keine Funktionen zugelassen werden, die die geometrischen Lagerbedingungen verletzen, aber die Einhaltung der statischen Lagerbedingungen nicht verlangt wird (*strong and weak boundary conditions*). Nur in der Grenze, $h \to 0$, ist der Kirchhoffschub v_n auch punktweise gleich der eingeprägten Last.

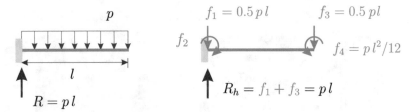

Abb. 1.29 Die Resultierenden sind gleich, $R = R_h$

1.17 Gleichgewicht

Sätze wie

- *Das globale Gleichgewicht ist erfüllt.*
- *Das Gleichgewicht im Element ist nicht erfüllt.*
- *Das Gleichgewicht an den Elementrändern ist nicht erfüllt.*
- *Das Gleichgewicht an den Knoten ist erfüllt.*   (?)

stärken nicht das Vertrauen in die Methode der finiten Elemente, aber sie verlieren doch viel von ihrer Dramatik, wenn man sich in Erinnerung ruft, dass die Methode ein Ersatzlastverfahren ist. Die Schnittkräfte, die ein FE-Programm ausgibt, gehören zum äquivalenten Lastfall p_h, und daher ist es (aus Sicht der FEM) ganz natürlich, dass nichts passt, wenn man über Kreuz vergleicht: Die Schnittkräfte eines Lastfalls A sind in der Regel nie im Gleichgewicht mit den Lasten eines Lastfalls B. Allerdings sind die Resultierenden R und R_h der beiden LF p und p_h gleich, s. Abb. 1.29, und daher muss die Summe der Lagerkräfte im LF p_h gleich R sein, [45]. Das ist ja die erste Kontrolle nach einer FE-Berechnung, man zählt die Lagerkräfte und prüft, ob dabei R herauskommt.

Ein FE-Programm begeht nur *einen* Fehler, den ihm ein Prüfingenieur anlasten könnte, und den begeht es gleich zu Anfang: Es ersetzt die Originalbelastung durch einen äquivalenten Lastfall. Alles andere aber, was danach kommt, ist klassische Baustatik im Sinne des Regelwerkes. Das FE-Programm löst den äquivalenten Lastfall *exakt*. Daher ist das ganze Tragwerk und jedes Teilsystem im Gleichgewicht – mit den Lasten des äquivalenten Lastfalls.

Die Gleichung $\boldsymbol{K}\boldsymbol{u} = \boldsymbol{f}$ ist auch keine Gleichgewichtsbedingung (bei Stabtragwerken kann man das noch so sehen), denn es werden keine Kräfte gleichgesetzt, sondern Arbeiten. Die äquivalenten Knotenkräfte f_i [kNm] sind Arbeiten. Keine Scheibe würde dem enormen Druck ($\sigma = \infty$) einer echten Knotenkraft f_i widerstehen.

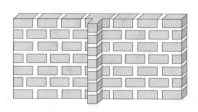

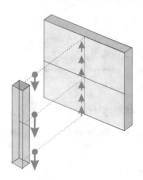

Abb. 1.30 Lisene und Wandscheibe

1.17.1 Das Schnittprinzip

Das Schnittprinzip hat für die Statik axiomatischen Charakter. In der FEM gilt dieses Prinzip aber nur noch in abgeschwächter Form, [37]:

- Die Schnittkräfte auf den beiden Schnittufern und die Flächen- und Volumenlasten links und rechts von der Schnittfuge leisten bei einer Einheitsverformung der Knoten in der Schnittfuge die gleiche Arbeit. Das ist garantiert. Es ist aber nicht garantiert, dass die Schnittkräfte punktweise gleich sind.

Auf den beiden Schnittufern können also (aber müssen nicht) unterschiedlich verteilte Kräfte wirken. Insbesondere gehen eben auch die Flächen- bzw. Volumenlasten (die ‚Umgebungskräfte') in der Nähe der Schnittfuge in die Bilanz der Arbeiten ein. Alles, was an Lasten in der Nähe der Schnittfuge steht und bei einer Einheitsverformung eines Koppelknotens mitbewegt wird, wird mitgezählt!

Diesem *schwachen Schnittprinzip*, wenn wir es so nennen wollen, begegnen wir vorwiegend in den Koppelfugen unterschiedlicher Tragglieder, wie etwa Platte und Balken oder Wand und Lisene (Wandvorsprünge), s. Abb. 1.30.

Modellieren wir die Lisene als Stab mit linearen Elementen, so bedeutet das, dass in den Knoten der Lisene Einzelkräfte wirken. Am anderen Schnittufer finden wir statt der Knotenkräfte aber Linienkräfte als Schnittkräfte, s. Abb. 1.30. (Einzelkräfte auf der Seite der Scheibe würden die Knoten wegdrücken). Was den unterschiedlichen Schnittkräften + Umgebungskräften aber gemeinsam ist, ist, dass sie arbeitsäquivalent bezüglich der Einheitsverformungen der Knoten sind.

Stab (Lisene) und Wandscheibe sind also für die FEM nicht zwei monolithisch verbundene Bauteile, sondern jedes Bauteil lebt – bis auf die Koinzidenz der Knotenverschiebungen und die energetische Kopplung, wenn man das δA_a(Stab) = δA_a(Scheibe) der Schnittkräfte so nennen will – für sich allein.

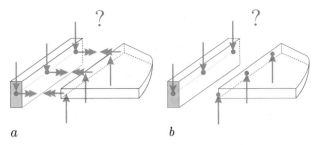

a b

Abb. 1.31 Die Kopplung zwischen Balken und Platte ist eine energetische, eine arbeits-
äquivalente Kopplung, aber keine ‚kraftschlüssige' Kopplung, weil **a)** die Balkenmomente
keinen Widerstand auf der Seite der schubstarren Platte finden, bzw. **b)** die Knotenkräfte
keinen Widerstand bei der schubweichen Platte.

Dazu kommt, dass sich auch die Schnittufer in der Regel unterschiedlich
verformen, weil die Verschiebungsansätze auf beiden Seiten des Schnitts unterschiedlich sind, wenn das auch bei diesem Beispiel gerade nicht der Fall
ist: Lineare Ansätze für die Scheibe und lineare Ansätze für die Lisene würden zueinander passen, während quadratische Ansätze für die Scheibe die
Kompatibilität dagegen verletzen würden.

Solche Inkonsistenzen in der Formulierung treten viel häufiger auf, als sich
der Anwender vielleicht bewusst ist. Allerdings sollten sie auf Koppelfugen
beschränkt bleiben, denn man kann schlecht ein Tragwerk mit lauter klaffen-
den Fugen rechnen.

Was wir oben über Stab und Scheibe gesagt haben, gilt natürlich erst
recht für die Kopplung zwischen einer Platte und einem Balken, s. Abb. 1.31,
denn eine Platte kann Einzelmomente nicht aufnehmen, und daher kann man
nicht einfach die Knotenmomente von der Seite des Balkens auf das andere
Schnittufer übertragen. Wird die Platte schubweich gerechnet, dann kann
man selbst die Knotenkräfte nicht mehr übertragen, weil eine schubweiche
Platte Einzelkräften nichts festhalten kann.

Für Kräfte, und dazu gehören auch die Schnittkräfte in den Koppelfugen, benutzt die FEM also, so kann man es zusammenfassen, das *schwache
Gleichheitszeichen*.

1.18 Die Ergebnisse im Ausdruck

Um FE-Ergebnisse richtig beurteilen zu können, muss man wissen, wie ein
FE-Programm die Ergebnisse präsentiert.

Der LF p_h

Der äquivalente Lastfall p_h wird in der Regel von FE-Programmen – zu
Recht – nicht ausgegeben, weil die Darstellung der Fehlerkräfte $p - p_h$ den

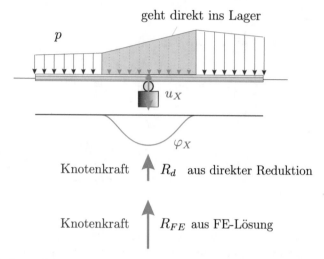

Abb. 1.32 Starre Stütze, die gesamte Stützenkraft ist die Summe aus der Stützenkraft R_{FE} der FE-Lösung plus dem direkt in die Stütze reduziertem Anteil aus der Last p

Anwender eher irritiert. Programmintern und mit den richtigen mathematischen *tools* können jedoch die Fehlerkräfte eine Hilfe bei der Beurteilung der Güte einer FE-Lösung sein.

Lagerkräfte

Die f_i in den Lagerknoten berechnet ein FE-Programm im Nachlauf, nachdem es das System $\boldsymbol{K}\boldsymbol{u} = \boldsymbol{f}$ gelöst hat, wie folgt:

- Es erweitert den Vektor $\boldsymbol{u}$ zunächst um die zuvor gestrichenen $u_i = 0$ in den Lagerknoten, $\boldsymbol{u} \to \boldsymbol{u}_G$,
- und multipliziert die nicht-reduzierte, globale Steifigkeitsmatrix $\boldsymbol{K}_G$ mit dem vollen Vektor $\boldsymbol{u}_G$,
- die Einträge f_i in dem Vektor $\boldsymbol{f}_G = \boldsymbol{K}_G \boldsymbol{u}_G$, die zu den gesperrten Freiheitsgraden gehören, sind die äquivalenten Knotenkräfte in den Lagern *ohne* die Anteile der Last, die direkt in die Lager reduziert wurden. Zu diesen muss man also noch die äquivalenten Lagerkräfte aus der direkten Reduktion addieren, die wir R_d nennen, s. Abb. 1.32,

$$f_i(komplett) = f_i + R_d = R_{FE} + R_d \,. \tag{1.138}$$

- Wenn allerdings die Lager nachgiebig gerechnet wurden, dann ist das letzte Manöver nicht notwendig, dann beinhaltet $f_i = R_{FE}$ die volle Lagerkraft.

Diese äquivalenten Knotenkräfte f_i [kNm] werden dann in Linienkräfte [kN/m] umgerechnet.

Dieses Umrechnen macht es auch, dass im Ausdruck die Einspannmomente m_n^h an freien Rändern von Platten null sind, obwohl sie punktweise eigentlich nicht null sind, sondern nur im integralen Sinn: Weil die Einspannmomente m_n^h (plus den FE-Lasten p_h) im Mittel null sind, wenn man sie gegen die Einheitsverdrehungen der Randknoten arbeiten lässt,

$$f_i = \int_\Omega p_h \, \varphi_i \, d\Omega + \int_\Gamma m_n^h \, \varphi_i \, ds = 0 \,, \qquad (1.139)$$

so sind die äquivalenten Knotenmomente f_i null, und deswegen dann auch ihre Verteilung im Sinne von (1.139) längs des Randes.

Dieselbe Logik gilt auch für die Lagerkräfte an Zwischenlagern wie Wänden oder Unterzügen. Was man im Ausdruck sieht, sind die in Linienkräfte umgerechneten äquivalenten Knotenkräfte f_i.

In Wirklichkeit wird es so sein, dass die Platte an einem Zwischenlager von dort aufwärts gerichteten Flächenkräften p_h, Linienkräften l_h und Linienmomenten m_h (auf den Elementkanten) gestützt wird. Diese lässt man gegen die Einheitsverformungen φ_i der Lagerknoten arbeiten, was die f_i ergibt, und diese werden anschließend in Linienkräfte umgerechnet. So entsteht der Eindruck einer Linienlagerung.

Kontrolle der Lagerkräfte

Die Gleichgewichtskontrollle, *Summe der Belastung = Summe der Knotenkräfte*, ist eine notwendige Kontrolle, denn es darf keine Belastung verloren gehen, aber sie sagt nichts über die Güte einer FE-Berechnung aus, weil jedes FE-Programm diese Bedingung erfüllt, sie ist sozusagen *hard wired*.

Man beachte auch, dass nur die Anteile der Last zu Schnittkräften führen, die in freie Knoten, in der Regel sind das die innenliegenden Knoten, reduziert werden. Ein gewisser Teil wandert ja direkt in die Lagerknoten und fließt damit direkt ab. Beim Aufsummieren muss man diese natürlich mitzählen, FE-Programme machen das.

1.19 Einfluss der Modellbildung bei der Berechnung am Gesamtmodell

Positions-Statik

Der herkömmlichen Weg einer statischen Berechnung soll als *Positions-Statik* bezeichnet werden. Das Tragwerk wird in einzelne Positionen aufgeteilt und der Lastabtrag erfolgt von Position zu Position, wobei die stützende Konstruktion jeweils als steif angesehen wird, und die darüber liegenden Strukturen nur mit ihren Lasten angesetzt werden.

Dem klaren Vorteil des ingenieurgerechten Ansatzes steht der Nachteil gegenüber, Effekte zweiter Ordnung zu vernachlässigen, die für das Ergebnis von Bedeutung sein können.

Der große praktische Vorteil besteht darin, dass die Methode gegenüber den Bauzuständen gutmütig ist: Jede Belastung wirkt nur auf die darunterliegenden Strukturen.

Statik am Gesamtsystem

In vielen Fällen ist jedoch auch eine Untersuchung am Gesamtsystem erforderlich. Sowohl die Stabilität wie auch dynamische Beanspruchungen sind Belastungszustände bei denen die Steifigkeit und das Zusammenwirken aller Teile berücksichtigt werden muss. Außerdem ist es für die Vorstellung sehr vorteilhaft, dem Bauherrn ein Gesamtmodell präsentieren zu können.

Um richtige Ergebnisse zu erhalten, muss man den Modellierungsaufwand entsprechend erhöhen. Dabei besteht die große Gefahr, dass man in Zugzwang gerät: Mit der Berücksichtigung von Effekt a muss auch Effekt b berücksichtigt werden, usw. Es kann aber auch sein, dass lokale Effekte wie z.B. das Knickversagen einer Aussteifung vom Gesamtmodell gar nicht erfasst werden können.

1.19.1 Kritische Punkte bei der Statik am Gesamtsystem

Bauphasen

Da wesentliche Lasten während der Bauphasen auf Teilen des Systems wirken, müssen für die richtige Verteilung der Beanspruchung im Endzustand alle diese Bauphasen akkumuliert werden. Dies kann dadurch geschehen, dass man Ergebnisse an einzelnen statischen Systemen einfach überlagert, aber spätestens dann, wenn auch Teile der Struktur wieder entfernt werden, müssen die Umlagerungen dadurch modelliert werden, dass die freigeschnittenen inneren Kräfte der entfernten Teile als Belastung auf das nächste System wirken. Vereinfacht gesagt: die Schwerkraft wirkt schon während der Bauzeit und wird nicht erst nach dem Richtfest eingeschaltet. Dieser Aspekt erhöht den Rechen- und Bearbeitungsaufwand erheblich, aber es gibt keine Alternative.

Wird eine Vorspannung auf das falsche System aufgebracht, kann es sogar passieren, dass die Kräfte aus der Verformungsbehinderung deutlich größer werden als die statisch bestimmten Anteile und dann quasi mit dem falschen Vorzeichen wirken.

Lagerungen

Die erste Grundregel bei Berechnungen am Gesamtsystem ist: „Es gibt keine unendlich steifen Elemente". Insbesondere wenn Zwang aus Temperatur zu untersuchen ist, muss jede Behinderung der Verformung zu entsprechenden Kräften führen. Dann können einzelne Details wie z.B. die Verwendung von nachgiebigen Verbindungsmitteln die Ergebnisse völlig verändern.

Bei der Lagerung der Systeme muss vor allem den horizontalen Verschiebungs-Möglichkeiten Aufmerksamkeit geschenkt werden. Der normale Durchlaufträger kennt keine horizontalen Lagerungen, als Riegel in einem Rahmensystem ist er weder frei verschieblich, noch komplett behindert. Bei einer nichtlinearen Berechnung eines Stahlbetonelements entstehen durch die Rissbildung zusätzliche Dehnungen der Schwerachse, die bei entsprechender Dehnungsbehinderung zu Normalkräften führen.

Eine elastisch gebettete Bodenplatte hat z.B. keinen definierten Lagerpunkt für horizontale Belastungen. Man muss eine flächenhafte Steifigkeit anordnen, tiefer gelegte Fundamente sind dabei ‚etwas' steifer, dazwischen können große Kräfte entstehen.

Auch die Behandlung einer Quervorspannung im Brückenbau kann infolge der ungenauen Steifigkeiten und Lagerungen in Querrichtung sehr leicht völlig missraten.

Verbindungen

Auch die Modellierung der statischen und dynamischen Verbindungen der einzelnen Bauteile hat häufig einen sehr großen Einfluss auf die Ergebnisse. Die Erfassung der korrekten Steifigkeit ist schon schwierig genug, die Erfassung des nichtlinearen Verformungsverhaltens oder der dynamischen Eigenschaften einer Verbindung stellt eine außerordentliche Ingenieuraufgabe dar. Aber auch die Modellierung einer einfachen Rahmenecke ist komplex, [111].

Rotationsfreiheitsgrade

Einen besonderen Einfluss haben die Verdrehungsfreiheitsgrade bzw. deren Kopplung mit den Verschiebungen. Vernachlässigt man diese Effekte, dann erfüllt die Lösung nicht mehr das Momentengleichgewicht, man muss sich also mit diesen Freiheitsgraden kritisch auseinandersetzen.

Randbedingungen

Heute werden meist finite Elemente nach der *Reissner-Mindlin-Theorie*, bzw. Stabelemente nach der *Timoshenko-Theorie* verwendet. Die Verdrehung ist dabei also die Gesamtverdrehung als Summe aus Biegeverdrehung und

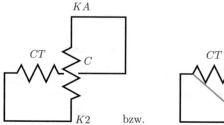 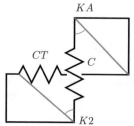

Abb. 1.33 Koppelfeder

Schubverzerrung. Bei Platten und Schalen muss daher die ‚harte‘ und die ‚weiche‘ Lagerung unterschieden werden, s. S. 286. Obwohl die harte Lagerung mit ihrer behinderten Verdrehung intuitiv richtiger erscheint, erzeugt diese gerne ungewollte Einspannungen bei gekrümmten Rändern. Die weiche Lagerung hingegen muss Lagerbedingungen für die Torsionsmomente durch Kräftepaare erzeugen, was zur Ausbildung von Grenzschichten mit großen Schubkräften entlang des Randes und oszillierenden Lagerkräften führt.

Koppelelemente

Gerade bei räumlichen Systemen werden häufig entfernt liegende Knoten miteinander mechanisch gekoppelt. Sowohl bei den Koppelbedingungen wie auch bei den Federn müssen die Verdrehungen und der reale Abstand der Knoten in die Elementbedingung mit einbezogen werden.

So ist z.B. ein allgemeines Koppelelement mit Federn durch die Skizze in Abb. 1.33 gegeben: Zwischen zwei Knoten KA und K2 wirken eine Feder C in Richtung der Knoten (= Vektor $\bar{n}$) sowie eine isotrope Querfedersteifigkeit CT in der Ebene senkrecht dazu. Durch die Kombination beider Federn lassen sich nichtlineare Effekte wie Reibung vorteilhaft modellieren. Die grundlegenden Beziehungen der Verschiebungen u, der Kräfte f und der Steifigkeit K sind durch die folgenden Ausdrücke gegeben

$$\boldsymbol{\Delta\bar{u}} = \bar{u}(KA) - \bar{u}(K2) \qquad \Delta u_n = \boldsymbol{\Delta\bar{u}}^T \boldsymbol{\bar{n}} \qquad \boldsymbol{\Delta\bar{u}}_t = \boldsymbol{\Delta\bar{u}} - \bar{n} \cdot \Delta u_n$$

(1.140a)

$$\bar{f} = [f_x, f_y, f_z]^T = \bar{n} \cdot \Delta u_n \cdot C + \boldsymbol{\Delta\bar{u}}_t \cdot CT$$ (1.140b)

$$K = \begin{bmatrix} k_{ii} & -k_{ii} \\ -k_{ii} & k_{ii} \end{bmatrix} \qquad k_{ii} = E_3 \cdot CT + \bar{n}\,(C - CT)\,\bar{n}^T$$ (1.140c)

mit E_3 als der Einheitsmatrix vom Rang 3.

Dieser Ansatz ist jedoch nur richtig, wenn die Elementknoten zusammenfallen. Haben sie einen echten Abstand, dann sollte eine horizontale Kraft im oberen Knoten ein Moment im unteren Knoten erzeugen. Man kann diesen Effekt allgemein dadurch beschreiben, dass die Summe der Verdrehungen eine Verschiebung der Feder CT erzeugt, die proportional zum Abstand der Knoten ist. Damit wird der Verschiebungsvektor ergänzt

$$\boldsymbol{\Delta \bar{u}}_E = \begin{bmatrix} \Delta u_x \\ \Delta u_y \\ \Delta u_z \end{bmatrix} + \begin{bmatrix} 0 & -\Delta z & \Delta y \\ \Delta z & 0 & -\Delta x \\ -\Delta y & \Delta x & 0 \end{bmatrix} \begin{bmatrix} \sum u_{xx} \\ \sum u_{yy} \\ \sum u_{zz} \end{bmatrix}. \tag{1.141}$$

Diese Exzentrizitätsbeziehung $\boldsymbol{E}$ erzeugt aus der 3×3 Steifigkeitsmatrix $\boldsymbol{k}_{ii}$ eine 6×6 Steifigkeitsmatrix, indem man sie unter Beachtung der entsprechenden Vorzeichen von rechts und links mit $\boldsymbol{E}_{(3 \times 6)}$ multipliziert

$$\boldsymbol{k}_{iiE} = \boldsymbol{E}^T \boldsymbol{k}_{ii} \boldsymbol{E} \qquad \boldsymbol{E} = \begin{bmatrix} 1 & 0 & 0 & 0 & \mp\Delta z & \pm\Delta y \\ 0 & 1 & 0 & \pm\Delta z & 0 & \mp\Delta x \\ 0 & 0 & 1 & \mp\Delta y & \pm\Delta x & 0 \end{bmatrix}. \tag{1.142}$$

Damit ist zwar die Koppelbedingung nun mechanisch richtig formuliert, aber wenn die Verdrehungsfreiheitsgrade ansonsten keine Steifigkeit haben, wird die Querfederkonstante dadurch wirkungslos, bzw. es treten verschiebliche Systeme auf. Zum Teil kann man das Problem dadurch lösen, dass man die Art der angrenzenden Elemente automatisch berücksichtigt, und den Rotationsfreiheitsgrad festsetzt, sofern er nicht anderweitig benötigt wird.

Elementformulierungen

Ein fundamentales Problem entsteht nun dadurch, dass manche finite Elemente nicht alle Rotationsfreiheitsgrade benutzen. Für Seil und Fachwerk erscheint dies noch unmittelbar einsichtig, kritischer ist der fehlende Freiheitsgrad bei Scheiben, Faltwerken oder Schalen bei Verdrehungen um die Flächennormale. Auch die modernen isogeometrischen Elemente [57] verwenden ja nur noch die Verschiebungsfreiheitsgrade.

Die Angelegenheit wird nun problematisch, wenn Lasten in Form von Momenten aufgebracht werden müssen oder Kopplungen an Stabelemente erfolgen. Hier muss man entweder den Stab um einen oder mehrere Knoten ins Kontinuum verlängern oder mit speziellen Koppelbedingungen die Rotation aus Verschiebungsdifferenzen modellieren.

In der Geschichte der Finiten Elemente wurde zuerst einfach ein Strafterm (Federelement) auf diesen Freiheitsgrad, dann eine künstliche Steifigkeit verwendet, die über entsprechende Nebendiagonalglieder zumindest Starrkörper-Rotationen nicht behindert hat.

Es war daher nicht verwunderlich, dass man versucht hat, mit höheren Ansatzfunktionen diese *drilling degrees* in die Elementformulierung einzubinden. Gelegentlich wurde die Theorie des *Cosserat Kontinuums* benutzt, was sich aber nicht durchgesetzt hat. Erste Versuche im klassischen Umfeld bestanden darin, bei einem Element mit quadratischem Ansatz die Verschiebungen der Knoten in den Seitenmitten aus den Verformungen der Eckknoten abzuleiten

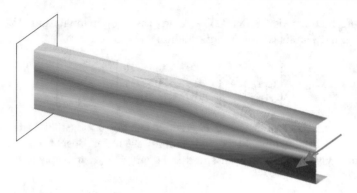

Abb. 1.34 Längskräfte bei der Einleitung eines Einzelmoments in einen Kragträger

[3]. Diese Elemente erwiesen sich aber alle für den praktischen Einsatz als nicht so geeignet.

Heute ist das Problem technisch gelöst: Entweder man benutzt die *Äquivalente Spannungs Transformation* von *Werkle*, s. S. 184, oder man benutzt bei der Herleitung der Elemente eine *gemischte Formulierung* wie das *Hughes* und *Brezzi* [58] vorgeschlagen haben.

Bei der gemischten Formulierung werden die Verschiebungen $\boldsymbol{u}$ und die Verdrehungen $\boldsymbol{\omega}$ (ein 2×2 Tensor) als getrennte Größen behandelt

$$\Pi(\boldsymbol{u}, \boldsymbol{\omega}) = \frac{1}{2} \int_{\Omega} \boldsymbol{\nabla u}^S \boldsymbol{\cdot} \boldsymbol{C} \boldsymbol{\cdot} \boldsymbol{\nabla u}^S \, d\Omega + \frac{1}{2} \int_{\Omega} |\boldsymbol{\nabla u}^A - \boldsymbol{\omega}|^2 \, d\Omega$$
$$- \int_{\Omega} \boldsymbol{u} \boldsymbol{\cdot} \boldsymbol{f} \, d\Omega, \tag{1.143}$$

wobei

$$\boldsymbol{\nabla u}^S = \frac{1}{2}(\boldsymbol{\nabla} u + \boldsymbol{\nabla} u^T) \qquad \boldsymbol{\nabla u}^A = \frac{1}{2}(\boldsymbol{\nabla} u - \boldsymbol{\nabla} u^T) \tag{1.144}$$

die Aufspaltung des Gradienten $\boldsymbol{\nabla u} = \boldsymbol{\nabla u}^S + \boldsymbol{\nabla u}^A$ ist.

Der erste Ausdruck ist quasi die normale Steifigkeitsmatrix aus dem symmetrischen Anteil des Gradienten $\boldsymbol{\nabla u}$ des Verschiebungsfelds. Der zweite Teil ist ein zusätzlicher Strafterm, der die Rotation des Verschiebungsfeldes mit dem Feld der Verdrehungen in Übereinstimmung bringt.

Leider ist es aber so, dass die normalen Elemente beim Hinzufügen weiterer Steifigkeitsterme steifer werden, die Lösung der ohnehin schon zu steifen konformen Elemente dadurch schlechter wird. *Hughes* wies jedoch schon darauf hin, dass der Einsatz von nichtkonformen Elementen oder von Elementen mit *assumed strains* zu brauchbareren Elementen führen sollte.

In der Tat ergibt ein 4-knotiges Element, das die beiden Techniken kombiniert, in den klassischen Benchmarks immer eine korrekte Lösung [98]. In Abb. 1.34 ist die Verteilung der Längskraft bei der Einleitung eines Einzelmo-

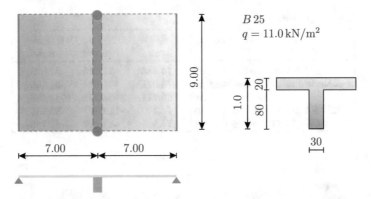

Abb. 1.35 Platte mit Unterzug

ments in einen Kragarm mit diesem Elementansatz dargestellt. Die vertikale Verschiebung wird dabei bis auf 2.4 ‰ genau ermittelt, die lokale Verdrehung ist aber gegenüber der Stablösung 3.7 fach größer.

Lasteinleitung

Dieses Beispiel zeigt auch, dass man die in der Stabstatik üblichen Lasten wie Einzelkräfte und Einzelmomente bei einer FE-Lösung mit größter Zurückhaltung einsetzen sollte. Da diese konzentrierten Lasten die Idealisierung einer in Wirklichkeit verteilten Last darstellen, wird man immer dann unsinnige Ergebnisse erhalten, wenn man das Netz feiner macht als die reale Lastfläche. Bei einer Platte ist es z.B. bekannt, dass man die Lastfläche mit einem Ausbreitungskegel von 45 Grad in der Mittelebene der Lastfläche ermittelt. Bei der Einleitung einer transversalen Querkraft in einen Stab würde man jedoch eine quadratische Schubspannungsverteilung modellieren müssen, um mit der Stabtheorie konform zu gehen.

1.19.2 Steifigkeit im Gesamtsystem

Es sei nun ein Vergleich der Ergebnisse an einem 8 m langen Kragarm aus einem U-Profil unter Eigengewicht dargestellt. Der Querschnitt des Stabmodells (Stabtheorie) wie auch das FE-Schalenmodell werden mit Platten der Dicke 20 mm, einer Höhe von 300 mm und einer Breite von 100 mm modelliert. Da der Schubmittelpunkt und der Schwerpunkt nicht zusammenfallen, muss sich der Querschnitt tordieren. Die folgende Tab. 1.1 stellt die Verschiebungen am Kragarmende gegenüber.

Die mit einem Asterisk * markierten Verdrehungen sind über die beschriebene kleine Steifigkeit nur interpoliert, ein Moment kann man dort nicht aufbringen. Die Biegeverdrehungen sind mit den *drilling degrees* recht gut

Tabelle 1.1 Ergebnisvergleich

Modellierung	$u-z$ mm	$u-yy$ mrad	$u-xx$ mrad
Klassische Stabtheorie	74.483	-11.814	-62.025
Stabtheorie mit Wölbkrafttorsion	74.071	-11.814	-54.296
FE-Modell konform	59.711	-9.629*	-43.935
FE-Modell mit assumed strains	74.119	-11.835*	-63.151
FE-Modell drilling degrees	74.825	-11.877	-63.796

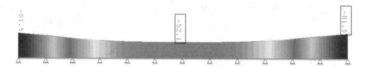

Abb. 1.36 Stützmomente der Platte entlang des Unterzugs

Abb. 1.37 Stabmomente der Platte mit Unterzug

abgebildet. Bei der Torsionsverdrehung fehlen im Stabmodell zwar die Anteile aus der Schubverformung der Verwölbung, aber das FE-Modell scheint trotz deutlich erkennbarer Wölbbehinderung für die Saint-Venant'sche Torsion doch etwas zu weich zu sein.

1.19.3 Beispiel Unterzug

Das abschließende Beispiel, s. Abb. 1.35 war Gegenstand eines Benchmarks, der von der Vereinigung der Prüfingenieure in Rheinland-Pfalz durchgeführt wurde. Die Ergebnisse von 23 Einsendungen wurden 1989 auf der 1. FEM-Tagung in Kaiserslautern vorgestellt [151], und danach in weiteren Veröffentlichungen vertieft [61], [147].

Es ergaben sich damals Schnittgrößen zwischen 50 % und 130 % der Referenzwerte aus einer Positions-Statik ohne Berücksichtigung der Steifigkeitsverhältnisse, bei der erst ein Durchlaufträger über die kurze Spannweite gerechnet wurde und anschließend der Unterzug mit dessen Auflagerlast als Einfeldträger berechnet wurde.

Die folgenden Ergebnisse sind an einem System mit FE-Plattenelementen und modifizierten FE-Plattenbalken [61] mit einer mitwirkenden Breite von $L/3 = 3.0$ m berechnet worden. Technisch gesehen wird der Querschnitt also zunächst – gemäß der Bernoulli-Hypothese – wie ein FE-Stabelement

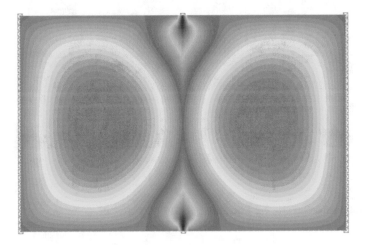

Abb. 1.38 Plattenmomente m_{xx} der Platte mit Unterzug

behandelt, aber im nächsten Schritt wird diese Hypothese fallen gelassen und der Querschnitt an sich wird in 3D-FE-Solids aufgelöst.

Stützmoment der Platte

Die klassische Lösung liefert konstant 67.4 kNm/m. Infolge der nachgiebigen Lagerung durch den Unterzug wird das Stützmoment in der Mitte auf 77 % reduziert, in den Rändern jedoch auf 121 % erhöht, s. Abb. 1.36. Bildet man das Integral, so ist der mittlere Wert nur noch um ca. 8 % geringer. Daran kann man aber auch erkennen, dass die klassische Berechnung nicht auf der unsicheren Seite liegt, obwohl die FE-Beanspruchung am Rande höher ist, da ein Gleichgewichtszustand mit der eingelegten mittleren Bewehrung möglich ist.

Feldmomente der Platte in Längsrichtung

Die Gesamt-Unterzugsmomente sind in Abb. 1.37 dargestellt. Der Maximalwert beträgt 82 % der klassischen Lösung.

Das maximale Feldmoment der Platte in Querrichtung ist mit 42.6 kNm/m um 12 % größer als bei der klassischen Rechnung. Die Abb. 1.38 zeigt die Verteilung der Plattenmomente in der Längsrichtung des Unterzugs. Der maximale Wert von 11.6 kNm/m liegt geringfügig höher als erwartet. Bei näherer Betrachtung sieht man aber auch, dass über den Punktlagern, bzw. kurz davor ein negatives Moment von -15.8 kNm/m entstanden ist. Das entspricht ziemlich genau dem 0.2 fachen Querbiegungsanteil aus dem Stützmoment. Am freien Rand ist dieses Moment zwar Null, aber die Steifigkeit des Unter-

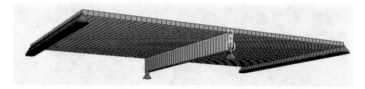

Abb. 1.39 3D-Faltwerk-Modell

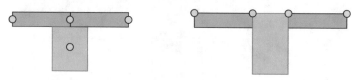

Abb. 1.40 Modellierung des Unterzugs

zugs erzeugt ein schnelles Anwachsen des Wertes. Dieser aus der Querdehnung rührende Anteil wird dann in der Feldmitte durch das dort wirkende
Feldmoment überdrückt. Die Frage, die sich stellt ist, ob die Verdrehung der
Platte, die diesem Moment zu Grunde liegt, sich überhaupt in dieser Form
einstellen wird.

3D-Faltwerk-Modell

Bei der 3D-Faltwerks-Modellierung, s. Abb. 1.39, gibt es zwei mögliche
Varianten, s. Abb. 1.40.

Die linke Variante ist die klassische Variante, die Platte läuft quasi oben
zentrisch durch, die Stabknoten werden mit einer Starrkörperbedingung gekoppelt. Dabei bleibt außer acht, dass die Biegesteifigkeit in Querrichtung
über dem Unterzug erhöht ist, was bei breiten Unterzügen von Bedeutung
ist.

Die rechte Variante ist so zu verstehen, dass alle Elemente exzentrisch an
die oben liegenden Knoten gekoppelt werden. Damit werden die Biegesteifigkeiten besser erfasst, aber die Normalsteifigkeit der dicken Unterzugsplatte in
Querrichtung erzeugt über die Exzentrizität eine viel zu hohe Biegesteifigkeit.
Diesen Anteil sollte man unterdrücken.

Genau dieser Effekt, die Einkopplung der Normalsteifigkeit in das Biege-
tragverhalten ist extrem sensitiv. In [111] wird gezeigt, dass die Verlagerung
der horizontalen Lager aus der Schwerlinie eines Einfeldträgers mit Rechteckquerschnitt an die Unterseite des Querschnitts das Feldmoment um den
Faktor 2 reduziert

Wenn wir im vorliegenden Fall das System horizontal statisch bestimmt
lagern, ergeben sich fast die gleichen Ergebnisse. Lediglich die Schnittgrößen

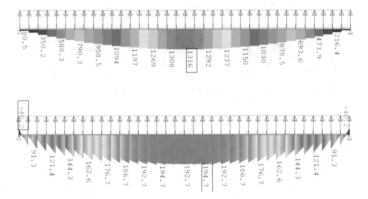

Abb. 1.41 Stabschnittgrößen am 3D-Modell

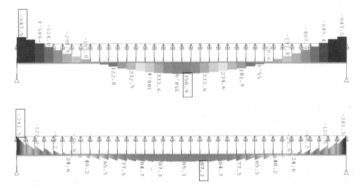

Abb. 1.42 Stabschnittgrößen am horizontal gehaltenen Unterzug

im Stab (N, M_y) sind jetzt nur noch der Anteil des untergehängten Balkens mit dem typischen Sägezahn, s. Abb. 1.41.

Wenn man nun die Lager des Unterzugs in einer Grenzwertbetrachtung horizontal festsetzt, so ändern sich die Schnittgrößen des Unterzugs dramatisch, s. Abb. 1.42. Das Gesamtmoment beträgt nun $87.3 + 0.50 \cdot 359 = 267$ kNm, das sind nur noch 31 % gegenüber den 853 kNm der Lösung mit verschieblichen Lagern!

Das negative Plattenmoment im Auflagerbereich bleibt jedoch auch in diesem Falle, so dass der nächste Schritt eine Untersuchung am 3D-Volumen-Modell, s. Abb. 1.43, darstellt. Damit wird dann die Bernoulli-Hypothese fallen gelassen. Für die Modellierung kann man höherwertige Hexaeder-Elemente mit *assumed strains* verwenden, die in der Lage sind, Biegezustände exakt zu erfassen. Abb. 1.44 zeigt die mit diesem Modell ermittelten Spannungen in zwei Schnitten am Auflager und in der Feldmitte.

Wenn wir im vorliegenden Fall das System horizontal statisch bestimmt lagern, ergeben sich fast die gleichen Ergebnisse. Lediglich die Schnittgrößen

Abb. 1.43 Modellierung des Unterzugs als 3D-Kontinuum

Abb. 1.44 Verteilung der Längsspannungen am Auflagerrand und in Feldmitte

im Stab (N, M_y) sind jetzt nur noch der Anteil des untergehängten Balkens mit dem typischen Sägezahn, s. Abb. 1.41).

Das negative Plattenmoment im Auflagerbereich bleibt jedoch auch in diesem Falle, so dass der nächste Schritt eine Untersuchung am 3D-Volumen-Modell darstellt, s. Abb. 1.43. Damit wird dann die Bernoulli-Hypothese fallen gelassen. Für die Modellierung kann man höherwertige Hexaeder-Elemente mit *assumed strains* verwenden, die in der Lage sind, Biegezustände exakt zu erfassen. Abb. 1.44 zeigt die mit diesem Modell ermittelten Spannungen in zwei Schnitten am Auflager und in der Feldmitte.

1.19.4 Die Abweichungen in den Ergebnissen

Wenn der Prüfingenieur mit seinem FE-Programm andere Ergebnisse erhält, dann liegt das daran, dass die Einflussfunktionen, mit denen sein Programm z.B. die Momente m_{xx} berechnet,

$$m_{xx} = \sum_e \int_{\Omega_e} G_2(\boldsymbol{y}, \boldsymbol{x}) p(\boldsymbol{y}) \, d\Omega_{\boldsymbol{y}} + \dots. \tag{1.145}$$

von den Einflussfunktionen des Aufstellers abweichen. Und dieser Fehler hat zwei Seiten. Da ist zum einen der Fehler am Modell, also falsch erfasste Steifigkeiten, und zum anderen der numerische Fehler, der durch die finiten Elemente hineinkommt. Auch dann wenn man exakte finite Elemente benutzen könnte, würden Fehler in der Modellierung zu falschen Ergebnissen führen, denn falsche Steifigkeiten bedeuten falsche Einflussfunktionen.

Den guten Statiker erkennt man daran, dass er ein intuitives Verständnis für diese Zusammenhänge hat, er weiß, dass zum Beispiel die Momente in einem Punkt x wesentlich von den Steifigkeiten im Nahfeld beeinflusst werden, weil die Effekte wie $1/r$ abklingen, und er wird sich, geht es um ein strittiges Moment in einem Punkt, vor allem um die Nachbarschaft dieses Punktes kümmern. *Spannweiten, Deckenstärken, Stützenraster, Steifigkeit der Lager, Art der Lagerung*, all das sind Elemente, die einen Entwurf charakterisieren und die direkt in die Einflussfunktionen eingehen. Je näher das Modell der Wirklichkeit kommt, desto genauer werden die Einflussfunktionen, die dem Modell zu Grunde liegen, sein und wenn es dann noch gelingt auch den numerischen Fehler, den Approximationsfehler, in den Einflussfunktionen klein zu machen, dann sollte man brauchbare numerische Resultate erwarten dürfen.

2. Einflussfunktionen

Jede FE-Lösung ist eine Entwicklung nach den Einflussfunktionen $\boldsymbol{g}_i$ der Knotenverschiebungen

$$\boldsymbol{u} = f_1\,\boldsymbol{g}_1 + f_2\,\boldsymbol{g}_2 + \ldots + f_n\boldsymbol{g}_n \qquad (2.1)$$

Statik ist Kinematik

Jede Durchbiegung, jede Schnittgröße, jede Lagerkraft beruht in der linearen Statik auf der Auswertung einer Einflussfunktion

$$w(x) = \int_0^l G(y,x)\,p(y)\,dy\,. \qquad (2.2)$$

Die FEM rechnet genauso, nur dass sie statt der exakten Einflussfunktion $G(y,x)$ eine Näherung $G_h(y,x)$ benutzt

$$w_h(x) = \int_0^l G_h(y,x)\,p(y)\,dy \qquad (2.3)$$

und deswegen sind die FE-Ergebnisse nur Näherungen.

Finite Elemente bedeutet Rechnen mit genäherten Einflussfunktionen.

Die Idee der Einflussfunktionen ist im Grunde so alt wie die Statik selbst, denn sehr früh schon, mit *Archimedes* und seinem Hebelgesetz $P_l\,h_l = P_r\,h_r$, kam die Kinematik in die Statik, die Erkenntnis, dass man Gleichgewicht als einen *Balanceakt* interpretieren kann.

Das Moment in der Mitte eines Einzelträgers wird so eingestellt, dass bei einer Spreizung des dort nachträglich eingebauten Gelenks die beiden Momente dieselbe Arbeit leisten wie die Belastung. *Statik ist also* – auch wenn es etwas holprig klingen mag – *nicht statisch, sondern kinematisch.*

Der Passant, der an einem Tragwerk vorbeigeht, ahnt das nicht. Für ihn ist das Tragwerk in Ruhe. Aber ein Tragwerk besteht eigentlich aus unendlich vielen Gelenken, nur dass diese Gelenke zur Sicherheit gesperrt sind. Aber wenn man eines dieser Gelenke löst und spreizt, dann wird man feststellen,

© Springer-Verlag GmbH Deutschland, ein Teil von Springer Nature 2019
F. Hartmann, C. Katz, *Statik mit finiten Elementen*,
https://doi.org/10.1007/978-3-662-58925-0_2

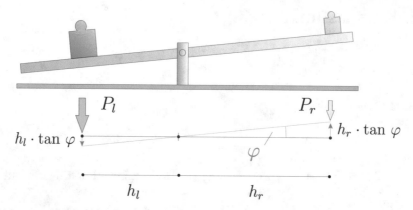

$$h_l \cdot \tan \varphi$$

$$P_l \qquad P_r$$

$$h_r \cdot \tan \varphi$$

$$\varphi$$

$$h_l \qquad h_r$$

Abb. 2.1 Schaukel

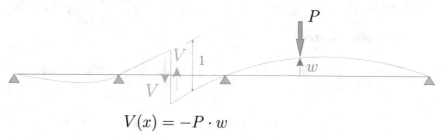

$$V(x) = -P \cdot w$$

Abb. 2.2 Eine Einflussfunktion gleicht einer Schaukel

dass die Arbeit der Belastung und die Arbeit der Schnittkraft in dem Gelenk gleich groß sind, wie bei einer Schaukel, siehe Abb. 2.1,

$$P_l\, w_l - P_r\, w_r = P_l \tan\varphi\, h_l - P_r \tan\varphi\, h_r = (P_l\, h_l - P_r\, h_r)\tan\varphi = 0\,,$$

$$\tag{2.4}$$

weil die beiden Kräfte dem Hebelgesetz gehorchen, $P_l\, h_l = P_r\, h_r$.

In diesem Sinne gleicht jede Einflussfunktion einer Schaukel.

Um die Querkraft $V(x)$ eines Trägers zu berechnen, s. Abb. 2.2, installieren wir im Aufpunkt x ein Querkraftgelenk und spreizen das Gelenk so, dass die beiden Querkräfte dabei in der Summe den Weg (-1) gehen, also die Arbeit $-V(x) \cdot 1$ leisten

$$-V(x)\, w(x_-) - V(x)\, w(x_+) = -V(x)\,(w(x_-) + w(x_+)) = -V(x) \cdot 1\,. \tag{2.5}$$

Die Arbeit der Punktlast P bei der Hebung w, die durch die Spreizung des Gelenks ausgelöst wird, muss gemäß dem *Satz von Betti* genau gegengleich sein

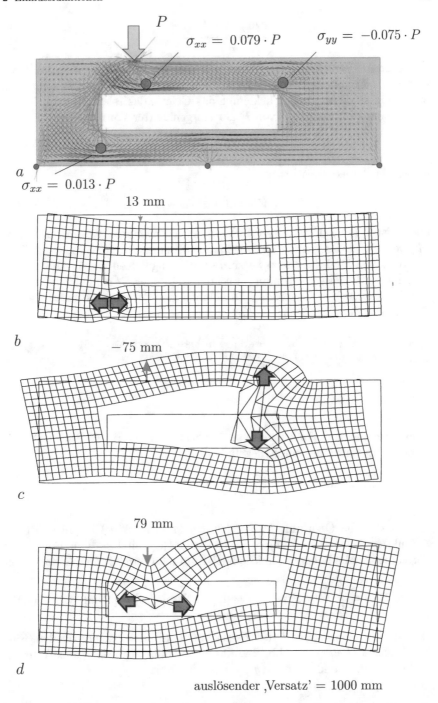

$$P$$

$$\sigma_{xx} = 0.079 \cdot P \qquad \sigma_{yy} = -0.075 \cdot P$$

a

$$\sigma_{xx} = 0.013 \cdot P$$

13 mm

b

−75 mm

c

79 mm

d

auslösender ‚Versatz' = 1000 mm

Abb. 2.3 Wie ein FE-Programm die Spannungen in einer Scheibe berechnet. Es spreizt den Aufpunkt und beobachtet, um wieviel sich der Fußpunkt der Einzelkraft hebt/senkt. Die Arbeit, die die Einzelkraft dabei leistet, ist gleich der Spannung im Aufpunkt. Bei einem Flächentragwerk ist ein Versatz von 1 000 mm nicht einfach eine Spreizung von 1 000 mm, sondern es ist ein integrales Maß. Wenn man den Aufpunkt einmal umrundet, dann findet man sich um 1 000 mm weiter rechts (σ_{xx}) oder weiter oben (σ_{yy}).

$$\underbrace{-V(x) \cdot 1 + P \cdot w}_{A_{1,2}} = 0\,. \qquad (2.6)$$

Bei einer FE-Berechnung behindern wir aber die freie Bewegung des Tragwerks, wir legen dem Tragwerk Fesseln an, weil die *shape functions* $\varphi_i(x)$ zu ‚ungelenk' sind, und daher bekommt das Gelenk das falsche Signal, ist die Verschiebung im Fußpunkt von P nur ein genäherter Wert w_h

$$- V_h(x) \cdot 1 + P \cdot w_h = 0\,, \qquad (2.7)$$

aber nicht der exakte Wert w

$$- V(x) \cdot 1 + P \cdot w = 0\,, \qquad (2.8)$$

und so ist $V_h(x) \neq V(x)$. *Ein FE-Programm verschätzt sich bei der Kinematik*, weil ein FE-Programm mit genäherten Einflussfunktionen operiert. Dies gilt vor allem für Flächentragwerke. Bei Stabtragwerken wie in Abb. 2.4 ist die Kinematik meist in Ordnung, es sei denn EA oder EI sind nicht konstant.

Die Kinematik eines Netzes, die Feinheit der Details, bestimmt also die Genauigkeit der FE-Lösung, s. Abb. 2.3 und 2.5.

Netz = Kinematik = Präzision der Einflussfunktionen = Güte der Ergebnisse

2.1 Funktionale

Funktionale sind Funktionen von Funktionen wie z.B. die Fläche A zwischen der x-Achse und einer Biegelinie $w(x)$

$$J(w) = A = \int_0^l w(x)\, dx\,. \qquad (2.9)$$

Ebenso sind die Querkraft $V(x)$ oder das Moment $M(x)$ in einem Punkt x Funktionale $J(w) = V(x)$ bzw. $J(w) = M(x)$, sind sie Funktionen der Biegelinie w. Alle linearen Funktionale[1] kann man durch Integrale darstellen

$$J(w) = \int_0^l G(y, x)\, p(y)\, dy = [\text{m}] \cdot [\text{kN/m}] \cdot [\text{m}] = [\text{kNm}]\,, \qquad (2.10)$$

also als die Überlagerung der Belastung p mit der entsprechenden Einflussfunktion $G(y, x)$, s. Abb. 2.4. Oft nennt man auch das ganze Integral Einflussfunktion und nennt $G(y, x)$ dann den Kern.

---

[1] also $J(w_1 + w_2) = J(w_1) + J(w_2)$, die Grundregel der linearen Statik, Durchbiegungen, Momente, etc. dürfen überlagert werden, lineare Statik = lineare Funktionale

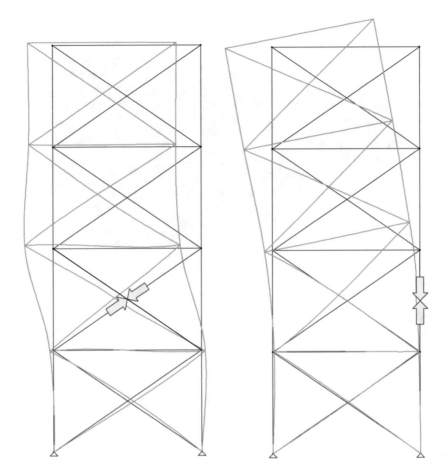

Abb. 2.4 Fachwerkturm – Einflussfunktionen für eine Strebe und einen Pfosten, [49]

Das Ergebnis einer Einflussfunktion ist eine Arbeit.

Auch hinter dem $p\,l^2/8$ steckt ein Integral[2],

$$M = \int_0^l G(y,x)\,p(y)\,dy = \int_0^l \rule{3cm}{0pt}\,dy = \frac{p\,l^2}{8} \qquad (2.11)$$

nur sieht man das nicht mehr, weil das Integral, das L_2-Skalarprodukt, auf das griffige Endergebnis reduziert wurde und so ist es mit vielen anderen Formeln in der Statik auch, wie etwa der Formel für die Auflagerkraft A

---

[2] Das Dreieck hat die Spitze $l/4$ und das Rechteck die Höhe p, Integral $= 1/2 \cdot l/4 \cdot l \cdot p$.

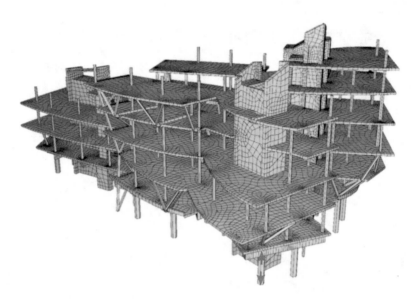

Abb. 2.5 Eine Spreizung der Stütze erzeugt die Einflussfunktion für die Stützenkraft. Die korrekte Propagierung über das Tragwerk hängt von der korrekten Modellierung der Steifigkeiten ab

$$A \cdot 1 = \int_0^l \underbrace{\qquad}_{} \, dx = \frac{1}{2} \, p \cdot l \qquad [\text{kNm}]. \qquad (2.12)$$

Die 1 ist der Weg, den die Lagerkraft geht, wenn man das Lager um ein Meter absenkt.

„Jedes" Resultat in der linearen Statik ist ein Skalarprodukt, und wenn der zweite Integrand zu fehlen scheint, wie bei der Resultierenden einer Linienlast

$$R \cdot 1 = \int_0^l p \, dx = \int_0^l 1 \cdot p \, dx = \int_0^l \underbrace{\qquad}_{} \, dx, \qquad (2.13)$$

dann ist es die Eins, die Absenkung des Balkens um 1 Meter. $R \cdot 1$ [kNm] ist eine Arbeit, ein Skalarprodukt, und wenn wir $R \cdot 1$ durch den Weg teilen, wird daraus eine Kraft R [kN].

2.2 Berechnung von Einflussfunktionen mit finiten Elementen

Auch ein FE-Programm rechnet so, nur ersetzt es die exakte Einflussfunktion $G(y, x)$ durch eine Näherung $G_h(y, x)$, wenn es zum Beispiel die Durchbiegung eines Balkens berechnet

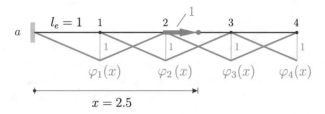

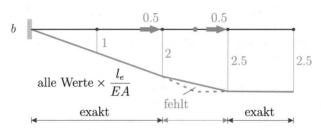

Abb. 2.6 Berechnung der Einflussfunktion für eine Verschiebung $u(x)$, **a)** Dachfunktionen und Originalbelastung, **b)** Ersatzkräfte und daraus resultierende FE-Einflussfunktion

$$w_h(x) = \int_0^l G_h(y,x)\, p(y)\, dy\,. \tag{2.14}$$

Die Näherung ist eine Entwicklung nach den *shape functions*

$$G_h(y,x) = \sum_i g_i(x)\, \varphi_i(y)\,, \tag{2.15}$$

wobei die Gewichte $g_i(x)$ – sie bestimmen wie viel von jedem φ_i die Einflussfunktion enthält – von der Lage x des Aufpunktes abhängen.

Die Bestimmung der $g_i(x)$ geschieht durch Lösen des Gleichungssystems

$$\boldsymbol{K}\boldsymbol{g} = \boldsymbol{j}\,, \tag{2.16}$$

was genau das System $\boldsymbol{K}\boldsymbol{u} = \boldsymbol{f}$ ist, nur nennen wir die u_i jetzt g_i und die f_i heißen j_i, weil sie gerade die Werte $J(\varphi_i)$ sind. Dieser Namenswechsel erleichtert das Operieren mit FE-Einflussfunktionen.

Die Einflussfunktion für ein lineares Funktional $J(u)$ wird durch die Knotenkräfte $j_i = J(\varphi_i)$ erzeugt, also die Werte $J(\varphi_i)$ der Ansatzfunktionen.

Hier zögert man, denn $J(\varphi_i)$ kann ja eine Verschiebung, eine Querkraft, ein Moment sein und diese Größen haben ja alle verschiedene Dimensionen, aber das Programm ergänzt den *input*, wenn man so sagen kann, automatisch so, dass $j_i = J(\varphi_i)$ die Dimension einer Arbeit hat. Das ist so ähnlich wie bei der Mohrschen Arbeitsgleichung, wo ja auf der linken Seite eine ‚Eins-Kraft' aus der Verschiebung δ eine Arbeit $1 \cdot \delta$ macht.

Einflussfunktion für eine Längsverschiebung

Das erste Beispiel ist die Einflussfunktion für die Längsverschiebung $u(x)$ des Stabes in Abb. 2.6 im Punkt $x = 2.5$, also für das Funktional $J(u) = u(2.5)$. Die äquivalenten Knotenkräfte sind demnach die Verschiebungen der Ansatzfunktionen $\varphi_i(x)$ in dem Punkt $x = 2.5$

$$\varphi_1(2.5) = 0 \qquad \varphi_2(2.5) = 0.5 \qquad \varphi_3(2.5) = 0.5 \qquad \varphi_4(2.5) = 0\,, \quad (2.17)$$

und somit lautet das Gleichungssystem $\boldsymbol{K}\boldsymbol{g} = \boldsymbol{j}$ für die Knotenverschiebungen g_i

$$\frac{EA}{l_e} \begin{bmatrix} 2 & -1 & 0 & 0 \\ -1 & 2 & -1 & 0 \\ 0 & -1 & 2 & -1 \\ 0 & 0 & -1 & 2 \end{bmatrix} \begin{bmatrix} g_1 \\ g_2 \\ g_3 \\ g_4 \end{bmatrix} = \begin{bmatrix} 0 \\ 0.5 \\ 0.5 \\ 0 \end{bmatrix}. \quad (2.18)$$

Es hat die Lösung

$$g_1 = 1 \qquad g_2 = 2 \qquad g_3 = 2.5 \qquad g_4 = 2.5\,, \quad (2.19)$$

und daher hat die Einflussfunktion die Gestalt

$$G_h(y, x = 2.5) = \frac{l_e}{EA} \left(1 \cdot \varphi_1(y) + 2 \cdot \varphi_2(y) + 2.5 \cdot \varphi_3(y) + 2.5 \cdot \varphi_4(y)\right). \quad (2.20)$$

Die FE-Einflussfunktion ist, bis auf das Element, in dem der Aufpunkt x liegt, exakt. Den Fehler in dem Element beheben die FE-Programme dadurch, dass sie zur FE-Lösung die lokale Lösung der Einflussfunktion addieren

$$G(y, x) = G_h(y, x) + \text{lokale Lösung}\,, \quad (2.21)$$

und so gelingt es den FE-Programmen exakte Einflussfunktionen bei Stabtragwerke zu generieren – vorausgesetzt EA und EI sind konstant[3].

Die lokale Lösung ist die Einflussfunktion am beidseitig eingespannten Element. Das Vorgehen entspricht praktisch dem Drehwinkelverfahren.

Der Schlüssel zu den Knotenkräften j_i

Warum waren bei diesem Beispiel die äquivalenten Knotenkräfte j_i $(= f_i)$ die Werte der Ansatzfunktionen im Aufpunkt, $j_i = \varphi_i(2.5)$? Der Schlüssel hierzu liegt in der Definition der äquivalenten Knotenkräfte f_i.

Eine äquivalente Knotenkraft f_i ist eine *Arbeit* und zwar die Arbeit, die die Belastung $p(x)$ auf dem Weg $\varphi_i(x)$ leistet

---

[3] Für ein spezielles Lernprogramm zum Thema Einflussfunktionen s. [49]

$$f_i = \int_0^l p(x)\,\varphi_i(x)\,dx\,. \tag{2.22}$$

Bei Einflussfunktionen ist die Belastung ein Dirac Delta (eine in einem Punkt zusammengeschnürte Linienlast [kN/m])

$$-EA\,\frac{d^2}{dy^2}\,G(y,x) = \delta(y-x) \qquad \leftarrow [\text{kN/m}]\,, \tag{2.23}$$

die hier eine horizontale Kraft $P = 1$ im Aufpunkt $x = 2.5$ repräsentiert. Sie ist sozusagen das p, das zur Einflussfunktion gehört. (Wir differenzieren auf der linken Seite nach der Laufvariablen y, denn x markiert den Aufpunkt).

Jetzt rechnen wir und finden, dass die äquivalenten Knotenkräfte ([kNm])

$$j_i = \int_0^l \underbrace{\delta(y-x)}_{[\text{kN/m}]}\,\underbrace{\varphi_i(y)}_{[\text{m}]}\,\underbrace{dy}_{[\text{m}]} = \varphi_i(x) \qquad x = 2.5 \tag{2.24}$$

zahlenmäßig einfach die Werte der vier Ansatzfunktionen φ_i im Aufpunkt $x = 2.5$ sind; so kommt die Liste (2.17) zustande.

2.3 Allgemeine Form einer FE-Einflussfunktion

Wir können das gleich verallgemeinern: Die Einflussfunktion für ein lineares Punktfunktional $J(w)$, wie

$$J(w) = w(x) \qquad J(w) = M(x) \qquad J(w) = V(x) \qquad \text{etc.} \tag{2.25}$$

ist von der Gestalt (*Vektor^T Matrix Vektor = Skalar*)

$$G_h(y,x) = \phi(y)^T\,\boldsymbol{K}^{-1}\,\boldsymbol{j}(x) = \phi(y)^T \boldsymbol{g}(x)\,. \tag{2.26}$$

Die Elemente des Vektors

$$\boldsymbol{j}(x) = \{J(\varphi_1), J(\varphi_2), J(\varphi_3), \ldots, J(\varphi_n)\}^T \tag{2.27}$$

sind die Werte $J(\varphi_i)(x)$, also die Momente, die Querkräfte, etc. der einzelnen *shape functions*, der Vektor $\boldsymbol{g} = \boldsymbol{K}^{-1}\boldsymbol{j}$ sind die Knotenwerte der Einflussfunktion – mit ihnen kann man die Einflussfunktion plotten – und der Vektor

$$\phi(y) = \{\varphi_1(y), \varphi_2(y), \ldots, \varphi_n(y)\}^T \tag{2.28}$$

enthält die Werte der Ansatzfunktionen im Punkt y. Wegen

$$J(w) = \int_0^l G_h(y,x)\,p(y)\,dy = \sum_i g_i(x) \int_0^l \varphi_i(y)\,p(y) = \sum_i g_i(x)\,f_i \tag{2.29}$$

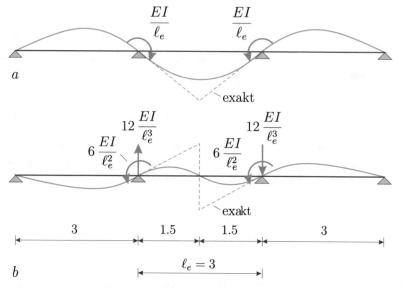

Abb. 2.7 FE-Einflussfunktion für **a)** das Biegemoment M und **b)** die Querkraft V im Punkt $0.5\,\ell_e$. Die Knotenkräfte sind die $j_i = M(\varphi_i)$ bzw. $j_i = V(\varphi_i)$, s. (3.71)

kann die Auswertung einer Einflussfunktion auf den Ausdruck

$$\boxed{J(w) = \boldsymbol{g}^T \boldsymbol{f} = \boldsymbol{w}^T \boldsymbol{j}} \tag{2.30}$$

zurückgespielt werden. Der zweite Ausdruck ist einfach die Formel

$$J(w) = J(\sum_i w_i\,\varphi_i) = \sum_i w_i\,J(\varphi_i) = \sum_i w_i\,j_i = \boldsymbol{w}^T \boldsymbol{j}\,. \tag{2.31}$$

2.4 Beispiele

Die Einflussfunktion für das Biegemoment $M = -EI\,w''$ des Durchlaufträgers in Abb. 2.7 im Punkt $x = 4.5$ wird von den äquivalenten Knotenkräften, siehe Abb. 2.8, (der Tangens $dw/dx = [\mathrm{m}]/[\mathrm{m}] = [\ ]$ hat keine Dimension)

$$j_i = -EI\,\varphi_i''(x) \cdot 1 \ [\mathrm{kNm}][\ ] = [\mathrm{kNm}] \qquad 1 = \mathrm{Knick}\,[\ ] \tag{2.32}$$

erzeugt und die Einflussfunktion für die Querkraft $V(x) = -EI\,w'''(x)$ von den Kräften[4]

$$j_i = -EI\,\varphi_i'''(x) \cdot 1 \ [\mathrm{kN}]\,[\mathrm{m}] = [\mathrm{kNm}] \qquad 1 = \mathrm{Versatz}\,[\mathrm{m}]\,, \tag{2.33}$$

---

[4] Das Mitführen der 1 geschieht hier nur aus Gründen der Deutlichkeit.

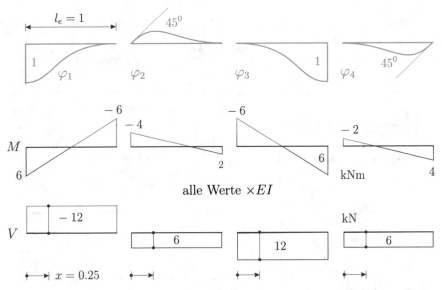

Abb. 2.8 Balkenelement, **a)** die vier Ansatzfunktionen φ_i und **b)** die dazu gehörigen Biegemomente M und **c)** Querkräfte V, s. (3.71)

wobei die φ_i die Ansatzfunktionen (*shape functions*) sind, die auf einem einzelnen Element der Länge ℓ die Gestalt

$$\varphi_1(x) = 1 - \frac{3x^2}{\ell^2} + \frac{2x^3}{\ell^3} \qquad \varphi_2(x) = -x + \frac{2x^2}{\ell} - \frac{x^3}{\ell^2} \qquad (2.34a)$$

$$\varphi_3(x) = \frac{3x^2}{\ell^2} - \frac{2x^3}{\ell^3} \qquad \varphi_4(x) = \frac{x^2}{\ell} - \frac{x^3}{\ell^2} \qquad (2.34b)$$

haben. Ihre Schnittgrößen $M_i = -EI\,\varphi_i''$ und $V_i = -EI\,\varphi_i'''$ sind in (3.71) angegeben. Nur die Knoten des Elements, das den Aufpunkt x enthält, tragen Knotenkräfte j_i, weil die Ansatzfunktionen φ_i der anderen Elemente, die ja weiter weg liegen, null Momente bzw. null Querkräfte im Aufpunkt x haben.

Die so erzeugten Einflussfunktionen sind außerhalb des Elementes, auf dem der Aufpunkt liegt, exakt. Nur im Element müssen sie korrigiert werden. In der Praxis macht man das so, wie oben schon erläutert, dass man – wie beim Drehwinkelverfahren – zu der FE-Einflussfunktion die lokale Lösung addiert, also die Einflussfunktion am beidseitig eingespannten Balken.

Im nächsten Beispiel rechnen wir mit bilinearen Scheibenelementen, die vier Knoten und $2 \cdot 4$ Freiheitsgrade haben, s. Abb. 4.34. Zu jedem Freiheitsgrad (FG) gehört ein Verschiebungsfeld $\varphi_i(x)$, das den Knoten in horizontaler oder vertikaler Richtung auslenkt

$$\varphi_1(x) = \begin{bmatrix} \psi_1(x) \\ 0 \end{bmatrix} \qquad \varphi_2(x) = \begin{bmatrix} 0 \\ \psi_1(x) \end{bmatrix} \qquad \varphi_3(x) = \begin{bmatrix} \psi_2(x) \\ 0 \end{bmatrix} \qquad \text{etc.} \quad (2.35)$$

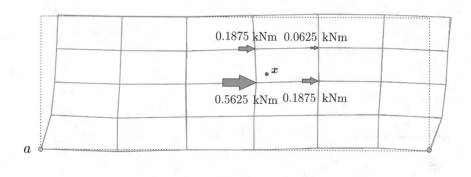

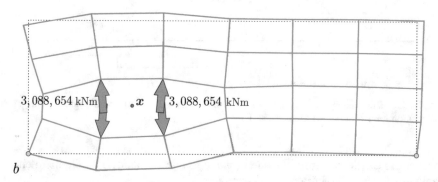

Abb. 2.9 Bilineare Elemente, **a)** Einflussfunktion für $u_x(\boldsymbol{x})$ und **b)** für $\sigma_{yy}(\boldsymbol{x})$

Die $\psi_i(\boldsymbol{x})$ sind die vier Ansatzfunktionen (4.32) der vier Eckpunkte, siehe Abb. 4.34.

Einflussfunktion für u_x

Um die Einflussfunktion für die horizontale Verschiebung in dem Viertels-punkt eines Elementes mit der Länge $a = 2$ und Höhe $b = 1$ zu generieren, lässt man vier horizontale Kräfte in den vier Ecken des Elementes wirken. Diese Kräfte sind die Verschiebungen der vier horizontalen Verschiebungsfel-der, Indices $1, 3, 5, 7$, im Aufpunkt $\boldsymbol{x} = (-0.5, -0.25)$ (Element-Koordinaten)

$$j_1 = 0.5625 \qquad j_3 = 0.1875 \qquad j_5 = 0.0625 \qquad j_7 = 0.1875, \qquad (2.36)$$

und sie erzeugen die Verformung in Abb. 2.9 a. (Die vier vertikalen Verschie-bungsfelder haben natürlich null Horizontalverschiebungen im Aufpunkt und daher sind auch die j_i in vertikaler Richtung, j_2, j_4, j_6, j_8, alle null). Der Ein-fachheit halber habe das Element im Netz die FG $1, 2, \ldots 8$.

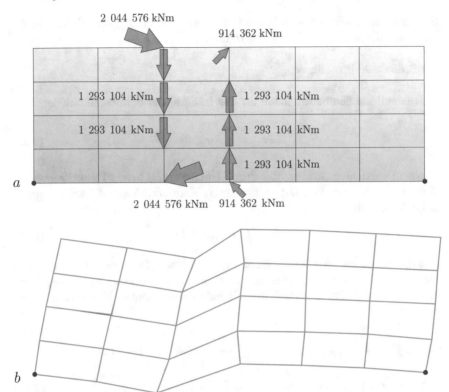

Abb. 2.10 Einflussfunktion für das Integral von σ_{xy} in einem senkrechten Schnitt, **a)** äquivalente Knotenkräfte, **b)** Einflussfunktion, [46]

Einflussfunktion für σ_{yy}

Die Einflussfunktion für die Spannung σ_{yy} in dem Viertelspunkt entsteht, wenn man die Spannungen $\sigma_{yy}(\varphi_i)$ der 4×2 Verschiebungsfelder φ_i der vier Knoten des Elements als Knotenkräfte j_i aufbringt. Diese Spannungen hängen von den Eckverschiebungen u_i ab, s. (4.77).

Die Knotenkraft j_1 ist die Spannung σ_{yy} aus $u_1 = 1$ und $u_j = 0$ sonst

$$j_1 = \sigma_{yy}(x,y) = \frac{E}{a\,b\,(-1+\nu^2)} \cdot \left[b\,\nu\,u_1 + y\,\nu\,(-u_1)\right] = -3.07 \cdot 10^6 \,\text{kNm} \quad (2.37)$$

und in vertikaler Richtung ($u_2 = 1$)

$$j_2 = \sigma_{yy}(x,y) = \frac{E}{a\,b\,(-1+\nu^2)} \cdot \left[a\,(u_2) + x\,(-u_2)\right] = -3.85 \cdot 10^7 \,\text{kNm}. \quad (2.38)$$

Die anderen j_i ergeben sich nach demselben Muster. Das Ergebnis und die Knotenkräfte sind in Abb. 2.9 b dargestellt.

Einflussfunktion für N_{xy}

Nun soll die Einflussfunktion für das Integral der Schubspannungen

$$N_{xy} = \int_0^l \sigma_{xy} \, dy \tag{2.39}$$

in einem vertikalen Schnitt, der durch einen vorgegebenen Punkt $\boldsymbol{x} = (x, y)$ läuft, berechnet werden. Die äquivalenten Knotenkräfte sind jetzt Integrale, siehe Abb. 2.10,

$$j_i = \int_0^l \sigma_{xy}(\boldsymbol{\varphi}_i) \, dy \,, \tag{2.40}$$

also die aufintegrierten Schubspannungen der Verschiebungsfelder, die zu den vier Ecken des Elementes gehören. In den vier Ecken jedes Elements, durch das der Schnitt führt, werden die folgenden äquivalenten Knotenkräfte aufgebracht

$$j_i^e = \int_0^b \sigma_{xy}(\boldsymbol{\varphi}_i) \, dy = \frac{-E}{2 \, a \, (1 + \nu)} \cdot \left[b \, (u_2 - u_4) + a \, (u_1 - u_7) + \right.$$

$$\left. + \, x \, (-u_1 + u_3 - u_5 + u_7) + \frac{b}{2} \, (-u_2 + u_4 - u_6 + u_8) \right] \tag{2.41}$$

mit x als der x-Koordinate des Schnittes.

Um j_1^e zu berechnen, setzen wir $u_1 = 1$ und alle anderen $u_i = 0$. Für j_2^e setzen wir $u_2 = 1$ und alle anderen $u_i = 0$, etc. Der Index e an j_i^e soll darauf hinweisen, dass dies Elementbeiträge sind. Die resultierende Knotenkraft ergibt sich durch die Summation über alle an den Knoten angeschlossenen Elemente.

2.5 Die inverse Steifigkeitsmatrix

Die Inverse einer Steifigkeitsmatrix mal dem Vektor $\boldsymbol{f}$ ergibt die Knotenverschiebungen $\boldsymbol{w} = \boldsymbol{K}^{-1} \boldsymbol{f}$ und daher ist es keine Überraschung, dass die Spalten ($=$ Zeilen) der symmetrischen Inversen gerade die Einflussfunktionen für die Knotenverschiebungen sind – genauer sind die Spalten die Knotenwerte dieser Einflussfunktionen.

Betrachten wir ein Seil. Die FE-Einflussfunktion für die Durchbiegung $J(w) = w(x_k)$ eines Knoten x_k hat die Form

$$G_h(y, x_k) = \sum_{i=1}^n g_i(x_k) \, \varphi_i(y) \tag{2.42}$$

und der Vektor $\boldsymbol{g} = \{g_1, g_2, \ldots, g_n\}^T$ ist die Lösung des Systems $\boldsymbol{Kg} = \boldsymbol{j}$. Wegen

$$j_i = J(\varphi_i) = \varphi_i(x_k) = \left\{ \begin{array}{ll} 1 & i = k \\ 0 & i \neq k \end{array} \right\} = \delta_{ik} \quad \text{(Kronecker Delta)} \qquad (2.43)$$

ist der Vektor $\boldsymbol{j} = \boldsymbol{e}_k$ gleich dem k-ten Einheitsvektor, und das System

$$\boldsymbol{Kg} = \boldsymbol{e}_k \qquad \text{(Einheitsvektor } \boldsymbol{e}_k), \qquad (2.44)$$

bedeutet daher, dass die n Spalten $\boldsymbol{g}_k$ der inversen Steifigkeitsmatrix $\boldsymbol{K}^{-1}$

$$\boldsymbol{K}^{-1} \boldsymbol{e}_k = \boldsymbol{g}_k \qquad (2.45)$$

die Knotenwerte sind, die zu den n Einflussfunktionen $G_h(y, x_k)$ der n Knoten x_k gehören

$$G_h(y, x_k) = \sum_{i=1}^{n} g_{ki} \, \varphi_i(y) = \boldsymbol{g}_k^T \, \boldsymbol{\Phi}(y), \qquad (2.46)$$

mit $\boldsymbol{\Phi}(y) = \{\varphi_1(y), \varphi_2(y), \ldots, \varphi_n(y)\}^T$, was damit auf

$$w_h(x_k) = \int_0^l G_h(y, x_k) \, p(y) \, dy = \int_0^l \sum_{i=1}^{n} g_{ki} \, \varphi_i(y) \, p(y) \, dy$$

$$= \sum_{i=1}^{n} g_{ki} \, f_i = \boldsymbol{g}_k^T \boldsymbol{f} \qquad (2.47)$$

führt. Das erklärt, warum die Inverse der tri-diagonalen Steifigkeitsmatrix voll besetzt ist. Ein Finger reicht aus, um die Saite einer Gitarre auszulenken. Die Inverse einer Differenzenmatrix wie $\boldsymbol{K}$ (zeilenweise $l_e^{-1} \cdot (\ldots 0 - 1 \ 2 \ -1 \ 0 \ \ldots))$ ist also eine Summenmatrix.

Eine Steifigkeitsmatrix $\boldsymbol{K}$ ‚differenziert' und ihre Inverse $\boldsymbol{K}^{-1}$ ‚integriert'. Die Inverse ist *immer* voll besetzt und sie ist symmetrisch (wegen Maxwell).

Beispiel

Das mit einer Kraft H vorgespannte Seil in Abb. 2.11 a besteht aus fünf linearen Elementen. Die Steifigkeitsmatrix $\boldsymbol{K}$

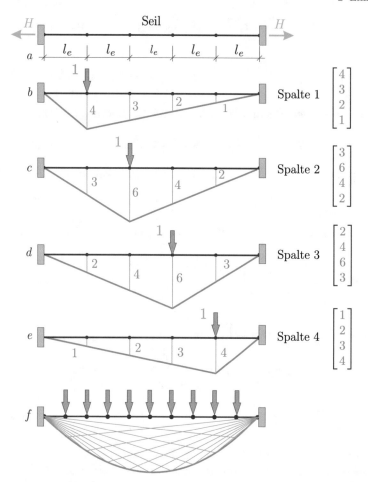

Abb. 2.11 a) Seil aus $n = 5$ Elementen, **b-e)** die Durchbiegungen sind die Spalten der inversen Steifigkeitsmatrix (alle Werte mal $l_e/(5\,H)$) s. (2.48), **f)** wenn n wächst, werden die Spalten von $\boldsymbol{K}^{-1}$ immer ähnlicher, $\det(\boldsymbol{K}^{-1}) \to 0$, d.h. $\boldsymbol{K}^{-1}$ wird singulär

$$
\boldsymbol{K} = \frac{H}{l_e}
\begin{bmatrix}
2 & -1 & 0 & 0 \\
-1 & 2 & -1 & 0 \\
0 & -1 & 2 & -1 \\
0 & 0 & -1 & 2
\end{bmatrix}
\qquad
\boldsymbol{K}^{-1} = \frac{l_e}{5H}
\begin{bmatrix}
4 & 3 & 2 & 1 \\
3 & 6 & 4 & 2 \\
2 & 4 & 6 & 3 \\
1 & 2 & 3 & 4
\end{bmatrix}
\tag{2.48}
$$

ist tri-diagonal, aber ihre Inverse $\boldsymbol{K}^{-1}$ ist voll besetzt. In der Spalte $\boldsymbol{g}_k$ der Inversen, s. Abb. 2.11 b – f, stehen die Durchbiegungen der Knoten, wenn im Knoten x_k eine Einzelkraft $P = 1$ angreift.

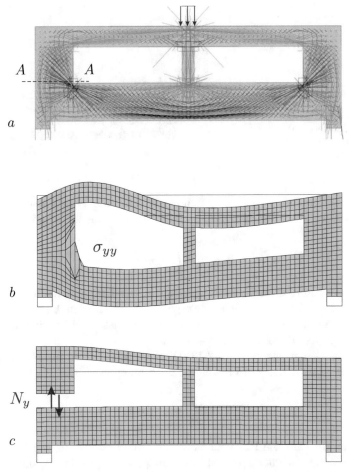

Abb. 2.12 Wandscheibe, **a)** System und Belastung, **b)** die Einflussfunktion für die Spannung σ_{yy} in der Ecke, **c)** die Einflussfunktion für die Schnittkraft N_y im Schnitt $A - A$

Die Summe der Spaltenvektoren der Inversen ist die Durchbiegung des Seils unter Vollast, alle $f_i = 1$.

2.6 Einflussfunktionen für integrale Werte

Wenn Punktwerte zu stark schwanken oder singulär werden, wie die Spannung σ_{yy} in Abb. 2.12, dann ist es besser mit Mittelwerten zu arbeiten, also die Werte über eine kürzere Länge aufzuintegrieren.

Warum das hilft, versteht man, wenn man sich die Einflussfunktionen anschaut. Die Einflussfunktion für die Spannung σ_{yy} in dem Eckpunkt der Öffnung ist eine Spreizung des Aufpunktes in y-Richtung, s. Abb. 2.12 b. Er-

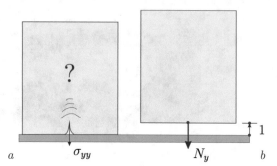

Abb. 2.13 a) Einfluss-
funktion für σ_{yy}, **b)**
Einflussfunktion für die
Schnittkraft N_y

weitern wir den Punkt dagegen zu einer ganzen Linie ℓ und entschließen uns
mit dem Mittelwert der Spannungen längs dieser Linie zu arbeiten

$$\sigma_{yy}^{\varnothing} = \frac{1}{\ell} \int_0^{\ell} \sigma_{yy}\, ds\,, \tag{2.49}$$

dann ist die Einflussfunktion eine *simultane* Versetzung aller Punkte auf der
Linie um Eins und eine solche Bewegung ist mit finiten Elementen einfa-
cher anzunähern als eine Punktversetzung. Das ist der Grund, warum eine
Mittelung in der Regel bessere Werte liefert.

Noch deutlicher ist die Abb. 2.13. Die Einflussfunktion für N_y in der Bo-
denfuge ist ein *lift* der ganzen Scheibe nach oben um Eins

$$N_y = \int_0^l \sigma_{yy} \cdot 1\, dx\,, \tag{2.50}$$

und diesen *lift* kann ein FE-Netz darstellen (alle Festhaltung werden gelöst –
genauer die Summe aller $\varphi_i(\boldsymbol{x})$ ist in jedem Punkt 1), ist das N_y im Ausdruck
daher exakt, während die Einflussfunktion für den Punktwert σ_{yy} jedes Netz
überfordert.

Einflussfunktionen für integrale Werte berechnen sich sinngemäß. Ist $J(w)$
z.B. die mittlere Durchbiegung auf einer Strecke (x_a, x_b),

$$J(w) = \frac{1}{(x_b - x_a)} \int_{x_b}^{x_b} w(x)\, dx\,, \tag{2.51}$$

dann sind die äquivalenten Knotenkräfte die Mittelwerte der φ_i

$$j_i = J(\varphi_i) = \frac{1}{(x_b - x_a)} \int_{x_b}^{x_b} \varphi_i(x)\, dx\,. \tag{2.52}$$

und bei der Platte in Abb. 2.14 sind die j_i die aufintegrierten Momente der
shape functions

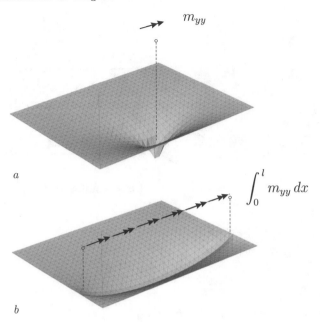

Abb. 2.14 Einflussfunktionen für **a)** das Moment m_{yy} in einem Punkt und **b)** für das Integral von m_{yy} längs einer Linie

$$j_i = \int_0^l m_{yy}(\varphi_i)\, dx\,. \tag{2.53}$$

Eine spezielle Situation ergibt sich bei Flächentragwerken. Die mittlere Spannung $\sigma_{xx}^{\varnothing}$ in einem Element Ω_e mit der Fläche $|\Omega_e|$ ist das Integral

$$\sigma_{xx}^{\varnothing} = \frac{1}{|\Omega_e|} \int_{\Omega_e} \sigma_{xx}\, d\Omega = \frac{E}{|\Omega_e|} \int_{\Omega_e} (\varepsilon_{xx} + \nu\,\varepsilon_{yy})\, d\Omega\,. \tag{2.54}$$

Wegen $\varepsilon_{xx} = u_{x,x}$ und $\varepsilon_{yy} = u_{y,y}$, kann das Gebietsintegral durch ein Integral über den Rand Γ_e des Elements ersetzt werden (part. Int.)

$$\sigma_{xx}^{\varnothing} = \frac{E}{|\Omega_e|} \int_{\Omega_e} (\varepsilon_{xx} + \nu\,\varepsilon_{yy})\, d\Omega = \frac{E}{|\Omega_e|} \int_{\Gamma_e} (u_x\, n_x + \nu\, u_y\, n_y)\, ds\,. \tag{2.55}$$

Die Einflussfunktion für die Verschiebung u_x bzw. u_y eines Randpunktes $\boldsymbol{x}$ ist die Verschiebung, die durch eine Einzelkraft $P_x = 1$ bzw. $P_y = 1$ ausgelöst wird, die im Punkt $\boldsymbol{x}$ angreift. Daher ist die Einflussfunktion für das Randintegral in (2.55) das Verschiebungsfeld, das durch horizontale bzw. vertikale Linienkräfte $E/|\Omega_e|\cdot n_x$ bzw. $E/|\Omega_e|\cdot n_y$ längs des Randes Γ_e erzeugt wird.

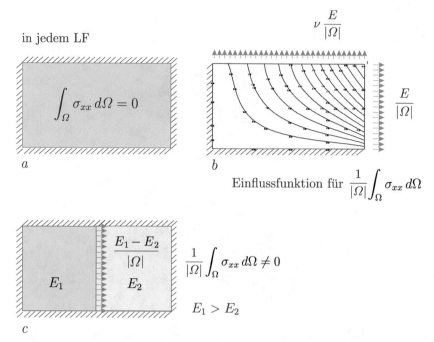

Abb. 2.15 a) Der Mittelwert von σ_{xx} ist bei festgehaltenem Rand null, **b)** aber nicht, wenn freie Ränder vorhanden sind und auch nicht, **c)** wenn der E-Modul springt

Daraus folgt, dass die mittleren Spannungen in einer Scheibe, die längs ihres Randes unverschieblich gelagert ist, null sind, weil die Randkräfte, die die Einflussfunktion erzeugen wollen, die Scheibe nicht deformieren können, s. Abb. 2.15. Sinngemäß gilt dasselbe für Platten: Die Mittelwerte der Momente in einer allseits eingespannten Platte sind null.

Gausspunkte

Diese Null ist auch der Grund, warum die Spannungen in den *Gauss-punkten* genauer und unter Umständen sogar exakt sind, s. Abb. 1.11. Das Programm reduziert ja alles in die Knoten, rechnet dazwischen ‚homogen', $EI\,w_0^{IV} = 0$, und addiert dazu elementweise die partikuläre (= lokale) Lösung

$$w = w_0 + w_p \qquad \text{in jedem einzelnen Element}, \qquad (2.56)$$

um auf die exakte Lösung zu kommen. Die partikuläre Lösung ist die Durchbiegung unter Last am beidseitig eingespannten Element und daher ist das Moment M_p der partikulären Lösung im Mittel null

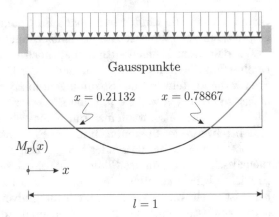

Abb. 2.16 Die Gauss-
punkte sind genau die
Nullstellen von $M_p(x)$

$$\int_0^l M_p \, dx = \int_0^l -EI \, w_p'' \, dx = -EI \left(w_p'(l) - w_p'(0) \right) = -EI \left(0 - 0 \right) = 0 \,.$$

$$(2.57)$$

Ist p konstant, M_p also quadratisch, dann muss das Moment M_p in den beiden Gausspunkten null sein, s. Abb. 2.16, weil sich das obige Integral mit einer Gauss-Quadratur exakt berechnen lässt,[5] und das geht nur so, dass das Moment M_p in den beiden Integrationspunkten null ist. Also ist das FE-Moment

$$M_{FE} = M_0 + M_p = M_0 + 0 \qquad (2.58)$$

in den Gausspunkten exakt, weil ein FE-Programm ja den nicht verschwindenden Teil $M_0 = -EI \, w_0''$ exakt trifft. (Die FE-Lösung w_h ist in jedem Element mit der homogenen Lösung w_0 identisch). Sollte $M_p(x)$ ein kubisches Polynom sein ($p =$ linear), dann ist M_p in den beiden Gausspunkten nicht mehr null, aber der quadratische Anteil von M_p ist es weiterhin und somit dürfte auch in dieser Situation die heilsame Wirkung der Gausspunkte zum Tragen kommen.

Bei Scheiben und Platten gilt das bei Gleichlast unter Umständen nur noch näherungsweise, aber immer noch hinreichend deutlich, was den Gausspunkten ihren guten Ruf eingebracht hat, [45].

Spannungen in Elementmitte

Erfahrungsgemäß sind die Spannungen in der Mitte eines Elements am genauesten, weil man in der Mitte von den Rändern des Elements, wo die FE-Spannungen springen, am weitesten entfernt ist, oder, was der eigentliche

---

[5] $n = 2$ Punkte können Polynome bis zur Ordnung $2\,n - 1 = 3$ exakt integrieren.

Grund ist, sich die Einflussfunktionen für Spannungen, das Element wird ja gespreizt, in der Elementmitte am einfachsten realisieren lassen.

Bei bilinearen Elementen hat man noch den Sondereffekt, dass die FE-Einflussfunktionen für die Spannungen in der Elementmitte die gleichen sind, wie für die Mittelwerte der Spannungen im Element. Letztere sind aber einfacher zu erzeugen, weil sie ja keine Punktversetzung simulieren müssen. Im Ausdruck stehen also, wenn man mit bilinearen Elementen rechnet, eigentlich die Mittelwerte der Spannungen in den Elementen, [45].

Spötter weisen bei passender Gelegenheit gern darauf hin, dass die mathematische Definition des *Standpunkts* ein Gesichtskreis mit Radius null ist. Ähnliches kann man über die Punktwerte bei FE-Berechnungen sagen. Die FEM ist ja ein Energieverfahren, ein Integralverfahren, und ein Punkt ist in einem gewissen Sinne das genaue Gegenteil, repräsentiert er ein unendlich scharfes Maß – man denke an das dem Punkt korrespondierende Dirac Delta.

Natürlich, wenn die Lösung glatt ist, dann vertrauen wir den Punktwerten, aber die Situation kann sich verschärfen, wenn auch die Belastung ein Punktwert, eine Einzelkraft ist, weil dann die Einflussfunktionen genau in einem Punkt richtig sein müssen, während verteilte Belastungen mögliche Fehler, mögliche *wiggles*, in den Einflussfunktionen ausgleichen (können).

2.7 Monopole und Dipole

Die Einflussfunktion für die Verdrehung w' eines Balkens wird durch ein Einzelmoment $M = 1$ erzeugt

$$M = \lim_{\Delta x \to 0} \frac{1}{\Delta x} \Delta x = 1 \,, \tag{2.59}$$

das aus zwei gegengleichen Kräften, $P = \pm 1/\Delta x$, entsteht, deren Abstand Δx gegen null geht, während gleichzeitig die Kräfte gegen unendlich gehen. In der Physik nennt man das Ergebnis dieses Grenzprozesses einen *Dipol*.

Die Einflussfunktion für eine Durchbiegung $w(x)$ hingegen wird von einem *Monopol*, einer Einzelkraft, erzeugt.

Einflussfunktionen, die von Monopolen erzeugt werden, summieren. Solche Einflussfunktionen gleichen Dellen oder Senken, s. Abb. 2.17. Alles was in die Delle hineinfällt, vergrößert die Durchbiegung der Platte.

Dipole hingegen erzeugen Scherbewegungen, die auf Ungleichgewichte reagieren, sie differenzieren die Belastung, s. Abb. 2.17 .

Monopole integrieren und Dipole differenzieren.

Jede der vier Einflussfunktionen in Abb. 2.17 gehört sinngemäß zu einem der beiden Typen:

- E.F. für Durchbiegungen und Momente *summieren*.

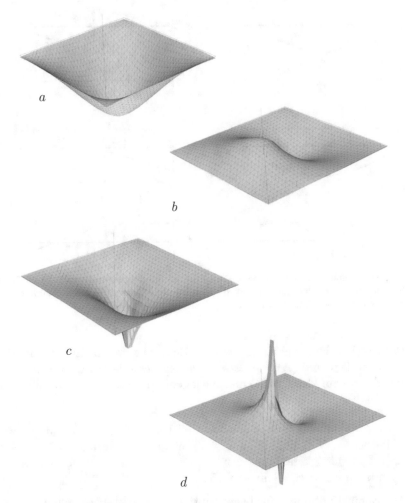

Abb. 2.17 Einflussfunktionen werden von Monopolen (linke Seite) bzw. Dipolen (rechte Seite) erzeugt, Einflussfunktion für **a)** Durchbiegung, **b)** Verdrehung $w_{,x}$, **c)** Moment m_{xx}, **d)** Querkraft q_x

- E.F. für Verdrehungen, Spannungen und Querkräfte *differenzieren*

Die Einflussfunktion für die Querkraft V wird von einem Dipol erzeugt, und die Einflussfunktion für das Biegemoment M von zwei entgegengesetzt, nach Innen drehenden Momenten $M = \pm 1/\Delta x$, die eine symmetrische Biegefigur mit einem Knick im Aufpunkt generieren[6].

---

[6] Genau genommen lautet die Folge: Monopol—Dipol—Quadropol—Octopol, entsprechend den finiten Differenzen für w, w', M, V, aber für unsere Zwecke reicht das einfache Raster: Monopol—Dipol oder symmetrisch-antimetrisch aus.

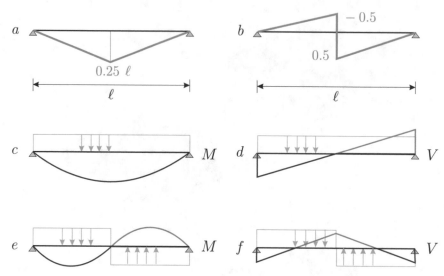

Abb. 2.18 Oberste Reihe Einflussfunktionen für **a)** das Biegemoment und **b)** die Querkraft in der Mitte des Balkens, **c)** und **d)** Momente und Querkräfte unter symmetrischer Last und antimetrischer Last, **e)** und **f)**

Das Ergebnis ist am größten, wenn die Belastung und die Einflussfunktion vom selben Typ sind (*symmetrisch—symmetrisch* oder *antimetrisch—antimetrisch*) und am kleinsten, wenn sie vom entgegengesetzten Typ sind, siehe Abb. 2.18.

Der Unterschied zwischen Monopolen und Dipolen ist der Grund, warum es einfacher ist, Verschiebungen und Biegemomente anzunähern, als Spannungen und Querkräfte. Es ist der Unterschied zwischen numerischer Integration und numerischer Differentiation.

Alle Einflussfunktionen für Lagerreaktionen integrieren, obwohl die Lagerkräfte ja Normalkräfte (Spannungen) oder Querkräfte sind und daher würden wir erwarten, dass die Einflussfunktionen differenzieren. Aber in einem festen Lager wird der eine Teil der Scherbewegung durch den Baugrund behindert, so dass der andere Teil den ganzen Weg allein gehen muss, um die vorgeschriebene Versetzung $[[u]] = 1$ zu realisieren und daher wird aus der Einflussfunktion eine einseitige Integration.

Nicht alle Einflussfunktionen tendieren gegen null. Wenn Teile des Tragwerks nach dem Einbau eines N-, V- oder M-Gelenkes Starrkörperbewegungen ausführen können, dann kann es sein, dass sich die Einflussfunktionen aufschaukeln, siehe Abb. 2.19 b.

Das Abklingverhalten von Einflussfunktionen hängt von der Ordnung der Zielgröße ab, beim Balken also den Zahlen $0, 1, 2, 3$

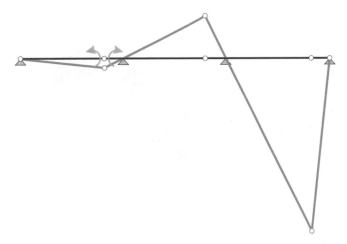

Abb. 2.19 Gerberträger – Einflussfunktion für ein Moment. Nicht alle Einflussfunktionen klingen ab!

$$w(x), \quad w'(x), \quad M(x) = -EI\,w''(x), \quad V(x) = -EI\,w'''(x)\,. \qquad (2.60)$$

Je niedriger die Ordnung, die Ableitung, ist, um so weiter schwingt die Einflussfunktion aus und um so langsamer klingt sie ab, wie man an der Einflussfunktion für die Durchbiegung $w(x)$ der Platte sieht, s. Abb. 2.17 a, während die Einflussfunktion für die Querkraft q_x sehr eng gefasst ist, s. Abb. 2.17 d. Es sind praktisch zwei gegengleiche Spitzen $\pm\infty$, die aus der Platte herausragen, aber dann sehr rasch auf null abfallen.

Natürlich sind das nur ‚Trendmeldungen' und das genaue Verhalten hängt auch von der Art der Lagerung ab, s. Abb. 2.20, 2.21 und Abb. 5.35 S. 307, denn gerade Kragträger und Kragplatten (und auch Stockwerkrahmen!) spielen diesbezüglich eine Sonderrolle, weil sie freie Enden haben.

Eine Sonderrolle spielen auch Einflussfunktionen für Kraftgrößen an statisch bestimmten Systemen. Weil nach dem Einbau des Gelenks das System kinematisch ist, können sich die Verformungen frei ausbilden, denn es wird keine Energie verbraucht. Nichts kann die Einflussfunktion für das Moment in einem Kragträger daran hindern den Schenkel rechts vom Aufpunkt unter 45° bis ‚in den Himmel' laufen zu lassen, denn es kostet ja nichts. Deswegen stürzen kinematische Strukturen auch so leicht ein, denn es ist keine Energie nötig, um den Einsturz auszulösen.

Statisch unbestimmte Systeme dämpfen also die Ausbreitung der Einflussfunktionen für Kraftgrößen, während bei statisch bestimmten Systemen eine solche Sperre fehlt.

EF-m_{xx}

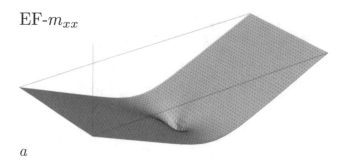

a

EF-q_x

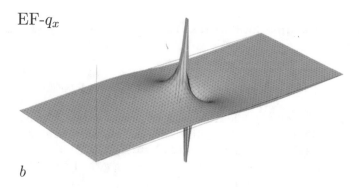

b

Abb. 2.20 Einflussfunktion für das Moment m_{xx} und die Querkraft q_x in der Mitte einer stegförmigen Platte

2.8 Prinzip von St. Venant

‚*Wenn die auf einen kleinen Teil der Oberfläche eines elastischen Körpers wirkende Kraft durch ein äquivalentes Kräftesystem ersetzt wird, ruft diese Belastungsumverteilung wesentliche Änderungen nur bei den örtlichen Spannungen hervor: nicht aber in Bereichen, die groß sind im Vergleich zur belasteten Oberfläche*‘, [143].

Dieses Prinzip ist eine direkte Konsequenz der Tatsache, dass Wirkungen per Einflussfunktionen propagieren. Wirkungen sind Skalarprodukte, sind Integrale, die die Belastung p mit der Einflussfunktion $G(y, x)$ wichten und die Einflussfunktion hat (gewöhnlich) die Eigenschaft, dass sie mit wachsendem Abstand vom Aufpunkt gegen null tendiert. Wenn der Abstand nur groß genug ist kann man eine Ein-Punkt-Quadratur benutzen, d.h. man kann die Belastung durch ihre Resultierende ersetzen. Weil nun äquivalente Kräftesy-

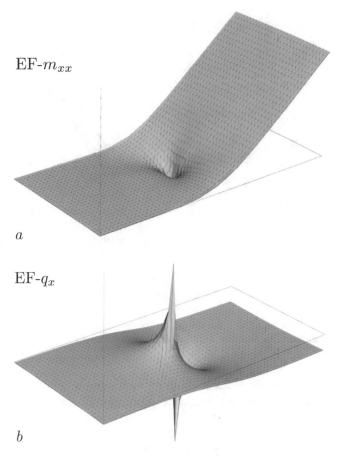

EF-m_{xx}

a

EF-q_x

b

Abb. 2.21 Kragplatte, **a)** Einflussfunktion für die Querkraft q_x und **b)** für das Moment m_{xx}. Es ist erstaunlich, wie es mit einer ‚numerischen' Spreizung bzw. einem ‚numerischen' Knick möglich ist, einen fast konstanten Versatz bzw. eine Rotation von genau 45° zu erreichen.

steme dieselbe Resultierende haben, wirkt sich ein Austausch in der Ferne nicht aus.

Daraus folgt im übrigen, dass die Wirkungen von antimetrischen Lasten, von Lasten mit null Resultierender, besonders schnell abklingen, wenn sie auf symmetrische Einflussfunktionen stoßen. Ja wenn die Einflussfunktion im Bereich der Belastung ‚flach' verläuft, keine Steigung hat, dann ist der Einfluss sofort null, *Symmetrie × Antimetrie = 0*.

Antimetrische Belastungen ‚differenzieren' die Einflussfunktionen.

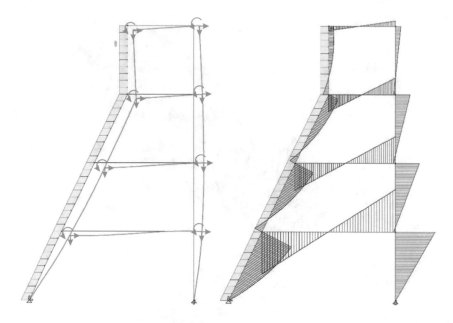

Abb. 2.22 Die Knoten sind die ‚Ränder' eines Rahmens. Weiß man, wie sich die Knoten verformen, dann hat man alles im Griff.

Dieser Effekt spielt bei den Kräften f^+ in Kapitel 4 beim Thema *Reanalysis* eine große Rolle, denn Steifigkeitsänderungen führen zu gegengleichen, also antimetrischen Zusatzkräften f^+.

2.9 Die Reduktion der Dimension

Zu den Einflussfunktionen gehört auch das Thema der Reduktion der Dimension. Beim Drehwinkelverfahren sprechen wir vom *Grad der kinematischen Unbestimmtheit* also der Zahl der unbekannten Knotenverschiebungen und Knotenverdrehungen. Nachdem die Verformungen der Knoten berechnet wurden, ist das Tragwerk kinematisch bestimmt, und wir können aus den Knotenwerten die Verformungen und die Schnittgrößen zwischen den Knoten berechnen.

In der Stabstatik reicht es also offenbar aus, die Weg- und Kraftgrößen auf dem ‚Rand' zu kennen – in den Knoten, s. Abb. 2.22 – denn nur so ist es möglich, dass sich die Statik eines Rahmens auf zwei Vektoren, u und f, und das Gleichungssystem $Ku = f$ reduzieren lässt. Das bedeutet:

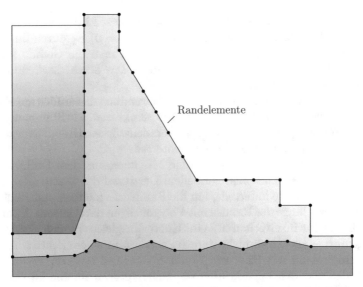

Randelemente

Abb. 2.23 Staumauer, auf der Wasser- und Luftseite kennt man den Spannungsvektor $t = S\,n$ und im Fels den Verschiebungsvektor $u = 0$. Die fehlenden Größen, den Spannungsvektor t im Fels und den Verschiebungsvektor u des oberen Teils kann man durch Lösen einer Integralgleichung ('Knotenausgleich auf der Oberfläche der Staumauer') berechnen. Anschließend kann man aus den Randwerten die Spannungen im Innern der Staumauer berechnen

Endlich viele Knotenwerte bestimmen die unendlich vielen Werte $u(x), w(x), w'(x)$ und $N(x), M(x), V(x)$ in den unendlich vielen Punkten der Stiele und Riegel.

Das ist aber doch eine Reduktion um Eins. Die $n = 1$ dimensionalen Tragglieder schrumpfen auf eine $n - 1 = 0$ dimensionale Menge von Punkten, von Knoten, zusammen. *Erst diese Reduktion macht das Drehwinkelverfahren möglich: Es reicht, sich mit den Knoten zu beschäftigen!*

Alle linearen, selbstadjungierten Differentialgleichungen gestatten eine solche Reduktion der Dimension eines Problems um Eins, $n \to (n - 1)$. Der praktische Wert dieser Reduktion kann nicht hoch genug geschätzt werden.

Wenn man die Weg- und Kraftgrößen auf dem Rande kennt, kann man die Verformungen und Schnittgrößen im Innern eines Bauteils mittels Einflussfunktionen aus den Randwerten berechnen.

Zur Ermittlung der Spannungen in einer Staumauer ($n = 3$), s. Abb. 2.23, reicht die Kenntnis der Verschiebungen und Spannungen auf der Oberfläche der Staumauer ($n = 2$) aus. Um eine Platte ($n = 2$) zu berechnen, reicht die Kenntnis der Weg- und Schnittgrößen längs des Randes ($n = 1$) aus und bei einem Balken ($n = 1$) muss man nur die Knotenwerte kennen.

Die einfachste und elementarste Umsetzung dieser Idee ist das Lineal. Eine Gerade (die Lösung der Differentialgleichung $u'' = 0$) ist durch ihre beiden Randwerte eindeutig bestimmt und daher kann man die Gerade zeichnen, wenn man das Lineal an die Endpunkte anhält. *Das Lineal ist die universelle Einflussfunktion der Geraden.*

Die Methode der Randelemente ist die Anwendung dieser Idee auf Flächentragwerke (Scheiben und Platten) oder 3-D Strukturen, wie Staumauern, [42]. Sie hat ihren Namen von den kurzen Geradenstücken (Randelementen), in die der Rand der Platte oder Scheibe unterteilt wird.

Man kann sich die Methode als eine Mischung aus dem Drehwinkelverfahren und Einflussfunktionen vorstellen. Der Rand der Platte oder Scheibe wird in Randelemente unterteilt, um die Randverformungen und Randkräfte (= Funktionen) längs des Randes mit Polygonzügen darzustellen. Dann wird, wie beim Drehwinkelverfahren, ein Knotenausgleich in den Randknoten durchgeführt – allerdings nicht iterativ, sondern in einem Schritt. Anschließend werden dann mit Hilfe von Einflussfunktionen aus den Verformungen des Randes und den Lagerkräften die Schnittgrößen im Innern der Platte oder Scheibe berechnet.

Auch die Methode der finiten Elemente ist in einem versteckten Sinn eine 'Randelementmethode', denn die Einflussfunktionen $G_h(\boldsymbol{y}, \boldsymbol{x})$ auf denen die FE-Lösung basiert, werden unsichtbar aus *Randintegralen* (denselben wie in der BEM) und *Gebietsintegralen* erzeugt (ohne dass die Anwender und wohl auch die meisten Programmautoren sich dessen bewusst sind).

Um das zu zeigen, müssen wir etwas ausholen. Jede Funktion $w(\boldsymbol{x})$ kann man gemäß der Potentialtheorie, [50], aus ihren Randwerten w und $\partial w / \partial n$ und der 'Last' $-\Delta w$ im Feld generieren

$$w(\boldsymbol{x}) = \int_\Gamma (g(\boldsymbol{y}, \boldsymbol{x}) \frac{\partial w}{\partial n}(\boldsymbol{y}) - \frac{\partial g(\boldsymbol{y}, \boldsymbol{x})}{\partial n} w(\boldsymbol{y})) \, ds_{\boldsymbol{y}} + \int_\Omega g(\boldsymbol{y}, \boldsymbol{x})(-\Delta w(\boldsymbol{y})) \, d\Omega_{\boldsymbol{y}} \, .$$

$$(2.61)$$

Hier ist $g(\boldsymbol{y}, \boldsymbol{x}) = -1/(2\pi) \ln |\boldsymbol{y} - \boldsymbol{x}|$ die Fundamentallösung der *Poisson Gleichung* $-\Delta g = \delta(\boldsymbol{y} - \boldsymbol{x})$.

Betrachten wir ein Beispiel: Sei etwa $G_h(\boldsymbol{y}, \boldsymbol{x})$ die Näherung (FE-Lösung) der Einflussfunktion einer vorgespannten Membran, also $G_h = 0$ auf dem Rand Γ, dann garantiert die Mathematik, dass die FE-Lösung $G_h(\boldsymbol{y}, \boldsymbol{x})$ die folgende Integraldarstellung hat

$$G_h(\boldsymbol{y}, \boldsymbol{x}) = \int_\Gamma g(\boldsymbol{\xi}, \boldsymbol{y}) \frac{\partial G_h}{\partial n}(\boldsymbol{\xi}, \boldsymbol{x}) \, ds_{\boldsymbol{\xi}} + \int_\Omega g(\boldsymbol{\xi}, \boldsymbol{y}) \, \delta_h(\boldsymbol{\xi}, \boldsymbol{x}) \, d\Omega_{\boldsymbol{\xi}} \, . \qquad (2.62)$$

Der Wert von G_h in einem Innenpunkt $\boldsymbol{y}$ wird also bestimmt von der Normalableitung $\partial G_h / \partial n$ auf dem Rand – statisch sind das die Haltekräfte auf dem Rand – und der Funktion $\delta_h = -\Delta G_h$, das ist der Flickenteppich von Elementlasten, mit denen das FE-Programm versucht das Dirac Delta nachzubilden[7].

Wenn die Haltekräfte $\partial G / \partial n$ der Original-Einflussfunktion in einer Ecke des Randes singulär werden, dann wird das auch auf die Haltekräfte $\partial G_h / \partial n$ der FE-Lösung abfärben, es wird zu Oszillationen von $\partial G_h / \partial n$ in der Ecke kommen, und darunter leidet wegen

---

[7] Bei linearen Elementen besteht das δ_h aus Linienkräften l_k längs den Kanten des Netzes

(2.62) offenbar die Genauigkeit der Einflussfunktion – in allen Punkten $\boldsymbol{y}$ im Innern der Membran – und damit auch die Genauigkeit der damit berechneten FE-Lösung, denn über $\boldsymbol{y}$ wird ja nachher integriert

$$w_h(\boldsymbol{x}) = \int_\Omega G_h(\boldsymbol{y}, \boldsymbol{x})\, p(\boldsymbol{y})\, d\Omega_{\boldsymbol{y}}\,. \tag{2.63}$$

Singularitäten auf dem Rand propagieren über diesen Mechanismus ins Innere und verringern die Qualität der Einflussfunktion und damit der FE-Lösung selbst, [50].

$$\frac{\partial G}{\partial n} \quad \rightarrow \quad \frac{\partial G_h}{\partial n} \quad \rightarrow \quad G_h \quad \rightarrow \quad w_h \tag{2.64}$$

Nichts kann diese Kette sprengen.

All dies gilt sinngemäß auch für Scheiben und Platten. Bei Scheiben ist es die Randverschiebung $\boldsymbol{u}$ und der Spannungsvektor $\boldsymbol{t} = \boldsymbol{S}\,\boldsymbol{n}$ (Spannungstensor mal Randnormale), die sich nach Innen fortpflanzen, [42] Eq. (4.8), und bei der Kirchhoffplatte sind es vier Funktionen, die Durchbiegung w, die Randverdrehung $\partial w/\partial n$, das Biegemoment m_n (das Einspannmoment) und der Kirchhoffschub v_n (die Lagerkraft), [42] Eq. (6.6). Bei schubweichen Platten (einem 2×2 System) sind es im Grunde dieselben vier Funktionen, [50].

Ob man finite Elemente benutzt oder Randelemente ist zunächst zweitrangig. Was die Mathematik primär interessiert ist, welche Integraldarstellung die Lösung hat, wie die Lösung von den Randdaten und den Lasten im Gebiet abhängt. Diese Frage beantwortet für $-\Delta w = p$ die Glg. (2.61) und bei Scheiben und Platten sind es die dazu analogen Glg. (4.8) und (6.6) in [42]. Und der Schlüssel ist die jeweilige Fundamentallösung – *the unit response of the elastic media.*

Anmerkung 2.1. Die Glg. (2.61) ist praktisch die Erweiterung der Gleichung (partielle Integration)

$$w(x) = w(0) + \int_0^x w'(y)\, dy = \int_\Gamma \ldots + \int_\Omega \ldots\,, \tag{2.65}$$

auf höhere Dimensionen. Wir halten (2.61) für den Schlüssel zur Differential- und Integralrechnung: Gebiet, Rand und Funktion bilden eine Einheit und die finiten Elemente sind die logische Umsetzung dieser Idee – deswegen sind sie so erfolgreich

$$\text{Finites Element} = \text{Gebiet} + \text{Rand} + \text{Funktion}\,. \tag{2.66}$$

Die Funktion im Innern bestimmt die Randwerte und die Randwerte und die Form des Randes (zusammen mit der Belastung) bestimmen umgekehrt den Verlauf der Funktion im Innern. Das hat der Bauingenieur *Clough* instinktiv richtig erfasst und so ist er zu den finiten Elementen gekommen. Mathematiker oder Elektroingenieure denken nicht in *shapes*, sie hätten die finiten Elemente nicht erfinden können. Ihnen fehlt – man verzeihe uns das Vorurteil – das intuitive Verständnis für diesen Zusammenhang, das einen Bauingenieur oder Maschinenbauer auszeichnet.

Es ging nicht darum, $\sin(x)$ und $\cos(x)$ durch kurze Hütchen-Funktionen zu ersetzen, das haben auch andere Autoren vorgeschlagen, sondern das Bauteilkonzept, die Idee alles in einem, das *tutto insieme*, das wie natürlich aus (2.61) erwächst, ist die eigentliche Idee hinter den finiten Elementen und von dieser Idee geht die Faszination der finiten Elemente aus.

3. Stabtragwerke

3.1 Einleitung

In ihren Grundzügen ist die Methode der finiten Elemente in der Stabstatik mit dem Drehwinkelverfahren identisch. Es ist die klassische Baustatik des Weggrößenverfahrens in modernem Gewand. Die FEM geht aber über die klassischen Methoden insofern hinaus, als sie in der Lage ist, auch Probleme näherungsweise zu lösen, die einer direkten Behandlung nicht zugänglich sind. Allerdings ist schon das Drehwinkelverfahren eine Methode, bei der Einflüsse wie z.B. Normalkraft- und Schubverformungen vernachlässigt werden. Den größten gedanklichen Fehler, den machen kann, ist also die Stabstatik als eine exakte Methode im Gegensatz zur Methode der finiten Elemente anzusehen. Einerseits ist die Stabstatik an sich schon eine Vereinfachung, und die Exaktheit gewinnt man nur dadurch, dass man viele Effekte unter den Tisch fallen lässt.

Ein interessantes Beispiel dafür, wie die Stabstatik einen Effekt ausblendet, ist das Beispiel eines exzentrisch angreifenden Moments an einem beidseitig eingespannten Stab, s. Abb. 3.1.

Nach der klassischen Balkentheorie ist der Momenten-Vektor längs seiner Achse beliebig verschiebbar, der Längsträger erhält somit ausschließlich Biegemomente. Bei der Ermittlung von Einflusslinien ist ein exzentrisch wirkendes Moment dieser Art nach dem *Satz von Land* aber auch die Ableitung

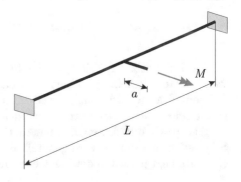

Abb. 3.1 Torsionsbelastung

© Springer-Verlag GmbH Deutschland, ein Teil von Springer Nature 2019
F. Hartmann, C. Katz, *Statik mit finiten Elementen*,
https://doi.org/10.1007/978-3-662-58925-0_3

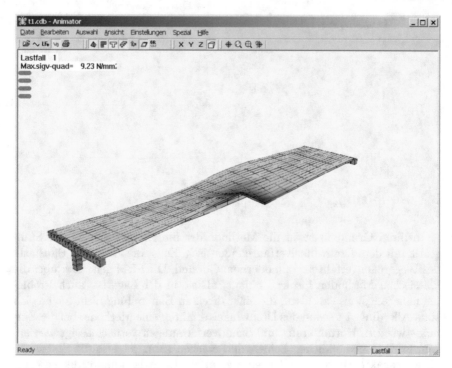

Abb. 3.2 Torsionsbelastung bei einer Brücke

der Einflusslinie einer exzentrisch wirkenden Kraft, die natürlich veränderliche Torsionsmomente erzeugt. Daraus kann man folgern, dass im Längsträger Torsionsmomente der Größe $M \cdot a/L$ auftreten müssen.

Wenn man die gleiche Last statt am Stabwerk an einer kompletten FE-Struktur betrachtet, so sieht man, s. Abb. 3.2, dass die Verbiegung der Fahrbahnplatte eine gegenseitige Verwindung der Längsachse erzeugt, die somit Torsionsmomente erzeugen muss. Tatsächlich ergibt sich bei der Aufsummierung aller Schnittgrößenkomponenten der FE-Lösung ein resultierendes Torsionsmoment in der vorhergesagten Größenordnung.

3.2 Der verallgemeinerte FE-Ansatz

Die Stabstatik hat seit Galilei sehr viel Zeit gehabt, sich kontinuierlich weiter zu entwickeln. Es überrascht daher nicht, dass viele Ingenieure sie für endgültig geklärt halten, weil eigentlich alle Probleme der Stabstatik gelöst seien. Neue Erkenntnisse werden nicht erwartet, komplexe Systeme werden gleich mit finiten Elementen berechnet, und die Berechtigung von Stabwerksprogrammen wird generell hinterfragt. Der große Vorteil der Stabelemente liegt jedoch in der ingenieurgemäßen anschaulichen Anwendung, da

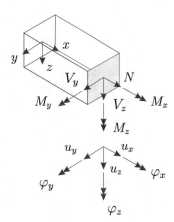

Abb. 3.3 Schnittgrößen
an einem Balken

die Ergebnisse unmittelbar in integraler Form anfallen. Dies hat aber auch zu zwei Ansichten geführt, die eher in den Bereich des Aberglaubens gehören:

• Stabelemente sind exakt.
• Stabelemente sind einfach.

Je mehr Effekte man bei einem Stabelement mitnehmen muss, um so mehr entfernt man sich aber von der einfachen Darstellung.

Die Programmierung eines Flächenelements ist sehr viel einfacher als die eines Stabelements

und mit der Methode der finiten Elemente hat man ein Werkzeug an der Hand, dessen Möglichkeiten bei überschaubarem Aufwand über die klassische Formulierung weit hinausgehen.

Ein Stab ist zwar ein 3D-Kontinuum, aber die Länge dominiert gegenüber den Querschnittsabmessungen, und deshalb werden für die Verformungen und somit die Dehnungen im Stab ‚nur' speziell angepasste Ansatzfunktionen oder interne Freiheitsgrade benutzt. So gesehen sind komplexere Stabelemente eigentlich nur eine besondere Form der Substrukturtechnik.

Gemäß DIN 1080 wird die x-Achse als die Längsachse bezeichnet, y und z sind dann die dazu senkrecht gerichteten Querschnittsordinaten. Verschiebungen und Verdrehungen bzw. Kräfte und Momente in Richtung der Achsen ergeben sich dann entsprechend, s. Abb. 3.3.

Sich ändernde Schwerpunktslage

Ein nicht unwesentlicher Aspekt ist, dass einfache Formeln für Stabwerke nur möglich sind, wenn man die Beschreibung auf besonders ausgesuchte Punkte und Achsen bezieht. Dass Schnittgrößen auf den Schwerpunkt bezogen werden, ist uns allen in Fleisch und Blut übergegangen. Wenn man nun aber Bauzustände z.B. mit Ortbetonergänzung untersuchen will, so ändert sich die Schwerpunktslage und häufig auch die Neigung der Schwerachse.

Bei der Eingabe eines solchen Systems hat man dann von einem Lastfall zum nächsten unterschiedliche Stablängen, und die Normal- und Querkräfte weisen in unterschiedliche Richtungen. Der Ingenieur oder das Programm muss entweder umrechnen oder eine mittlere Lage definieren. Beim Übergang vom CAD-Modell zum statischen Modell müssen also neue Linien oder Flächen erzeugt werden, die nicht mit den gegebenen Strukturlinien übereinstimmen.

Wir wollen deshalb die Lage des Schwerpunkts und des Schubmittelpunktes von vorne herein nicht mit der Stabachse verknüpfen und die Abweichungen der Lage über Exzentrizitäten einführen.

Es ist außerdem zweckmäßig, die Ergebnis-Schnittgrößen auf die vom Benutzer verwendeten Achsen y und z zu beziehen und nicht die Hauptachsen der Querschnitte dafür zu wählen. Dies vor allem deswegen, weil die Lage der Hauptachsen sich innerhalb eines gevouteten Stabes auch drehen kann.

Mögliche Referenzsysteme

Betrachten wir nun den Fall eines Biegestabes mit beidseitigen Vouten, s. Abb. 3.4. Wir können unsere Schnittgrößen auf mindestens drei verschiedene Koordinatensysteme beziehen. Am vertrautesten ist uns der Bezug auf die Schwerelinie. Dies ist der Fall in Abb. 3.4 a, dort haben wir die klassische Betrachtung mit Normalkraft und Querkraft, die sich bei klassischen Stabelementen ergeben würde, die in Form einer geknickten Stabachse beschrieben werden. Dies sind auch die Komponenten, die in einem Bemessungsprogramm für die Ermittlung von Spannungen herangezogen werden müssen.

Eleganter und effektiver ist es jedoch, die aus der Theorie II. Ordnung bekannten Longitudinal- und Transversalkräfte zu verwenden, die auf das unverformte Referenzsystem bezogen werden, s. Abb. 3.4 b und c.

Überlagerung

Eine Überlagerung von Beanspruchungen bei wechselndem Schwerpunkt ist nur im Fall c) trivial möglich, denn in den anderen Fällen muss die Überlagerung die Lage des Schwerpunkts bzw. im Fall a) auch die Neigung der Stabachse kennen.

Überlagerungen von Schnittgrößen zur Ermittlung von Spannungen machen aber nur Sinn, wenn sich der Querschnitt nicht ändert. Die Longitudinal- und Transversalkräfte sollte man deshalb besser auf den Schwerpunkt des Querschnitts wie in Abb. 3.4 b beziehen, da der Bezug auf einen beliebigen Referenzpunkt wie in Abb. 3.4 c die Anschaulichkeit der Ergebnisse stark beeinträchtigt. Auch würde bei der grafischen Darstellung von schönen glatten Schnittgrößenverläufen z.B. außer dem Moment auch die Transversalkraft,

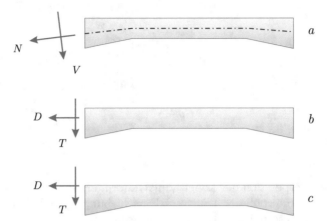

Abb. 3.4 Mögliche Referenzsysteme

die Longitudinalkraft und die Neigung der Stabachse aus Verformung nach Theorie II. Ordnung benötigt.

Lokale Größen

Am Stabanfang und am Ende hat man je einen Knoten, der nicht im Schwerpunkt liegen muss, und einen Stabknoten im Schwerpunkt des Querschnitts, die je sieben Freiheitsgrade besitzen können:

1. Die Longitudinalverformung u_x im Schwerpunkt des Querschnitts
2. Lokale Transversalverformungen u_y, u_z sowie Verdrehungen φ_y, φ_z
3. Die Torsionsverdrehung φ_x und die Verwindung φ_x'.

Die Verschiebungen und Verdrehungen der Stabknoten ergeben sich aus einer Rotation der globalen Verschiebungen (u_X, u_Y und u_Z) und Verdrehungen ($\varphi_X, \varphi_Y, \varphi_Z$), sowie einer Transformation der lokalen Exzentrizitäten zwischen der Schwerpunktslage der Stabknoten und den Knoten des FE-Systems, s. Abb. 3.5

$$u_{0i} = u_i + \varphi_{yi}\,\Delta\,z_i - \varphi_{zi}\,\Delta\,y_i\,, \tag{3.1}$$

$$u_{0j} = u_j + \varphi_{yj}\,\Delta\,z_j - \varphi_{zj}\,\Delta\,y_j\,. \tag{3.2}$$

Die Verwindung ist hingegen eine lokale Größe, für die in Ecken und Anschlüssen entsprechende Übergangsbedingungen zu formulieren sind. Die Auswahl der Komponenten ist insofern willkürlich, als man natürlich auch noch höhere Ableitungen der Verformungen als Knotenwerte verwenden könnte, die aber praktisch wohl kaum zu handhaben wären. Längs des Stabes werden diese Verformungen mit Ansatzfunktionen interpoliert:

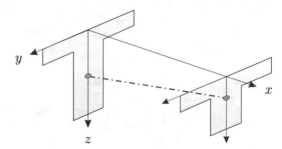

Abb. 3.5 Verlauf der
Schwereachse

1. Lineare Interpolation der Longitudinalverformung u_x
2. Gekoppelte Interpol. der Transversalverschiebung u_y und Verdrehung φ_z
3. Gekoppelte Interpol. der Transversalverschiebung u_z und Verdrehung φ_y
4. Gekoppelte Interpol. der Verdrehung φ_x und Verwindung θ_x (lineare Interpol. der Verdrehung φ_x falls ohne Berücksichtigung der Wölbkrafttorsion)

Gekoppelte Interpolation

Die gekoppelte Interpolation kann entweder mittels kubischer Splines erfolgen, bei denen die Verdrehung bzw. Verwindung unmittelbar als Ableitung der Verschiebung bzw. Verdrehung angesehen wird. Dann verwendet man sinnvollerweise die sogenannten *Hermitschen Funktionen*, mit dem Endwert 1.0 jeweils nur für genau eine Knotenverformung oder deren Ableitung

$$H_1 = (1 - \xi^2)\,(1 + 2\,\xi) \qquad H_2 = L\,(1 - \xi^2)\,\xi \tag{3.3a}$$

$$H_3 = \xi^2(3 - 2\,\xi) \qquad\qquad H_4 = -L\,(1 - \xi)\,\xi^2\,. \tag{3.3b}$$

Die Kopplung kann aber auch mit Schubverformungen nach *Marguerre/Timoshenko* erfolgen z.B

$$\theta_y = \frac{V_z}{G\,A_z}\,, \qquad \varphi_y = w_{,x} + \theta_y\,. \tag{3.4}$$

Die Verschiebungen innerhalb des Querschnitts ergeben sich nun aus einem Produktansatz, indem aus den Verformungskenngrößen an einem Schnitt des Stabes die drei Verschiebungen im Querschnitt errechnet werden

$$u_j = \sum_{i=1}^{7} N_{ij}(y, z) \cdot u_i(x) \tag{3.5a}$$

$$u_j = \sum_{k=1}^{2} \sum_{i=1}^{7} N_{ij}(y, z) \cdot H_{ik}(x) \cdot u_i(x)\,. \tag{3.5b}$$

Dabei sind im Allgemeinen die folgende Ansatzfunktionen N_{ij} für die Verformungen inklusive der höheren Anteile nach Theorie II. Ordnung vorgesehen

$$u_x(y,z) = u_{x0} + \varphi_y \cdot (z - z_s) - \varphi_z \cdot (y - y_s)$$
$$+ U_w \cdot (\theta_x - \varphi_y' \varphi_z + \varphi_y \varphi_z') + U_y \cdot \theta_y + U_z \cdot \theta_z + U_{w2} \cdot \theta_{t2}, \quad (3.6a)$$

$$u_y(y,z) = u_{y0} - \vartheta \cdot (z - z_m) - \frac{1}{2}(\varphi_x^2 + \varphi_z^2) \cdot (y - y_m), \quad (3.6b)$$

$$u_z(y,z) = u_{z0} - \vartheta \cdot (y - y_m) - \frac{1}{2}(\varphi_x^2 + \varphi_y^2) \cdot (z - z_m). \quad (3.6c)$$

Die Verformungen in Längsrichtung sind in den ersten drei Gliedern durch das Ebenbleiben der Querschnitt im Sinne der *Bernoulli-Hypothese* gegeben, dann kommen die Anteile der Einheitsverwölbung hinzu, und schließlich die Anteile, die Abweichungen infolge der Querschnittsverformung durch Querkräfte und sekundäres Torsionsmoment beschreiben. Diese sind komplexe Verteilungen der Querschnittsverwölbung, die im allgemeinen Fall nicht elementar ermittelt werden können.

Die Verschiebungen quer zur Achse sind lediglich Starrkörperbewegungen. Der Querschnitt des Stabes wird somit als gestaltstreu angesetzt. Veränderung der Querschnittsgeometrie zu berücksichtigen, ist in der Regel so komplex, dass man dies entweder an einem echten geometrisch nichtlinearen 3D-Modell aus Schalen oder Faltwerkselementen untersuchen sollte, oder entkoppelt untersuchen muss.

Schnittgrößen

Die Verzerrungen ergeben sich aus der Ableitung der Verformungen. Wir wollen jetzt hier die höheren Beiträge der Theorie II. Ordnung bei der weiteren Behandlung ausblenden. Drei der sechs möglichen Komponenten verschwinden infolge der Starrkörperbewegungen senkrecht zur Stabachse

$$\sigma_x = E\,\varepsilon_x = E\,u_{,x} = E\,[u_{,x} + \varphi_{y,x}\,(z - z_s)$$
$$- \varphi_{z,x}\,(y - y_s) - z_{s,x}\,\varphi_y + y_{s,x}\,\varphi_z + \sum(U_{i,x}\cdot\theta_i + U_i\cdot\theta_{i,x}\,x)], \quad (3.7a)$$

$$\tau_{xy} = G\,\gamma_{xy} = G[u_{x,y} + u_{y,x}] = G\,[(u_{y0,x} - \varphi_z)$$
$$+ \sum(U_{i,y}\cdot\theta_i - (z - z_m)\vartheta_{,x} + z_{m,x}\,\vartheta)], \quad (3.7b)$$

$$\tau_{xz} = G\,\gamma_{xz} = G[u_{x,z} + u_{z,x}] = G\,[(u_{z0,x} - \varphi_y)$$
$$+ \sum(U_{i,z}\cdot\theta_i - (y - y_m)\vartheta_{,x} - y_{m,x}\,\vartheta)], \quad (3.7c)$$

$$\sigma_y = \sigma_z = \tau_{yz} = 0. \quad (3.7d)$$

Bei der Ableitung ist zu beachten, dass streng nach der Produktregel vorgegangen wird, und deshalb Terme auftauchen, die bei einem prismatischen

Stab sofort verschwinden würden, da die Lage der Schwerachse und der Schubmittelpunktsachse entlang des Stabes konstant sind. Diese sollten bei einem gevouteten Stab jedoch berücksichtigt werden, denn sie erzeugen ein ausgesprochen mächtiges Stabelement.

Bei den Schubspannungen sind zwei unterschiedliche Betrachtungen möglich. Mit dem Ansatz von *Timoshenko* bzw. *Mindlin* ergibt sich mit der ersten Klammer ein konstanter Ansatz der Schubspannung über den gesamten Querschnitt, wobei der Querschnitt prinzipiell eben bleibt. Eine Schubspannungsverteilung, die das Gleichgewicht auch differentiell erfüllt, muss sich hingegen aus der Querschnittsverwölbung ergeben. Diese kann aber auch für den klassischen Biegestab verwendet werden (wenn die erste Klammer null wird). Die Schubspannungen ergeben sich dann ausschließlich aus den Einheitsverwölbungen, die so skaliert werden müssen, dass das Gleichgewicht mit der Gesamt-Querkraft erfüllt wird. Bei Stabwerken denkt und arbeitet man natürlich immer mit den Integralen der Spannungen, den sogenannten Schnittgrößen

$$N = \int_A \sigma_x \, dA = EA \left(u_{,x} - z_{s,x} \, \varphi_y + y_{s,x} \, \varphi_z \right) + EA_z \varphi_{y,x} - EA_y \, \varphi_{y,x}$$

$$\tag{3.8}$$

$$M_y = \int_A z \, \sigma_x \, dA = EA_z \left(u_{,x} - z_{s,y} \, \varphi_y + y_{s,x} \, \varphi_z \right)$$
$$+ EA_{zz} \, \varphi_{y,x} - EA_{yz} \varphi_{y,x} \tag{3.9}$$

$$M_z = \int_A y \, \sigma_x \, dA = EA_y \left(u_{,x} - z_{s,x} \, \varphi_y + y_{s,x} \, \varphi_z \right)$$
$$+ EA_{yz} \, \varphi_{y,x} - EA_{yy} \varphi_{y,x} \tag{3.10}$$

und

$$V_y = \int_A \tau_{xy} \, dA \qquad V_z = \int_A \tau_{xz} \, dA \tag{3.11}$$

$$M_t = \int_A \left[(y - y_m) \, \tau_{xz} - (z - z_m) \, \tau_{xy} \right] dA, \tag{3.12}$$

wobei

$$EA = \int E \, dA \qquad EA_{zz} = \int E \, z^2 \, dA \tag{3.13}$$

$$EA_y = \int E \, y \, dA \qquad EA_{yy} = \int E \, y^2 \, dA \tag{3.14}$$

$$EA_z = \int E \, z \, dA \qquad EA_{yz} = \int E \, y \, z \, dA. \tag{3.15}$$

Der Schwerpunkt des Querschnitts ist dadurch definiert, dass die ersten Flächenintegrale EA_y und EA_z verschwinden. Des weiteren werden die Ein-

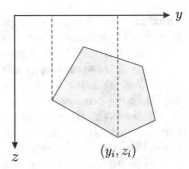

Abb. 3.6 Querschnitt

heitsverwölbungen U_i alle so eingestellt, dass sie in den ersten drei Integralen verschwinden. Das Zentrifugalmoment EA_{yz} hingegen sollte in jedem Falle berücksichtigt werden, da eine Transformation des Querschnitts in die Hauptachsen weder zeitgemäß noch bei Vorliegen von Schubverformungen uneingeschränkt möglich ist.

3.2.1 Querschnittswerte

Die Querschnittswerte sind als Integrale der Flächenwerte relativ einfach auch für komplexere Querschnittsgeometrien ermittelbar, z.B. kann man die Fläche eines beliebigen Polygons als Summe der Trapeze ermitteln, s. Abb. 3.6

$$A = \sum_{i=0}^{n} \frac{1}{2} \left(z_{i+1} + z_i \right) \left(y_{i+1} - y_i \right) \tag{3.16}$$

$$I_y = \sum_{i=0}^{n} \frac{1}{12} \left(z_{i+1} + z_i \right) \left(y_{i+1} - y_i \right) \left(z_{i+1}^2 + z_i^2 \right). \tag{3.17}$$

Bei komplexeren Querschnittswerten sollte man sich vor Augen halten, dass es Integralsätze gibt, die es erlauben Flächenintegrale in Randintegrale umzuwandeln. Somit können alle Flächenwerte über formelmäßig bekannte Funktionen allein aus der Geometrie des Randes ermittelt werden. Dabei kann man effektive und weniger effektive Umwandlungen verwenden. Bei den eventuell sehr komplexen Formeln kann eine numerische Integration auf dem Rand nicht nur leichter zu programmieren sein, sondern auch in der Ausführung schneller sein.

In den Fällen, in denen die *Bernoulli-Hypothese* nicht so ganz stimmt, verwendet man eine Korrektur in der Form von mitwirkenden Breiten. Diese sind allerdings, je nachdem was mit ihnen berücksichtigt werden soll, unterschiedlich für die Querschnittswerte/Steifigkeiten sowie für die Bemessung. Man muss bei der Bearbeitung solcher Querschnitte gut aufpassen, dass man die richtigen Schwerpunktslagen mit den richtigen Querschnittswerten zusammen verwendet. Zum Beispiel ist es gängige Praxis, die Schnittgrößen im Bereich des Spannbetonbaus an einem anderen Querschnitt zu ermitteln als den, den man dann bei der Spannungsberechnung zu Grunde legt.

Ob es Schubspannungen wirklich gibt, ist durchaus Anschauungssache. Schließlich sind im Gegensatz zu den Hauptspannungen, die nicht von der Richtung des Koordinatensystems abhängig sind, Schubspannungen nur durch die Wahl einer Schnittrichtung entstanden, die nicht senkrecht zur Hauptspannungsrichtung ist. Im Stahlbetonbau wird auf diesen Sachverhalt besonders großer Wert gelegt.

Da die Schubspannungen in der klassischen Stabtheorie keine Rolle spielen, muss man sie sich auf andere Weise verschaffen. Üblich ist die Ermittlung über das Gleichgewicht

$$\tau_{,s} = \sigma_{,x} \qquad \tau = \frac{V\,S}{I\,b}. \tag{3.18}$$

Leider hat diese Formel eigentlich nur gravierende Nachteile:

- Die Querkraft V ist nur dann richtig, wenn die Normalkraft konstant ist, und es keine Voute gibt.
- Das statische Moment S ist nur dann richtig, wenn der Querschnitt einfach zusammenhängend ist.
- Die Schubspannungen müssen eigentlich auch nicht konstant über die Breite sein.
- Statt I kann die *Swain'sche* Formel für schiefe Biegung benötigt werden.

Vor allem der zweite Punkt ist das grundlegende Problem, das dadurch entsteht, dass das Verfahren ein Kraftgrößenverfahren ist, das für Computerprogramm wenig geeignet ist. Statt dessen bietet sich natürlich ein Weggrößenverfahren an. Die gesuchte Weggröße ist dabei die Verwölbung des Querschnitts. Die Bestimmungsgleichungen sind wieder das Minimum der Formänderungsenergie bzw. das Gleichgewicht

$$\tau_{xy} = G\,(w_{,y} - z\,\theta_x, x) \tag{3.19a}$$

$$\tau_{xz} = G\,(w_{,z} + y\,\theta_x, x) \tag{3.19b}$$

$$G\,\Delta w = G\,(w_{,xx} + w_{,yy}) = -\sigma_{x,x} \tag{3.19c}$$

$$\tau_{xy}\,n_y + \tau_{xz}\,n_z = 0 \qquad \text{auf dem Rand}. \tag{3.19d}$$

Das Problem kann man entweder als Ganzes oder aufgeteilt in vier Teilprobleme bearbeiten:

- Das primäre Torsionsproblem: $d\theta/dx =$ Verwölbung ; $\sigma_x = 0$
- Die zwei Querkraft-Schubprobleme: $d\theta/dx = 0$; $\sigma_x =$ aus Querkraft V
- Das sekundäre Torsionsproblem: $d\theta/dx = 0$; $\sigma_x =$ aus Wölbmoment

Für dünnwandige Querschnitte, bei denen man die Spannungen über die Breite eines Elements konstant halten kann, ist das Problem mit einem einfachen

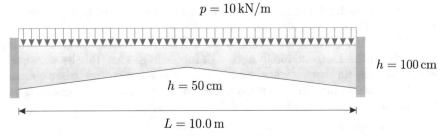

Abb. 3.7 Gevouteter Träger

Gleichungssystem ähnlich wie bei einem Fachwerksystem quasi geschlossen lösbar. Bei einem allgemeinen dickwandigen Querschnitt muss man natürlich die Laplace-Gleichung wiederum numerisch z.B. mit der Methode der finiten Elemente oder der Methode der Randelemente lösen.

Das Ergebnis ist eine detaillierte Schubspannungsverteilung, die sowohl zum Nachweis von Spannungen, als auch zur Ermittlung der Schubverformungsflächen über die Äquivalenz der inneren Arbeit verwendet werden kann. Sie definiert auch die Einheitsverwölbungen des Querschnitts, die wir bei den Ansatzfunktionen als U_i eingeführt haben.

3.2.2 Steifigkeitsmatrix

Die Energie der Normalspannungen des Stabes erhält man unter Vernachlässigung der gemischten Glieder der Normalspannungsanteile mit den Einheitsverwölbungen dann aus dem Term

$$\Pi_i = \frac{1}{2} \int E \, \varepsilon^2 \, dV = \frac{1}{2} \int \left(EA \, \left[(u_0')^2 - 2 \, u_0' \left[\varphi_y \, z_s' - \varphi_z \, y_s' \right] \right] \right.$$
$$+ EA \left[\varphi_y^2 \, (z_s')^2 + \varphi_z^2 \, (y_s')^2 - 2 \, \varphi_y \, z_s' \, \varphi_z \, y_s' \right]$$
$$\left. + EI_y \, (\varphi_y')^2 + EI_z \, (\varphi_z')^2 - 2 \, EI_{yz} \, \varphi_y' \, \varphi_z' \right) dx \, . \qquad (3.20)$$

Dieses Integral entlang der Stabachse unter Berücksichtigung der Ansatzfunktionen ergibt eine Steifigkeitsmatrix, die nicht nur die Normalkraftverformung und die Biegesteifigkeit erfasst, sondern auch die Sprengwerkwirkungen von geneigten Vouten.

Sofern die Ansätze der Stabdifferentialgleichung genügen, ist das Problem exakt gelöst. Wenn dies nicht der Fall ist, wie es z.B. bei elastischer Bettung, Vouten oder Theorie II. Ordnung der Fall ist, so muss man die Lösung

durch Unterteilung der Stäbe in mehrere Elemente so weit verbessern, bis die
gewünschte Genauigkeit erreicht wird.

Im Falle eines gevouteten Sprengwerks, s. Abb. 3.7, sind die Ergebnisse für
unterschiedliche Elementeinteilungen z.B. in der folgenden Tabelle ablesbar.
Sie enthält die an den verschiedenen Systemen gewonnen Ergebnisse einmal
bei einer Unterteilung in ein einziges Element und bei einer Unterteilung in
8 Elemente.

	w[mm]	N_e[kN]	N_m [kN]	M_{ye} [kNm]	M_{ym}[kNm]
geneigte Stab-Achse					
1/EI Interpolation 1 Element	0,397	-80,5	-78	-73.58	31,91
1/EI Interpolation 8 Elemente	0.208	-46,3	-43,8	-94,87	19,17
EI Interpolation 1 Element	0,172	-39,8	-37,3	-93,65	22
EI Interpolation 8 Elemente	0.206	-45,8	-43,3	-95,02	19,14
Horizontale Referenzachse					
1 Element	0.168	-37,9	-37,9	-93.01	22,52
8 Elemente	0.204	-44,2	-44,2	-94.85	19,1

3.2.3 Schubspannungen und Schubverformungen

Schubverformungen sind beim klassischen Ansatz der Balkentheorie nicht
vorgesehen. Es wäre völlig falsch, einfach weitere Energieterme mit den
Schubverformungsflächen hinzuzufügen, da diese ja eine zusätzliche Steifigkeit
und keine Nachgiebigkeit einführen würden. Das würde nur in einer Formulierung mit der Komplementärenergie funktionieren.

Der häufigste Weg ist der, die Biegesteifigkeit so zu reduzieren, dass die
gleichen Verformungen herauskommen. Dies kann man aber nur für einen
prismatischen Stab und eine bestimmte Belastung durchführen. Eine einfache
Übertragung auf gevoutete Stäbe funktioniert z.B. nicht so einfach.

Eine andere Lösung ist die von *Timoshenko*, bei der man die Kopplung der
Verdrehungen und der Ableitung der Verschiebungen mit einem Lagrange-
Strafterm beschreibt. Statt der Beziehungen

$$M = -EI\,w'' \qquad V = -EI\,w''' \,, \qquad (3.21)$$

hat man dann zwei entkoppelte Beziehungen

$$M = -EI\,\varphi_{,x} \qquad V = -GA\,\theta = GA\,(\varphi - u_{,x}) \,. \qquad (3.22)$$

Da in unserem Falle mit vier Knotenfreiheitsgraden die Verdrehung
und die Verschiebung jeweils linear interpoliert werden, ist der Verlauf
des Moments konstant und der Querkraft linear. Damit hat man sich aber
zwei neue Probleme eingehandelt, die einer besonderen Behandlung bedürfen:

1. Bei großen Werten von GA insbesondere im Falle der schubstarren Balken wird die Numerik infolge des *locking* so schlecht, dass die Lösung unbrauchbar wird. Hier kann Abhilfe dadurch getroffen werden, dass man einen sogenannten diskreten *Kirchhoff-Mode* einführt. Darunter versteht man, dass man in einem Punkt des Stabes sicherstellt, dass die Ableitung des Momentes gleich der Querkraft ist. Diese Bedingung führt dann zu einer Beziehung zwischen u und φ, die unmittelbar in die Ansatzfunktionen eingebaut wird. Folgt man dem Ansatz von *Hughes* [55], so schreibt man unmittelbar

$$M = -EI\,\varphi_{,x} \qquad V = -GA\,\theta = GA\,[\frac{\varphi_i + \varphi_j}{2} - \frac{u_j - u_i}{L}]. \qquad (3.23)$$

2. Zum zweiten ist das Element nicht mehr in der Lage, die einfachen Fälle wie z.B. einen Kragarm mit einer Einzellast richtig zu beschreiben. Man erhält zwar die richtigen Verdrehungen und Schnittgrößen, aber eben nicht die richtigen Durchbiegungen, so dass man mehrere Elemente nehmen müsste, was dem normalen Anwender kaum vermittelbar ist. In diesem Falle hilft der Einbau einer nichtkonformen zusätzlichen quadratischen Funktion φ_m für die Verdrehung. Unter Beachtung der Kirchhoff-Bedingung erhält man

$$\varphi = \varphi_i\,(1 - \xi) + \varphi_j\,\xi + \varphi_m\,(4\,\xi\,(1 - \xi))\,, \qquad (3.24a)$$

$$M = -\frac{EI}{L}\,[(\varphi_j - \varphi_i) + 1.5\,\varphi_m\,(8\,\xi - 4)]\,, \qquad (3.24b)$$

$$V = -GA\,\theta = -GA\,[\frac{\varphi_i + \varphi_j}{2} + \varphi_m - \frac{u_j - u_i}{L}]\,. \qquad (3.24c)$$

Die Funktion erzeugt genau die fehlende lineare Variation der Momente. Bei der Querkraft wird der Maximalwert konstant eingesetzt, was einen Korrektur-Faktor der Größe 1.5 beim Moment erfordert.

Aber auch beim *Timoshenko-Balken* gibt es noch einen Effekt, der durch diese Formulierung nicht abgedeckt werden kann. Bei Vergleichsrechnungen mit gedrehten Koordinatensystemen ergaben sich bei manchen Querschnittsformen unterschiedliche Ergebnisse. Wenn man nämlich sowohl die Vektoren der Querkraft als auch die der Gleitwinkel transformiert, so erhält man einen Tensor der inversen Schubflächen

$$\begin{bmatrix} \theta_y \\ \theta_x \end{bmatrix} = \begin{bmatrix} 1/GA_y & 1/GA_{yz} \\ 1/GA_{yz} & 1/GA_z \end{bmatrix} \begin{bmatrix} V_y \\ V_z \end{bmatrix}. \qquad (3.25)$$

Die Einführung einer gemischten Schubverformungsfläche $1/A_{yz}$ beseitigt zwar die Inkonsistenz der Ergebnisse. Die Existenz dieser deviatorischen Schubfläche kann aber nicht einfach als zusätzliche Steifigkeit im *Timoshenko-Balken* eingeführt werden, da sie in den meisten Fällen unendlich groß ist und eine unzulässige Kopplung der Biegung in den zwei Achsen erzeugen würde.

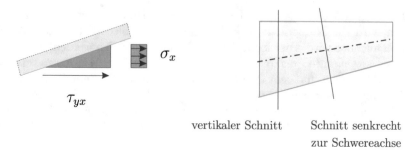

vertikaler Schnitt   Schnitt senkrecht
                       zur Schwereachse

Abb. 3.8 Schubspannungen am Rand

Die einzige Möglichkeit diese Fläche zu berücksichtigen besteht darin, dass man die Flexibilität des Stabelements ergänzt und dann diese zu einer Steifigkeit invertiert. Unabhängig davon erzeugt eine solche Fläche eine Kopplung der Schubverformungen, die eine entkoppelte Behandlung auch in den Hauptachsrichtungen nicht erlaubt.

Die Schubspannungen über den Querschnitt sind nach dem *Timoshenko*-Ansatz konstant. Tatsächlich verlaufen sie aber für einen Rechteckquerschnitt z.B. parabelförmig. Die Schubflächen für die Verformung und für die maximale Spannung sind deshalb im allgemeinen nicht identisch

$$\theta = \frac{V}{GA} \qquad (A = 0.833\,bh \text{ für ein Rechteck})\,, \qquad (3.26)$$

$$\tau = \frac{V}{A} \qquad (A = 0.666\,bh \text{ für ein Rechteck})\,. \qquad (3.27)$$

Es soll hier das Augenmerk noch auf einen ganz anderen Sachverhalt geleitet werden: Die Ermittlung der Schubspannungen erfolgt ja normalerweise an einem prismatischen Stab. Mit der größten Selbstverständlichkeit nehmen wir an, dass die Schubspannungen am Rand verschwinden. Bei Vouten ist dies aber nicht der Fall.

Am Rande eines gevouteten Trägers erhält man eine nicht verschwindende Schubspannung, s. Abb. 3.8 und 3.9. Im Schnitt senkrecht zur Referenzachse ist die Verteilung der Schubspannungen unsymmetrisch, s. Abb. 3.10, während sich in einem Schnitt senkrecht zur Schwerachse ein wesentlich sympathischeres, ausgewogeneres Bild einstellt, s. Abb. 3.11.

Im Schnitt $x = 1.0$ ergibt sich eine Transversalkraft von 40 kN und somit eine Querkraft von 39.95 kN. Diese ergäbe am prismatischen Stab mit einer Querschnittshöhe von 93.75 cm eine Schubspannung von 63.92 kN/m^2. Auf Grund des Moments 52.6 kNm in diesem Schnitt ergibt sich eine Abminderung der Querkraft $M/d \cdot \tan \alpha$ von 5.6 kN und damit eine reduzierte Schubspannung von 54.9 kN/m^2. Die Ergebnisse der FE-Berechnung betragen 53 kN/m^2 in der Mitte und 30 kN/m^2 am Rande. Diese Reduktion der Querkraft erfasst also den Maximalwert ganz gut, aber die Verteilung eben

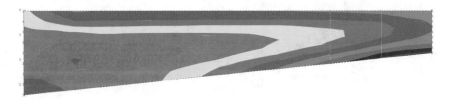

Abb. 3.9 Schubspannung τ_{xy}

Abb. 3.10 Schubspannung τ_{xy} im vertikalen Schnitt

Abb. 3.11 Schubspannung τ_{nq} senkrecht zur Achse

nicht ganz richtig, und es stellt sich die berechtigte Frage, ob die Berechnung von Hauptzug- oder maximalen Vergleichsspannungen in allen Fällen richtig ist.

3.2.4 Einfluss des Schubmittelpunkts, Wölbkrafttorsion

Wenn man jetzt noch Wölbkrafttorsion berücksichtigen will, ergeben sich bei einer veränderlichen Schubmittelpunktsachse derart viele Glieder bei der Quadrierung der Dehnungsanteile, dass derzeit wohl noch keine vollständige Ableitung existiert. Für den einfacheren Fall, dass die Referenzachse gleich der Drehachse ist, kann man aber auf die z.B. von *Schroeter* [121] dargestellten Formeln des inneren Potentials zurückgreifen

$$\Pi_{i2} = \frac{1}{2} \int_0^l \left(E\,C_M\,(\vartheta'')^2 + G\,I\,(\vartheta')^2 \right.$$
$$+ N\,[2\,\vartheta'\,z_m\,v_m' + 2\,\vartheta'\,y_m\,w_m' + (v_m')^2 + (w_m')^2 + i_m\,(\vartheta')^2]$$
$$+ M_y\,[-2\,\vartheta\,w_m'' + r_{M_y}\,(\vartheta')^2] + M_t\,[2\,\vartheta\,v_m'' + r_{M_z}\,(\vartheta')^2]$$
$$\left. + M_b\,[r_{M_w}\,(\vartheta')^2] + M_t\,[v_m'\,w_m'' - v_m''\,w_m'] \right)\,dx\,. \qquad (3.28)$$

Hinzu kommen noch ein paar Anteile aus äußeren Lasten. Für das Torsionsmoment gibt es nun zwei Komponenten. Das nach außen wirksame Gesamtmoment spaltet sich in einen Saint-Venantschen Anteil und einen Anteil aus sekundärer Torsion auf

$$M_t = M_{tv} + M_{t2} = G\,I_T\,\vartheta' - E\,C_M\,\vartheta'''\,. \qquad (3.29)$$

Damit man diese Schnittgrößen auch so erhält, ist also mindestens ein kubischer Ansatz für die Verdrehung der Stabachse erforderlich. Dies wird am einfachsten durch die Einführung je eines zusätzlichen Freiheitsgrades für die Verwindung erreicht. Dann werden die gleichen Hermitschen Funktionen 2. Grades auch für die Torsion verwendet. Ähnlich wie die Querkraft ergibt sich im Element dann auch ein konstanter bzw. insgesamt treppenförmiger Verlauf des sekundären Torsionmoments. Die Formeln sind übrigens auch gültig für wölbfreie Querschnitte $C_M = 0$. Für die Wölbschubverformungen gelten die gleichen Bemerkungen wie bei den Querkraftverformungen. Man kann sie unmittelbar einkoppeln oder mit einem zum *Timoshenko-Balken* analogen Einsatz einbinden.

3.2.5 Der allgemeine Stab

Wenn man das Stabelement mit völlig beliebigen Lasten, Bettungen oder Querschnitten behandeln will, so kann man zum Reduktionsverfahren oder dem Verfahren der Übertragungsmatrizen greifen. Die Übertragungsmatrix lautet formal z.B. für einachsige Biegung

$$\begin{bmatrix} w \\ \varphi \\ M \\ V \end{bmatrix} = \begin{bmatrix} a_{11} & a_{12} & a_{13} & a_{14} \\ a_{21} & a_{22} & a_{23} & a_{24} \\ a_{31} & a_{32} & a_{33} & a_{34} \\ a_{41} & a_{42} & a_{43} & a_{44} \end{bmatrix} \begin{bmatrix} w \\ \varphi \\ M \\ V \end{bmatrix} + \begin{bmatrix} p_1 \\ p_2 \\ p_3 \\ p_4 \end{bmatrix}\,. \qquad (3.30)$$

Methodisch kann man diese Beziehung als die (direkte oder numerische) Integration der Differentialgleichung beschreiben. Für die numerische Integration ist das vierstufige *Runge-Kutta-Fehlberg-Verfahren* wohl am besten geeignet. In einfachen Fällen ist die Lösung bereits im ersten Schritt exakt, dann ist der Mehraufwand verschwindend gering. Im schlimmsten Fall erhält man sogenannte steife Differentialgleichungen, die numerisch aufwendiger sind, und die notfalls nur dadurch in den Griff zu bekommen sind, dass man sein Element wieder in mehrere kurze Elemente unterteilt. Der Vorteil dieser Methode gegenüber dem Variationsansatz ist nicht nur der, dass man mit der Übertragungsmatrix eine Flexibilitätsmatrix ermittelt, die dem Minimum der Komplementärenergie entspricht. Dies ist z.B. ein wichtiger Pluspunkt, wenn es darum geht, die Schubverformungen richtig zu berücksichtigen. Ein weiterer Vorteil dieses Verfahrens ist, dass die Differentialgleichung weniger fehleranfällig bei der Programmierung ist.

3.2.6 Plastische Nachweise

Es gibt noch andere Bereiche, wo eine Verallgemeinerung der bestehenden Ansätze ganz neue Möglichkeiten eröffnet. Für den Nachweis nach neueren Verfahren der DIN 18800 oder des EC3 sind plastische Traglasten des Querschnitts verwendbar. Auch hier ergibt sich prinzipiell die Möglichkeit, dass man entweder mit finiten Elementen und elastoplastischem Materialgesetz an die Sache herangeht, oder dass man auf Querschnittsebene entsprechende Betrachtungen anstellt. Für dünnwandige Querschnitte ist eine vollständige Beschreibung der Interaktion aller Schnittgrößen möglich, [68]. Wenn man auf der Basis der Fließzonentheorie rechnen will, so benötigt man außer einer iterativen statischen Rechnung mit veränderlichen Steifigkeiten eben auch ein Rechenverfahren, dass die Interaktion auf Querschnittsebene an Hand der Spannungen auch im teilplastifizierten Bereich behandeln kann. Vorhanden sind bei einer Stabwerksberechnung:

- Eine linearelastische Verteilung der Normalspannungen inkl. Wölbkrafttorsion
- Eine linearelastische Verteilung der Schubspannungen aus Querkraft /Torsion
- Ein Dehnungszustand in Form einer Ebene plus Einheitsverwölbung
- Eine Fließbedingung

Für den linearen Schubspannungsverlauf im Querschnitt sind meist aufwendigere Rechenverfahren erforderlich, die nach dem Weg- oder Kraftgrößenverfahren die Schubflüsse berechnen können.

In einem ersten Schritt kann man dann unter einer gegebenen Beanspruchungskombination eine lineare Vergleichsspannung in allen beliebigen Punkten des Querschnitts ermitteln und diese ins Verhältnis zur Fließspannung des Materials setzen.

In einem zweiten Schritt könnte man diese Spannungen ‚irgendwie' reduzieren. Dabei gibt es außer dem Spezialfall, der die Querkraft vorab abdeckt, noch andere Verfahren.

In einem dritten Schritt kann man dann aus den Spannungen durch numerische Integration resultierende Schnittgrößen und daraus nichtlineare Steifigkeiten ermitteln. Die Schnittgrößen werden schließlich im Zuge eines Iterationsprozesses über die Steifigkeiten wie in [64] beschrieben ins globale Gleichgewicht gebracht.

Für die Fließbedingung kann man sich auf die Normalspannung σ_x und die Schubspannungen τ_{xy} bzw. τ_{xz} beschränken, da Schubspannungen τ_{yz} und Spannungen σ_y bzw. σ_z nur in Lasteinleitungspunkten auftreten können und dann von der Änderung von Steifigkeiten des Querschnitts kaum beeinflusst sein dürften. Zur Ermittlung der lokalen Traglast von solchen Diskontinuitätsbereichen ist die Stabtheorie generell nicht geeignet. Hier muss man auf Versuche oder aufwendigere FE-Berechnungen ausweichen, bei denen der ganze Querschnitt einschließlich aller Steifen mit Faltwerkselementen abgebildet wird.

Für die gewünschte Reduzierung der Spannungen sind im Prinzip drei Verfahren denkbar, denen allen gemein ist, dass jeder Spannungspunkt unabhängig von den benachbarten Punkten bleibt. Plastische Dehnungen, die in y oder z-Richtung so behindert werden, dass zusätzliche Spannungserhöhungen entstehen könnten, bleiben somit unberücksichtigt und stellen eventuell noch eine Tragreserve gegenüber Versuchsergebnissen dar. Dies entspricht formal durchaus anderen Ansätzen der Ingenieurmechanik wie z.B. dem Bettungszifferverfahren. Man hat die Wahl zwischen:

3.2.7 Prandtl-Lösung

Man wendet die Fließregel nach *Prandtl* an und ermittelt sich plastische Dehnungen, die auf die Fließfläche senkrecht stehen. Dazu wird wie in vielen FE-Büchern beschrieben, [71], zuerst der Beginn der Plastifizierung mit einer gleichmäßigen Reduktion nach der ersten Methode ermittelt, und dann für das verbleibende plastische Dehnungsinkrement eine elastoplastische Elastizitätsmatrix aus der elastischen Matrix C berechnet

$$\sigma = \left[C - \frac{q \cdot C \cdot q'}{q' \cdot C \cdot q} \right] \cdot \varepsilon, \qquad q = \frac{\partial F}{\partial \sigma}. \qquad (3.31)$$

3.2.8 Isotrope Reduktion

Schub- und Normalspannung werden im gleichen Verhältnis abgemindert, so dass die Vergleichsspannung gerade die Fließspannung erreicht

$$\sigma = \left[\frac{f_y}{\sigma_{v,\,\text{elastisch}}} \right] \cdot \sigma_{v,\,\text{elastisch}}, \qquad \tau = \left[\frac{f_y}{\sigma_{v,\,\text{elastisch}}} \right] \cdot \tau_{v,\,\text{elastisch}}. \qquad (3.32)$$

3.2.9 Vorrang Schub

Die Schubspannung wird in voller Größe aufgenommen, die maximale Normalspannung wird dadurch reduziert. Das ist der herkömmliche Ansatz bei Handrechnungen. Er bleibt unbefriedigend bei starken Schubbeanspruchungen, da er dann zu numerisch unvorteilhaften Situationen führt, bei denen eine Vergrößerung der Krümmung keine Auswirkungen mehr hat.

$$\tau = \min \left\{ \frac{f_y}{\sqrt{3}}, \tau_{\text{elastisch}} \right\} , \qquad \sigma = \min \left\{ \sqrt{f_y^2 - 3\,\tau^2}, \sigma_{\text{elastisch}} \right\} . \quad (3.33)$$

Mit einem dieser Verfahren kann man jetzt resultierende Schnittgrößen berechnen. Man kann dabei durchaus numerische Integrationsverfahren verwenden, die die Spannungen ja nur in diskreten Gausspunkten benötigen.

Wenn diese Schnittgrößen größer als die vorhandenen Schnittgrößen sind, ist im Prinzip der Nachweis erbracht, dass die Schnittgrößen aufnehmbar sind. Bei einem elastisch-plastischen Nachweis ist unter Berücksichtigung von Grenzwerten für eine maximale Erhöhung des Moments auf das 1.25-fache des elastischen Grenzmoments der Nachweis damit bereits erbracht. Wenn die Beanspruchung hingegen größer ist, so muss für die gewünschten Umlagerungen sich eine iterative Berechnung des Tragwerks anschließen.

Wenn Plastifizierungen im Querschnitt auftreten, verändern sich auch die Steifigkeiten. Wer den sich daraus ergebenden Umlagerungseffekt berücksichtigen will, muss eine Reduzierung der Steifigkeiten oder eine plastische Dehnung, [25], in eine iterative Berechnung des statischen Systems einbringen. Für die Biegebeanspruchung ist dies relativ einfach definierbar, indem man die folgende Bestimmungsgleichung entweder nach den plastischen Krümmungen κ_0 auflöst oder sich daraus Sekantensteifigkeiten ermittelt

$$\begin{bmatrix} M_y \\ M_z \end{bmatrix} = \begin{bmatrix} E\,I_y & E\,I_{yz} \\ E\,I_{yz} & E\,I_z \end{bmatrix} \begin{bmatrix} \kappa_y \\ \kappa_z \end{bmatrix} + \begin{bmatrix} \kappa_{y0} \\ \kappa_{z0} \end{bmatrix} . \quad (3.34)$$

Bei der Schubbeanspruchung ist zu unterscheiden, ob eine Umlagerung der Schubbeanspruchung überhaupt möglich bzw. erwünscht ist. In einigen Fällen führt schon die Reduzierung der Biegesteifigkeit zu kleineren Schubbeanspruchungen, im allgemeinen Fall muss man jedoch die statische Berechnung mit Schubverformungen durchführen, nur dann kann man die Schubsteifigkeiten entsprechend reduzieren. Im Gegensatz zur Biegebeanspruchung gibt es jedoch keine einfach zu ermittelnden nichtlinearen Schubgleitungen. Man kann aber einfach auch die Schubsteifigkeit im Verhältnis von innerer zu äußerer Querkraft reduzieren. Zu beachten ist dabei, dass im Zuge der Iteration die Steifigkeit auch wieder ansteigen können muss, wenn die Querkräfte kleiner werden.

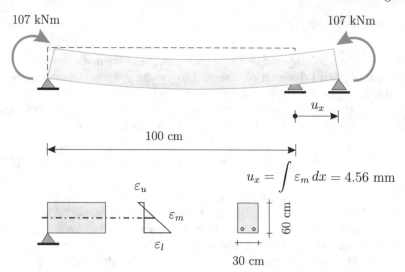

107 kNm   107 kNm

u_x

100 cm

$$u_x = \int \varepsilon_m \, dx = 4.56 \text{ mm}$$

ε_u

ε_m

ε_l

60 cm

30 cm

Abb. 3.12 Nichtlineare Berechnung eines Balkens

3.3 Nichtlineare Berechnung

Bei einer nichtlinearen Berechnung hängt die Steifigkeit eines Tragwerkes von den aktuellen Verzerrungen und Spannungen in dem Tragwerk ab. Durch die Einführung eines äquivalenten Sekantenmoduls kann das nichtlineare Problem auf ein elastisches Problem zurückgeführt werden, aber dann muss iterativ gerechnet werden, um die Verzerrungen zu finden, die mit den Schnittgrößen kompatibel sind. Im letzten Schritt einer solchen iterativen Berechnung muss geprüft werden, ob die Schnittgrößen mit dem iterativ bestimmten Steifigkeit kompatibel sind. Wir überprüfen dies an den Balken in Abb. 3.12, Beton C 20 und Stahl S 500 (Eurocode), [93].

Wenn der Nullpunkt des Koordinatensystems nicht mit dem elastischen Schwerpunkt übereinstimmt, dann ist die Matrix, die die Beziehungen zwischen den Verzerrungen und den Schnittgrößen beschreibt, voll besetzt

$$\begin{bmatrix} N_x \\ M_y \\ M_z \end{bmatrix} = \begin{bmatrix} EA & EA_z & -EA_y \\ EA_z & EA_{zz} & -EA_{yz} \\ -EA_y & -EA_{yz} & EA_{yy} \end{bmatrix} \begin{bmatrix} u' \\ -w'' \\ v'' \end{bmatrix}. \tag{3.35}$$

Wegen der Steifigkeiten EA, EA_z, etc. s. (3.13). Die nichtlineare Berechnung mit einem FE-Programm ergab einen Wert von 4.70 cm^2 für die Bewehrung und für die Verzerrungen die Werte

$$\varepsilon_u = -2.0\,\text{‰} \qquad \varepsilon_l = 11.12\,\text{‰} \qquad \varepsilon_m = \frac{11.12 - 2.0}{2} = 4.56\,\text{‰}, \tag{3.36}$$

und damit die Krümmung

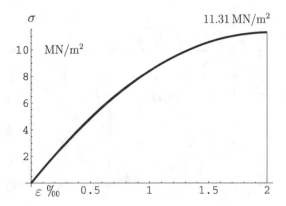

Abb. 3.13 $\sigma - \varepsilon$ Diagramm

$$-w'' = \frac{2.0\text{‰} + 11.12\text{‰}}{0.6\,\text{m}} = 21.87 \cdot 10^{-3}\,\text{m}^{-1}\,. \qquad (3.37)$$

Die nichtlineare Analyse basierte auf dem Spannungs-Verzerrungs-Gesetz, s. Abb. 3.13,

$$\sigma_c = \varepsilon \cdot (1 - \frac{\varepsilon}{4}) \cdot \alpha \cdot f_{cd} \qquad \alpha = 0.85\,, \ f_{cd} = \frac{20}{1.5} = 13.3\,\text{MN/m}^2 \qquad (3.38)$$

so dass die Sekantensteifigkeit den Wert

$$E = \frac{\sigma_c}{\varepsilon} = (1 - \frac{\varepsilon}{4}) \cdot \alpha \cdot f_{cd} \qquad (3.39)$$

hat. Sowohl der Beton ($b = 30$ cm)

$$EA_c := \int_{z=0}^{z_u} (1 - \frac{\varepsilon}{4}) \cdot \alpha \cdot f_{cd} \cdot b\,dz = 234.5\,\text{MN} \qquad (3.40)$$

wie der Stahl

$$EA_s := \frac{\sigma_s}{\varepsilon_s} \cdot A_s = 20.65\,\text{MN} \qquad (3.41)$$

tragen zur Längssteifigkeit bei

$$EA = \int E\,dA = EA_c + EA_s = 234.5 + 20.65 = 255.15\,\text{MN}\,. \qquad (3.42)$$

In demselben Sinn ist das statische Moment die Summe aus

$$EA_z := \int E\,z\,dA = EA_{z,c} + EA_{z,s} = -58.37 + 5.16 = -53.21\,\text{MN} \quad (3.43)$$

und dem Trägheitsmoment

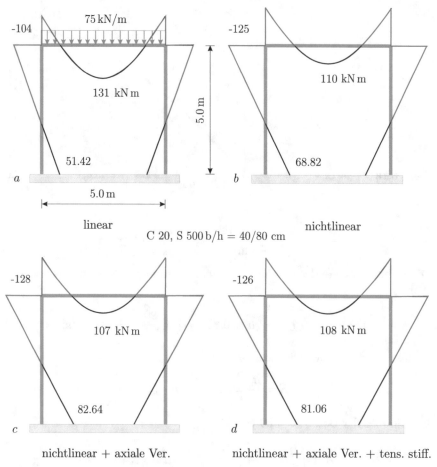

Abb. 3.14 FE-Berechnung eines Portalrahmens: **a)** linear **b)** nichtlinear **c)** nichtlinear + axiale Verschiebungen **d)** ... + tension stiffening

$$EA_{zz} = \int E z^2 \, dA = EA_{zz,c} + EA_{zz,s} = 14.69 + 1.29 = 15.98 \, \text{MNm}$$

$$(3.44)$$

so dass

$$\begin{bmatrix} N_x \\ M_y \\ M_z \end{bmatrix} = \begin{bmatrix} 255.15 & -53.21 & -EA_y \\ -53.21 & 15.98 & 0 \\ -EA_y & 0 & EA_{yy} \end{bmatrix} \begin{bmatrix} 4.56 \cdot 10^{-3} \\ 21.87 \cdot 10^{-3} \\ 0 \end{bmatrix} = \begin{bmatrix} 0 \\ 107 \\ 0 \end{bmatrix}, \quad (3.45)$$

was mit den Schnittgrößen, $N = 0, M_y = 107 \, \text{kNm}, M_z = 0$ übereinstimmt.

Die konstanten Verzerrungen ε_m der x-Achse verursachen eine horizontale Verschiebung

$$u_x = \int_0^l \varepsilon_m \, dx = 4.56\%_0 \cdot 1.0 \, \text{m} = 4.56 \, \text{mm} \, . \qquad (3.46)$$

Die horizontalen Verschiebungen werden oft vernachlässigt, aber ihr Einfluss auf das Tragverhalten kann beträchtlich sein und führt manchmal zu überraschenden Ergebnissen.

Die Berücksichtigung der Schubverformungen in FE-Programmen ist heute bei Rahmenberechnungen Standard. Es ist zu hoffen, dass es in der Zukunft auch möglich sein wird, den Effekt von nichtlinearen axialen Dehnungen und des *tension stiffening* zu berücksichtigen. Der Einfluss dieser unterschiedlichen Effekte auf die Momentenverteilung in einem Betonrahmen ist in Abb. 3.14 dargestellt.

3.4 Finite Elemente und das Drehwinkelverfahren

Wir hatten das Thema schon einmal in Kapitel 1 kurz angeschnitten, aber jetzt können wir es vollständig darstellen.

Wenn ein Rahmen mit finiten Elementen berechnet wird, ist die Lösung dann exakt oder ist es eine Näherung?

Die Lösung ist exakt, wenn man den Rahmen auch mit dem Drehwinkelverfahren exakt berechnen kann, wenn also keine gevouteten Träger vorkommen. Der Grund ist, dass sich bei der Reduktion der Belastung in die Knoten, die Knotenverformungen nicht ändern.

Bei der Berechnung eines Rahmens mit finiten Elementen ist die Verformungsfigur eine Entwicklung nach den Knotenverschiebungen des Rahmens

$$w_h(x) = \sum_i w_i \, \varphi_i(x) \, , \qquad (3.47)$$

das sind, wenn wir uns hier auf die Biegeverformungen beschränken, Polynome dritten Grades, also $EI \, \varphi_i^{IV} = 0$. Weil man mit ihnen nur Lastfälle mit Knotenlasten lösen kann, reduziert die FEM alle Belastung in die Knoten und bestimmt die Knotenverformungen w_i so, dass

$$\boldsymbol{Kw} = \boldsymbol{f} + \boldsymbol{p} \, . \qquad (3.48)$$

Der Vektor $\boldsymbol{f}$ enthält die Kräfte, die direkt in den Knoten angreifen während in dem zweiten Vektor $\boldsymbol{p}$ die äquivalente Knotenkräfte aus der Belastung im Feld, also die in die Knoten reduzierten Streckenlasten, stehen.

Die Knotenverformungen w_i die so berechnet werden sind – und das ist der ‚Trick' dabei – genauso groß, als ob die Lasten im Feld stünden. Sie sind also exakt. Nur der Teil dazwischen ist es nicht, denn das FE-Programm verbindet die ausgelenkten Knoten mit den Einheitsverformungen φ_i, die wegen $EI\,\varphi_i^{IV} = 0$, die Durchbiegung unter einer Streckenlast $EIw^{IV} = p$ gar nicht wiedergeben können.

An einem Einfeldträger mit konstanter Belastung p kann man das beobachten. Der Balken hat eine Länge von 15 m, die Biegesteifigkeit beträgt $EI = 34\,167$ kNm^2 und $p = 10$ kN/m. Die folgende Tabelle zeigt die Ergebnisse bei einer Unterteilung des Balkens in ein bzw. zwei Elemente.

	Exakt	1 Element	2 Elemente	
Max. Moment	281.25	281.25	281.25	kNm
Endverdrehungen	41.147	41.147	41.147	
Durchbiegung	19.2876	15.4301	19.2876	mm

Das maximale Biegemoment und die Balkenendverdrehungen sind exakt[1], aber die Durchbiegung der Balkenmitte ist es nicht. Das ist keine Überraschung, denn die *shape functions* sind ja nur Polynome dritten Grades während die exakte Biegelinie ein Polynom vierten Grades ist. Die Rettung bringt die Unterteilung des Balkens in zwei Elemente, denn dann liegt ein Knoten genau in der Mitte und weil die Knotenwerte w_i immer exakt sind, stimmt jetzt die Durchbiegung.

Aber auch die Ein-Element-Lösung lässt sich leicht korrigieren, indem das FE-Programm zur FE-Lösung w_h die lokale Lösung aus der Streckenlast dazu addiert

$$w(x) = \sum_i w_i\,\varphi_i(x) + \text{lokale Lösung} = w_0(x) + w_p(x)\,, \qquad (3.49)$$

was ja der Tatsache entspricht, dass man jede Biegelinie in eine homogenen und eine partikuläre Lösung aufspalten kann, s. Abb. 3.15. Das ist genau die Vorgehensweise beim Drehwinkelverfahren. Auch das Drehwinkelverfahren ist im Grunde ja eine Knotenpunktmethode mit ‚Nachbesserung‘ durch Einhängen der lokalen Lösungen.

Problematischer ist die Situation bei Stabilitätsproblemen und in der Dynamik. So wird mit nur einem einzigen Element die Knicklast für den Eulerfall 2 um 21% überschätzt.

	Exakt	1 Element	2 Elemente
Eulerfall 1	3 303	3 328	3 305
Eulerfall 2	13 212	16 065	13 312

Anmerkung 3.1. Die notwendige Bedingung dafür, dass die FE-Lösung die Knotenwerte genau trifft, ist, dass die Ansatzfunktionen in der Lage sind, die Einflussfunktionen der Knotenverschiebungen elementweise darzustellen – technisch gesprochen, dass die Einflussfunktionen in $\mathcal{V}_h$ liegen. Bei den Standardgleichungen $EI\,w^{IV} = p_z$ und $-EA\,u'' = p_x$ ist das der Fall. Bei

---

[1] Das Moment ist exakt, weil $M = M_p + M_0 = pl^2/24 + pl^2/12 = pl^2/8$.

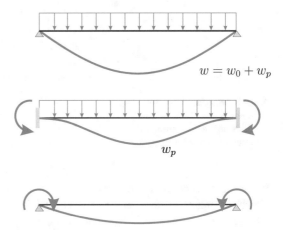

Abb. 3.15 Jede Biegelinie
kann man in zwei Teile
aufspalten

$w = w_0 + w_p$

w_p

w_0

Gleichungen aber wie

$$-EA\,u''(x) + c\,u(x) = p_x(x) \qquad EI\,w^{IV}(x) + c\,w(x) = p_z(x) \qquad (3.50)$$

lauten die homogenen Lösungen (auf denen die Einflussfunktionen aufbauen)

$$u(x) = c_1\,e^{x\sqrt{c/EA}} + c_2\,e^{-x\sqrt{c/EA}} \qquad (3.51)$$

und

$$w(x) = e^{\beta\,x}(c_1\,\cos\beta\,x + c_2\,\sin\beta\,x) + e^{-\beta\,x}(c_3\,\cos\beta\,x + c_4\,\sin\beta\,x) \qquad (3.52)$$

$$\beta = \sqrt[4]{\frac{c}{EI}} \qquad (3.53)$$

und das sind nicht die typischen *shape functions*. Bei einem elastisch gebetteten Balken sind die Knotenverschiebungen also nicht exakt.

3.5 Steifigkeitsmatrizen

Steifigkeitsmatrizen spielen eine zentrale Rolle in der Methode der finiten Elemente und so wollen wir hier ihre prinzipielle Herleitung am Beispiel eines Stabes, s. Abb. 3.16, erläutern.

Zunächst benötigt man die Differentialgleichung, die hier die horizontale Belastung p mit der Verformung – der Längsverschiebung $u(x)$ der Stabachse – verknüpft

$$-EA\,u''(x) = p(x)\,. \qquad (3.54)$$

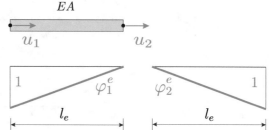

Abb. 3.16 Einheitsverformungen φ_i^e eines Stabelements. Die horizontale Verschiebungen sind nach unten abgetragen

Weiter benötigt man die allgemeine homogene Lösung dieser Differentialgleichung $u_0(x) = a_0 + a_1 x$ mit deren Hilfe man die beiden Einheitsverformungen bestimmt, $l = l_e = $ Elementlänge,

$$\varphi_1(x) = \frac{1-x}{l} \qquad \varphi_1(0) = 1, \qquad \varphi_1(l) = 0,$$
$$\varphi_2(x) = \frac{x}{l} \qquad \varphi_2(0) = 0, \qquad \varphi_2(l) = 1. \tag{3.55}$$

Ferner braucht man noch die *Wechselwirkungsenergie*, die virtuelle innere Energie δA_i. Sie steht in der Ersten Greenschen Identität, die zu der Differentialgleichung gehört, das ist einfach partielle Integration [50],

$$\mathscr{G}(u, \delta u) = \underbrace{\int_0^l -EAu'' \delta u \, dx + [N\delta u]_0^l}_{\delta A_a} - \underbrace{\int_0^l EAu' \, \delta u' dx}_{\delta A_i} = 0 \quad N = EAu'.$$
$$\tag{3.56}$$

Das Element k_{ij} der Steifigkeitsmatrix $\boldsymbol{K}$ ist dann die *Wechselwirkungsenergie* δA_i zwischen den Einheitsverformungen φ_i und φ_j

$$\boxed{k_{ij} = \int_0^l EA \, \varphi_i' \varphi_j' \, dx = \int_0^l \frac{N_i N_j}{EA} \, dx} \tag{3.57}$$

Insgesamt also

$$\boldsymbol{K} = \frac{EA}{l} \begin{bmatrix} 1 & -1 \\ -1 & 1 \end{bmatrix}. \tag{3.58}$$

Beispiel Weitet sich der Querschnitt des Stabs auf

$$A(x) = A_0 + A_1 x, \tag{3.59}$$

so hat die Differentialgleichung für die Längsverschiebung $u(x)$ die Gestalt

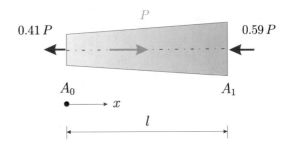

Abb. 3.17 Veränderliche Dehnsteifigkeit $EA = EA(x)$

$$-EA(x)u''(x) - EA'(x)u'(x) = p(x)\,.\tag{3.60}$$

Die allgemeine homogene Lösung lautet

$$u_0(x) = c_2 + c_1\,\frac{\ln A(x)}{A_1}\,,\tag{3.61}$$

und damit lauten die Einheitsverformungen

$$\varphi_1(x) = \frac{\ln A(x) - \ln A(l)}{\ln A(0) - \ln A(l)}\,,\qquad \varphi_2(x) = \frac{\ln A(0) - \ln A(x)}{\ln A(0) - \ln A(l)}\,.\tag{3.62}$$

Setzt man diese in die Wechselwirkungsenergie ein

$$k_{ij} = \int_0^l EA(x)\,\varphi_i'\varphi_j'\,dx\,,\tag{3.63}$$

so ergibt sich die Steifigkeitsmatrix zu

$$\boldsymbol{K} = k\begin{bmatrix} 1 & -1 \\ -1 & 1 \end{bmatrix}\qquad k = A_1\,E\,\frac{\ln A(l) - \ln A_0}{(\ln A_1 - \ln A_0)^2}\,.\tag{3.64}$$

Die äquivalenten Knotenkräfte aus einer Streckenlast p sind

$$f_1 = \int_0^l p\,\varphi_1\,dx\,,\qquad f_2 = \int_0^l p\,\varphi_2\,dx\tag{3.65}$$

und aus einer Einzelkraft P sind sie daher

$$f_1 = P\cdot\varphi_1(x_P)\quad f_2 = P\cdot\varphi_2(x_P)\quad x_P = \text{Angriffspunkt von } P\,.\tag{3.66}$$

Die Summe der Lagerkräfte muss gleich P sein, $f_1 + f_2 = P$, und daher muss in jedem Punkt x die Summe aus $\varphi_1(x)$ und $\varphi_2(x)$ gleich 1 sein

$$\varphi_1(x) + \varphi_2(x) = 1\qquad (100\ \%)\quad \textit{Partition of unity}\,.\tag{3.67}$$

Verläuft die Aufweitung des Querschnitts wie

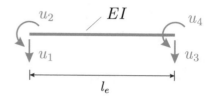

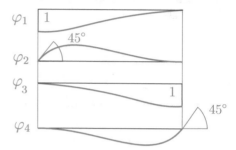

Abb. 3.18 Die vier Einheitsverformungen eines
Balkens

$$A(x) = A_0 + A_1 \cdot x = 1 + 1 \cdot x \qquad \text{Länge } l = 1 \qquad (3.68)$$

und greift die Einzelkraft P in der Mitte an, s. Abb. 3.17, dann gehen wegen

$$\varphi_1(0.5) = 0.415 \qquad \varphi_2(0.5) = 0.585 \qquad (3.69)$$

rund 41 % von P in das linke Lager und 59 % in das kräftigere rechte Lager.

Diese Technik zur Herleitung von Steifigkeitsmatrizen lässt sich sinngemäß auf alle anderen Verformungsanteile eines Balkens übertragen, seien
dies nun die *Rotation* $\varphi(x)$ aus Torsion, die *Schubverformung* $w_s(x)$ oder
einfach die *Durchbiegung* $w(x)$. So ist die allgemeine homogene Lösung
der Balkengleichung $EIw^{IV}(x) = 0$ ein Polynom dritten Grades $w_0(x) =
a_0 + a_1 x + a_2 x^2 + a_3 x^3$ und damit ergeben sich die vier Einheitsverformun-
gen, s. Abb. 3.18, zu

$$\begin{aligned}
\varphi_1 &= 1 - \frac{3x^2}{l^2} + \frac{2x^3}{l^3} & \varphi_2 &= -x + \frac{2x^2}{l} - \frac{x^3}{l^2} \\
\varphi_3 &= \frac{3x^2}{l^2} - \frac{2x^3}{l^3} & \varphi_4 &= \frac{x^2}{l} - \frac{x^3}{l^2} \, .
\end{aligned} \qquad (3.70)$$

Die Momente lauten

$$M_1(x) = \left(\frac{6}{\ell^2} - \frac{12x}{\ell^3}\right) \cdot EI \qquad M_2(x) = \left(\frac{6x}{\ell^2} - \frac{4}{\ell}\right) \cdot EI \qquad (3.71\text{a})$$

$$M_3(x) = \left(\frac{12x}{\ell^3} - \frac{6}{\ell^2}\right) \cdot EI \qquad M_4(x) = \left(\frac{6x}{\ell^2} - \frac{2}{\ell}\right) \cdot EI \qquad (3.71\text{b})$$

und die Querkräfte

$$V_1(x) = -\frac{12}{\ell^3} \cdot EI = -V_3(x) \qquad V_2(x) = \frac{6}{\ell^2} \cdot EI = V_4(x) \,. \qquad (3.72)$$

Die Einträge k_{ij} in der Steifigkeitsmatrix

$$\boldsymbol{K} = \frac{EI}{l^3} \begin{bmatrix} 12 & -6l & -12 & -6l \\ -6l & 4l^2 & 6l & 2l^2 \\ -12 & 6l & 12 & 6l \\ -6l & 2l^2 & 6l & 4l^2 \end{bmatrix} \qquad (3.73)$$

sind die Wechselwirkungsenergien zwischen den Einheitsverformungen

$$k_{ij} = \int_0^l EI\, \varphi_i''\varphi_j''\, dx = \int_0^l \frac{M_i\, M_j}{EI}\, dx \,. \qquad (3.74)$$

Beim *Timoshenko Balken*, dem schubweichen Balken,

$$-EI\,\theta'' + GA_s\,(w' + \theta) = 0 \qquad (3.75)$$
$$-GA_s\,(w'' + \theta') = p \,, \qquad (3.76)$$

sind die Durchbiegung $w(x)$ und die Verdrehung $\theta(x)$ unabhängige Verformungen. Mit den Ansätzen

$$w_1(x) = \frac{1}{1+\eta}\left[1 - 3\,\xi^2 + 2\,\xi^3 + \eta\,(1-\xi)\right] \qquad (3.77a)$$

$$w_2(x) = \frac{l}{1+\eta}\left[-\xi + 2\,\xi^2 - \xi^3 - \frac{\eta}{2}\,(\xi - \xi^2)\right] \qquad (3.77b)$$

$$w_3(x) = \frac{1}{1+\eta}\left[3\,\xi^2 - 2\,\xi^3 + \eta\,\xi\right] \qquad (3.77c)$$

$$w_4(x) = \frac{l}{1+\eta}\left[\xi^2 - \xi^3 + \frac{\eta}{2}\,(\xi - \xi^2)\right] \qquad (3.77d)$$

und

$$\theta_1(x) = \frac{1}{1+\eta}\left[-\frac{6}{l}\,\xi\,(\xi - 1)\right] \quad \theta_2(x) = \frac{1}{1+\eta}\left[1 - 4\,\xi + 3\,\xi^2 + (1-\xi)\,\eta\right]$$
$$(3.78)$$

$$\theta_3(x) = \frac{1}{1+\eta}\left[-\frac{6}{l}\,\xi\,(1-\xi)\right] \quad \theta_4(x) = \frac{1}{1+\eta}\left[-\xi\,(2 - 3\,\xi - \eta)\right]. \qquad (3.79)$$

erhält man mittels

$$k_{ij} = \int_0^l \left[GA_s(w_i' + \theta_i)(w_j' + \theta_j) + EI\,\theta_i'\,\theta_j'\right] dx \qquad (3.80)$$

die Steifigkeitsmatrix

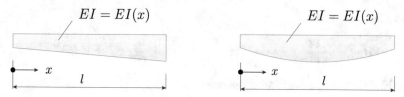

Abb. 3.19 Träger mit veränderlicher Höhe

$$
K = \frac{EI}{l^3\,(1+\eta)}
\begin{bmatrix}
12 & -6\,l & -12 & -6\,l \\
-6\,l & (4+\eta)\,l^2 & 6\,l & (2-\eta)\,l^2 \\
-12 & 6\,l & 12 & 6\,l \\
-6\,l & (2-\eta)\,l^2 & 6\,l & (4+\eta)\,l^2
\end{bmatrix}. \tag{3.81}
$$

Es ist $\eta = 12\,EI/(GA_s\,l^2)$, [45].

3.5.1 Die Dimension der f_i

Gelegentlich wird über die Dimension der f_i in dem Vektor $\boldsymbol{K}\boldsymbol{w} = \boldsymbol{f}$ beim Balken diskutiert. Sind es Kräfte oder Arbeiten? Die korrekte Antwort lautet – je nachdem. Wenn man die Einträge k_{ij} der Steifigkeitsmatrix mit der Formel

$$
k_{ij} = a(\varphi_i, \varphi_j) = EI \int_0^l \varphi_i'' \, \varphi_j'' \, dx = \text{kNm}^2 \, \frac{1}{\text{m}} \frac{1}{\text{m}} \, \text{m} = \text{kNm} \tag{3.82}
$$

berechnet, wie bei den finiten Elementen, dann sind die k_{ij} Arbeiten, die u_i sind dimensionslos und so sind die f_i Arbeiten.

Zur Erläuterung von (3.82): wenn $\varphi_1(x)$ die Dimension Meter hat, dann haben die Ableitungen die Dimension

$$
\varphi_1(x) \, [\text{m}] \qquad \varphi_1' \, [] \qquad \varphi_1'' = [\frac{1}{\text{m}}] \qquad \varphi_1''' = [\frac{1}{\text{m}^2}], \tag{3.83}
$$

weil bei jeder Ableitung d/dx durch Meter dividiert wird.

Man kann die Matrix $\boldsymbol{K}$ aber auch auf statischem Wege herleiten, indem man die Balkenendkräfte und -momente der Einheitsverformungen $\varphi_i(x)$, s. (3.71) berechnet und diese Werte in die jeweilige Spalte i einträgt. Wenn man so vorgeht, dann sind die k_{ij} der Dimension nach Kräfte bzw. Momente pro Auslenkung/Verdrehung $w_i = 1$ und das Ergebnis, $\boldsymbol{K}\boldsymbol{w} = \boldsymbol{f}$, sind dann die Kräfte und Momente, die zur Auslenkung $\boldsymbol{w}$ gehören, $\boldsymbol{K}\boldsymbol{w} = \boldsymbol{f}$.

3.6 Näherungen für Steifigkeitsmatrizen

Exakte Steifigkeitsmatrizen erhält man, wenn man die exakten Einheitsverformungen in die richtige Wechselwirkungsenergie einsetzt

$$a(\varphi_i, \varphi_j) = \int_0^l \frac{M_i \, M_j}{EI} \, dx \,. \tag{3.84}$$

Die Wechselwirkungsenergie steht in der ersten Greenschen Identität (part.
Int.). Schwieriger ist es in der Regel, die allgemeine homogene Lösung der zu
Grunde liegenden Differentialgleichung zu finden. Auf dieser Lösung bauen
ja die Einheitsverformungen auf.

Näherungen für Steifigkeitsmatrizen beruhen meist darauf, dass genäherte Einheitsverformungen in die richtige Wechselwirkungsenergie eingesetzt
werden.

Weil bei dem gevouteten Träger in Abb. 3.19 die Biegesteifigkeit $EI(x)$
vom Ort x abhängt, wird die Differentialgleichung für die Biegelinie länglich

$$\underbrace{EI''(x)w''(x) + 2EI'(x)w'''(x)}_{Zusatzglieder} + EI(x)w^{IV}(x) = p(x) \,, \tag{3.85}$$

während die Änderung bei der Wechselwirkungsenergie eigentlich nur der ist,
dass jetzt das $I(x)$ vom Ort abhängt

$$a(w, \delta w) = \int_0^l \frac{M \, \delta M}{EI(x)} \, dx = \int_0^l EI(x) \, w'' \, \delta w'' \, dx \,. \tag{3.86}$$

Bei linear veränderlicher Trägerhöhe

$$EI(x) = E \, \frac{bh^3(x)}{12} \qquad h(x) = a_0 + a_1 \, x \tag{3.87}$$

kann man noch die allgemeine homogene Lösung der Differentialgleichung
(3.85) angeben, [101]. Bei anderen Verläufen von $h(x)$, wie etwa bei einem
Fischbauchträger, dürfte das jedoch nicht mehr möglich sein.

Als Ausweg bleibt dann nur mit der richtigen Wechselwirkungsenergie
(3.86), aber eigentlich falschen Ansätzen, nämlich den Einheitsverformungen
des Balkens mit konstantem EI, eine Näherung $\tilde{K}$ zu bestimmen

$$\tilde{k}_{ij} = \int_0^l EI(x) \, \varphi_i'' \, \varphi_j'' \, dx \,, \tag{3.88}$$

oder aber die Spalten der Steifigkeitsmatrix direkt zu berechnen, indem man
die Balkenendkräfte ermittelt, die zu den Verformungsfällen $\boldsymbol{u} = \boldsymbol{e}_i$ gehören.

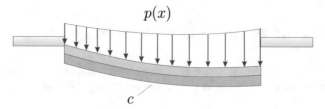

Abb. 3.20 Elastisch gebetteter Balken

Wenn man die echten Einheitsverformungen nicht kennt, sind natürlich auch die äquivalenten Knotenkräfte nur Näherungen

$$\tilde{f}_i = \int_0^l p \, \varphi_i(x) \, dx \,. \tag{3.89}$$

Zwar kennt man bei elastisch gebetteten Trägern, s. Abb. 3.20,

$$EIw^{IV}(x) + c \, w(x) = p(x) \,, \tag{3.90}$$

die Einheitsverformungen, aber die Programmautoren bleiben oft lieber bei den Ansätzen für den ungebetteten Balken, weil dies die Programmpflege einfacher macht, und sie berechnen daher die Elemente der Steifigkeitsmatrix

$$k_{ij} = \int_0^l [\frac{M_i M_j}{EI} + c \, \varphi_i \, \varphi_j] \, dx \tag{3.91}$$

mit den Einheitsverformungen $\varphi_i(x)$ des ungebetteten Biegebalkens

$$\tilde{\boldsymbol{K}} = \frac{EI}{l^3} \begin{bmatrix} 12 & -6l & -12 & -6l \\ -6l & 4l^2 & 6l & 2l^2 \\ -12 & 6l & 12 & 6l \\ -6l & 2l^2 & 6l & 4l^2 \end{bmatrix} + \frac{c}{420} \begin{bmatrix} 156l & -22l^2 & 54l & 13l^2 \\ -22l^2 & 4l^3 & -13l^2 & -3l^3 \\ 54l & 13l^2 & 156l & 22l^2 \\ 13l^2 & -3l^3 & 22l^2 & 4l^3 \end{bmatrix} \,, \tag{3.92}$$

was eine Näherung aus der normalen Balkenmatrix plus der mit dem Faktor c gewichteten *Gramschen Matrix* oder auch *Massenmatrix*

$$m_{ij} = \int_0^l \varphi_i \, \varphi_j \, dx \,, \tag{3.93}$$

darstellt.

Die Näherung bedeutet, dass das FE-Programm die ausgelenkten Balkenenden (Endverformungen w_i) durch eine Kurve w verbindet, die sich aus den vier Einheitsverformungen des ungebetteten Balkens zusammensetzt,

$$w(x) = \sum_{i=1}^{4} w_i\, \varphi_i(x)\,. \tag{3.94}$$

Diese Kurve weicht von der ‚Ideallinie' ab, denn sie ist keine homogene Lösung von (3.90). Es bleibt vielmehr ein Rest,

$$EIw^{IV}(x) + c\,w(x) = c(w_1\varphi_1(x) + w_2\varphi_2(x) + w_3\varphi_3(x) + w_4\varphi_4(x))\,, \tag{3.95}$$

der gerade die Streckenlast p ist, die man zusätzlich braucht, um den Träger in die Form $w(x)$, s. (3.94), zu bringen.

Genauso kann man bei der Theorie II. Ordnung vorgehen. Zu der Differentialgleichung

$$EIw^{IV}(x) + P\,w''(x) = p \tag{3.96}$$

gehört die Wechselwirkungsenergie

$$a(w, \hat{w}) = \int_0^l (EIw''\hat{w}'' - P\,w'\hat{w}')\,dx\,, \tag{3.97}$$

und wenn man in diesen Ausdruck mit den Einheitsverformungen $\varphi_i(x)$ des Biegebalkens nach Theorie I. Ordnung geht, so erhält man die Näherung

$$\tilde{K} = \frac{EI}{l^3} \begin{bmatrix} 12 & -6l & -12 & -6l \\ -6l & 4l^2 & 6l & 2l^2 \\ -12 & 6l & 12 & 6l \\ -6l & 2l^2 & 6l & 4l^2 \end{bmatrix} - \frac{P}{30\,l} \begin{bmatrix} 36 & -3l & -36 & -3l \\ -3l & 4l^2 & 3l & -l^2 \\ -36 & 3l & 36 & 3l \\ -3l & -l^2 & 3l & 4l^2 \end{bmatrix}\,, \tag{3.98}$$

die die Summe aus der Steifigkeitsmatrix nach Theorie I. Ordnung ist und der sogenannten *geometrischen Matrix* K_G. Die Matrix $\tilde{K}$ entspricht einer Taylor-Entwicklung der exakten Steifigkeitsmatrix $K = K(P)$ um den Punkt $P = 0$, wobei $K(0)$ die Steifigkeitsmatrix nach Theorie I. Ordnung ist.

3.7 Temperatur, Vorspannung und Lagersenkung

Den Umgang mit Temperatur, Vorspannung und Lagersenkung kennen wir vom Drehwinkelverfahren. Wir berechnen die Kräfte, mit denen der beidseitig eingespannte Stab gegen die Lager drückt bzw. an ihnen zieht (Vorspannung) und wir bringen diese Kräfte, das sind ja die f_i,

$$f_1 = -EA\,\alpha_T\,T \qquad f_2 = +EA\,\alpha_T\,T \tag{3.99}$$

als Knotenkräfte auf, s. Abb. 3.21,

$$\frac{EA}{l} \begin{bmatrix} 1 & -1 \\ -1 & 1 \end{bmatrix} \begin{bmatrix} 0 \\ u_2 \end{bmatrix} = \begin{bmatrix} -EA\,\alpha_T\,T \\ +EA\,\alpha_T\,T \end{bmatrix} \tag{3.100}$$

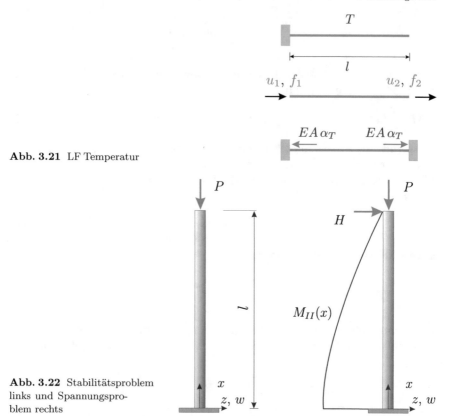

Abb. 3.21 LF Temperatur

Abb. 3.22 Stabilitätsproblem
links und Spannungspro-
blem rechts

und so ergibt sich die Längsverschiebung zu $u_2 = \alpha_T\, T\, l$.

Bei dieser Gelegenheit sei darauf hingewiesen, dass man Spannungen aus Temperatur, die mit einem anderen Programm ermittelt wurden, nur mit dem Ansatzgrad einführen kann, der zum Element gehört. Lineare Temperaturspannungen muss man für ein CST-Element also z.B. auf konstante Spannungen herunterrechnen.

3.8 Stabilitätsprobleme

Verzweigungsprobleme im Wortsinn gibt es in der Praxis nicht, weil auch ‚perfekte' Tragwerke noch Ausmitten besitzen, aber auch bei Spannungsproblemen tritt der Bruch schließlich ein, weil die kritische Knicklast erreicht wird wie bei dem *Euler-Stab I* in Abb. 3.22. Ohne Horizontalschub H ist es ein Stabilitätsproblem, mit Horizontalschub H wird daraus ein Spannungsproblem. Aber die kritische Knicklast

$$P_{krit} = \frac{\pi^2}{4}\,\frac{EI}{l^2} \tag{3.101}$$

dominiert auch das Spannungsproblem, denn bei Erreichen von P_{krit}, entsprechend einer *Stabkennzahl* $\varepsilon = \pi/2$, wird das Moment im Fußpunkt unendlich groß

$$M = -\frac{H\,l}{\varepsilon}\,\tan\varepsilon\,, \qquad \varepsilon^2 = l^2\,\frac{|P|}{EI}\,, \tag{3.102}$$

denn $\tan\varepsilon = \infty$ für $\varepsilon = \pi/2$.

Bei *echten Stabilitätsproblemen* gibt es keine Streckenlast, keine Querbelastung p. Die einzige äußere Kraft, die Druckkraft P, geht ja über die Differentialgleichung in die Problembeschreibung ein. Sie zählt formal nicht zu den äußeren Kräften. Sie ist ein Koeffizient der Differentialgleichung.

Die potentielle Energie $\varPi$ besteht bei diesen Problemen also nur aus der inneren Energie, $\varPi(w) = 1/2\,a(w,w)$, aber auch diese ist im ausgeknickten Zustand null (!)

$$\varPi(w_{krit}) = \frac{1}{2}\,a(w_{krit}, w_{krit}) = \frac{1}{2}\int_0^l \Big(\frac{M_{krit}^2}{EI} - P\,(w_{krit}')^2\Big)\,dx = 0\,, \tag{3.103}$$

so dass man w_{krit} nicht finden kann, indem man die potentielle Energie minimiert. Ebenso macht es keinen Sinn, einen arbeitsäquivalenten FE-Lastfall p_h zu suchen, weil bei Stabilitätsproblemen ja $p = 0$ ist. Statt dessen verwendet man das *Galerkin-Verfahren* (*Methode der gewichteten Residuen*). Die Knickfigur w_{krit} des Balkens muss der Differentialgleichung

$$EIw^{IV}(x) + P\,w''(x) = 0 \tag{3.104}$$

genügen und homogene Lagerbedingungen wie $w(0) = 0$ und/oder $w'(0) = 0$, etc. erfüllen. Alle möglichen Knickfiguren w, die den Lagerbedingungen genügen, bilden wieder den Verformungsraum $\mathcal{V}$.

Wir unterteilen den Balken in m finite Elemente und erlauben ihm somit unter Druck nur noch die Knickfiguren anzunehmen, die sich durch die n Einheitsverformungen der freien Knoten darstellen lassen, d.h. wir machen für die Knickfigur den üblichen Ansatz $w_h = \sum_i w_i\varphi_i$ mit den Einheitsverformungen des Balkens nach Theorie I. Ordnung (!). All diese Ansätze bilden den Unterraum $\mathcal{V}_h \subset V$.

Nun gilt für die exakte Knickfigur $w = w_{krit}$ wegen (3.104), dass ihre rechte Seite orthogonal ist zu allen Ansatzfunktionen $\varphi_i \in \mathcal{V}_h$

$$\int_0^l \big(EIw^{IV}(x) + P\,w''(x)\big)\,\varphi_i\,dx = 0\,. \tag{3.105}$$

Wird dieses Integral partiell integriert, so folgt, weil die Ansatzfunktionen $\varphi_i \in \mathcal{V}_h$ die Lagerbedingungen erfüllen, dass auch die Wechselwirkungsenergie zwischen w und den Ansatzfunktionen null sein muss

$$a(w, \varphi_i) = \int_0^l \left[EI w'' \varphi_i'' - P w' \varphi_i' \right] dx = 0 \qquad i = 1, 2, \ldots, n \, . \qquad (3.106)$$

Dies versuchen wir mit der FE-Lösung w_h nachzubilden: Wir stellen die FE-Lösung so ein, dass dies auch für die FE-Knickfigur gilt, und wir werden so auf das lineare Gleichungssystem

$$(\boldsymbol{K} - P \cdot \boldsymbol{K}_G) \, \boldsymbol{w} = \boldsymbol{0} \qquad\qquad (3.107)$$

für die Knotenverformungen w_i geführt mit den Matrizen

$$k_{ij} = \int_0^l EI \, \varphi_i'' \, \varphi_j'' \, dx \qquad k_{ij}^G = \int_0^l \varphi_i' \, \varphi_j' \, dx \, . \qquad (3.108)$$

Die triviale Lösung wäre $\boldsymbol{w} = \boldsymbol{0}$, was bedeuten würde, dass der Balken nicht ausknickt. Da auf der rechten Seite der Nullvektor steht, kann es eine Lösung $\boldsymbol{w} \neq \boldsymbol{0}$ nur dann geben, wenn die Determinante des Gleichungssystems null ist

$$\det \left(\boldsymbol{K} - P \cdot \boldsymbol{K}_G \right) = 0 \, . \qquad\qquad (3.109)$$

Die kleinste positive Zahl $P > 0$, für die dies gilt, ist die genäherte *kritische Knicklast* P_{krit}^h.

Dass die Knicklast P_{krit}^h auf der unsicheren Seite liegt, also zu hoch ausfällt, folgt aus der Tatsache, dass die Knickfigur w_{krit} den *Rayleigh-Quotienten* auf $\mathcal{V}$ zum Minimum macht und das Minimum gerade P_{krit} ist

$$P_{krit} = \frac{\displaystyle\int_0^l EI (w_{krit}'')^2 \, dx}{\displaystyle\int_0^l (w_{krit}')^2 \, dx} \, . \qquad\qquad (3.110)$$

Bildet man diesen Quotienten mit dem FE-Ansatz nach, so führt dies genau auf (3.109). Weil aber das Minimum auf der Teilmenge $\mathcal{V}_h$ immer größer ist, als das Minimum auf der ganzen Menge $\mathcal{V}$, ist $P_{krit}^h > P_{krit}$.

Der zu dem Eigenwert P_{krit}^h gehörige Eigenvektor $\boldsymbol{w}$ wird meist so normiert, dass $|w_i| \leq 1$. Setzt man die zugehörige Eigenform

$$w_h = \sum w_i \, \varphi_i \qquad\qquad (3.111)$$

elementweise in die Differentialgleichung $EI w^{IV}(x) + P w''(x)$ ein, und beachtet die Sprünge in den Schnittgrößen an den Knoten, so kann man sich ein Bild von dem FE-Lastfall p_h machen, der zu w_h gehört. Er ist wieder eine Entwicklung nach den Einheitslastfällen p_i

$$p_h = \sum w_i \, p_i \, . \qquad\qquad (3.112)$$

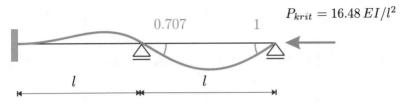

Abb. 3.23 Die Knicklast und die erste Eigenform

Weil die Einheitsverformungen φ_i des Balkens nach Theorie I. Ordnung keine homogenen Lösungen der Differentialgleichung II. Ordnung sind, gehören zu den FE-Knickfiguren Streckenlasten. Es sind also keine echten Knickfiguren, sondern Lösungen von Spannungsproblemen. Allerdings mit der bemerkenswerten Eigenschaft, dass sie wie echte Knickfiguren energetisch orthogonal sind zu allen $\varphi_i \in \mathcal{V}_h$. Bei normalen FE-Anwendungen würden wir solche Verformungen *spurious modes* nennen, weil sie mit den φ_i nicht wechselwirken.

Die Knickfigur eines Druckstabes oder die Beulfläche einer Platte stellt sich so ein, dass der FE-Lastfall p_h, der die Knickfigur/Beulfläche erzeugt, orthogonal zu allen Knotenverformungen ist.

Würden wir die Einheitsverformungen φ_i nach Theorie II. Ordnung als Ansatzfunktionen wählen, [94], dann wäre das FE-Programm praktisch eine Implementierung des Drehwinkelverfahrens nach Theorie II. Ordnung, und dann wäre die FE-Lösung die exakte Knickfigur und auch die kritische Knicklast wäre exakt, weil dann w_{krit} in $\mathcal{V}_h$ läge.

Eine FE-Berechnung des Tragwerks in Abb. 3.23. mit zwei Elementen liefert die kritische Knicklast[2]

$$P_{krit} = \frac{16.48\,EI}{l^2} \tag{3.113}$$

und die zugehörige Eigenform

$$\begin{bmatrix} w_4 \\ w_6 \end{bmatrix} = \begin{bmatrix} -0.707 \\ 1 \end{bmatrix}. \tag{3.114}$$

Setzen wir die FE-Lösung w_h in die Differentialgleichung ein und beachten noch die Sprünge in den Schnittgrößen an den Knoten, so erhalten wir den in Abb. 3.24 dargestellten Lastfall p_h. Dieses Bild ist allerdings nur eine Momentaufnahme, gibt nur einen qualitativen Eindruck, denn der Lastfall p_h ist im Grunde beliebig skalierbar, weil jedes Vielfache der ‚Knickfigur' w_h auch wieder eine mögliche ‚Knickfigur' ist.

Wir erkennen an Abb. 3.24, dass Streckenlasten nötig sind, um den Balken in der ausgeknickten Lage zu halten. Das ist gleichbedeutend damit, dass der

---

[2] Die exakte Knicklast beträgt $P_{krit} \simeq 12.7\,EI/l^2$.

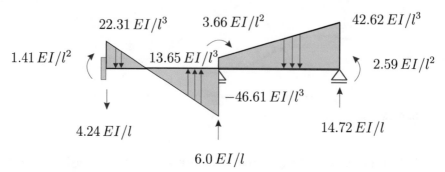

$22.31\,EI/l^3$ $3.66\,EI/l^2$ $42.62\,EI/l^3$

$1.41\,EI/l^2$ $13.65\,EI/l^3$ $2.59\,EI/l^2$

$-46.61\,EI/l^3$

$4.24\,EI/l$ $14.72\,EI/l$

$6.0\,EI/l$

Abb. 3.24 Der zur ersten Eigenform gehörige Lastfall p_h

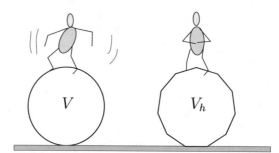

V V_h

Abb. 3.25 Ein Vieleck ist nicht ganz so labil wie ein Kreis

unverformte Balken von den gegengleichen Kräften am Ausknicken gehindert wird. So kann man sich erklären, dass die Knicklast größer ist als bei der exakten Lösung, wo ja keine Haltekräfte zu überwinden sind, [94]. Sinngemäß dasselbe Phänomen erleben zwei Artisten, s. Abb. 3.25. Der Artist auf dem Kreis befindet sich im labilen Gleichgewicht, während sein Kollege davon profitiert, dass die Ecken des Vielecks eine Drehung behindern und damit seine Lage etwas stabilisieren.

3.8.1 Knicklängen

Viele Normen gestatten es, dass man die Stabilität eines Tragwerkes über den Nachweis der Knicklasten der einzelnen Stabelemente bestimmt. Die kritische Knicklast P_{krit} eine Stabelements schreibt man in der Form

$$P_{krit} = \frac{\pi^2\,EI}{(K \cdot l)^2} \qquad (3.115)$$

wobei K der *effektive Längenfaktor* ist. Die kritische Knicklast wird also auf die Knicklast eines beidseitig gelenkig gelagerten Stabes mit der Länge $s_K = K \cdot l$ bezogen.

Bei einer FE-Berechnung basiert die Analyse auf den Gleichungen nach Theorie zweiter Ordnung und die Analyse schließt mögliche Imperfektionen

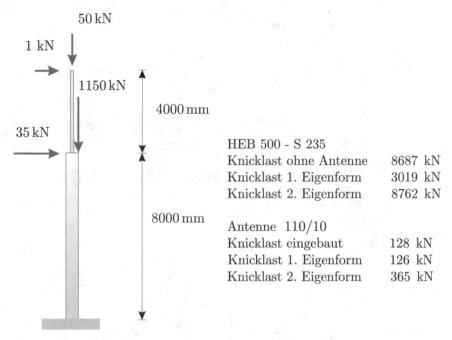

Abb. 3.26 Knickproblem

des Tragwerks mit ein. Das Ergebnis der Berechnung sind die Eigenwerte λ des Tragwerks basierend auf der elastischen Steifigkeitsmatrix K und der sogenannten geometrischen Steifigkeitsmatrix K_G

$$(K + \lambda K_G)\, u = 0 \qquad u \neq 0\,. \tag{3.116}$$

Die Bestimmung der kritischen Eigenwerte ist jedoch nicht immer einfach, teilweise wurden sogar negative Eigenwerte beobachtet, [123].

Im Fall des mehrstöckigen Gebäudes in Abb. 3.26, mit einer schlanken Antenne auf dem Dach, sehen wir sofort, das es nicht der kleinste Eigenwert ist, der kritisch ist, sondern dass wir eine ganzen Schar von Eigenwerten prüfen müssen.

Ein anderes Problem stellen Tragwerke da, bei denen sich die Längen einzelner Stabelemente ändern können. Im Falle der Fahnenstange in Abb. 3.27 tritt das maximale Momente gerade oberhalb des horizontalen Lagers auf. Die Analyse des oberen Teiles des Tragwerks ist Standard, aber in dem unteren kurzen Teil ist die Knicklänge ziemlich klein und es ist zudem nicht möglich die korrekten Spannungen in diesem Teil zu finden. Wenn das horizontal ausgerichtete Lager auch vertikale Lasten aufnimmt, dann ist die Normalkraft in dem unteren Teil null und dann ist es nicht möglich eine Knicklänge zu berechnen.

Das gilt auch für das Tragwerk in Abb. 3.28 wo

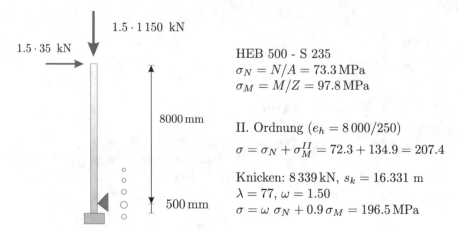

$1.5 \cdot 35 \text{ kN}$

$1.5 \cdot 1\,150 \text{ kN}$

8000 mm

500 mm

HEB 500 - S 235
$\sigma_N = N/A = 73.3 \text{ MPa}$
$\sigma_M = M/Z = 97.8 \text{ MPa}$

II. Ordnung $(e_h = 8\,000/250)$
$\sigma = \sigma_N + \sigma_M^{II} = 72.3 + 134.9 = 207.4$

Knicken: $8\,339 \text{ kN}$, $s_k = 16.331$ m
$\lambda = 77$, $\omega = 1.50$
$\sigma = \omega\,\sigma_N + 0.9\,\sigma_M = 196.5 \text{ MPa}$

Abb. 3.27 Fahnenmast

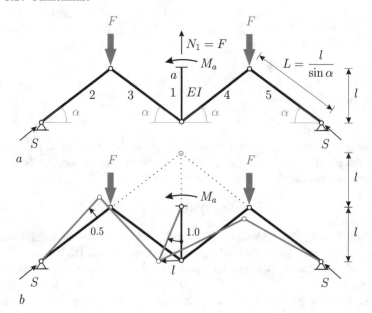

Abb. 3.28 Wie groß ist die Knicklast? **a)** Tragwerk **b)** Einflussfunktion für M_a, Verf. nicht maßstabsgetreu

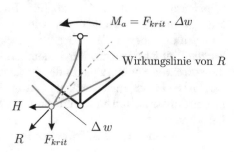

$M_a = F_{krit} \cdot \Delta w$

Wirkungslinie von R

Abb. 3.29 Die Wirkungslinie von R schneidet das Stabelement nur einmal

$$N_1 = F \qquad N_2 = N_3 = N_4 = N_5 = -S \qquad \varepsilon := l\sqrt{\frac{F}{EI}}\,. \qquad (3.117)$$

Die Arbeit der beiden Kräfte F und des Moments M_a auf den Verschiebungen in Abb. 3.28 b (= Einflussfunktion für M_a) muss null sein

$$\delta W_e = (M_a + F \cdot l) \cdot 1 - S \cdot L \cdot (-0.5) \cdot (-0.5) \cdot 2 - S \cdot L \cdot 0.5 \cdot 0.5 \cdot 2$$
$$= M_a + F \cdot l - S \cdot L = 0\,. \qquad (3.118)$$

Bei einer horizontalen Kraft H, s. Abb. 3.29, treten die Momente

$$M_a^I = H \cdot l \qquad M_a^{II} = M_a = H \cdot l \cdot \frac{\tanh \varepsilon}{\varepsilon} \le H \cdot l\,. \qquad (3.119)$$

auf. Der Unterschied zwischen M_a^I und M_a^{II} ist eine Folge der Kraft F

$$M_a^I - M_a^{II} = M_a \cdot \left(\frac{\varepsilon}{\tanh \varepsilon} - 1\right) = F \cdot l \cdot 1.0\,, \qquad (3.120)$$

wobei wir angenommen haben – wie bei der Einflussfunktion – dass sich die Spitze des Elementes seitwärts bewegt, um $\Delta w = l \cdot \tan \psi = l \cdot 1.0$ Einheiten. Mit

$$M_a = \frac{F \cdot l \cdot 1.0}{\varepsilon / \tanh \varepsilon - 1} \qquad S = -\frac{F}{2 \cdot \sin \alpha} \qquad (3.121)$$

folgt

$$\frac{\tanh \varepsilon}{\varepsilon} = \cos(2 \cdot \alpha)\,. \qquad (3.122)$$

Wegen

$$\frac{\tanh \varepsilon}{\varepsilon} \le 1 \qquad \Rightarrow \qquad \cos(2 \cdot \alpha) \le 1 \qquad \Rightarrow \qquad \alpha \le \frac{\pi}{4} \qquad (3.123)$$

ist das System stabil, wenn $\alpha > \pi/4$ während für $\alpha \le \pi/4$, das System ausknicken wird, wenn F die kritische Last $F_{krit} = F_{krit}(\alpha)$ überschreitet. Weil aber die Wirkungslinie der Resultierenden R das ausgeknickte Element nur einmal schneidet, s. Abb. 3.29 ist das Knicklängenkriterium hier nicht anwendbar, [112].

3.8.2 Seile

Im ersten Kapitel haben wir an einem quergespannten Seil die finiten Elemente erläutert. Hier sollen nur noch einige zusätzliche Effekte, die bei der Berechnung von Seilen auftreten, diskutiert werden.

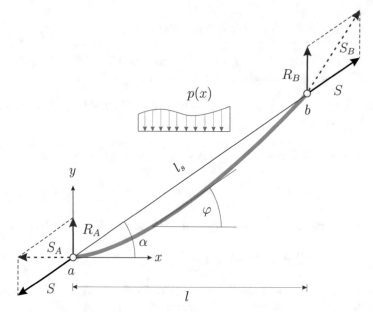

Abb. 3.30 Schräges Seil

Das Seil in Abb. 3.30 trägt eine vertikale Streckenlast $p(x)$ und wird von einer Kraft S vorgespannt. Wenn der Winkel der Schlusslinie null ist, $\alpha = 0$, dann handelt es sich um ein horizontal gespanntes Seil, $S \cdot \cos \alpha = H = S \cdot 1$, wie in Kapitel 1.

Im folgenden bezeichne $M(x)$ das Biegemoment in einem Balken, der dieselbe Belastung p wie das Seil trägt und die Kräfte R_A und R_B in Abb. 3.30 sind die Lagerreaktionen des Balkens.

Weil die Biegesteifigkeit des Seils vernachlässigt wird, $EI = 0$, muss das Biegemoment in jedem Punkt x null sein

$$\widehat{x} \ \sum M: \quad \underbrace{R_A \cdot x - \frac{p \cdot x^2}{2}}_{M(x)} - S \cdot \sin \alpha \cdot x + S \cdot \cos \alpha \cdot y = 0 \quad (3.124)$$

oder

$$M(x) - S \cdot \sin \alpha \cdot x + S \cdot \cos \alpha \cdot y = 0 \qquad M(x) + H\,y = 0 \quad (3.125)$$

(die zweite Gleichung gilt für ein horizontal gespanntes Seil) woraus sich die Gestalt des Seils ergibt

$$y(x) = \tan \alpha \cdot x - \frac{M(x)}{S \cdot \cos \alpha} \qquad y(x) = -\frac{M(x)}{H}. \quad (3.126)$$

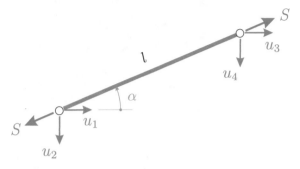

Abb. 3.31 Seilelement

Man beachte, dass die y-Achse in Abb. 3.30 nach oben zeigt. Bei dieser Orientierung hat die Differentialgleichung ein $+1$ als Vorfaktor

$$y(x) = -\frac{M(x)}{H} \quad \Rightarrow \quad H\,y''(x) = -M(x)'' = p(x) \qquad (3.127)$$

weil bei der entgegengesetzten Orientierung dort ein -1 steht, $-H\,y''(x) = p(x)$. Die maximale Seilkraft beträgt

$$S_B = \sqrt{(S\,\cos\,\alpha)^2 + (R_B + S\,\sin\,\alpha)^2}\,. \qquad (3.128)$$

Mit

$$y' = \tan\,\alpha - \frac{1}{S\,\cos\,\alpha}\cdot M' = \tan\,\alpha - \frac{V}{S\cdot\cos\,\alpha} \qquad (3.129)$$

ergibt sich die Länge s des Seils zu

$$s = \int_0^l \sqrt{1 + (y')^2}\,dx = \int_0^l \sqrt{1 + (\tan\,\alpha - (\frac{V}{S\cdot\cos\,\alpha})^2)}\,dx\,. \quad (3.130)$$

Sie ist gleich der Länge s_0 des ungedehnten Seil und der elastischen Verlängerung

$$\Delta s = \int_0^s \varepsilon\,dx = \frac{S\cdot\cos\,\alpha}{EA}\int_0^l (1 + (y')^2)\,dx$$

$$= \frac{S\cdot\cos\,\alpha}{EA}\int_0^l (1 + (\tan\,\alpha - \frac{V}{S\cdot\cos\,\alpha})^2)\,dx \qquad (3.131)$$

plus – eventuellen – Temperaturänderungen

$$s = s_0 + \Delta s + s_0\,\alpha_T\,\Delta T \qquad (3.132)$$

oder

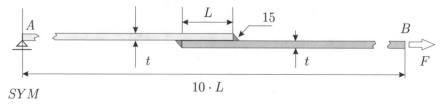

Abb. 3.32 Überlappender Stoß

$$s = \int_0^l \sqrt{1 + (\tan\alpha - \frac{V}{S \cdot \cos\alpha})^2)}\, dx$$

$$= s_0\,(1 + \alpha_T\,\Delta T) + \underbrace{\frac{S \cdot \cos\alpha}{EA} \int_0^l (1 + (\tan\alpha - \frac{V}{S \cdot \cos\alpha})^2)\, dx}_{\Delta s}\,.$$

Anhand dieser Gleichung kann man für jeden Typ von Belastung die Vorspannkraft S und mit (3.126) dann die Form y des Kabels berechnen.

Ein horizontal gespanntes Seil mit dem Querschnitt A nimmt unter dem Eigengewicht

$$g(x) = \frac{g}{\cos\varphi} \qquad g = \gamma\,A, \qquad \varphi = \arctan y' \tag{3.133}$$

die Form einer *Kettenlinie* an (der Ursprung, $x = 0, y = 0$, ist im tiefsten Punkt des Kabels)

$$y(x) = \frac{H}{g}\left(\cosh\frac{x \cdot g}{H} - 1\right), \tag{3.134}$$

oder wenn wir $g(x) \simeq g$ setzen, wie bei einem flachen Kabel, dann ist es eine Parabel (x und y wie in Abb. 3.30)

$$y(x) = -\frac{g}{2\,H}(l - x)\,x\,. \tag{3.135}$$

Die Steifigkeit eines Seilelementes (2-D), s. Abb. 3.31, beruht einmal auf der Längssteifigkeit (EA/l) und zum anderen auf der sogenannten geometrischen Steifigkeit (S/l) des Seils, $c = \cos\alpha, s = \sin\alpha$,

$$\boldsymbol{K} = \frac{EA}{l}\begin{pmatrix} c^2 & -c \cdot s & -c^2 & c \cdot s \\ -c \cdot s & s^2 & c \cdot s & -s^2 \\ -c^2 & c \cdot s & c^2 & -c \cdot s \\ c \cdot s & -s^2 & -c \cdot s & s^2 \end{pmatrix} + \frac{S}{l}\begin{pmatrix} s^2 & c \cdot s & -s^2 & -c \cdot s \\ c \cdot s & c^2 & -c \cdot s & -c^2 \\ -s^2 & -c \cdot s & s^2 & c \cdot s \\ -c \cdot s & -c^2 & c \cdot s & c^2 \end{pmatrix}.$$

$$\tag{3.136}$$

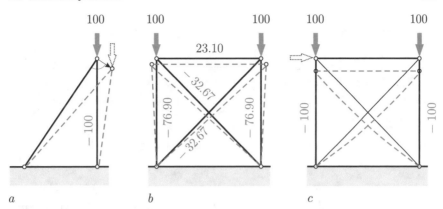

Abb. 3.33 Lineare Statik: Normalkräfte in **a)** einem Fachwerk und **b)** einem Rahmen mit Diagonalstreben, **c)** und mit Halteseilen

während das Seilelelement an sich gerade verläuft, wird das reale Seil natürlich durchhängen und so sich unter seinem eigenen Gewicht vorspannen. Diesen Effekt kann man durch Unterteilung eines Seils in mehrere Elemente in Kombination mit einem ‚updated Lagrangian approach' nachvollziehen.

Bei einem horizontal liegenden Seil mit einer Länge von 10.0 m, einem Querschnitt von 84 mm², das durch eine Kraft von 1 kN vorgespannt wird, beträgt der Durchhang des Kabels unter Eigengewicht ungefähr 8 ‰ der Seillänge. Wenn wir die nichtlinearen Effekte aus den Verschiebungen berücksichtigen, dann wächst die Zugkraft um einen Faktor 2 und die Verformungen und die Eigenfrequenzen werden sich merkbar ändern, s. Tabelle 3.1.

Tabelle 3.1   Lineare und nichtlineare Berechnung eines Seils

	N	u	f_1	f_2	f_3
linear	1.0	83.36	1.928	3.809	5.596
nichtlinear	1.9	43.95	2.374/3.468	4.690	6.890

Von speziellem Interesse ist die Verdopplung des ersten Eigenwertes. Auf Grund der Verformungen haben wir unsymmetrische Steifigkeiten und unterschiedliche Frequenzen bei Auf- und Abbewegungen. Soweit wir wissen, werden diese Effekte nicht automatisch in den FE-Programmen berücksichtigt. Es bleibt dann dem Anwender überlassen solche Effekte zu entdecken. Es gibt viele Beispiele, wo diese nichtlinearen Effekte (die in der Regel auf der günstigen Seite liegen) nicht berücksichtigt wurden. Selbst im Falle eines so einfachen Problems wie in Abb. 3.32, wo eine überlappende Verbindung mit Schalenelementen modelliert wurde. Die Effekte aus geometrischer Nichtlinearität haben die Exzentrizität der Belastung merklich reduziert und das Biegemoment halbiert.

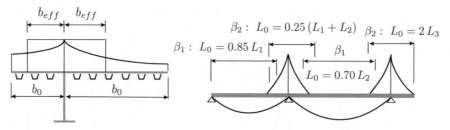

Abb. 3.34 Mitwirkende Breiten nach Eurocode EN 1991-1-5

Aber auch wenn wir bei linearer Berechnung bleiben, ist die Analyse von Seilen alles andere als einfach. Betrachten wir zum Beispiel die Auslenkung einer mit Schrägseilen stabilisierten Struktur, wie in Abb. 3.33. Das System wird in der Regel ohne Vorspannung ausgeführt. Bei einer linearen Berechnung zählen zunächst beide Elemente mit. Die vertikale Nutzlast wird die Kabel verkürzen, sie erhalten rechnerisch Druckkräfte und sie werden daher bei einer nichtlinearen Berechnung ignoriert. Dann haben wir ein kinematisches System und nur beim Auftreten von zusätzlichen horizontalen Kräften wird in einem der Seile eine Zugkraft auftreten, die dann das ganze Tragwerk stabilisiert. Bei der Herstellung des Tragwerkes werden die Seile zu einem Zeitpunkt eingebaut werden, zu dem schon ein Teil der vertikalen Belastung aktiv ist und reale Seile werden mit einer kleinen Vorspannung eingebaut. Um mit diesen Details zurechtzukommen, müssen eine ganze Reihe von Modifikationen vorgenommen und Annahmen getroffen werden.

3.9 Stabilitätsnachweise komplexer Tragstrukturen

3.9.1 Die Stabtheorie

Die Stabtheorie findet ihre Beschränkungen unter anderem bei großen Querschnittsbreiten, wo die Schubverformungen nicht mehr vernachlässigt werden können. Im Eurocode EN 1993-1-5 findet man dazu zwei Passagen. Im Absatz 3.2.1 stehen Regelungen, bei denen eine mitwirkende Breite b_{eff} definiert wird, die mit einer konstanten Spannung die gleiche Steifigkeit bzw. Tragfähigkeit haben soll, wie der reale Querschnitt, s. Abb. 3.34 und Abb. 3.35.

In der Praxis wird jedoch – soweit uns bekannt – die Spannung auf die mitwirkende Breite gleichmäßig verteilt angesetzt, wie es auch im Massivbau üblich ist.

Für die Behandlung der mitwirkenden Breite muss man sich vor Augen halten, dass üblicherweise die Normalkraft auf dem ganzen Querschnitt wirkt und nur die Biegespannungen auf den reduzierten effektiven Querschnitt.

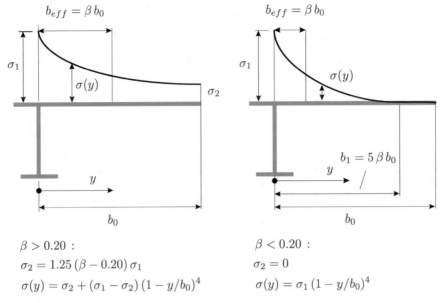

$$\beta > 0.20 :$$
$$\sigma_2 = 1.25 \, (\beta - 0.20) \, \sigma_1$$
$$\sigma(y) = \sigma_2 + (\sigma_1 - \sigma_2) \, (1 - y/b_0)^4$$

$$\beta < 0.20 :$$
$$\sigma_2 = 0$$
$$\sigma(y) = \sigma_1 \, (1 - y/b_0)^4$$

Abb. 3.35 Spannungen bei mitwirkenden Breiten nach Eurocode EN 1991-1-5

Damit gelten folgende Regeln, s. auch Abb. 3.36:

- Eine gleichmäßige zentrische Dehnung darf bezogen auf den elastischen Schwerpunkt des Gesamtquerschnitts kein resultierendes Moment erzeugen.
- Die äußere Normalkraft wirkt also immer im elastischen Schwerpunkt des Gesamtquerschnitts; die einwirkenden Momente werden auf diesen Punkt bezogen.
- Die Momente werden dann jedoch gedanklich in den elastischen Schwerpunkt des mitwirkenden Querschnitts verschoben und erzeugen Spannungen auf dem mitwirkenden Querschnitt. Da der Hebelarm für die Spannungen sich nun auf diesen Punkt bezieht, ergeben sich keine resultierenden Normalkräfte.
- Die nicht mitwirkenden Flächen sind für Haupt- und Querbiegung unterschiedlich anzusetzen.

Unabhängig davon sind Lochabzüge (EN 1993-1-1 6.2.2.2) oder nicht mitwirkende Teile der Querschnittsklasse 4 zu sehen. Diese Löcher sind real, also auch nicht für die Normalkraft wirksam und verändern daher die Lage des elastischen Schwerpunkts, was bei der Berechnung der Schnittgrößen berücksichtigt werden muss, s. Abb. 3.37. Wenn beide Effekte kombiniert werden, hat man drei verschiedene elastische Schwerpunkts- und Querschnittswerte zu berücksichtigen.

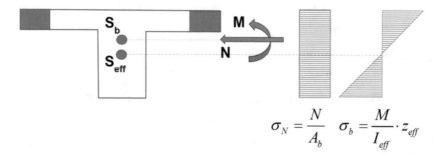

$$\sigma_N = \frac{N}{A_b} \quad \sigma_b = \frac{M}{I_{eff}} \cdot z_{eff}$$

Abb. 3.36 S_b ist das elastische Zentrum des gesamten (Brutto) Querschnitts. Eine zentrische Spannung erzeugt eine Normalkraft an dieser Stelle. Äußere Momente müssen sich daher auf diesen Punkt beziehen. Die Spannungsverteilung aus dem Moment hat ihren Nullpunkt aber im elastischen Zentrum des mitwirkenden Querschnitts, denn nur dann entsteht keine weitere Normalkraft im Querschnitt. Das Moment wird quasi im Querschnitt an eine andere Stelle verschoben, die Normalkraft muss im Punkt S_b bleiben.

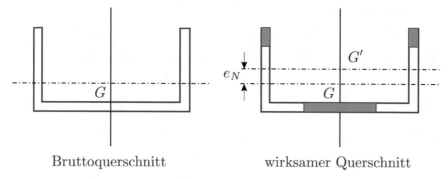

Bruttoquerschnitt   wirksamer Querschnitt

Abb. 3.37 Mitwirkende Breiten für Querschnitte der Klasse 4 nach Eurocode EN 1991-1-5

3.9.2 Querschnittswerte

In allen Fällen braucht man Querschnittswerte für Steifigkeiten und Widerstände für elastische und plastische Bemessungen.

Dünnwandige Querschnitte

Bei einer vereinfachten Berechnung, insbesondere bei Wölbkrafttorsion, ist es häufig so, dass man dünnwandige Querschnitte benutzt. Die Elemente eines solchen Querschnitts zeichnen sich dadurch aus, dass die Dicke im Vergleich zur Länge so klein ist, dass die Variation der Normalspannungen über die Dicke und damit auch das Trägheitsmoment um die Längsachse vernachlässigbar ist. Der einfachen Berechenbarkeit stehen jedoch auch Ungenauigkeiten gegenüber. So ergeben sich entweder Überlappungen der Elemente oder Vernachlässigungen der Ausrundungen. Besonders sei

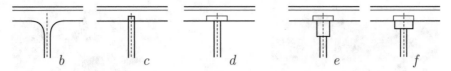

Abb. 3.38 Verschiedene Modellierungen eines HEB 300

	a	b	c	d	e	f
Fläche A [mm²]	149.1	149.08	144.91	142.82	149.08	149.08
Biegeträgheit I_y [cm⁴]	25166	25164	24538	24152	25021	25120
Biegeträgheit I_z [cm⁴]	8563	8550	8550	8550	8550	8550
Torsionsträgheit I_t [cm⁴]	187.4	186.1	149.6	148.8	167.2	183.6
τ - Querkraft [N/mm²] V_y=1	0.1312	0.1673	0.1316	0.1316	0.1316	0.1316
τ - Querkraft [N/mm²] V_z=1	0.3375	0.3463	0.3369	0.3370	0.3386	0.3381
τ - Torsion [N/mm²] M_t=1	(14.09)	19.73	12.70	12.77	13.52	18.63
Wölbwiderstand C_m[dm⁶]	1.651	1.652	1.688	1.688	1.688	1.688
Widerstand N_{pl}[kN]	3253	3253	3162	3116	3253	3253
Widerstand $V_{y,pl}$[kN]	1436	1436	1436	1436	1436	1436
Widerstand $V_{z,pl}$[kN]	389.4	597.4	389.4	454.0	532.9	532.9
Widerstand $M_{y,pl}$[kNm]	407.7	407.7	396.8	390.6	406.7	407.6
Widerstand $M_{z,pl}$[kNm]	189.8	189.9	188.4	188.3	189.4	189.8
Widerstand $M_{tp,pl}$[kNm]	15.32	16.69	15.78	24.66	23.30	16.91
Widerstand $M_{ts,pl}$[kNm]	201.8	201.8	201.8	201.8	201.8	201.8

Abb. 3.39 Verschiedene Modellierungen (b bis f) eines HEB 300

darauf hingewiesen, dass beim Torsionswiderstand die Ausrundungen einen erheblichen Anteil haben können. In der Abb. 3.38 sind fünf Idealisierungen und in der Tabelle in Abb. 3.39 die Unterschiede bei den Querschnittswerten für einen HEB 300 mit $f_{y,d} = 218.2$ MPa gegenüber gestellt.

a) Tabellenwerte nach Stahlbau kompakt (R. Kindmann et. al.)
b) Modellierung als vollständiger Querschnitt
c) dünnwandig überlappend
d) dünnwandig mit stumpfem Stoß (mit Schubverbindung)
e) dünnwandig mit stumpfem Stoß und korrekter Fläche hochkant
f) dünnwandig mit stumpfem Stoß und korrekter Fläche quer

Dazu sind nun einige Anmerkungen zu machen:

- Die richtige Erfassung der Fläche sollte selbstverständlich sein. Für eine EDV-Berechnung sollten daher die Varianten c) und d) eher nicht in Betracht gezogen werden. Wenn das Tragwerk aber mit finiten Schalenelementen modelliert wird, dürfte Variante c) die maßgebende Modellierung darstellen.
- Analoge Gedanken für die Biegeträgheitsmomente lassen die Variante e) als nicht optimal erscheinen.

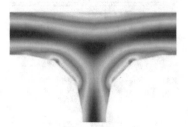
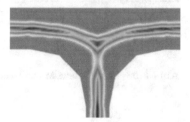

Abb. 3.40 Spannungen aus primärer Torsion in den Ausrundungen (linear und plastifiziert)

Abb. 3.41 Spannungen aus primärer Torsion in den Ausrundungen (linear und plastifiziert)

- Das Torsionsträgheitsmoment wird in den Varianten c) bis e) deutlich unterschätzt. Der Anteil der Ausrundungen ist offenbar bedeutend. Dies heißt aber auch, dass bei der Ermittlung der maximalen Torsionsspannung die höhere Dicke dieser Teile maßgebend wird, s. Abb. 3.40. (Elastische Torsionsspannungen $= M_t \cdot t_{max}/I_t$, der Wert von 14.09 in Spalte 1 ergab sich aus einer anderen Literaturquelle).
- Auch die Stelle der maximalen Schubspannung aus V_y ist nicht im Voraus erkennbar, s. Abb. 3.41.
- Die plastischen Grenzschnittgrößen der Biegemomente folgen tendenziell den Aussagen bei den Flächenträgheitsmomenten.
- Deutlich erkennbar ist aber der zu niedrige Wert der tabellierten Grenzquerkraft $V_{z,pl}$. Die angesetzte Stegfläche ist gemäß DIN 18800 nur 3091 mm^2, das sind 11×281 mm, also die Höhe aus den Mittelflächen der Gurte ohne den Ansatz der Ausrundungen wie er im Eurocode ja vorgesehen ist. Dort ist die Stegfläche mindestens $A - 2 \cdot A_{Gurt} = 3510$ mm^2 oder als ganzer Knochen 4745 mm^2, s. Abb. 3.42.

Die Behandlung eines Querschnitts als Kontinuum erlaubt natürlich die genauere Abbildung einiger Details, aber einige Aufgaben werden dadurch auch erschwert.

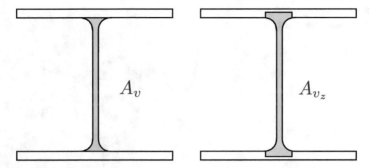

Abb. 3.42 Unterschiedlicher Ansatz der Stegflächen im Eurocode

So können zwar die c/t-Nachweise noch über fiktive Bleche geführt werden, aber die automatische Berücksichtigung nicht mitwirkender Flächen wird um einiges komplexer.

Weiter ist zu vermerken, dass im Kontinuum Spannungsspitzen deutlicher abgebildet werden und Nachweise, die mit zulässigen Spannungen arbeiten dann eventuell nicht mehr geführt werden können.

Schubspannungen

Für die Ermittlung der Schubspannungen in Querschnitten kennt man die klassische Formel

$$\tau_{xz} = \frac{T}{b} = \frac{V_z \cdot S_z}{I_y \cdot b} \, . \tag{3.137}$$

Diese entspricht aber dem Kraftgrößenverfahren. Sie wurde aus der Gleichgewichtsbedingung

$$\frac{\partial \tau_{xy}}{\partial y} + \frac{\partial \tau_{xz}}{\partial z} + \frac{\partial \sigma_x}{\partial x} = 0 \tag{3.138}$$

durch Integration der Ableitungen der Schubspannungen ermittelt

$$\sigma_x = \frac{M_y \, I_z + M_z \, I_{yz}}{I_y \, I_z - I_{yz}^2} \cdot z - \frac{M_z \, I_y + M_y \, I_{yz}}{I_y \, I_z - I_{yz}^2} \cdot y \tag{3.139}$$

$$T = \int -\frac{\partial \sigma_x}{\partial x} \, dA = \int \left(\frac{V_z \, I_z + V_y \, I_{yz}}{I_y \, I_z - I_{yz}^2} \cdot z + \frac{V_y \, I_y + V_z \, I_{yz}}{I_y \, I_z - I_{yz}^2} \cdot y \right) dA + T_0 \, . \tag{3.140}$$

Die Integrationskonstante T_0 kann bei offenen Querschnitten durch eine geschickte Wahl des Anfangspunktes zu Null angenommen werden, bei geschlossenen Querschnitten muss sie durch eine statisch-unbestimmte Rech-

Abb. 3.43 Schubspannungen
in einem Kreisquerschnitt

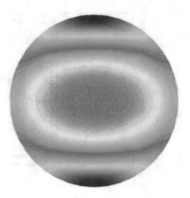

nung über die Verformungen ermittelt werden. Computergerechter ist es daher ein Weggrößenverfahren für die Verwölbung bzw. Schubverformungen des Querschnitts aufzustellen, wie schon auf S. 110 erwähnt,

$$\tau_{xy} = G\left(\frac{\partial w}{\partial y} - z\,\frac{\partial \theta_x}{\partial x}\right) \qquad \tau_{xz} = G\left(\frac{\partial w}{\partial z} + y\,\frac{\partial \theta_x}{\partial x}\right) \tag{3.141}$$

$$G\,\Delta w = G\left(\frac{\partial^2 w}{\partial y^2} + \frac{\partial^2 w}{\partial z^2}\right) = -\frac{\partial \sigma_x}{\partial x} \tag{3.142}$$

mit der Randbedingung $\tau_{xy}\,n_y + \tau_{xz}\,n_z = 0$, [77].

Für die Lösung dieser Differentialgleichung kann man FEM- oder BEM-Methoden verwenden. Bei dünnwandigen Querschnitten reduziert sich die Komplexität ähnlich wie bei einem Stabwerk [114].

Die Kenntnis der genaueren Spannungsverteilungen ergibt nicht immer die erwarteten Ergebnisse. So sind die Spannungen in einem Kreisquerschnitt weit davon entfernt über die Schnittbreite hinweg konstant zu sein, s. Abb. 3.43.

Ein interessanter Aspekt ergibt sich im Zusammenhang mit nicht mitwirkenden Teilen. Selbst wenn ein echtes Loch im Querschnitt vorhanden ist, müssen Schubspannungen übertragen werden. Denn die Annahme eines zusammenhängenden Querschnitts geht von einem Schubverbund aus. Wenn die Normalspannung entlang des Stabes konstant oder sogar null ist, folgt aus dem Gleichgewicht, dass die Ableitung der Schubspannung konstant ist und somit die Schubspannung selbst konstant sein muss. Dies wird insbesondere an einem Kastenquerschnitt deutlich, s. Abb. 3.44.

Die Tabelle in Abb. 3.46 zeigt, wie die Schubweichheit der Dübel die Schubverformungsflächen in einem I-Profil mit Ortbeton wie in Abb. 3.45 immer stärker reduziert.

Wenn der Querschnitt keine Schubverbindung hätte, wäre seine Schubsteifigkeit unendlich klein, die Schubverformungen also unendlich groß. Bei einer reinen Biegebeanspruchung ergeben sich aber auch keine Schubverformungen. Tatsächlich wäre bei einem zweigeteilten Rechteckquerschnitt die Summe der

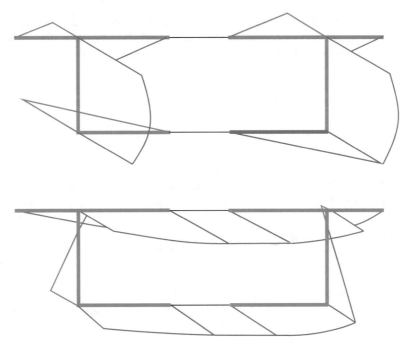

Abb. 3.44 Schubspannungen aus V_z und V_y in einem Kastenquerschnitt mit mitwirkenden Bereichen konstanter Schubspannung

Abb. 3.45 Verbundträger

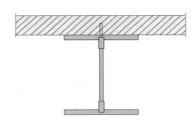

Eff. Dicke der Dübel [mm]	A_z-Total [cm²]	A_z-Stahl	A_z-Beton
starr	47.51	42.51	32.96
D = 100	41.40	35.46	38.50
D = 50	40.50	34.82	36.85
D = 10	34.51	26.76	34.93
D = 5	29.13	26.19	19.06
D = 1	12.96	12.38	3.77
Stahl alleine	30.91	30.91	0.00

Abb. 3.46 Einfluss der Dübelsteifigkeit auf die Schubverformungen eines Verbundträgers

Biegesteifigkeiten aber nur ein Viertel so groß wie beim ganzen Querschnitt. Und dieser Fehler in der Annahme kann nachträglich nicht mehr über Schubverformungen korrigiert werden. Hier hat man die Grenzen der Gültigkeit der Balkentheorie überschritten.

3.9.3 Nachweise am Querschnitt

Linearer Spannungsnachweis

Der Nachweis über Spannungen ist im Eurocode EN 1993-1-1 im Absatz 6.2.1 (5) geregelt: Für den Nachweis nach Elastizitätstheorie darf das folgende Fließkriterium für den kritischen Punkt eines Querschnitts verwendet werden:

$$\left(\frac{\sigma_{x,Ed}}{f_y/\gamma_{M0}}\right)^2 + \left(\frac{\sigma_{z,Ed}}{f_y/\gamma_{M0}}\right)^2 - \left(\frac{\sigma_{x,Ed}}{f_y/\gamma_{M0}}\right)^2\left(\frac{\sigma_{z,Ed}}{f_y/\gamma_{M0}}\right)^2 + 3\left(\frac{\tau_{Ed}}{f_y/\gamma_{M0}}\right)^2 \leq 1$$

$$(3.143)$$

Es muss hier angemerkt werden, dass damit keine wirkliche Ausnutzung berechnet werden kann. Dafür ist die Verwendung der Fließspannung sinnvoller

$$\sqrt{\sigma_{x,Ed}^2 + \sigma_{z,Ed}^2 - \sigma_{x,Ed}\cdot\sigma_{z,Ed} + 3\,\tau_{Ed}^2} < \frac{f_y}{\gamma_{M0}} \qquad (3.144)$$

Interaktion von Grenzschnittgrößen

Der Nachweis über Spannungen ist häufig unwirtschaftlich, daher werden in modernen Normen Nachweise auf Basis der Grenztragfähigkeit des Querschnitts geführt. Bei der Interaktion von Grenzschnittgrößen ist im EN 1993-1-1 im Absatz 6.2.1 (5) eine einfache Interaktion angegeben

$$\frac{N_{Ed}}{N_{Rd}} + \frac{M_{y,Ed}}{M_{y,Rd}} + \frac{M_{z,Ed}}{M_{z,Rd}} \leq 1\,. \qquad (3.145)$$

Dabei müssen alle Tragfähigkeiten infolge der Querkräfte gegebenenfalls reduziert werden. Für die Torsion ist im Abschnitt 6.2.7. eine zusätzliche Reduzierung der Querkrafttragfähigkeit definiert, die praktisch aber kaum anwendbar ist. Einfacher erscheint es, die Ausnutzungsgrade der primären und sekundären Torsion einfach ebenfalls linear zu addieren.

Analog wird ja bei Kranbahnen eine Ausnutzung des Wölbmoments addiert, obwohl diese Eigenspannungen im plastifizierten Zustand stark abgemindert werden.

Bei der Ausnutzung der Querkraft wie auch bei der verbesserten Interaktion der Normalkraft ergeben sich in den Normen Bedingungen, die keinerlei Rückschlüsse auf die relative Tragfähigkeit zulassen. So findet man z.B. im EN 1993-1-1 6.2.9.1

Material	Geometrische Eigenschaften	Belastung
S 235, $\gamma_{M0} = 1.00$ 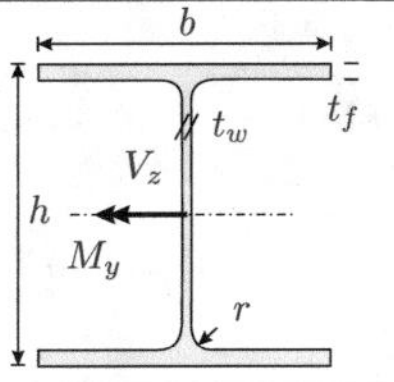	HEM 500 $b = 306\,\mathrm{mm}$ $r = 27\,\mathrm{mm}$ $h = 524\,\mathrm{mm}$ $A = 344.3\,\mathrm{cm}^2$ $t_f = 40\,\mathrm{mm}$ $t_w = 21\,\mathrm{mm}$	$V_z = 1400\,\mathrm{kN}$ $M_y = 450\,\mathrm{kNm}$ $N = -5000\,\mathrm{kN}$ Querschnittsklasse 1

Abb. 3.47

$$\frac{M_y}{M_{y,V_{red}}} \cdot \frac{1 - 0.5\,\alpha}{\left(1 - N/N_{V,Rd}\right)} \leq 1. \tag{3.146}$$

Die Anwendbarkeit dieser Formel wird für N gegen $N_{V,Rd}$ stark nichtlinear und versagt, wenn die Normalkraft darüber hinausgeht. Die mathematisch gleichwertige Formulierung

$$\frac{M_y}{M_{y,V_{red}}} \cdot (1 - 0.5\,\alpha) + \frac{N}{N_{V,Rd}} \leq 1 \tag{3.147}$$

ist hingegen wesentlich klarer und hat keine Singularität mehr.

Die härteste Nuss in diesem Zusammenhang ist sicher die Formel 6.41

$$\left[\frac{M_{y,Ed}}{M_{N,y,Rd}}\right]^{\alpha} + \left[\frac{M_{z,Ed}}{M_{N,z,Rd}}\right]^{\beta} \leq 1. \tag{3.148}$$

Da es noch weitere Fälle gibt, die in einer allgemeinen Software modifiziert werden müssen, wurde bei den Musterbeispielen zur VDI-Richtlinie 6201-2 [137] ein Beispiel aufgenommen, das die Abweichungen einer EDV-Implementierung zu den Regeln der Norm aufzeigt. Die Aufgabenstellung ist in Abb. 3.47 dargestellt und die einzelnen Schritte des Nachweises sind in der Tabelle in Abb. 3.48 zusammengefasst.

Die Alternative in Tabelle in Abb. 3.49 entsteht dadurch, dass eine allgemeingültige Software, die für alle Querschnittstypen Ergebnisse liefern soll, nicht alle Spezialfälle abdecken kann. Eine einheitliche Schubfläche wird daher bevorzugt. Idealerweise kann der Anwender dann entscheiden, welchen der drei angesprochenen Ansätze er bevorzugt.

Der Ausnutzungsgrad von 0.846 ist ungenau. Steigert man die Last, wird ein Wert von 1.0 bereits bei einer Erhöhung um 2.6 % erreicht. Die verbesserte Formel (3.147) liefert eine genauere Ausnutzung von 0.956 und die vereinfachte Gleichung EN 1993-1-1 (6.2) ergibt 1.04.

Das Programm RUBSTAHL TSV-I [74] ignoriert nach DIN 18800 die Ausrundungen und ermittelt daher eine deutlich höhere Ausnutzung von 1.14.

6.2.4 (2): Gl. 6.10: Widerstand Normalkraft	$N_{c,Rd} = \dfrac{A \cdot f_y}{\gamma_{M0}}$	$N_{c,Rd} = 8091\,\text{kN}$ $n = N_{Ed}/N_{c,Rd} = 0.618$
6.2.5 (2): Gl. 6.13: Widerstand Moment	$M_{y,Rd} = \dfrac{W_{y,pl} \cdot f_y}{\gamma_{M0}}$	$W_{y,pl} = 7094.2\,\text{cm}^3$ $M_{y,Rd} = 1667\,\text{kNm} \quad \dfrac{M_{Ed}}{M_{y,Rd}} = 0.270$
6.2.6 (2): Gl. 6.18 Widerstand Querkraft	$V_{z,Rd} = \dfrac{A_{Vz} \cdot f_y}{\sqrt{3} \cdot \gamma_{M0}}$	$V_{z,Rd} = 1757\,\text{kN} \quad V_{z,Ed}/V_{z,Rd} = 0.797$
6.2.6 (3)a: Die wirksame Schubfläche darf für gewalzte Profile mit I- und H-Querschnitten, Lastrichtung parallel zum Steg	A_{Vz} $= A - 2\,b \cdot t_f + (t_w + 2 \cdot r) \cdot t_f$ aber mindestens $\eta \cdot h_w \cdot t_w$	$A_{Vz} = 344.3 - 2 \cdot 30.6 \cdot 4 = 99.5\,\text{cm}^2$ $A_{Vz} = 129.498 > 1.0 \cdot 44.4 \cdot 2.1$ $a_{Vz} = A_{Vz}/A = 0.376$
6.2.9.1 (5)	$a = A - 2 \cdot b \cdot t_f)/A$	$A_V = 344.3 - 2 \cdot 30.6 \cdot 5 = 99.5\,\text{cm}^2$ $a = 99.5/344.3 = 0.289$
6.2.10 (3) Die Momententragfähigkeit für auf Biegung und Normalkraft beanspruchte Querschnitte ist mit einer abgeminderten Streckgrenze: für die wirksamen Schubflächen zu ermitteln.	$\rho = \left[\dfrac{2 \cdot V_{Ed}}{V_{p,Rd,z}} - 1\right]^2$ $\Rightarrow N_{V,Rd}$ $= N_{c,Rd} \cdot (1 - a_{Vz} \cdot \rho)$	$\rho = \left[\dfrac{2 \cdot 1400}{1757} - 1\right]^2 = 0.352$ $N_{V,Rd} = 8091 \cdot (1 - 0.376 \cdot 0.352)$ $= 7020\,\text{kN}$ $n = \dfrac{N_{Ed}}{N_{V,Rd}} = \dfrac{5000}{7020} = 0.712$
6 2.8 Gl. 6 30: Bei I- Querschnitten mit gleichen Flanschen und einachsiger Biegung um die Hauptachse	$M_{y,V,Rd}$ $= \left[W_{pl,y} - \dfrac{\rho \cdot A_w^2}{4 \cdot t_w}\right] \cdot f_y$ $A_w = h_w \cdot t_w \,;\ \dfrac{A_w^2}{t_w} = A_w \cdot h_w$	$M_{y,V,Rd} = \left[7094 - \dfrac{0.352 \cdot 93.24^2}{4 \cdot 2.1}\right] \cdot f_y$ $M_{y,V,Rd} = 1581\,\text{kNm}$ Das ist die Reduktion der Stegfläche
6.2.9.1 (5) Gl. 6.36-6.38 Gesamtausnutzung	$M_{y,NV,Rd} = \min$ $\left[1, \dfrac{1-n}{1-0.5 \cdot a}\right] \cdot M_{y,V,Rd}$ $a = \min[0.5, (A - 2 \cdot b \cdot t)/A]$	$M_{y,NV,Rd} = \dfrac{1 - 0.712}{1 - 0.5 \cdot 0.289} \cdot 1581$ $= 531\,\text{kNm}$ $a = (344.3 - 2 \cdot 30.6 \cdot 4)/344.3 = 0.289$ $\dfrac{M_{Ed}}{M_{y,Nv,Rd}} = \dfrac{450}{531} = 0.846$

Abb. 3.48 Plastischer Querschnittsnachweis nach Norm

Alternative

Mit $A_w = A_v = A_z$ an Stelle von drei
verschiedenen Werten: $93.2 \neq 99.5 \neq 129.5$

Hinweis:
Die Abminderung für den Biegeanteil
der Stegfläche könnte man noch
genauer ermitteln

$$M_{y,V,Rd} = \left[7094 - \frac{0.352 \cdot 129.5^2}{4 \cdot 2.1} \right] f_y$$

$$M_{y,V,Rd} = 1501.8 \, \text{kNm}$$

$$M_{y,NV,Rd} = \frac{1 - 0.712}{1 - 0.5 \cdot 0.376} \cdot 1501 = 532 \, \text{kNm}$$

$$\frac{M_{Ed}}{M_{y,NV,Rd}} = \frac{450}{532} = 0.846$$

Abb. 3.49 Alternative Rechnung mit einem allgemeingültigeren Ansatz in einer Bemessungssoftware

Eine Vergleichsberechnung mit einem Optimierungsverfahren von *Osterrieder* [92] ergibt die reale plastische Ausnutzung für die Schnittgrößen N = 5380 kN, V_z = 1505 kN, M_y = 483.9 kNm, und somit einen realen Ausnutzungsgrad von 0.93. Wenn man diese Schnittgrößen in die modifizierten Interaktionsformeln einsetzt, ergibt sich eine Ausnutzung von 1.08, wohingegen die Originalformeln einen Wert von 2.7 ergeben.

3.9.4 Nichtlineare Verfahren

Bevor man nun den nächsten Schritt in die nichtlinearen Verfahren macht, muss man sich vor Augen halten, dass der traditionelle Stahlbau und Verbundbau mit plastischen Verfahren rechnet und daher einige Regeln der Normen darauf ausgelegt sind, dass keine Kontrolle der Verformungen stattfindet. Die nichtlinearen Verfahren sind jedoch nur im EN 1993-1-1 Anhang C beschrieben und so mancher glaubt, man könne diese daher nur für Platten anwenden. Da die dort beschriebenen Ansätze wie auch die Fließzonentheorie aber mit endlichen Dehnungen arbeitet, kann man sie auch allgemein mit einem Ansatz für die Verfestigung einsetzen.

Wie weit die Vorstellungen der einzelnen Ingenieure aber mitunter auseinandergehen, mag man daran erkennen, dass bei Querschnitten der Klasse 4 der deutsche Text im EN 1993-1-5 4.2.(2) besagt, dass die Spannungen auf die Streckgrenze in der Mittelebene des Druckflansches zu begrenzen sind, während der englische Text besagt, dass die Fließdehnung nicht überschritten werden soll.

3.9.5 Interaktion von Schub- und Normalspannungen

Für die Interaktion der einzelnen plastischen Grenzschnittgrößen wird die Schubtragfähigkeit meistens dadurch berücksichtigt, dass ein Teil des Querschnitts für den Schub vorab reserviert wird und dann der Rest für Normalkraft und Biegung verwendet wird. Probleme bekommt man bei

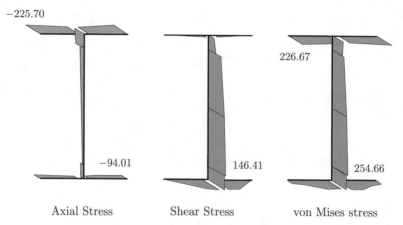

Axial Stress	Shear Stress	von Mises stress

Abb. 3.50 Normal-, Schub- und Vergleichsspannungen der kombinierten Beanspruchung bei nichtlinearer Analyse, $f = 1.080$

diesem Verfahren, wenn die Schubgrenzkräfte *a priori* überschritten sind. Es sind jedoch auch andere Strategien denkbar, wie man die Tragfähigkeiten aufteilt [66], somit:

- Lineare Reduktion aller Spannungskomponenten

$$
f = \max\left[1, \frac{\sqrt{\sigma_{x,Ed}^2 + \sigma_{z,Ed}^2 - \sigma_{x,Ed}\,\sigma_{z,Ed} + 3\,\tau_{Ed}^2}}{f_y/\gamma_{M0}}\right] \Rightarrow \begin{array}{l} \sigma_{nonl} = f \cdot \sigma_{lin} \\ \tau_{nonl} = f \cdot \tau_{lin} \end{array}
$$
(3.149)

- Anwendung der Prandtl'schen Fließregel, bei der die Ableitung der Fließfunktion nach den Spannungskomponenten verwendet wird, um eine elastoplastische Spannungsdehnungsmatrix aus der linearen Elastizitätsmatrix zu berechnen

$$
\begin{bmatrix} \Delta\sigma_x \\ \Delta\sigma_z \\ \Delta\tau \end{bmatrix} = \left[\boldsymbol{C} - \frac{\boldsymbol{q} \cdot \boldsymbol{C} \cdot \boldsymbol{q}^T}{\boldsymbol{q}^T \cdot \boldsymbol{C} \cdot \boldsymbol{q}}\right] \begin{bmatrix} \Delta\varepsilon_x \\ \Delta\varepsilon_z \\ \Delta\gamma \end{bmatrix} \qquad \boldsymbol{q} = \frac{\partial F}{\partial \boldsymbol{\sigma}}.
$$
(3.150)

Allgemeinere nichtlineare Verfahren müssen über Dehnungszustände definiert werden und die sich dabei ergebenden Spannungen müssen ins Gleichgewicht gesetzt werden. Ganz allgemein muss man dann den Querschnitt in einzelne finite Elemente unterteilen.

Im Sinne einer Vereinfachung kann man aber auch die den Einheitsschubspannungen zugrundeliegenden Dehnungen als Ganzes skalieren. Damit ergeben sich in jedem Iterationsschritt aus den Gesamtdehnungen elastische Spannungen, die sich unter einem möglichen Ansatz von Verfestigungen in plastische Spannungen korrigieren lassen.

Das Beispiel aus der VDI 6201-2 ergibt nun eine Lösung mit den 1.08-fachen Schnittgrößen und einer Dehnung von 0.0078; die Verfestigung wurde dabei mit der Zugfestigkeit bei einer Grenzdehnung von 0.025 angesetzt.

Man erkennt die Reduktion der Normalspannungen im Flansch infolge der Schubspannungen und die Interaktion von Schub- und Normalspannungen im Steg, s. Abb. 3.50.

3.9.6 Stabilitätsnachweise am Querschnitt

Querschnitte der Klasse 4

Die Einteilung der Querschnitte erfolgt bekanntlich über die Schlankheit der Bleche, bzw. das Verhältnis c/t in Anhängigkeit vom Einspanngrad. Da schlanke Bauteile unter geringen Beanspruchungen bemessbar sein sollen, wurde im EN 1991-1-1 5.5.2 (9) eine Erhöhung des Grenzwertes in Abhängigkeit von der wirkenden Spannung vorgesehen. Diese ist jedoch für den Nachweis der Gesamtstabilität nicht anwendbar.

Dann muss ein effektiver Querschnitt benutzt werden, s. Abb. 3.51. Diesen kann man vorab unter der Annahme einer maximalen Beanspruchung ermitteln oder iterativ aus den wirkenden Spannungen. Die Iteration ist etwas sperrig in der Handhabung, denn man muss erst die Querschnittswerte auf Grund der Spannungen ermitteln, für die man die reduzierten Querschnittswerte ja benötigt. Wenn man sich vor Augen hält, dass eine Veränderung der Querschnitte ja auch Änderungen in den Beanspruchungen auslösen, wird man entweder eine Iteration am Gesamtsystem machen müssen oder auf der sicheren Seite eine ungünstigste zentrische Spannung in Höhe der Fließgrenze ansetzen. Zur Verifikation der Berechnung ist es in jedem Falle erforderlich, die sich einstellenden effektiven Querschnittswerte ermitteln zu können.

Ein Hohlprofil SH 800 x 800 x 16 aus S 355 überschreitet z.B. mit $c/t = 47.5$ die Grenzwerte der Schlankheit für die Querschnittsklasse 3 im Druckgurt von $42.0 \cdot 0.814 = 34.2$. Dieses Blech wird bei einer Gesamtbreite von 760 mm mit einer Schlankheit von $p = 1.028$ nur auf einer effektiven Breite von 604 mm angesetzt. Bei einer schiefen Biegung verschieben sich die nicht mitwirkenden Teile etwas zu der am stärksten gedrückten Ecke hin, s. Abb. 3.52.

Wenn man nur einseitig mitwirkende Flächen in der Druckzone ansetzt, ändert sich der Schwerpunkt des Querschnitts. Dieser Versatz muss unbedingt berücksichtigt werden und kann bei stabilitäts-gefährdeten Bauteilen einen erheblichen Einfluss haben. Die Frage ist, ob man die effektiven Querschnitte einer Lastkombination auch für andere Beanspruchungen verwenden kann. Wenn die Beanspruchungen ähnlich sind, ist das kein Problem, aber es muss diskutiert werden, inwieweit die freigeschnittenen mitwirkenden Bleche eigenständig richtig behandelt werden können.

Ausgangslage bei den Betrachtungen ist ein Blech, bei dem die Einspannstellen bekannt sind. In der Tabelle 3.2 sind Werte für den gesamten Steg aus

Tabelle 4.1 — Zweiseitig gestützte druckbeanspruchte Querschnittsteile

Spannungsverteilung (Druck positiv)	Wirksame Breite b_{eff}
σ_1 ▦▦ σ_2 b_{e1} b_{e2} $\overline{b}$	$\psi = 1$: $b_{\text{eff}} = \rho\,\overline{b}$ $b_{e1} = 0{,}5\,b_{\text{eff}}$ $b_{e2} = 0{,}5\,b_{\text{eff}}$
σ_1 ◣ σ_2 b_{e1} b_{e2} $\overline{b}$	$1 > \psi \geq 0$: $b_{\text{eff}} = \rho\,\overline{b}$ $b_{e1} = \dfrac{2}{5-\psi}\,b_{\text{eff}}$ $b_{e2} = b_{\text{eff}} - b_{e1}$
b_c b_t σ_1 ◣ σ_2 b_{e1} b_{e2} $\overline{b}$	$\psi < 0$: $b_{\text{eff}} = \rho\,b_c = \rho\,\overline{b}/(1-\psi)$ $b_{e1} = 0{,}4\,b_{\text{eff}}$ $b_{e2} = 0{,}6\,b_{\text{eff}}$

$\psi = \sigma_2/\sigma_1$	1	$1 > \psi > 0$	0	$0 > \psi > -1$	-1	$-1 > \psi > -3$
Beulwert k_σ	4,0	$8{,}2/(1{,}05+\psi)$	7,81	$7{,}81 - 6{,}29\,\psi + 9{,}78\,\psi^2$	23,9	$5{,}98\,(1-\psi)^2$

Abb. 3.51 Normal-, Schub- und Vergleichsspannungen der kombinierten Beanspruchung

Abb. 3.52 Beispiel zum wirksamen Querschnitt EN 1993-1-5

S 355 mit $c = 674$ mm und $t = 6.74$ mm und verschiedenen Spannungsverhältnissen angegeben.

Tabelle 3.2 Beispiel zum wirksamen Querschnitt EN 1993-1-5

ψ	$k\sigma$	$\lambda - p$	ρ	b_{eff}	b_1	b_2
1.00	4.00	2.164	0.4151	279.8	139.9	139.9
0.50	5.29	1.882	0.4771	321.6	142.9	178.6
0,00	7.81	1.549	0.5769	388.9	155.5	233.3
-0.50	13.40	1.182	0.7475	335.9	134.3	201.5

Wenn automatisch nicht mitwirkende Teile ermittelt werden, so entstehen dadurch formal drei oder mehr Bleche, bei denen jedes einzelne auch die gleiche Stützung aufweisen sollte.

Denn wenn man die entstehenden Blechstummel als neue Elemente einseitig gestützt ansetzt, würden sich weitere signifikante Reduktionen der effektiven Breiten ergeben. Setzt man sie aber als zweiseitig gestützt, ergeben sich zu kleine Schlankheiten, so dass Veränderungen der Spannungen nicht korrekt berücksichtigt werden können.

Würde man die Bleche daher manuell als nicht mitwirkend beschreiben, könnte man die (elastische) Stützung der mitwirkenden Teile nicht korrekt definieren, würde sie also vermutlich näherungsweise als zweiseitig gestützt definieren. Eine Berechnung mit Querschnitten der Klasse 4 erscheint daher nur vollständig korrekt im Gesamtsystem analysierbar oder, um auf der sicheren Seite zu liegen, mit maximalen Druckspannungen.

3.9.7 Stabilitätsnachweise am Gesamtsystem

Neue Ansätze – international

Jahrzehntelang waren quasi die Deutschen und Österreicher die einzigen, die eine Theorie II. Ordnung in den Normen geregelt hatten. Viele andere Normen erwähnten die Verfahren gar nicht oder stellten fest, dass dies nun nicht Gegenstand der Norm sein könne.

Das hat sich aber geändert. Die Begriffe *advanced analysis* im AS 4100, *inelastic analysis* im AISC 360, GMNIA (*geometryically and materially nonlinear analysis with imperfection included*) des Eurocodes werden zunehmend im englischen Sprachraum zitiert [28], [107] und die Reise scheint sogar noch weiter in Richtung einer probabilistischen Berechnung zu gehen. Einige grundlegende Anwendungen wurden bereits auf dem Stahlbau-Seminar [69] vorgestellt und sollen hier nicht mehr wiederholt werden.

Sicherheitsbeiwerte

Ein kleines Problem für die Software ist, dass der Sicherheitsbeiwert für die Beanspruchbarkeit von Querschnitten anders angesetzt werden kann als für den Nachweis der Bauteile bei Stabilitätsversagen. Die empfohlenen Werte sind beide 1.0, in der DIN 18800 war das noch einheitlich 1.10, die Schweizer haben sich pragmatisch auf 1.05 geeinigt, nun ist es aber 1.00 und 1.10. Die Ursache des Problems ist im wesentlichen, dass ein Programm zwar erkennen kann, ob man gerade einen Stabilitätsnachweis führt, aber in der Regel nicht erkennen kann, ob es sich um ein Stabilitätsversagen handelt. Ein weiterer Hinweis: bei nichtlinearen Verfahren können Sicherheitsbeiwerte nicht beliebig zwischen Widerstand- und Einwirkungsseite verschoben werden

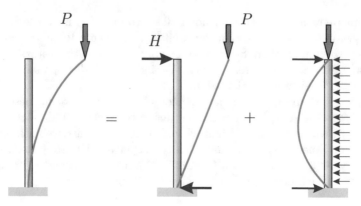

Abb. 3.53 Druckstab

$$\gamma_r \cdot E(\gamma_f \cdot F) \leq R(\frac{f}{\gamma_M}) \neq E(\gamma_r \cdot \gamma_f \cdot F) \leq R(\frac{f}{\gamma_M}) \qquad (3.151)$$

Imperfektionen

Der Nachweis mit den allgemeinen Methoden benötigt eine Imperfektion. Diese ist eigentlich als spannungslose Vorverformung in die Gleichgewichtsbeziehungen einzuarbeiten. Aber auch im Eurocode stehen immer noch Ersatzkräfte statt der Imperfektionen im Vordergrund. Die Formulierung ist gleichwertig, wenn man nur die Momente und die Biegeverformungen berücksichtigt, es gibt jedoch Unterschiede in der Querkraft und damit auch in den Querkraftverformungen. Da die Querkräfte bei stabilitätsgefährdeten Bauteilen in der Regel klein sind, ist dies zwar häufig vernachlässigbar, aber eine Software sollte auch in Grenzfällen richtig rechnen.

Betrachten wir ein solches System ($L = 8$ m) mit einer Einzellast von 2 000 kN und einer quadratischen Vorverformung von $s_k/200 = 80$ mm, s. Abb. 3.53, so erhalten wir eine Gesamtverformung von 104.8 mm und ein Einspannmoment von 209.5 kNm. Die Transversalkraft ist identisch Null, die Änderung des Moments ergibt sich nur aus der Neigung der Biegelinie und der Normalkraft. Die Querkraft im Fußpunkt ist daher ebenfalls null und am Kopf hat sie den Wert 52.4 kN infolge einer Winkelverdrehung von insgesamt 1.5°.

Rechnet man dies mit den Ersatzlasten, ergibt sich eine linear veränderliche Transversalkraft mit 40 kN am Kopf, eine Verschiebung von 25.1 mm statt 24.8 mm und ein Einspannmoment von 210.3 kNm. Aus der kleineren Verdrehung von 0.36° ergibt sich die Querkraft am Kopf zu 52.5 kN ($40 \cdot \cos(0.36) + 2000 \cdot \sin(0.36)$). Die beobachteten Unterschiede ergeben sich einmal aus den Abweichungen bei den Winkelfunktionen und aus dem Ansatz der Querkraftverformungen. Bei größeren Systemen wird es zunehmend schwieriger, die richtige Wahl der Vorverformungen zu finden. Daher erscheint es sinnvoller, außer dem Nachweis der Stabilität am Gesamtsystem auch noch Nachweise an einzelnen Bauteilen zu führen. Dies gilt insbesondere für den Nachweis des Biegedrillknickens, wenn man am Gesamtsystem die Wölbkrafttorsion vernachlässigt hat.

3.9.8 Zusammenfassung

Man stößt bei einer EDV-Berechnung immer wieder auf kleinere und größere Abweichungen in den Ergebnissen, die dem Fakt geschuldet sind, dass manche Regelungen entweder nicht eindeutig verständlich sind, oder zu schwierig zu programmieren oder im Grenzfall auch gar nicht programmierbar sind. Es ist daher unumgänglich mit einem wachen Geist auf unerwartete Ergebnisse zu reagieren. Verlässt man die Modellierung als Stabwerk und beschreibt die Querschnitte durchgehend mit finiten Schalenelementen ergeben sich neue Möglichkeiten. Allerdings nicht nur bei der Erfassung der verschiedenen Effekte, sondern auch dabei wichtige Details zu übersehen.

4. Scheiben

4.1 Kragscheibe

Die Kragscheibe in Abb. 4.1 trägt auf ihrer oberen Kante eine Strecken-last und gesucht sind die Verformungen und die Spannungen in der Scheibe. Zunächst müssen wir ‚Leben' in die Scheibe bringen, d.h. wir müssen der Scheibe die Möglichkeit geben, sich zu bewegen. Das tun wir, indem wir die Scheibe in vier bilineare Elemente unterteilen, und mit den Elementverfor-mungen *Einheitsverformungen* der neun Knoten generieren. Jeder der neun Knoten kann sich horizontal und vertikal verschieben – wir lassen zu diesem Zeitpunkt auch noch Bewegungen in den Lagerknoten zu – so dass wir auf 2×9 Einheitsverformungen kommen. Eine Einheitsverformung φ_i ist eine Bewegung der Scheibe, bei der ein Freiheitsgrad aktiv ist $u_i = 1$ und alle anderen Freiheitsgrade gesperrt sind, $u_j = 0$ sonst.

Nun zu den Kräften: Zu jeder Einheitsverformungen gehört ein Satz von Kräften $\boldsymbol{p}_i$, das sind die Kräfte, die *shape forces*, die nötig sind, um die Scheibe in die Form φ_i zu drücken. Insgesamt sind daher 18 LF $\boldsymbol{p}_i$ nötig

$$\boldsymbol{p}_h = \sum_{i=1}^{18} u_i \, \boldsymbol{p}_i \,, \tag{4.1}$$

um der Scheibe eine frei gewählte Gestalt

$$\boldsymbol{u}_h = \sum_{i=1}^{18} u_i \, \varphi_i \tag{4.2}$$

zu geben und sie in dieser Position zu halten.

Als nächstes müssen wir wissen, welche Arbeiten

$$f_{hi} = \delta A_a(\boldsymbol{p}_h, \varphi_i) \,. \tag{4.3}$$

diese Haltekräfte $\boldsymbol{p}_h$ leisten, wenn man an der Scheibe, sie ist jetzt in der Lage $\boldsymbol{u}_h$, mit den Einheitsverformungen φ_i wackelt. Weil es 18 Einheits-verformungen gibt, hat der Vektor $\boldsymbol{f}_h = \{f_{h1}, f_{h2}, \ldots\}^T$ 18 Einträge. Seine

© Springer-Verlag GmbH Deutschland, ein Teil von Springer Nature 2019
F. Hartmann, C. Katz, *Statik mit finiten Elementen*,
https://doi.org/10.1007/978-3-662-58925-0_4

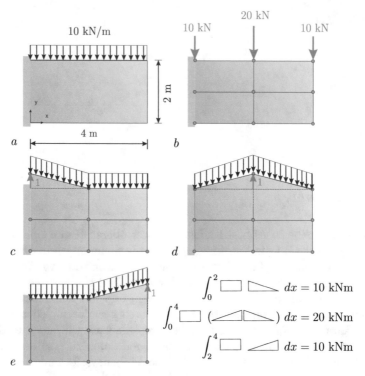

Abb. 4.1 Kragscheibe, **a)** System und Belastung,g **b)** Äquivalente Knotenkräfte: Diese fiktiven Knotenkräfte sind der Streckenlast bezüglich den Einheitsverformungen äquivalent. Eine Kraft von 20 kN im mittleren Knoten leistet bei einer Hebung des Knotens um Eins dieselbe Arbeit, wie die Streckenlast in Bild **d)** auf den Wegen der Einheitsverformung des Knotens

Berechnung ist zum Glück sehr einfach, denn er ist einfach das Produkt aus der Steifigkeitsmatrix der Scheibe und dem Vektor $\boldsymbol{u}$

$$\boldsymbol{K}\boldsymbol{u} = \boldsymbol{f}_h\,. \tag{4.4}$$

Nun zur eigentlichen Idee der finiten Elemente: *Wir stellen die Form $\boldsymbol{u}$ so ein, dass der zugehörige Lastfall $\boldsymbol{p}_h$,wackeläquivalent' ist zu dem Originallastfall.* Bei jeder virtuellen Verrückung $\boldsymbol{\varphi}_i$ sollen die äußeren Arbeiten der Kräfte $\boldsymbol{p}_h$ und des Originallastfalls $\boldsymbol{p}$ gleich groß sein, $\delta A_a(\boldsymbol{p}, \boldsymbol{\varphi}_i) = \delta A_a(\boldsymbol{p}_h, \boldsymbol{\varphi}_i)$.

In Gedanken stelle man sich die Scheibe einmal links mit der Originalbelastung $\boldsymbol{p}$ vor und rechts mit der Ersatzbelastung $\boldsymbol{p}_h$. Nun wackelt man an den beiden Scheiben nacheinander mit den 18 Einheitsverformungen und ist erst dann zufrieden, wenn bei jedem Test die virtuellen äußeren Arbeiten gleich groß sind. Das Kunststück ist es also, den richtigen Vektor $\boldsymbol{p}_h$, die richtige Ersatzbelastung zu finden.

Notieren wir in einem Vektor f die virtuellen äußeren Arbeiten der Original-Belastung auf den Wegen φ_i

$$f_i = \delta A_a(p, \varphi_i), \tag{4.5}$$

dann lautet die Forderung also $f_h = f$ und die ist erfüllt, wenn der Vektor u der Gleichung

$$Ku = f \tag{4.6}$$

genügt, denn Ku ist der Vektor f_h. So kommt die Steifigkeitsmatrix in die Statik.

Hier werden also Arbeiten gleichgesetzt und nicht Kräfte – die f_i sind Arbeiten – gleichwohl hat es sich eingebürgert, diese Gleichung als ‚Knotengleichgewicht' zu lesen.

Betrachten wir das im Detail. Die vier Elemente haben alle dieselben Abmessungen, Länge l, Höhe h und Stärke t.

Jeder der vier Knoten eines Elements hat zwei Freiheitsgrade u_i^e, so dass die einzelne Elementsteifigkeitsmatrix K^e die Größe 8×8 hat. Setzen wir die Querdehnung $\nu = 0$, und $l = 2, h = 1$, so ergibt sich

$$K^e = \frac{E\,t}{8} \begin{bmatrix} 4 & 1 & 0 & -1 & -2 & -1 & -2 & 1 \\ 1 & 6 & 1 & 2 & -1 & -3 & -1 & -5 \\ 0 & 1 & 4 & -1 & -2 & -1 & -2 & 1 \\ -1 & 2 & -1 & 6 & 1 & -5 & 1 & -3 \\ -2 & -1 & -2 & 1 & 4 & 1 & 0 & -1 \\ -1 & -3 & -1 & -5 & 1 & 6 & 1 & 2 \\ -2 & -1 & -2 & 1 & 0 & 1 & 4 & -1 \\ 1 & -5 & 1 & -3 & -1 & 2 & -1 & 6 \end{bmatrix}. \tag{4.7}$$

Diese Matrix multipliziert mit den Knotenverschiebungen u^e des Elements sind die zugehörigen äquivalenten Knotenkräfte f^e am Element

$$K^e u^e = f^e. \tag{4.8}$$

Ist u^e der i-te Einheitsvektor, $u^e = e_i$, dann ist f^e gerade die Spalte s_i der Matrix, denn $K^e e_i = s_i$. Die acht Spalten s_i sind also die äquivalenten Knotenkräfte zu den acht Einheitsverformungen $u^e = e_i$, $i = 1, 2, \ldots, 8$.

Äquivalent heißt wieder das folgende: Man drückt das Element mit Hilfe von Kräften p_1^e in die Form φ_1^e. In Gegenwart dieser Kräfte[1] wackelt man dann mit den acht Element-Einheitsverformungen $\varphi_j^e, j = 1, 2, \ldots, 8$ an dem Element und zählt die Arbeiten. Diese acht Arbeiten bilden die erste Spalte der Elementmatrix.

---

[1] Wie groß diese Kräfte sind, ist unbekannt. Uns interessieren nur die Arbeiten dieser Kräfte und die kann man mit der Steifigkeitsmatrix berechnen, $f^e = K^e\,u^e$

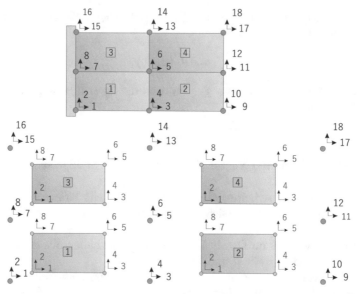

Abb. 4.2 Unterteilung in Elemente und Knoten. Die dunklen Kreise sind die Knoten des Netzes und die hellen Kreise die Knoten der Elemente

Die Einträge k_{ii}^e auf der Diagonalen sind die äquivalenten Knotenkräfte, die zu den Verschiebungen $u_i^e = 1$ gehören und die k_{ji}^e oberhalb und unterhalb davon, also in derselben Spalte i, sind die äquivalenten Knotenkräfte aus der Festhaltung der gesperrten Nachbarknoten[2].

Die Ecken der einzelnen Elemente hängen an den Scheibenknoten, s. Abb. 4.2, und daher stimmen die Verschiebungen der Ecken der Elemente mit den Bewegungen der neun Scheibenknoten überein. Bezeichnet also $\boldsymbol{u}_{(18)} = \{u_1, u_2, \ldots, u_{18}\}^T$ die Liste der Knotenverformungen und $\boldsymbol{u}_{(32)}^{elm} = \{\boldsymbol{u}^{(1)}, \boldsymbol{u}^{(2)}, \boldsymbol{u}^{(3)}, \boldsymbol{u}^{(4)}\}^T$ die Liste der Verformungen der Elementknoten, dann gibt es eine Matrix $\boldsymbol{A}$ so, dass

$$\boldsymbol{u}_{(32)}^{elm} = \boldsymbol{A}_{(32 \times 18)}\, \boldsymbol{u}_{(18)}\,. \tag{4.9}$$

Die Matrix $\boldsymbol{A}$, sie gleicht einer *Booleschen Matrix*, weil sie nur Nullen und Einsen enthält, beschreibt den Zusammenhang der vier Elemente, den man auch an der *Inzidenztabelle* ablesen kann

	1	2	3	4	5	6	7	8
Element 1	1	2	3	4	5	6	7	8
Element 2	3	4	9	10	11	12	5	6
Element 3	7	8	5	6	13	14	15	16
Element 4	5	6	11	12	17	18	13	14

$$(4.10)$$

---

[2] Rechnerisch ist $k_{ii}^e = \delta A_a(\boldsymbol{p}_i^e, \boldsymbol{\varphi}_i^e)$ und $k_{ji}^e = \delta A_a(\boldsymbol{p}_i^e, \boldsymbol{\varphi}_j^e)$

In der Kopfzeile stehen die acht lokalen Freiheitsgrade und in den Zeilen darunter steht, mit welcher Knotenverformung diese zusammenfallen.

Schreiben wir auf die Diagonale einer Matrix

$$
\mathbf{K}^{\mathcal{D}}_{(32\times32)} =
\begin{bmatrix}
\mathbf{K}_1^e & \mathbf{0} & \mathbf{0} & \mathbf{0} \\
\mathbf{0} & \mathbf{K}_2^e & \mathbf{0} & \mathbf{0} \\
\mathbf{0} & \mathbf{0} & \mathbf{K}_3^e & \mathbf{0} \\
\mathbf{0} & \mathbf{0} & \mathbf{0} & \mathbf{K}_4^e
\end{bmatrix}
\tag{4.11}
$$

die Elementmatrizen, dann ist

$$
\mathbf{f}^{elm}_{(32)} = \mathbf{K}^{\mathcal{D}}_{(32\times32)}\,\mathbf{A}_{(32\times18)}\,\mathbf{u}_{(18)}
\tag{4.12}
$$

die Liste der Knotenkräfte in den Elementknoten. Bei 4 Knoten pro Element in 2 Richtungen und 4 Elementen ergibt das $4\times2\times4 = 32$ Zahlen. Weil diese Kräfte mit den äußeren Knotenkräften im Gleichgewicht stehen müssen, gilt

$$
\mathbf{f}_{(18)} = \mathbf{A}^T_{(18\times32)}\,\mathbf{f}^{elm}_{(32)} = \mathbf{A}^T_{(18\times32)}\,\mathbf{K}^{\mathcal{D}}_{(32\times32)}\,\mathbf{A}_{(32\times18)}\,\mathbf{u}_{(18)}
\tag{4.13}
$$

und das ist die Steifigkeitsmatrix

$$
\mathbf{K} = \mathbf{A}^T_{(18\times32)}\,\mathbf{K}^{\mathcal{D}}_{(32\times32)}\,\mathbf{A}_{(32\times18)}
\tag{4.14}
$$

oder

$$
\mathbf{K} = \frac{Et}{8}
\begin{bmatrix}
4 & 1 & 0 & -1 & -2 & -1 & -2 & 1 & 0 & 0 & 0 & 0 & 0 & 0 & 0 & 0 & 0 & 0 \\
1 & 6 & 1 & 2 & -1 & -3 & -1 & -5 & 0 & 0 & 0 & 0 & 0 & 0 & 0 & 0 & 0 & 0 \\
0 & 1 & 8 & 0 & -4 & 0 & -2 & 1 & 0 & -1 & -2 & -1 & 0 & 0 & 0 & 0 & 0 & 0 \\
-1 & 2 & 0 & 12 & 0 & -10 & 1 & -3 & 1 & 2 & -1 & -3 & 0 & 0 & 0 & 0 & 0 & 0 \\
-2 & -1 & -4 & 0 & 16 & 0 & 0 & 0 & -2 & 1 & 0 & 0 & -4 & 0 & -2 & 1 & -2 & -1 \\
-1 & -3 & 0 & -10 & 0 & 24 & 0 & 4 & 1 & -3 & 0 & 4 & 0 & -10 & 1 & -3 & -1 & -3 \\
-2 & -1 & -2 & 1 & 0 & 0 & 8 & 0 & 0 & 0 & 0 & 0 & -2 & -1 & -2 & 1 & 0 & 0 \\
1 & -5 & 1 & -3 & 0 & 4 & 0 & 12 & 0 & 0 & 0 & 0 & -1 & -3 & -1 & -5 & 0 & 0 \\
0 & 0 & 0 & 1 & -2 & 1 & 0 & 0 & 4 & -1 & -2 & -1 & 0 & 0 & 0 & 0 & 0 & 0 \\
0 & 0 & -1 & 2 & 1 & -3 & 0 & 0 & -1 & 6 & 1 & -5 & 0 & 0 & 0 & 0 & 0 & 0 \\
0 & 0 & -2 & -1 & 0 & 0 & 0 & -2 & 1 & 8 & 0 & -2 & 1 & 0 & 0 & -2 & -1 \\
0 & 0 & -1 & -3 & 0 & 4 & 0 & 0 & -1 & -5 & 0 & 12 & 1 & -3 & 0 & 0 & 1 & -5 \\
0 & 0 & 0 & 0 & -4 & 0 & -2 & -1 & 0 & 0 & -2 & 1 & 8 & 0 & 0 & -1 & 0 & 1 \\
0 & 0 & 0 & 0 & 0 & -10 & -1 & -3 & 0 & 0 & 1 & -3 & 0 & 12 & 1 & 2 & -1 & 2 \\
0 & 0 & 0 & 0 & -2 & 1 & -2 & -1 & 0 & 0 & 0 & 0 & 0 & 1 & 4 & -1 & 0 & 0 \\
0 & 0 & 0 & 0 & 1 & -3 & 1 & -5 & 0 & 0 & 0 & 0 & -1 & 2 & -1 & 6 & 0 & 0 \\
0 & 0 & 0 & 0 & -2 & -1 & 0 & 0 & 0 & 0 & -2 & 1 & 0 & -1 & 0 & 0 & 4 & 1 \\
0 & 0 & 0 & 0 & -1 & -3 & 0 & 0 & 0 & 0 & -1 & -5 & 1 & 2 & 0 & 0 & 1 & 6
\end{bmatrix}.
\tag{4.15}
$$

In Wirklichkeit wird natürlich das Matrizenprodukt (4.14) so nicht ausgeführt, sondern man geht anders vor: Die resultierende Steifigkeit in einem Scheibenknoten in x- bzw. y-Richtung ist die Summe aus den Steifigkeiten der Elementknoten – wie bei parallel geschalteten Federn, und so ergibt die

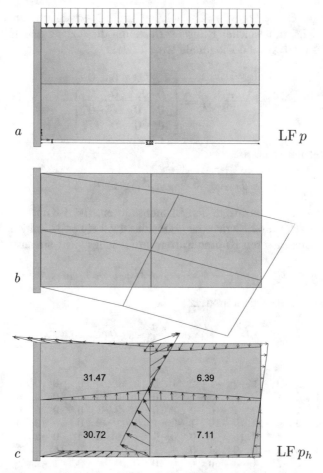

Abb. 4.3 FE-Lösung einer Kragscheibe, **a)** System und Belastung, **b)** Verformung der Scheibe, **c)** der LF $\boldsymbol{p}_h$ besteht aus Kantenlasten und Elementlasten. Die Zahlen sind die aufintegrierten Elementlasten

Addition der Elementsteifigkeiten die Gesamtsteifigkeitsmatrix (18×18) der Kragscheibe.

Die äquivalenten Knotenkräfte

Als nächstes müssen die äquivalente Knotenkräfte f_i aus der Belastung berechnet werden. Dazu lenken wir die Knoten auf der oberen Kante einzeln um die Strecke $u_i = 1$ aus (alle anderen Knoten werden festgehalten, $u_j = 0$) und notieren, welche Arbeit die Streckenlast dabei leistet. Das sind die f_i. Horizontale Knotenverschiebungen resultieren nicht in Arbeiten, so dass nur die Bewegungen nach oben, $u_{16} = 1$, $u_{14} = 1$ und $u_{18} = 1$, zu äquivalenten

Knotenkräften führen

$$f_{14} = \frac{1}{2} \cdot 1 \cdot (-10) \cdot 2 \cdot 2 = -20 \qquad (4.16a)$$

$$f_{16} = f_{18} = \frac{1}{2} \cdot 1 \cdot (-10) \cdot 2 = -10 \,. \qquad (4.16b)$$

Die Arbeiten f_i sind negativ, weil Streckenlast und Weg entgegengesetzt gerichtet sind. Alle anderen f_i sind null.

Weil die Bewegungen der Lagerknoten gesperrt sind,

$$u_1 = u_2 = u_7 = u_8 = u_{15} = u_{16} = 0\,, \qquad (4.17)$$

ist die diskretisierte Scheibe nur noch 12 mal kinematisch unbestimmt.

Das Gleichungssystem

$$\boldsymbol{K}_{(12 \times 12)} \, \boldsymbol{u}_{(12)} = \boldsymbol{f}_{(12)} \qquad (4.18)$$

zur Bestimmung der Knotenverformungen u_i entsteht, wenn wir in der Gesamtsteifigkeitsmatrix die Zeilen und Spalten streichen, die zu gesperrten Freiheitsgraden gehören

$$\frac{Et}{8}
\begin{bmatrix}
8 & 0 & -4 & 0 & 0 & -1 & -2 & -1 & 0 & 0 & 0 & 0 \\
0 & 12 & 0 & -10 & 1 & 2 & -1 & -3 & 0 & 0 & 0 & 0 \\
-4 & 0 & 16 & 0 & -2 & 1 & 0 & 0 & -4 & 0 & -2 & -1 \\
0 & -10 & 0 & 24 & 1 & -3 & 0 & 4 & 0 & -10 & -1 & -3 \\
0 & 1 & -2 & 1 & 4 & -1 & -2 & -1 & 0 & 0 & 0 & 0 \\
-1 & 2 & 1 & -3 & -1 & 6 & 1 & -5 & 0 & 0 & 0 & 0 \\
-2 & -1 & 0 & 0 & -2 & 1 & 8 & 0 & -2 & 1 & -2 & -1 \\
-1 & -3 & 0 & 4 & -1 & -5 & 0 & 12 & 1 & -3 & 1 & -5 \\
0 & 0 & -4 & 0 & 0 & 0 & -2 & 1 & 8 & 0 & 0 & 1 \\
0 & 0 & 0 & -10 & 0 & 0 & 1 & -3 & 0 & 12 & -1 & 2 \\
0 & 0 & -2 & -1 & 0 & 0 & -2 & 1 & 0 & -1 & 4 & 1 \\
0 & 0 & -1 & -3 & 0 & 0 & -1 & -5 & 1 & 2 & 1 & 6
\end{bmatrix}
\begin{bmatrix}
u_3 \\ u_4 \\ u_5 \\ u_6 \\ u_9 \\ u_{10} \\ u_{11} \\ u_{12} \\ u_{13} \\ u_{14} \\ u_{17} \\ u_{18}
\end{bmatrix}
=
\begin{bmatrix}
0 \\ 0 \\ 0 \\ 0 \\ 0 \\ 0 \\ 0 \\ 0 \\ 0 \\ -20 \\ 0 \\ -10
\end{bmatrix} .
$$
$$\qquad (4.19)$$

Ist dieses System gelöst, können wir elementweise die Verformungen und Spannungen und die äquivalenten Knotenkräfte in den Lagern berechnen.

4.1.1 Ergebnis und Interpretation

In Abb. 4.3 b sind die Verformungen der Scheibe angetragen und in Abb. 4.4 die Biegespannungen in der Einspannstelle im Vergleich mit einer BEM-Lösung (Randelemente) und der Balkenlösung. Gerechnet wurde mit $E =$

Tabelle 4.1 Vergleich der Durchbiegung der unteren Kragarmecke und der Normalspannungen in der Einspannstelle

Elemente	Durchbiegung mm	Druckspannungen kN/m^2	Zugspannungen kN/m^2
4	6.83E-02	-248	251
8	8.67E-02	-413	420
32	9.51E-02	-546	567
Balken	8.28E-02	-600	600
BEM	9.86E-02	-828	1055

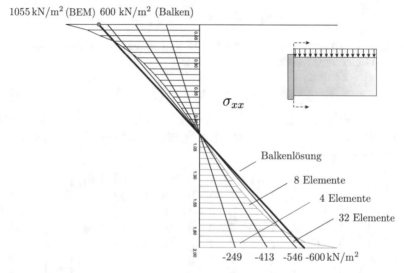

Abb. 4.4 Die Biegespannungen im Anschnitt zur Wand

$29\,000$ MN/m^2 (C 20/25), $t = 0.2$ m und $\nu = 0.0$. Die Scheibe wurde dabei in 4, 8 und 32 Elemente unterteilt.

An der Durchbiegung der unteren rechten Ecke des Kragarms, s. Tabelle 4.1, kann man ablesen, dass das Modell zu steif ist. Die Biegespannungen konvergieren nur langsam gegen die Balkenlösung. Dies ist ein Hinweis darauf, dass man mit bilinearen Scheibenelementen Biegezustände schlecht darstellen kann. Dagegen weicht die Spannungsverteilung der BEM-Lösung von der linearen Verteilung der Balkentheorie ab, streben die Spannungen tendenziell oben und unten gegen $\pm\infty$. Das wären die exakten maximalen Biegespannungen nach der Elastizitätstheorie in der Einspannfuge.

Wir stoßen hier auf ein grundlegendes Problem: Die Methode der finiten Elemente ist die *näherungsweise Lösung eines mechanischen Modells*, und vor jeder Berechnung muss Klarheit über das Modell bestehen. Die Wahl des Modells ist eigentlich der entscheidende Punkt, [33], [34].

Was will man mit den finiten Elementen berechnen? Im Sinne der klassischen Biegetheorie ist die Spannungsverteilung über den Querschnitt linear,

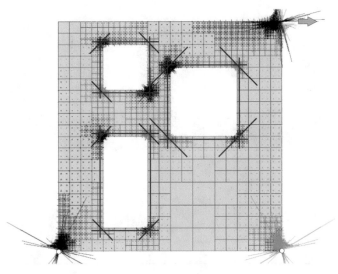

Abb. 4.5 Wandscheibe mit adaptiv verfeinertem Netz. Die Spannungen in den Ecken der Öffnungen werden konstruktiv, wie angedeutet, durch Längs- und Schrägbewehrung aufgenommen. Nur die Punktlager sollte man besser durch kurze Linienlager ersetzen

und die maximale Biegespannung beträgt

$$\sigma_{xx} = \frac{M\,h}{2\,EI} = \frac{\pm 80 \cdot 2.0}{2 \cdot 2.9 \cdot 10^7 \cdot 0.1\bar{3}} = \pm\,600\,\mathrm{kN/m^2}\,. \tag{4.20}$$

Tendenziell nähert sich die FE-Lösung diesem Ergebnis auch an.

Man kann sich jedoch auch vornehmen, mit den finiten Elementen die Scheibenlösung zu berechnen, und die Elemente dann so klein machen, dass sich in den Ecken der Einspannung die unendlich großen Biegespannungen zeigen, die nach der Elastizitätstheorie dort auftreten sollten.

Aber, so wird ein Kollege vielleicht einwenden, diese Spannungen werden ja gar nicht auftreten, weil das Material vorher plastifiziert. Also bräuchte man noch ein drittes Modell, das auch diese nichtlinearen Effekte berücksichtigen kann.

Der Tragwerksplaner hat also drei Modelle zur Auswahl, und es ist *seine Aufgabe* zu entscheiden, welches Modell das ,richtige' ist.

Das angestrebte Auflösungsvermögen ist also entscheidend. Geht es um Baustatik oder um technische Mechanik? Wenn man nur genau hinschaut, findet man in jeder Ecke Singularitäten wie in Abb. 4.5. In der Praxis bemerkt man diese Singularitäten in der Regel nicht, weil man nicht so stark verfeinert. Der Ingenieur weiß auch, dass die konstruktive Bewehrung in der Regel in der Lage ist, solche Effekte aufzufangen.

Geht man aber wirklich in die Ecken hinein wie in Abb. 4.6, dann sieht man die unendlich großen Spannungen. Bei hochbelasteten Bauteilen im Ma-

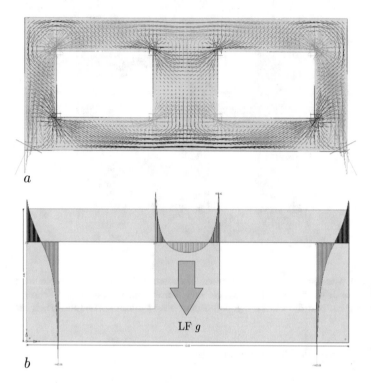

Abb. 4.6 Wandscheibe unter Eigengewicht, **a)** Hauptspannungen, **b)** Spannungen σ_{yy} in drei horizontalen Schnitten

schinenbau, etwa Turbinenschaufeln, sind solche Spannungsspitzen durchaus bemessungsrelevant.

Um die Singularitäten in den Ecken der Öffnungen zu verstehen, überlege man sich, welche Kräfte notwendig wären, um den Rändern der Öffnungen (dann ohne g) passgenau die gleichen Verformungen zu erteilen wie im LF g. Weil die Ecken relativ steif sind, werden diese Kräfte zu den Ecken hin stark ansteigen. Was wir in in Abb. 4.6 in den Ecken sehen, sind praktisch die Spannungen σ_{yy} aus diesen Kräften.

4.2 Grundlagen

Scheiben sind Bauteile, die in ihrer Ebene belastet werden, bei denen sich also ein membranartiger Spannungs- und Dehnungszustand ausbildet, s. Abb. 4.7 und die Verformung einer Scheibe wird daher durch die Größe und die Richtung des Verschiebungsvektors

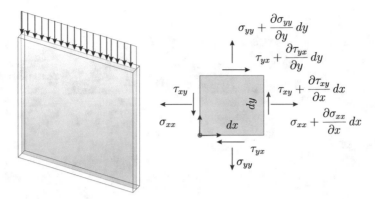

Abb. 4.7 Wandscheibe

$$\boldsymbol{u}(x,y) = \begin{bmatrix} u(x,y) \\ v(x,y) \end{bmatrix} \qquad \begin{array}{l} \text{horizontale Verschiebung} \\ \text{vertikale \quad Verschiebung} \end{array} \qquad (4.21)$$

der einzelnen Punkte beschrieben, s. Abb. 4.8. Für die Höhe der Spannungen ist nicht die Größe der Verschiebungen maßgebend, sondern die Änderungen der Verschiebungen pro Längeneinheit, also der Gradient des Verschiebungsfeldes, d.h. die *Verzerrungen* oder Dehnungen

$$\varepsilon_{xx} = \frac{\partial u}{\partial x} \qquad \varepsilon_{yy} = \frac{\partial v}{\partial y} \qquad \gamma_{xy} = \frac{\partial v}{\partial x} + \frac{\partial u}{\partial y} \qquad \varepsilon_{xy} = \frac{1}{2}\gamma_{xy}\,. \qquad (4.22)$$

Man beachte den Unterschied zwischen γ_{xy} und ε_{xy}. In der Mechanik benutzt man meist ε_{xy} und in der FEM meist γ_{xy}.

Die Dehnungen im Bauwesen sind bekanntlich sehr klein. So beträgt die Bruchdehnung des Betons etwa 2 Promille.

In einem *ebenen Spannungszustand,* wie er in Wandscheiben vorliegt, $\sigma_{zz} = \tau_{yz} = \tau_{xz} = 0$, gilt

$$\underbrace{\begin{bmatrix} \sigma_{xx} \\ \sigma_{yy} \\ \tau_{xy} \end{bmatrix}}_{\boldsymbol{\sigma}} = \underbrace{\frac{E}{1-\nu^2} \begin{bmatrix} 1 & \nu & 0 \\ \nu & 1 & 0 \\ 0 & 0 & (1-\nu)/2 \end{bmatrix}}_{\boldsymbol{E}} \underbrace{\begin{bmatrix} \varepsilon_{xx} \\ \varepsilon_{yy} \\ \gamma_{xy} \end{bmatrix}}_{\boldsymbol{\varepsilon}}\,. \qquad (4.23)$$

Hierbei ist ν die Querdehnzahl des Werkstoffs, die für Beton und Stahl zwischen 0.1 und 0.2 liegt.

Liegt ein *ebener Verzerrungszustand* vor, dann lauten die Gleichungen

$$\begin{bmatrix} \sigma_{xx} \\ \sigma_{yy} \\ \tau_{xy} \end{bmatrix} = \frac{E}{(1+\nu)(1-2\,\nu)} \begin{bmatrix} (1-\nu) & \nu & 0 \\ \nu & (1-\nu) & 0 \\ 0 & 0 & (1-2\,\nu)/2 \end{bmatrix} \begin{bmatrix} \varepsilon_{xx} \\ \varepsilon_{yy} \\ \gamma_{xy} \end{bmatrix}\,. \qquad (4.24)$$

Die Verzerrungen berechnen sich aus den Spannungen gemäß der Gleichung

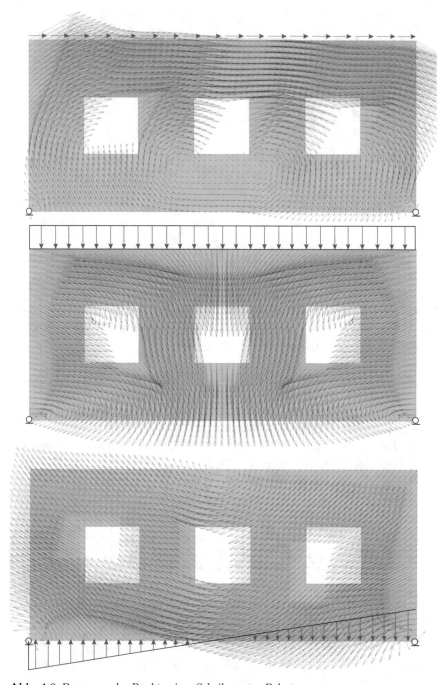

Abb. 4.8 Bewegung der Punkte einer Scheibe unter Belastung

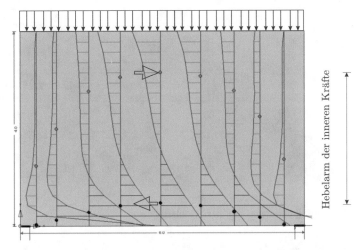

Hebelarm der inneren Kräfte

Abb. 4.9 Druck- und Zugspannungen in einer Wandscheibe. Die Lage der resultierenden Druck- bzw. Zugspannungen beschreibt einen hohen bzw. flachen Bogen

$$
\begin{bmatrix} \varepsilon_{xx} \\ \varepsilon_{yy} \\ \gamma_{xy} \end{bmatrix} = \begin{bmatrix} 1/E & -\nu/E & 0 \\ -\nu/E & 1/E & 0 \\ 0 & 0 & 1/G \end{bmatrix} \begin{bmatrix} \sigma_{xx} \\ \sigma_{yy} \\ \tau_{xy} \end{bmatrix} , \tag{4.25}
$$

wobei $G = 0.5\,E/(1 + \nu)$ der Schubmodul des Materials ist. Für $\nu = 0.5$ (Wasser, Gummi) werden, wie man an (4.24) erkennt, die Spannungen im ebenen Verzerrungszustand rechnerisch unendlich groß. FE-Programme liefern in der Nähe dieses Punktes nur mit besonderen Anstrengungen sinnvolle Ergebnisse.

Typisch für wandartige Träger sind die im LF g über die Trägerhöhe parabelförmig verlaufenden Biegespannungen, s. Abb. 4.9. Im Feld liegt die Zugzone relativ tief, breitet sich dafür aber weit aus, während die Druckzone eher ein schmales hohes Band darstellt. Über den Stützen ist es natürlich gerade umgekehrt.

Die Gleichgewichtsbedingungen am infinitesimalen Element $dx\,dy$ führen auf das Differentialgleichungssystem

$$
-\frac{\partial \sigma_{xx}}{\partial x} - \frac{\partial \sigma_{xy}}{\partial y} = p_x \tag{4.26a}
$$

$$
-\frac{\partial \sigma_{yx}}{\partial x} - \frac{\partial \sigma_{yy}}{\partial y} = p_y , \tag{4.26b}
$$

wobei rechts die horizontalen und vertikalen Komponenten der Volumenlast $\boldsymbol{p} = \{p_x, p_y\}^T$ stehen, die die Dimension $\mathrm{kN/m^3}$ haben, was zu der linken Seite $\partial \sigma_{xx}/\partial x = [\mathrm{kN/m^2}]/[\mathrm{m}]$, etc., passt. Multipliziert man die Volumenlasten mit der Scheibendicke, dann erhält man Flächenkräfte. Beide Bezeichnungen sind in der Literatur gebräuchlich.

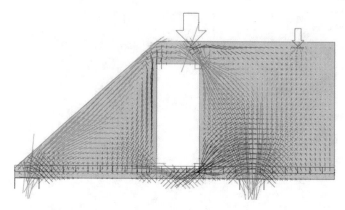

Abb. 4.10 Hauptspannungen in einer Wandscheibe

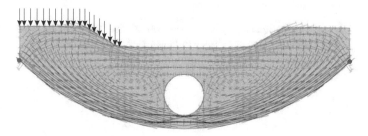

Abb. 4.11 An freien Rändern verläuft eine Hauptspannung immer parallel zum Rand. Dies erlaubt eine Kontrolle der FE-Berechnung

Die Spannungen in einem Schnitt mal der Scheibendicke sind die Membran- oder Normalkräfte n_{xx}, n_{yy}, n_{xy}. Sie haben die Dimension kN/m. In einem Schnitt mit dem Winkel

$$\tan 2\varphi = \frac{2\,\tau_{xy}}{\sigma_{xx} - \sigma_{yy}} \tag{4.27}$$

werden bekanntlich die Normalspannungen in der einen Richtung maximal und in der anderen Richtung minimal. Dies sind die *Hauptspannungen*

$$\sigma_{I,II} = \frac{\sigma_{xx} + \sigma_{yy}}{2} \pm \sqrt{\left[\frac{\sigma_{xx} - \sigma_{yy}}{2}\right]^2 + \tau_{xy}^2}\,.$$

Schubspannungen treten in dieser Achslage nicht auf.

Die *Spannungstrajektorien*, s. Abb. 4.10 und Abb. 4.11, vermitteln ein sehr anschauliches Bild von dem Tragverhalten einer Wandscheibe.

In Eckpunkten können die Spannungen einer Scheibe singulär werden. Dies hängt von der Größe des Eckenwinkels und der Art der Lagerbedingungen ab. Bezeichne u_n und u_s die Randverschiebung normal und tangential zum

Tabelle 4.2 Werden diese Innenwinkel überschritten, werden die Spannungen singulär.

Lagerwechsel	Winkel	
e/e	180°	
e/r	90°	
e/t	90°	
e/f	61.7°	$\nu = 0.29$ ebener Spannungszustand
r/r	90°	
r/t	45°	
r/f	90°	
t/t	90°	
t/f	128.73°	
f/f	180°	

Rand und sinngemäß t_n und t_s die Randspannungen in diesen Richtungen, dann sind vier Arten von Lagerbedingungen möglich

$$u_n = u_s = 0 \qquad \text{eingespannter Rand} \qquad e$$

$$u_n = 0 \, , t_s = 0 \qquad \text{Rollenlager} \qquad r$$

$$u_s = 0 \, , t_n = 0 \qquad \text{tangentiale Festhaltung} \qquad t$$

$$t_n = t_s = 0 \qquad \text{freier Rand} \qquad f$$

In Tabelle 4.2 sind für diese Kombinationen von Lagerbedingungen die kritischen Eckenwinkel nach *Rössle* [110] und *Williams* [144] angegeben.

4.3 Der FE-Ansatz

Zu einem Element Ω_e mit n Knoten gehören zunächst n skalare *Ansatzfunktionen*[3] $\psi_i^e, i = 1, 2, \ldots, n$. Das sind Polynome, die in einem Knoten x_i^e des Elements den Wert Eins haben und in den anderen Knoten den Wert null. Durch Fortsetzung über die Elementgrenzen hinweg entstehen daraus *globale* Ansatzfunktionen ψ_i, die im Knoten x_i des Netzes den Wert Eins haben und in den anderen Knoten den Wert null.

Wichtig ist, dass diese Polynome stetig aneinander schließen, denn die Elemente dürfen später unter Last ja nicht auseinander klaffen und sich nicht überschneiden. Elemente, deren Einheitsverformungen sich stetig fortsetzen lassen, nennt man C^0-*Elemente*.

Die ψ_i sind skalarwertige Funktionen. Wir wollen jedoch Verschiebungsfelder, also vektorwertige Funktionen, darstellen und dazu konstruieren wir mit den ψ_i Einheitsverformungen der Knoten nach folgendem Muster

---

[3] Das sind noch nicht die Verschiebungen

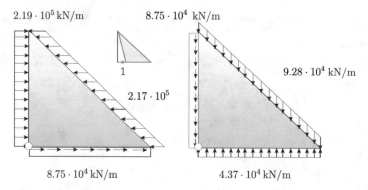

Abb. 4.12 CST-Element, $E = 2.1 \cdot 10^9$ kN/m², $\nu = 0.2$, $t = 0.1$ m. Dargestellt sind die Randkräfte, die notwendig sind, um den Knoten unten links, nach rechts zu drücken und gleichzeitig die anderen Knoten festzuhalten, also $u_j = 0$ sonst, links die horizontalen, rechts die vertikalen Kräfte

$$\boldsymbol{\varphi}_1 = \begin{bmatrix} \psi_1 \\ 0 \end{bmatrix} \qquad \boldsymbol{\varphi}_2 = \begin{bmatrix} 0 \\ \psi_1 \end{bmatrix} \qquad \begin{array}{l} \leftarrow \quad \text{horizontale Verschiebung} \\ \leftarrow \quad \text{vertikale Verschiebung} \end{array} \qquad (4.28)$$

Wir schreiben die ψ_i also abwechselnd an die erste oder zweite Stelle der Vektorfelder $\boldsymbol{\varphi}_i$. Das hat zur Folge, dass die Einheitsverformungen ‚monochrom' sind, also entweder eine horizontale oder eine vertikale Knotenverschiebung darstellen. Senkrecht zur Knotenbewegung ist alles stumm, aber natürlich entstehen bei einer solchen Bewegung trotzdem Spannungen senkrecht zur Bewegungsrichtung.

Und damit ist der FE-Ansatz also eine Entwicklung des Verschiebungsfelds einer Scheibe nach den $2n$ Einheitsverformungen $\boldsymbol{\varphi}_i$ der n Knoten des Netzes

$$\boldsymbol{u}_h(x,y) = \sum_{i=1}^{2n} u_i \, \boldsymbol{\varphi}_i(x,y)$$

$$= u_1 \overbrace{\begin{bmatrix} \psi_1 \\ 0 \end{bmatrix}}^{\text{Knoten 1}} + u_2 \begin{bmatrix} 0 \\ \psi_1 \end{bmatrix} + u_3 \overbrace{\begin{bmatrix} \psi_2 \\ 0 \end{bmatrix}}^{\text{Knoten 2}} + u_4 \begin{bmatrix} 0 \\ \psi_2 \end{bmatrix} + \ldots \qquad (4.29)$$
$$\underbrace{\phantom{u_1 \begin{bmatrix} \psi_1 \\ 0 \end{bmatrix}}}_{\boldsymbol{\varphi}_1 \rightarrow} \quad \underbrace{\phantom{\begin{bmatrix} 0 \\ \psi_1 \end{bmatrix}}}_{\boldsymbol{\varphi}_2 \uparrow} \quad \underbrace{\phantom{\begin{bmatrix} \psi_2 \\ 0 \end{bmatrix}}}_{\boldsymbol{\varphi}_3 \rightarrow} \quad \underbrace{\phantom{\begin{bmatrix} 0 \\ \psi_2 \end{bmatrix}}}_{\boldsymbol{\varphi}_4 \uparrow}$$

Jeder Einheitsverformung $\boldsymbol{\varphi}_i$ können wir nun einen Lastfall $\boldsymbol{p}_i$ zuordnen, denn um einen Knoten auszulenken, wie z.B. in Abb. 4.12, müssen an den Kanten des Elements Kräfte wirken. Weil die Nachbarelemente diese Bewegungen mitmachen müssen, entstehen auch in diesen Spannungen, und somit gehört zu jeder Einheitsverformung $\boldsymbol{\varphi}_i$ ein Satz von Kantenlasten und Volumenlasten (bei höheren Elementen), die den Knoten, zu dem der Freiheitsgrad u_i gehört, um das richtige Maß, $u_i = 1$, auslenken und gleichzeitig dafür sorgen, dass die Bewegung an den umliegenden Knoten zum Erliegen kommt, $u_j = 0$ sonst.

Wir nennen diese treibenden und haltenden Kräfte die zum Freiheitsgrad u_i gehörigen *shape forces* p_i.

Die p_i, mit den Knotenverschiebungen u_i gewichtet, stellen den FE-Lastfall dar

$$p_h = \sum_{i=1}^{2n} u_i \, p_i \, , \qquad (4.30)$$

und dieser wird durch die Wahl der Knotenverschiebungen u_i so eingestellt, dass p_h arbeitsäquivalent ist zu dem Originallastfall p bezüglich aller Einheitsverformungen

$$\delta A_a(p, \varphi_i) = \delta A_a(p_h, \varphi_i) \qquad \text{für alle } \varphi_i \, . \qquad (4.31)$$

Bei jeder ‚Schaukelbewegung' φ_i sollen die Arbeiten gleich groß sein, soll es für den Prüfingenieur nicht mehr entscheidbar sein, ob die Lasten p oder die Lasten p_h auf dem Tragwerk stehen.

4.4 Scheibenelemente

An die Elemente sind die Forderungen zu stellen, dass Starrkörperbewegungen und ebenso konstante Verzerrungs- und Spannungszustände mit ihnen exakt darstellbar sind, denn anders dürfte eine Konvergenz gegen die exakte Lösung mit kleiner werdenden Elementen, $h \to 0$, schwerlich möglich sein. Und natürlich müssen die Elementverformungen stetig ineinander übergehen, darf sich kein Spalt zwischen den Elementen öffnen.

Entsprechend der Ordnung der Ansätze für die Verschiebungen spricht man von *linearen, quadratischen* oder *kubischen Elementen* – je nach der Ordnung der Polynome. Elemente, deren Weggrößen sich stetig fortsetzen lassen, heißen *konforme Elemente*. Im Laufe der Entwicklung sind sehr viele unterschiedliche Elemente vorgeschlagen und getestet worden, die Elementansätze gehen jedoch heute meist nicht über quadratische Ansätze hinaus. Der Ansatz soll möglichst einfach sein, aber nicht ‚zu einfach'.

Bilineares Element

Der einfachste Ansatz für ein rechteckiges Element mit vier Knoten (Q4) ist ein *bilinearer Ansatz* für die Verschiebungen

$$u(x, y) = a_0 + a_1 x + a_2 y + a_3 x y$$
$$v(x, y) = b_0 + b_1 x + b_2 y + b_3 x y \, .$$

Bilinear, weil die Ausdrücke Produkte zweier linearer Polynome, $(c_1 + c_2 x)(d_1 + d_2 y)$ sind. Die Polynomfunktionen der vier Knoten lauten, a und b sind die Länge und Höhe des Elements,

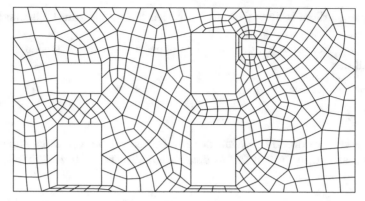

Abb. 4.13 Mit unregelmäßigen Netzen lassen sich Scheiben am einfachsten diskretisieren. Alle Elemente sind Vier-Knoten-Elemente

$$\psi_1^e = \frac{1}{4\,a\,b}\,(a-x)(b-y) \qquad \psi_2^e = \frac{1}{4\,a\,b}\,(a+x)(b-y) \qquad (4.32a)$$

$$\psi_3^e = \frac{1}{4\,a\,b}\,(a+x)(b+y) \qquad \psi_4^e = \frac{1}{4\,a\,b}\,(a-x)(b+y)\,. \qquad (4.32b)$$

Die Verzerrungen und Spannungen in einem solchen Element sind linear veränderlich

$$\varepsilon_{xx} = a_1 + a_3\,y, \quad \varepsilon_{yy} = b_2 + b_3\,x\,, \quad \gamma_{xy} = (a_2 + b_1) + a_3\,x + b_3\,y\,, \quad (4.33)$$

allerdings in der ‚falschen Richtung', denn die Normalspannungen verlaufen in der Beanspruchungsrichtung im wesentlichen konstant und nur quer dazu linear veränderlich. Nur die Schubspannungen sind nach beiden Richtung linear veränderlich. Es zeigte sich bald, dass dieses Element auf Biegebeanspruchungen zu ungelenk reagiert, weswegen man nach etwas besserem suchen musste.

Q4 + 2

Von Wilson [145] stammt die Idee, das bilineare Element in jeder Richtung durch zwei quadratische Ansatzfunktionen anzureichern, (Q4 + 2),

$$u = \ldots + (1-\xi^2)\,q_1 + (1-\eta^2)\,q_2 \qquad \xi = x/a \qquad \eta = y/b \qquad (4.34a)$$

$$v = \ldots + (1-\xi^2)\,q_3 + (1-\eta^2)\,q_4\,, \qquad (4.34b)$$

die also in der Lage sind, konstante Krümmungen (in der Scheibenebene) darzustellen. Werden diese Freiheitsgrade q_i aktiviert, dann wölbt sich das Element unter diesen *assumed strains* nach oben oder zur Seite. Weil keine Koordination zwischen den Nachbarelementen stattfindet – die q_i sind innere Freiheitsgrade, die durch *statische Kondensation* der Elementmatrix später

Abb. 4.14 Probleme mit
der Netzgenerierung sind
nicht neu. Detail am Fritz-
larer Dom 12. Jh.

wieder beseitigt werden – durchdringen sich die Kanten benachbarter Ele-
mente bzw. entstehen klaffende Fugen. Das Element ist also nicht konform.
Das wird es erst, wenn die Elemente sehr klein werden, denn dann sind die
Verzerrungen nahezu konstant und die Verschiebungen somit höchstens li-
near, was bedeutet, dass sich die Kanten eines Elements zwar schief stellen,
aber gerade bleiben und die inkompatiblen Anteile werden somit überflüssig,
$q_i = 0$. Das ist wohl auch der Grund, warum dieses Element trotz seines
‚Defekts‘, so erfolgreich ist und gerne in kommerziellen Programmen als 4-
Knoten-Element eingesetzt wird. Bei richtiger Implementierung ergeben sich
stabile Elemente, [81].

4.5 Das Netz

Dort, wo große Verzerrungen und damit große Spannungen auftreten, sollte
das Netz feiner strukturiert werden als in Zonen, wo die Verzerrungen klein
sind. Große Verzerrungen entstehen dort, wo über kurze Distanzen Δx große
Verschiebungsdifferenzen Δu auftreten

$$\varepsilon = \frac{du}{dx} \simeq \frac{\Delta u}{\Delta x}. \tag{4.35}$$

Zum Glück stehen heute leistungsfähige Netzgeneratoren zur Verfügung,
die dem Anwender die Grundelementierung abnehmen, s. Abb. 4.13, und ihm
erlauben, sich auf die Zonen zu konzentrieren, wo Verfeinerungen vorgenom-

men werden müssen, die der Netzgenerator nicht erkennen kann, wie etwa in der Nähe von Einzelkräften.

Die automatisch erzeugten Netze sind meist unregelmäßig, wie das Netz in Abb. 4.13, weil sich dann am leichtesten ein optimal angepasstes Netz erzeugen lässt. Natürlich erhält man auf einem solchen Netz bei symmetrischer Belastung im allgemeinen keine symmetrischen Ergebnisse, aber die Abweichungen sind in der Regel tolerierbar.

Elemente sollten nicht zu sehr gedehnt oder gestaucht werden. Dreieckselemente sollten gleich lange Seiten haben und rechteckförmige Elemente sind im Idealfall quadratisch. ‚Möglichst wenig Rand, bei möglichst viel Fläche!' Eng geschnürte und lang gestreckte Elemente, die in spitzen Winkeln auslaufen, sind also zu vermeiden. Ebenso sollten die Abmessungen benachbarter Elemente sich nicht zu sehr unterscheiden. Und wenn man eine kreisförmige Öffnung mit rechteckigen Elementen generieren soll, wie in Abb. 4.14, dann hat man ein Problem...

Das bilineare Element Q4 und ebenso das Element Q4 + 2 von Wilson müssen im übrigen immer konvex sein, d.h. es darf keine einspringenden Ecken geben. Alle Elemente in Abb. 4.13 sind konvex.

4.6 Äquivalente Spannungs Transformation

Die Kopplung von gleichartigen Elementen untereinander stellt kein Problem dar. Schwieriger ist es aber z.B. Stützen (Balken) und Scheiben miteinander zu koppeln, weil Balkenenden Drehfreiheitsgrade haben, die den Knoten einer Scheibe fehlen.

Die *Äquivalente Spannungs Transformation* (EST) von Werkle, [140], löst dieses Problem auf sehr elegante, ja natürliche Weise. Bei ihr zäumt man das Pferd sozusagen von hinten auf. Normalerweise geht man bei der Formulierung einer Steifigkeitsmatrix

$$K = A^T K^{\mathcal{D}} A \qquad (4.36)$$

ja so vor[4], dass man erst die Kopplung zwischen den Weggrößen beschreibt,

$$u_{loc} = A\, u_{Knoten} \qquad (4.37)$$

und dann mit der Transponierten A^T die zugehörigen Gleichgewichtsbedingungen formuliert

$$f_{Knoten} = A^T f_{loc}\,. \qquad (4.38)$$

Bei der äquivalenten Spannungs Transformation ist es umgekehrt. Bei ihr wird zuerst die Abbildung (4.38) formuliert – hier ist das statische Verständ-

---

[4] Auf der Diagonalen von $K^{\mathcal{D}}$ stehen die Elementmatrizen, s. (4.11)

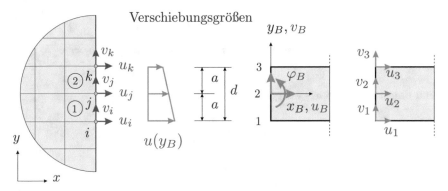

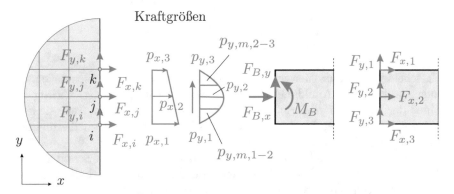

Abb. 4.15 Kopplung Scheibe – Balken. Die drei Schnittkräfte $F_{B,x}, F_{B,y}, M_B$ des Balkens werden in äquivalente Knotenkräfte $F_{x,i}, F_{y,i}$ rechts umgerechnet, so dass sie zur Scheibe links passen [142]

nis und das Geschick des Ingenieurs gefragt – und diese Matrix $\boldsymbol{A}^T$ wird dann in transponierter Form in (4.37) übernommen.

An dieser Stelle zeigt sich – und das war vorher nicht so deutlich – dass es zwei Wege gibt, den Zusammenhang $\boldsymbol{A}$ der Elemente zu beschreiben, den geometrischen Pfad $\boldsymbol{u}_{Knoten} \rightarrow \boldsymbol{u}_{loc}$ oder den statischen Pfad $\boldsymbol{f}_{loc} \rightarrow \boldsymbol{f}_{Knoten}$.

Beispiel

Wie man diese Technik nutzen kann, um eine Steifigkeitsmatrix herzuleiten, die die Kopplung eines Balkens an eine Scheibe beschreibt, soll das folgende Beispiel zeigen.

Die Situation zeigt Abb. 4.15: drei Knoten mit den Freiheitsgraden u_i, v_i liegen dem Balken gegenüber. Beim geometrischen Pfad (4.37) macht man die Annahme, dass der Querschnitt des Balkens eben bleibt, also mit $a = d/2$, halbe Trägerhöhe,

$$u_1 = u_B + a \tan\varphi_B, \quad u_2 = u_B, \quad u_3 = u_B - a \tan\varphi_B, \quad v_1 = v_2 = v_3 \tag{4.39}$$

und damit lautet (4.37) ausgeschrieben

$$
\begin{bmatrix}
u_1^{(1)} \\
v_1^{(1)} \\
u_2^{(1)} \\
v_2^{(1)} \\
u_2^{(2)} \\
v_2^{(2)} \\
u_3^{(2)} \\
v_3^{(2)}
\end{bmatrix}
=
\begin{bmatrix}
1 & 0 & a \\
0 & 1 & 0 \\
1 & 0 & 0 \\
0 & 1 & 0 \\
1 & 0 & 0 \\
0 & 1 & 0 \\
1 & 0 & -a \\
0 & 1 & 0
\end{bmatrix}
\begin{bmatrix}
u_B \\
v_B \\
\tan\varphi_B
\end{bmatrix} . \tag{4.40}
$$

Entscheidend ist, dass hier ein linearer Verlauf der Verschiebungen angenommen wurde – eine Annahme, die natürlich so nicht richtig ist. Richtig im Sinne der Elastizitätstheorie wäre ein Verschiebungsverteilung, wie sie sich bei einer Berechnung des Anschlusses als Scheibe, d.h. der Modellierung des Balkens mit Scheibenelementen, einstellt.

Beim statischen Pfad geht man dagegen über die Kräfte. Die Schnittgrößen F_{Bx}, F_{By} und M_B, s. Abb. 4.15, erzeugen, bei Ansatz der Biegebalkentheorie, die Spannungen[5] (Rechteckquerschnitt, $t = $ Wandstärke)

$$p_x = \frac{F_{B,x}}{A} - \frac{M_B}{I} y_B = \frac{F_{B,x}}{dt} - \frac{12\,M_B}{t\,d^3} y_B \tag{4.41}$$

$$p_y = \frac{3}{2} \frac{1}{dt} \left(1 - 4 \frac{y_B^2}{d^2}\right) F_{B,y} , \tag{4.42}$$

in der Stirnfläche des Balkens, die man in äquivalente Knotenkräfte $\boldsymbol{f}$ auf der Seite der Scheibe umrechnen kann und so kommt man zu einer Beziehung zwischen den Kräften auf den beiden Seiten des Schnittufers.

Bei dieser Technik werden erst aus dem Vektor $\boldsymbol{f}_B = \{F_{B,x}, F_{B,y}, M_B\}^T$ die Knotenwerte p_i der Spannungen σ und τ ermittelt. Die Knotenwerte fassen wir zu einem Vektor $\boldsymbol{p}$ zusammen und so kann der Übergang $\boldsymbol{f}_B \to \boldsymbol{p}$ mit einer Matrix $\boldsymbol{P}$ (wie Polynome) beschrieben werden.

Mit den y-Koordinaten der Punkte 1, 2 und 3 (Achse y_B bezogen auf den Schwerpunkt des Balkens)

$$y_{B,1} = -a, \qquad y_{B,2} = 0, \qquad y_{B,3} = a \tag{4.43}$$

erhält man mit den obigen Formeln die Knotenwerte der Spannungen zu

---

[5] Vorzeichen gemäß Abb. 4.15

$$
\begin{bmatrix} p_{x,1} \\ p_{y,1} \\ p_{y,m,1-2} \\ p_{x,2} \\ p_{y,2} \\ p_{y,m,2-3} \\ p_{x,3} \\ p_{y,3} \end{bmatrix} = \frac{1}{16\,t\,a^2} \begin{bmatrix} 8\,a & 0 & 24 \\ 0 & 0 & 0 \\ 0 & 9\,a & 0 \\ 8\,a & 0 & 0 \\ 0 & 12\,a & 0 \\ 0 & 9\,a & 0 \\ 8\,a & 0 & -24 \\ 0 & 0 & 0 \end{bmatrix} \begin{bmatrix} F_{B,x} \\ F_{B,y} \\ M_B \end{bmatrix} \tag{4.44}
$$

oder

$$
\boldsymbol{p} = \boldsymbol{P}\,\boldsymbol{f}_B\,. \tag{4.45}
$$

Die Berechnung der äquivalenten Knotenkräfte $\boldsymbol{f}_S$ aus den als Linienlasten aufgefassten Spannungen p_x und p_y geschieht, wie es die Regel ist, durch die Überlagerung der Spannungen mit den *shape functions*. Das Ergebnis hat formal die Gestalt

$$
\boldsymbol{f}_S = \boldsymbol{Q}\,\boldsymbol{p}\,, \tag{4.46}
$$

mit einer Matrix, die wir $\boldsymbol{Q}$ (wie Quadratur) nennen.

Diese Beziehung wird zunächst für jedes Element separat ermittelt und daraus dann die Gesamtmatrix $\boldsymbol{Q}$ gebildet. Nach Bild 4.15 sind hier zwei Scheibenelemente zu berücksichtigen. Man erhält[6] am Element 1

$$
\begin{bmatrix} F_{x,1}^{(1)} \\ F_{x,2}^{(1)} \end{bmatrix} = \frac{a\,t}{6} \begin{bmatrix} 2 & 1 \\ 1 & 2 \end{bmatrix} \begin{bmatrix} p_{x,1} \\ p_{x,2} \end{bmatrix} \tag{4.47}
$$

und

$$
\begin{bmatrix} F_{y,1}^{(1)} \\ F_{y,2}^{(1)} \end{bmatrix} = \frac{a\,t}{12} \begin{bmatrix} 3 & 4 & -1 \\ -1 & 4 & 3 \end{bmatrix} \begin{bmatrix} p_{y,1} \\ p_{y,m,1-2} \\ p_{y,2} \end{bmatrix}\,. \tag{4.48}
$$

Damit lautet am Element 1 die Beziehung

$$
\begin{bmatrix} F_{x,1}^{(1)} \\ F_{y,1}^{(1)} \\ F_{y,1}^{(1)} \\ F_{x,2}^{(1)} \\ F_{y,2}^{(1)} \end{bmatrix} = \frac{a\,t}{12} \begin{bmatrix} 4 & 0 & 0 & 2 & 0 \\ 0 & 3 & 4 & 0 & -1 \\ 2 & 0 & 0 & 4 & 0 \\ 0 & -1 & 4 & 0 & 3 \end{bmatrix} \begin{bmatrix} p_{x,1} \\ p_{y,1} \\ p_{y,m,1-2} \\ p_{x,2} \\ p_{y,2} \end{bmatrix} \tag{4.49}
$$

und entsprechend am Element 2

---

[6] nach [141] Glg. (4.78c, d), S. 259 und Glg. (4.86a, b), S. 262

$$
\begin{bmatrix} F_{x,2}^{(2)} \\ F_{y,2}^{(2)} \\ F_{x,3}^{(2)} \\ F_{y,3}^{(2)} \end{bmatrix} = \frac{a\,t}{12} \begin{bmatrix} 4 & 0 & 0 & 2 & 0 \\ 0 & 3 & 4 & 0 & -1 \\ 2 & 0 & 0 & 4 & 0 \\ 0 & -1 & 4 & 0 & 3 \end{bmatrix} \begin{bmatrix} p_{x,2} \\ p_{y,2} \\ p_{y,m,2-3} \\ p_{x,3} \\ p_{y,3} \end{bmatrix} . \tag{4.50}
$$

Den Vektor der Knotenkräfte, die auf die Scheibe an der Verbindung wirken, ergibt sich durch Addition der Elementkräfte der einzelnen Elemente, s. Abb. 4.15, und man erhält so die Matrix $\boldsymbol{Q}$ zu

$$
\begin{bmatrix} F_{x,1} \\ F_{y,1} \\ F_{x,2} \\ F_{y,2} \\ F_{x,3} \\ F_{y,3} \end{bmatrix} = \frac{a\,t}{12} \begin{bmatrix} 4 & 0 & 0 & 2 & 0 & 0 & 0 \\ 0 & 3 & 4 & 0 & -1 & 0 & 0 \\ 2 & 0 & 0 & 8 & 0 & 0 & 2 & 0 \\ 0 & -1 & 4 & 0 & 6 & 4 & 0 & -1 \\ 0 & 0 & 0 & 2 & 0 & 0 & 4 & 0 \\ 0 & 0 & 0 & 0 & -1 & 4 & 0 & 3 \end{bmatrix} \begin{bmatrix} p_{x,1} \\ p_{y,1} \\ p_{y,m,1-2} \\ p_{x,2} \\ p_{y,2} \\ p_{y,m,2-3} \\ p_{x,3} \\ p_{y,3} \end{bmatrix} \tag{4.51}
$$

oder

$$
\boldsymbol{f}_S = \boldsymbol{Q}\,\boldsymbol{p}. \tag{4.52}
$$

Die Kräfte $\boldsymbol{f}_S$ sind die Kräfte rechts in Abb. 4.15. Mit (4.45) folgt weiter

$$
\boldsymbol{f}_S = \boldsymbol{Q}\,\boldsymbol{P}\boldsymbol{f}_B = \boldsymbol{A}^T\boldsymbol{f}_B \tag{4.53}
$$

und somit lautet die Transformationsmatrix

$$
\boldsymbol{A} = \boldsymbol{P}^T\boldsymbol{Q}^T = \begin{bmatrix} 1/4 & 0 & 1/2 & 0 & 1/4 & 0 \\ 0 & 1/8 & 0 & 3/8 & 0 & 1/8 \\ 1/2\,a & 0 & 0 & 0 & -1/2\,a & 0 \end{bmatrix} . \tag{4.54}
$$

Die Weg- und Kraftgrößen am Stabende

$$
\boldsymbol{f}_B = \begin{bmatrix} F_{B,x} \\ F_{B,y} \\ M_B \end{bmatrix} , \quad \boldsymbol{u}_B = \begin{bmatrix} u_B \\ v_B \\ \varphi_B \end{bmatrix} , \quad \boldsymbol{f}_S = \begin{bmatrix} F_{x,1} \\ F_{y,1} \\ F_{x,2} \\ F_{y,2} \\ F_{x,3} \\ F_{y,3} \end{bmatrix} , \quad \boldsymbol{u}_S = \begin{bmatrix} u_1 \\ v_1 \\ u_2 \\ v_2 \\ u_3 \\ v_3 \end{bmatrix} \tag{4.55}
$$

transformieren sich also wie

$$
\boldsymbol{u}_B = \boldsymbol{A}_{(3\times6)}\,\boldsymbol{u}_S \qquad \boldsymbol{f}_S = \boldsymbol{A}^T_{(6\times3)}\,\boldsymbol{f}_B . \tag{4.56}
$$

Am Stab, s. Abb. 4.16, lauten die Beziehungen zwischen den Weg- und Kraftgrößen

Abb. 4.16 Balkenelement

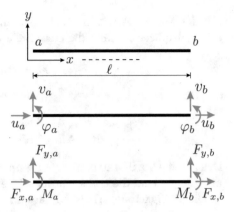

$$
\begin{bmatrix}
a_0 & 0 & 0 & -a_0 & 0 & 0 \\
0 & 12\,a_1/\ell^2 & 6\,a_1/\ell & 0 & -12\,a_1/\ell^2 & 6\,a_1/\ell \\
0 & 6\,a_1/\ell & 4\,a_1 & 0 & -6\,a_1/\ell & 2\,a_1 \\
-a_0 & 0 & 0 & a_0 & 0 & 0 \\
0 & -12\,a_1/\ell^2 & -6\,a_1/\ell & 0 & 12\,a_1/\ell^2 & -6\,a_1/\ell \\
0 & 6\,a_1/\ell & 2\,a_1 & 0 & -6\,a_1/\ell & 4\,a_1
\end{bmatrix}
\begin{bmatrix}
u_a \\ v_a \\ \varphi_a \\ u_b \\ v_b \\ \varphi_b
\end{bmatrix}
=
\begin{bmatrix}
F_{x,a} \\ F_{y,a} \\ M_a \\ F_{x,b} \\ F_{y,b} \\ M_b
\end{bmatrix}
\tag{4.57}
$$

mit

$$
a_0 = \frac{EA}{\ell}, \quad a_1 = \frac{EI}{\ell}, \quad \ell = \text{Länge des Stabes.} \tag{4.58}
$$

Das Balkenelement besitzt die Knoten a und b. Entsprechend wird die obige Steifigkeitsmatrix des Balkens nun in Untermatrizen, die sich auf die Knoten a und b beziehen, unterteilt

$$
\begin{bmatrix}
\boldsymbol{K}_{aa} & \boldsymbol{K}_{ab} \\
\boldsymbol{K}_{ba} & \boldsymbol{K}_{bb}
\end{bmatrix}
\begin{bmatrix}
\boldsymbol{u}_a \\ \boldsymbol{u}_b
\end{bmatrix}
=
\begin{bmatrix}
\boldsymbol{f}_a \\ \boldsymbol{f}_b
\end{bmatrix} . \tag{4.59}
$$

Beim Anschluss des Knoten a an zwei Scheibenelemente wie in Abb. 4.15 lauten die Weg- und Kraftgrößen im Knoten a in der Notation der EST

$$
\boldsymbol{u}_a = \boldsymbol{u}_B =
\begin{bmatrix}
u_B \\ v_B \\ \varphi_B
\end{bmatrix}
\quad
\boldsymbol{f}_a = \boldsymbol{f}_B =
\begin{bmatrix}
F_{B,x} \\ F_{B,y} \\ M_B
\end{bmatrix} . \tag{4.60}
$$

Wenn die Verschiebungen in den finiten Elementen linear verlaufen, transformieren sich die Größen, s.o., gemäß

$$
\boldsymbol{u}_B = \boldsymbol{A}_{(3\times 6)}\,\boldsymbol{u}_S \tag{4.61}
$$

mit der Matrix $\boldsymbol{A}$ wie in (4.54). Setzen wir nun $\boldsymbol{u}_a = \boldsymbol{u}_B = \boldsymbol{A}\,\boldsymbol{u}_S$ in (4.59) ein, multiplizieren dann die erste Zeile von links mit $\boldsymbol{A}^T$, so ergibt sich mit

$$\boldsymbol{A}^T_{(6\times 3)}\boldsymbol{f}_a = \boldsymbol{A}^T_{(6\times 3)}\boldsymbol{f}_B = \boldsymbol{f}_S \tag{4.62}$$

das Resultat

$$\begin{bmatrix} \boldsymbol{A}^T \boldsymbol{K}_{aa}\boldsymbol{A} & \boldsymbol{A}^T \boldsymbol{K}_{ab} \\ \boldsymbol{K}_{ba}\boldsymbol{A} & \boldsymbol{K}_{bb} \end{bmatrix} \begin{bmatrix} \boldsymbol{u}_S \\ \boldsymbol{u}_b \end{bmatrix} = \begin{bmatrix} \boldsymbol{f}_S \\ \boldsymbol{f}_b \end{bmatrix} . \tag{4.63}$$

Das ist eine 9×9 Matrix, 6 *dofs* $\boldsymbol{u}_S$ an der Scheibe und 3 *dofs* $\boldsymbol{u}_b$ am Balken, und die $\boldsymbol{f}_S$ sind die sechs Knotenkräfte an der Scheibe[7].

Die Steifigkeitsmatrix (4.63) ist nun im Knoten a auf die Freiheitsgrade des Scheibenmodells und im Knoten b auf die Freiheitsgrade des Stabes bezogen. Knoten b kann, falls er ebenfalls an ein Scheibenmodell angeschlossen ist, ebenfalls transformiert werden.

Zum Verständnis sei gesagt, dass der statische Pfad hier nur zur Herleitung der Matrix (4.63) benutzt wird. Der Zusammenbau aller Elementmatrizen zur Gesamtsteifigkeitsmatrix erfolgt danach wie sonst üblich.

Anmerkung 4.1. Der geometrische Pfad und der statische Pfad beruhen auf unterschiedlichen Annahmen, die zu unterschiedlichen Ergebnissen führen. Beim geometrischen Pfad werden die Verschiebungsverläufe vorgegeben, und die Spannungen der Scheibenelemente passen sich diesen Vorgaben an. Beim statischen Pfad werden dagegen die Spannungsverläufe vorgegeben und die Verschiebungen (hier der Punkte 1, 2 und 3) können sich anpassen und weichen dann aber von der linearen Verteilung des geometrischen Pfads ab.

Beim geometrischen Pfad ist die Verbindung zu steif, beim statischen Pfad ist sie zu weich. Der geometrische Pfad bedeutet jedoch – insbesondere bei der Verbindung von Stützen mit Platten wie bei einer Flachdecke – einen starren Einschluss im FE-Modell, womit die FEM nicht gut klarkommt, d.h. es ergeben sich im Verbindungsbereich Spannungssingularitäten und damit stark fehlerhafte Elementspannungen. Dies ist beim statischen Pfad nicht der Fall und daher sollte man dem statischen Pfad den Vorzug geben. Für weitere Details verweisen wir auf [141].

4.7 Der Patch-Test

Ursprünglich wurde mit dem *patch-test* die Konvergenz von nichtkonformen Elementen untersucht. Heute wird darunter einfach jeder Test verstanden, bei dem man auf einem Netz eine gewisse Spannungsverteilung zu reproduzieren sucht.

Es ist schon mehrmals angeklungen, dass das Wilson-Element Q4 + 2 dem einfachen bilinearen Element Q4 überlegen ist, obwohl es eigentlich

---

[7] *dofs = degrees of freedom*, Freiheitsgrade

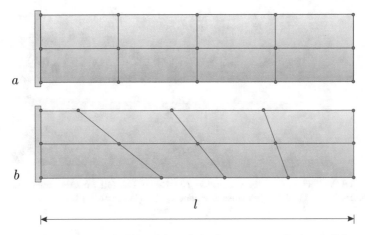

Abb. 4.17 Auf diesen Netzen sollten sich einfache Spannungszustände möglichst gut wiedergeben lassen, **a)** regelmäßiges Netz, **b)** verzerrtes Netz

nicht konform ist. Ein *patch-test* soll darüber nähere Auskunft geben. Die Aufgabe ist es, die klassischen Lastzustände eines Kragträgers

- Konstantes Moment
- Konstante Querkraft = Lineares Moment
- Lineare Querkraft = quadratisches Moment

nachzubilden, s. Abb. 4.17.

Der Lastfall *konstante Normalkraft* (und Rollenlager links) muss sich exakt abbilden lassen. Das ist der eigentliche *patch-test*. Ihn bestehen beide Elemente. Dagegen ergeben sich bei den obigen drei Lastfällen aber mehr oder minder große Abweichungen von der klassischen Balkenlösung, s. Tabelle 4.3. Natürlich sind die Randspannungen in den Knoten ungenauer als etwa

Tabelle 4.3 Längsspannungen σ in einem Balken für verschieden Lastfälle, R = regelmäßiges Netz, V = verzerrtes Netz, Q4 = bilineares Element, Q4 + 2 = Wilson

Moment	const.		linear		quadratisch	
Netz	$x = 0.0$	$x = 1/2$	$x = 0.0$	$x = 1/2$	$x = 0.0$	$x = 1/2$
Soll	1500	1500	1200	600	1200	300
R. Q4 + 2	1500	1500	1051	600	940	337
V. Q4 + 2	1322	1422	940	701	773	452
R. Q4	1072	1072	745	428	659	240
V. Q4	687	578	454	187	393	172

die Spannungen an den Innenknoten, aber trotzdem ist es bemerkenswert,

Abb. 4.18 Verformungen des verzerrten Netzes im Lastfall ‚lineare Normalkraft infolge Eigengewicht‘, **a)** nichtkonformes Element Q4+2 (Wilson), **b)** konformes Element Q4 (bilinear)

wie schwer es dem bilinearen Element fällt, auf diesem relativ groben Netz die Biegezustände zu reproduzieren. Die doch sehr erheblichen Abweichungen manifestieren sich auch in entsprechend falschen Schubspannungen, die für das Gleichgewicht erforderlich sind, s. Tabelle 4.4. Hier ist die magere Quali-

Tabelle 4.4 Schubspannungen τ in dem Kragträger für die drei Lastfälle

Moment	const.		linear		quadratisch	
Netz	x = 0.0	x = 1/2	x = 0.0	x = 1/2	x = 0.0	x = 1/2
Soll	0	0	50	50	100	50
R. Q4 + 2	0	0	50	50	87.5	50
V. Q4 + 2	58	28	65	80	130	73
R. Q4	438	0	364	8	376	8
V. Q4	502	220	380	294	366	11

tät des bilinearen Elements noch viel deutlicher ablesbar. Das nichtkonforme Elementnetz liefert dagegen auf dem regelmäßigen Netz die exakte Lösung (der Wert 87.5 statt 100 in der vorletzten Spalte entsteht dadurch, dass einige Lasten direkt im Auflager aufgebracht werden). Die falschen Schubspannungen sind beim bilinearen Element fast von der gleichen Größenordnung wie die Normalspannungen. Beim nichtkonformen Element sind sie um den Faktor 4 bis 10 kleiner.

Die ungenügende Qualität des bilinearen Elements kann man auch an den Verformungen des verzerrten Netzes im Lastfall ‚lineare Normalkraft infolge horizontalen Eigengewichts‘ erkennen, s. Abb. 4.18. Obwohl die Spannungen sehr ähnlich sind, ist beim bilinearen Element eine deutliche seitliche Auslenkung zu erkennen. Die Verschiebungen aus der Querdehnung weichen beim bilinearen Element eigentlich gar nicht so stark ab, trotzdem erzeugen diese Verschiebungen ganz erhebliche Unsymmetrien auch bei den Spannungen,

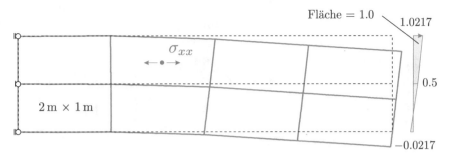

Abb. 4.19 Die FE-Einflussfunktion für σ_{xx} ist nur eine Näherung, aber das Integral über den Rand ist genau 1.0! Bei konstanten Zugkräften am Rand ist σ_{xx} also exakt.

und sie wären in einem statisch unbestimmten System im Falle von Zwangsbeanspruchungen mit allergrößter Vorsicht zu genießen.

Orthogonalität

Um ein Programm zu testen, wählt man Lastfälle, die sich auf dem Netz exakt lösen lassen sollten, wie zum Beispiel den Lastfall konstante Normalspannung σ_{xx} in Abb. 4.17 a, der durch Zugkräfte t am rechten Rand ausgelöst wird.

Wenn in dem Programm kein Fehler steckt, dann sollten sich auch die exakten Spannungen ergeben. Aus mathematischer Sicht ist das jedoch eine kuriose Situation, denn das FE-Programm berechnet ja die Spannungen mittels einer genäherten Einflussfunktion $G_h(\boldsymbol{y}, \boldsymbol{x})$[8]

$$\sigma_{xx}^h = \int_\Gamma G_h(\boldsymbol{y}, \boldsymbol{x})\, t(\boldsymbol{y})\, d\Omega_{\boldsymbol{y}}\,, \qquad (4.64)$$

die das Verschiebungsfeld der Scheibe sein soll, wenn man den Aufpunkt $\boldsymbol{x}$ spreizt. Ein FE-Netz kann eine solche Spreizung aber nicht darstellen und daher sollte das Ergebnis eigentlich falsch sein. Es ist aber trotzdem $\sigma_{xx}^h = \sigma_{xx}$, s. Abb. 4.19.

Des Rätsels Lösung ist, dass die Fehler $G(\boldsymbol{y}, \boldsymbol{x}) - G_h(\boldsymbol{y}, \boldsymbol{x})$ in allen (!) Einflussfunktionen orthogonal zur Belastung sind, wenn sich die exakte Lösung auf dem Netz darstellen lässt, also in $\mathcal{V}_h$ liegt

$$\sigma_{xx} - \sigma_{xx}^h = \int_\Gamma (G(\boldsymbol{y}, \boldsymbol{x}) - G_h(\boldsymbol{y}, \boldsymbol{x}))\, t(\boldsymbol{y})\, d\Omega_{\boldsymbol{y}} = 0\,. \qquad (4.65)$$

---

[8] Eigentlich ist $\boldsymbol{G}$ bei einer Scheibe eine 2×2 Matrix und t ein Vektor, aber wir schreiben alles skalar, um die Notation einfach zu halten

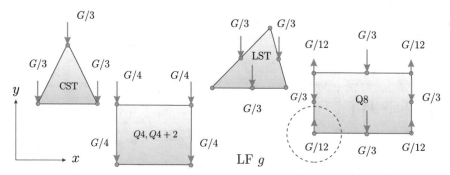

Abb. 4.20 Äquivalente Knotenkräfte im LF g in Anteilen des Elementgewichts G für verschiedene Elemente. Man beachte, dass beim *LST*-Element (*linear strain*) die Eckkräfte null sind und beim Element $Q8$ die Eckkräfte ein anderes Vorzeichen haben, [44]

Das gilt für alle Werte, was immer man abfragt. Das ist aus mathematischer Sicht auch der Grund, warum es sinnvoll ist FE-Programme mit dem *patch-test* zu kontrollieren.

Formal ist die Orthogonalität eine Konsequenz der Gleichung

$$\int_\Gamma (G(\boldsymbol{y}, \boldsymbol{x}) - G_h(\boldsymbol{y}, \boldsymbol{x}))\, t(\boldsymbol{y})\, d\Omega_{\boldsymbol{y}} = \int_\Gamma G(\boldsymbol{y}, \boldsymbol{x})\, (t(\boldsymbol{y}) - t_h(\boldsymbol{y}))\, d\Omega_{\boldsymbol{y}}\,. \quad (4.66)$$

Ob man den Fehler in der Einflussfunktion (linke Seite) mit der Originalbelastung t überlagert oder die Abweichung in der Belastung (rechte Seite) mit der exakten Einflussfunktion ist dasselbe, [50]. Hier ist es so, dass die rechte Seite null ist, weil die FE-Lösung exakt ist, $t_h = t$, und daher muss auch die linke Seite, also (4.65), null sein, passen die Spannungen, ist $\sigma_{xx}^h = \sigma_{xx}$.

4.8 Lasten

Zur Berechnung der äquivalenten Knotenkräfte lässt man die Belastung gegen die Einheitsverformungen der Knoten arbeiten. Bei einer Flächenlast $\boldsymbol{p}$ bedeutet das also

$$f_i = \int_\Omega \boldsymbol{p} \bullet \boldsymbol{\varphi}_i\, d\Omega = \int_\Omega (p_x \cdot \varphi_{ix} + p_y \cdot \varphi_{ix})\, d\Omega\,. \quad (4.67)$$

Man reduziert so, wie man sagt, die Belastung in die Knoten. So ergeben sich für eine konstante Flächenlast $\boldsymbol{g} = \{0, \gamma\}^T$ aus Eigengewicht elementweise die Knotenkräfte in Abb. 4.20, wenn G das Gesamtgewicht des Elements ist.

Die Knotenkräfte in den Ecken eines quadratischen *LST*-Elements sind null, weil die Integrale der Formfunktionen der Eckknoten null sind, s. Abb. 4.20. Überraschend ist auch, dass die Eckkräfte beim $Q8$-Element ($= LST$ + kubische Terme) nach oben gerichtet sind. Wieder weil die Integrale der

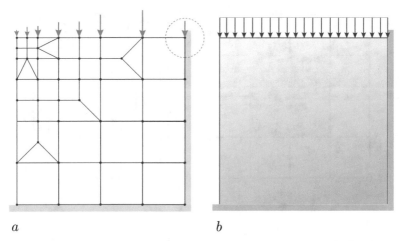

a b

Abb. 4.21 Trotz konstanter Randlast können die äquivalenten Knotenkräfte ungleich groß sein, wenn die Elemente ungleich lang sind. Die Last wird anteilig auch auf die Lagerknoten verteilt, sonst stimmt die $\sum V$ nicht. Spannungen erzeugen aber nur die äquivalenten Knotenkräfte in den freien Knoten

Formfunktionen negativ sind, sie also mehr negative als positive Anteile enthalten. Gleichwohl ist die Summe aller f_i natürlich gleich $G \times 1$.

Die negativen äquivalenten Knotenkräfte machen übrigens große Schwierigkeiten bei der Ankopplung des Elements an andere Bauteile, z.B. einen Balken, oder beim Vorliegen von nichtlinearen Randbedingungen, [63].

Im Fall von Randlasten $\boldsymbol{t} = \{t_x, t_y\}^T$ wird längs des Randes Γ integriert und werden so die Arbeiten gezählt

$$f_i = \int_{\Gamma} \boldsymbol{t} \bullet \boldsymbol{\varphi}_i \, ds = \int_{\Gamma} (t_x \cdot \varphi_{ix} + t_y \cdot \varphi_{iy}) \, ds \,. \qquad (4.68)$$

Konstante Randlast muss nicht unbedingt gleich große äquivalente Knotenkräfte bedeuten, wie man in Abb. 4.21 sieht.

Linienlasten sollten nach Möglichkeit längs Elementkanten wirken, denn die Folge der Spannungssprünge sind Knicke in der Scheibe, die man schlecht im Innern der Elemente modellieren kann, weil die Ansatzfunktionen dort glatt verlaufen.

Sinngemäß dasselbe gilt für Einzelkräfte, die in die Knoten gesetzt werden sollten, weil es dann dem Programm leichter fällt, die Spannungskonzentrationen zu modellieren, die zu Einzelkräften gehören.

Aus einer Einzelkraft P in einem Knoten, s. Abb. 4.22, wird eine äquivalente Knotenkraft $f_i = P \cdot 1$ [kNm]. Wie groß die Spannungen werden, hängt davon ab, wie groß die Elemente sind.

Das $f_i = P \cdot 1$ ist die Arbeit, die die Kraft P leistet, wenn man den Knoten um $\delta u_i = 1$ m auslenkt und gleichzeitig alle anderen Knoten festhält. Die vier Elemente, auf denen der ausgelenkte Knoten liegt, machen diese Bewegung

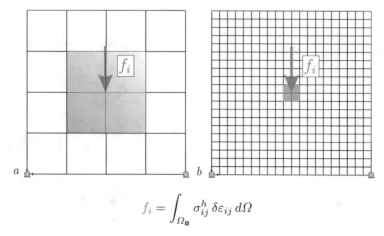

$$f_i = \int_{\Omega_\blacksquare} \sigma_{ij}^h \, \delta\varepsilon_{ij} \, d\Omega$$

Abb. 4.22 Je kleiner die vier Elemente um die Kraft herum werden, um so größer müssen die Spannungen werden, um dieselbe Arbeit f_i auf schrumpfender Fläche zu erzeugen

mit und die virtuelle innere Energie δA_i in den vier Elementen muss dabei gleich f_i sein, das ist der ‚Wackeltest',

$$f_i = \int_{\Omega_\square} \sigma_{ij}^h \, \delta\varepsilon_{ij} \, d\Omega \,. \tag{4.69}$$

Die σ_{ij}^h sind die Spannungen aus der Einzelkraft und die $\delta\varepsilon_{ij}$ sind die Verzerrungen aus der Auslenkung des Lastknotens.

Das Problem ist, dass $f_i = P \cdot 1$ gleich bleibt während die Fläche $\Omega_\square$, über die integriert wird, immer kleiner wird je kleiner die vier Elemente werden und deswegen müssen die Spannungen und die Verzerrungen immer größer werden, wenn die Elemente schrumpfen, [50]. Der Anwender kann also über die Größe der Elemente die Spannungen unter der Einzelkraft steuern.

Bei Flächenkräften und Linienkräften, also allem, was eine *Ausdehnung* hat, besteht dieses Problem nicht, denn dann sind die f_i proportional zur Elementgröße h und mit $h \to 0$ gehen auch die $f_i \to 0$ gegen null.

4.9 Lager

In festen Lagern sind alle Bewegungen gesperrt, $u_i = 0$. Sperrt man die Knoten eines Elements längs einer Kante, dann ist das ein Linienlager und damit entfällt die Dramatik, die Punktlager auszeichnet.

In Rollenlagern sind die Verschiebungen normal zum Lagerrand null, $\boldsymbol{u}^T \boldsymbol{n} = 0$. Solche Lagerbedingungen sollten – auch bei schiefen Rändern – kein Problem für ein Programm sein. Notfalls kann man die Knoten auf kurze, steife und parallele (!) Pendelstützen stellen.

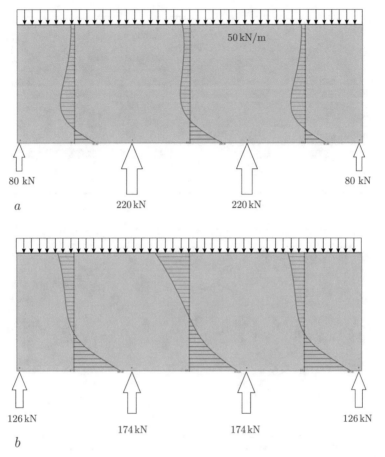

Abb. 4.23 Einfluss der Lagersteifigkeiten auf die Ergebnisse, **a)** starre Lager, **b)** weiche Lager (Mauerwerkspfeiler)

Mit horizontalen Festhaltungen sollte man vorsichtig sein, weil dadurch leicht eine Gewölbewirkung simuliert wird, die sich so nachher in der Wandscheibe nicht ausbilden kann, weil die Widerlager nachgeben.

4.9.1 Steifigkeiten der Lager

Scheiben reagieren sehr empfindlich auf Änderungen in den Lagersteifigkeiten, und daher ist die korrekte Modellierung der Steifigkeit der Auflager sehr wichtig. Nur bei einer starren Stützung stellt sich die schulbuchmäßige Verteilung der Lasten auf die Lager ein, wie wir sie vom Durchlaufträger her kennen, s. Abb. 4.23. Ersetzt man die vier starren Lager durch vier nachgiebige Stützen

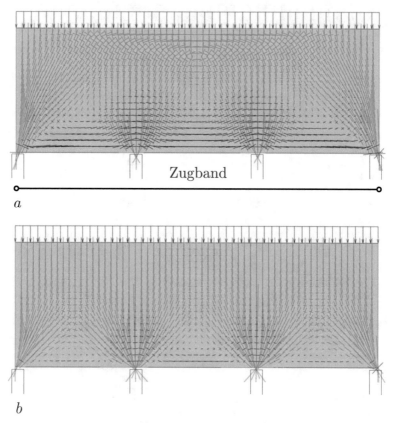

Abb. 4.24 a) Bei der Lagerung einer Stahlbetonscheibe auf Mauerwerkswänden bildet
sich tendenziell ein weit gespanntes Druckgewölbe mit Zugband aus, **b)** während bei starrer
Lagerung die Spannweite der Gewölbe kleiner sein kann

$$ k = \frac{E\,A}{h} = \frac{30\,000\mathrm{MN/m}^2 \cdot 0.24\,\mathrm{m} \cdot 0.24\,\mathrm{m}}{2.88\,\mathrm{m}} = 6.0 \cdot 10^5 \mathrm{kN/m}\,, \qquad (4.70) $$

dann liegen die Auflagerkräfte, wie man an den Verhältnissen 0.72:1:1:0.72
ablesen kann, wesentlich dichter beieinander.

Je härter die Lager sind, um so eher werden sich kurze Druckgewölbe
zwischen den Lagern ausbilden, und umgekehrt, je weicher die Lager sind,
desto eher wird ein einziger großer Gewölbebogen, der von einem Zugband
gehalten wird, den Lastabtrag übernehmen, s. Abb. 4.24.

4.9.2 Punktlager sind hot spots

Wenn man einen Knoten festhält, dann wird die Scheibe dort praktisch ‚geerdet'. Das ist so, als ob man mit der einen Hand eine Hochspannungsleitung

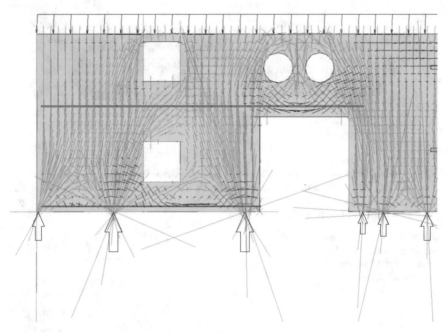

Abb. 4.25 Wandscheibe auf Punktlagern (Ausschnitt)

berührt und mit der anderen Hand die Erde. Der steile Anstieg der Verschiebungen vom festen Lager zu den freien Knoten produziert große Spannungen
in den Elementen, die mit dem festen Knoten verbunden sind, s. Abb. 4.25.

Je kleiner die Elemente in der Nähe der Festpunkte werden, um so steiler
ist der Verschiebungsgradient in den Elementen und um so größer sind somit
auch die Spannungen in den Elementen und am Schluss, $h \to 0$, würde die
Fließgrenze des Materials überschritten werden.

Diesen Warnungen zum trotz werden Scheiben oft auf Punktlager gestellt
und es geht auch gut, wie man an Abb. 4.26 sieht. Die Ergebnisse sind mit
den Lagerkräften aus der Balkenlösung identisch.

Warum die Spannungen unendlich groß werden, ja unendlich groß werden
müssen, versteht man, wenn man sich die finiten Elemente anschaut. Es ist
dieselbe Logik wie in (4.69).

Angenommen in dem Punktlager wirkt eine vertikale Kraft von 10 kN.
Wenn man also den Lagerknoten um einen Meter nach oben drückt (das ist
rein rechnerisch), dann leistet die Knotenkraft dabei die Arbeit $\delta A_a = 10 \cdot 1$
kNm, s. Abb. 4.27.

Die Bewegung des Lagerknotens teilt sich nur dem Element Ω_e mit, auf
dem das Lager liegt, und so muss die virtuelle innere Energie δA_i in dem
Element gleich δA_a sein

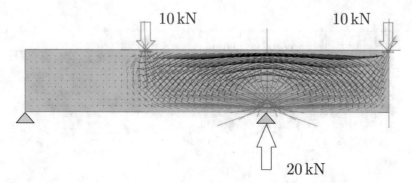

Abb. 4.26 Balken als Scheibe, **a)** System und Belastung, Rechnung mit bilinearen Elementen (Q4), **b)** die Punktlager wurden durch das Sperren zweier Knoten abgebildet und die Einzelkräfte wurden als Knotenkräfte eingegeben. Es ergaben sich die exakten Lagerkräfte nach der Balkentheorie

Abb. 4.27 Durch das
letzte Element vor dem
Punktlager muss die ganze
Lagerkraft fließen.

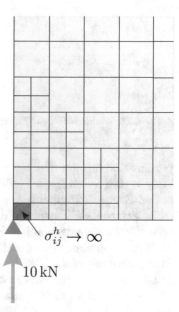

$$\delta A_a = 1 \cdot 10 = \int_{\Omega_e} \sigma_{ij}^h \, \delta\varepsilon_{ij} \, d\Omega = \delta A_i. \qquad (4.71)$$

Die Verzerrungen $\delta\varepsilon_{ij}$ resultieren dabei aus der Lagerbewegung $\delta u_i = 1$.

Alle anderen Elemente spüren nichts davon, weil alle anderen Knoten bei dem Manöver festgehalten werden.

Dieses letzte vor dem Lager liegende Element muss also ganz allein die nötige Energie aufbringen, um die Lagerarbeit ins gleiche zu setzen!

Abb. 4.28 Generierung
der Einflussfunktion für
σ_{yy}, **a)** die Knotenkräfte,
die die Spreizung (nähe-
rungsweise) erzeugen sind
jeweils in allen vier Knoten
gleich und hängen nur von
der Maschenweite h ab.
Das Verhältnis zwischen
den Kräften steht 2 : 1,
weil das feste Lager eine
Kraft neutralisiert (‚ampu-
tierter Dipol'), **b)** bei der
Spreizung der Nachbarele-
mente des Lagerelementes
drücken zwei Kräfte nach
oben und zwei Kräfte nach
unten und so bleiben die
Verschiebungen, die die
Kräfte in der Scheibe er-
zeugen, auch in der Grenze,
$h \rightarrow 0$, endlich (‚echter
Dipol')

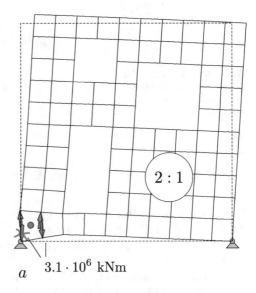

$a \quad 3.1 \cdot 10^6$ kNm

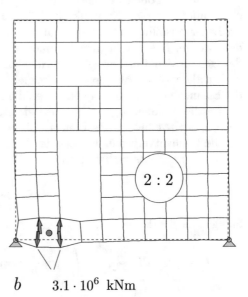

$b \quad 3.1 \cdot 10^6$ kNm

Wenn nun das Element immer kleiner wird, weil man ja genaue Ergebnisse
haben will..., dann müssen die Spannungen in dem Element immer mehr anwachsen, weil immer weniger Fläche vorhanden ist, über die man integrieren
kann, und so hat man keine Chance irgend etwas vernünftiges zu berechnen.
Man kann nur die Lagerkraft durch die Lagerbreite h dividieren, $\sigma = f_i/h$,
also mit einem Mittelwert arbeiten – wenn das noch hilft.

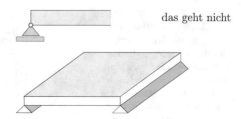

das geht nicht

Abb. 4.29 Eine gelenkig
gelagerte Platte kann man
(theoretisch) nicht 3-D
rechnen

4.9.3 Der amputierte Dipol

Um die Singularität in Punktlagern besser zu verstehen, wollen wir die Einflussfunktion für die Spannung σ_{yy} in einer Scheibe betrachten. Sie gleicht einer Scherbewegung, s. Abb. 4.28, die numerisch durch die Wirkung von vier Knotenkräften angenähert wird.

Liegt der Aufpunkt in dem Element mit dem Lagerknoten, dann steht es 2:1 für die nach oben treibenden Kräfte, d.h. *zwei* Knotenkräfte drücken nach oben, aber nur *eine* Knotenkraft drückt nach unten, weil die Knotenkraft im Lager ausfällt. So gelingt es also den f_i die Oberkante der Scheibe in der Grenze, $h \to 0$, in ‚den Himmel' zu verschieben. Liegt der Aufpunkt dagegen in den frei beweglichen Nachbarelementen, s. Abb. 4.28 b, dann wirken alle *vier = zwei + zwei* Kräfte gleichzeitig und halten so untereinander die Balance mit der Konsequenz, dass die Auslenkung endlich bleibt.

Um die Tendenz $\sigma_{ij} \to \infty$ auch statisch zu verstehen, denken wir uns der Einfachheit halber das Element als eine kleine Kreisscheibe mit Radius R. Die Elementverzerrungen aus der Verschiebung des Lagerknotens in der Mitte des Elements verhalten sich wie

$$\delta\varepsilon_{ij} \simeq \frac{1}{R}\,. \tag{4.72}$$

Sinngemäß gilt daher

$$\int_{\Omega_e} \sigma_{ij}\,\delta\varepsilon_{ij}\,d\Omega \sim \int_0^{2\pi}\int_0^R \sigma_{ij}\,\frac{1}{R}\,r\,dr\,d\varphi = \int_0^{2\pi} \sigma_{ij}\,\frac{1}{2}\,R\,d\varphi\,, \tag{4.73}$$

und daher muss sich σ_{ij} wie $1/R$ verhalten, damit in der Grenze, $R \to 0$, die Knotenkraft f_i übrig bleibt

$$\lim_{R\to 0}\int_{\Omega_e} \sigma_{ij}\,\delta\varepsilon_{ij}\,d\Omega = f_i\,. \tag{4.74}$$

4.9.4 Lagersenkung

Hier gilt ähnliches wie für Punktlager: Gemäß der Elastizitätstheorie kann man einen einzelnen Punkt einer Scheibe – also auch ein Punktlager – *kräftefrei* verschieben. Die Lagersenkung eines Punktlagers bekommt eine Scheibe also theoretisch nicht mit. Aber so fein ist kein Netz und deswegen erhält man mit der FEM schon Ergebnisse, die mit den Erwartungen des Ingenieurs verträglich sind.

Bei 3-D Problemen übernehmen Linienlager diese Sonderrolle. Theoretisch kann man keinen Betonblock auf einem Linienlager abstellen, weil solche Linienlager gemäß der Elastizitätstheorie wie ein heißes Messer durch Butter schneiden, also einfach ignoriert werden (bei unendlich feinem Netz), s. Abb. 4.29. Die Randstörungen der Reissner-Mindlin Platten rühren wohl daher.

4.9.5 Dehnungsbehinderung

Wandscheiben, die oben und unten in Deckenplatten einspannen, erfahren eine Dehnungsbehinderung, die einer tangentialen Festhaltung gleicht, die natürlich Auswirkungen auf das Tragverhalten hat, wie an Abb. 4.30 ablesbar ist. In Abb. 4.30 a (Hauptspannungen) ist die tangentiale Festhaltung nicht berücksichtigt, und man sieht, wie sich praktisch im Fußbereich der Wand ein starkes Zugband ausbildet, während bei einer tangentialen Festhaltung oben und unten das Tragbild viel gleichmäßiger ist, Abb. 4.30 b.

4.9.6 Wandpfeiler, Fenster- und Türstürze

Diese balkenartigen Bauteile werden oft auf Biegung beansprucht, weil sie Querkräfte übertragen müssen, wie etwa die Gurte oberhalb und unterhalb der Aussparungen in dem wandartigen Träger in Abb. 4.31. Die Längskräfte (Druck und Zug) in den Gurten betragen

$$D = Z = \frac{M}{z} \qquad z = \text{Abstand der Gurtachsen}, \qquad (4.75)$$

und die Querkraft V teilt sich – im ungerissenen Zustand – anteilig auf den Ober- und Untergurt auf, $V_O = V_U = 0.5\,V$ woraus sich eine antimetrische Momentenbelastung von

$$M_{\text{Gurt}} = 0.5\,V\,\frac{l}{2} \qquad l = \text{Länge der Gurte} \qquad (4.76)$$

in jedem Gurt ergibt, s. Abb. 4.32. Oft wird jedoch, weil man annimmt dass der Beton im Untergurt gerissen ist und damit ein Steifigkeitsverlust einher-

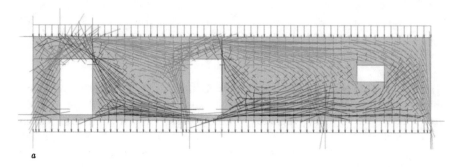

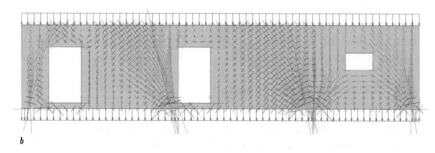

Abb. 4.30 Wandscheibe, **a)** Hauptspannungen ohne tangentiale Festhaltung, **b)** und mit einer solchen Festhaltung am oberen und unteren Rand der Scheibe

Fachwerkmodell

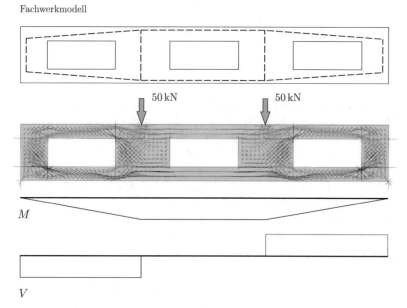

Abb. 4.31 Die Übertragung von Querkräften durch die Gurte oberhalb und unterhalb der Öffnungen geht nur mit geneigten Druck- und Zugstreben, und daher entstehen antimetrische Biegemomente in den Gurten

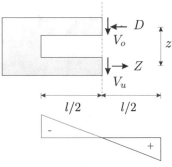

Abb. 4.32 Innere Kräfte
und Momentenverlauf in
den Gurten

$M(x)$ in den Gurten

geht, die ganze Querkraft nur durch den oberen Gurt geleitet, was konstruktiv
eine Aufhängebewehrung nötig macht, um die Querkraft nach oben zu führen.

Um zu untersuchen, wie gut das verbesserte Element Q4 + 2 von Wilson
solche Biegezustände darstellen kann, wurde der Wandpfeiler in Abb. 4.33
mit einer unterschiedlichen Zahl von Elementen berechnet. Der Pfeiler hat
eine Höhe von 3 m und ist 50 cm breit. Er ist unten eingespannt und wird
oben von einem Rollenlager gehalten. Am Kopf greift seitlich eine Kraft von
20 kN an. Statisch entspricht die Anordnung dem System in Abb. 4.33 c.
Wie man der nachstehenden Tabelle entnehmen kann,

Elemente Breite [m] x Höhe [m]	M [kNm]	u [mm]
0.500 x 0.600	25	0.74
0.250 x 0.250	27.6	0.76
0.125 x 0.150	28	0.76
exakt	30	0.72

erzielt man schon mit einer Elementgröße von 25 cm × 25 cm, also zwei Elementen über die Pfeilerbreite, gute Ergebnisse. Der Fehler in dem Kopfmo-
ment beträgt bei dieser Elementgröße 8 %. Angesichts der Leistungsfähigkeit
des Q4+2 Elements ist es daher nicht mehr unbedingt erforderlich, Stürze
und Wandpfeiler durch Balkenelemente abzubilden.

4.10 Elementspannungen

Die Spannungen in einem Element berechnen sich aus den Knotenverformungen u_i des Elements. Für ein bilineares Scheibenelement der Länge a und
Höhe b, s. Abb. 4.34, gilt z.B.

$$\sigma_{xx}(x,y) = \frac{E}{a\,b\,(-1+\nu^2)} \cdot \left[b\,(u_1 - u_3) + a\,\nu\,(u_2 - u_8) + \right.$$

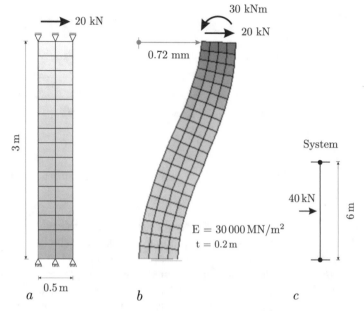

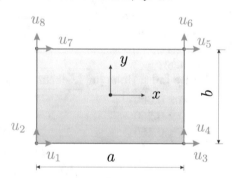

Abb. 4.33 Analyse eines Wandpfeilers mit dem Element von Wilson, Q4 + 2

Abb. 4.34 Bilineares Element

$$+ x\,\nu\,(-u_2 + u_4 - u_6 + u_8) + y\,(-u_1 + u_3 - u_5 + u_7)\Big] \quad (4.77)$$

$$\sigma_{yy}(x,y) = \frac{E}{a\,b\,(-1+\nu^2)} \cdot \Big[b\,\nu\,(u_1 - u_3) + a\,(u_2 - u_8) +$$

$$+ x\,(-u_2 + u_4 - u_6 + u_8) + y\,\nu\,(-u_1 + u_3 - u_5 + u_7)\Big] \quad (4.78)$$

$$\sigma_{xy}(x,y) = \frac{-E}{2\,a\,b\,(1+\nu)} \cdot \Big[b\,(u_2 - u_4) + a\,(u_1 - u_7) +$$

$$+ x\,(-u_1 + u_3 - u_5 + u_7) + y\,(-u_2 + u_4 - u_6 + u_8)\Big] \quad (4.79)$$

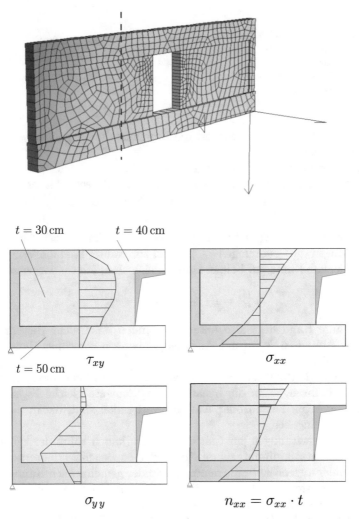

Abb. 4.35 Spannungsverläufe in einem vertikalen Schnitt durch eine Wandscheibe mit unterschiedlichen Wandstärken im LF g

Die Spannungen verlaufen also elementweise linear, was bedeutet, dass sie an den Elementgrenzen springen. Das Auge versucht automatisch die Sprünge zu glätten, indem es eine Ausgleichskurve durch die Spannungen legt. Dies entspricht auch der Erfahrung, denn die besten Ergebnisse erhält man immer im Mittelpunkt eines Elements. Selbst bei erheblichen Spannungssprüngen an den Elementkanten sind die Ergebnisse im Mittelpunkt noch brauchbar. Einen ähnlichen guten Ruf genießen die *Gausspunkte*, die Stützstellen der

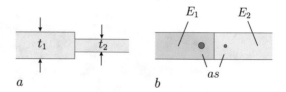

Abb. 4.36 a) Die Stärke der Scheibe springt, **b)** Der E-Modul ändert sich, und daher sind die Spannungen parallel zur Kante ungleich

numerischen Integration, weil dort die Ergebnisse meist genauer sind als im Rest des Elements, s. S. 88.

Bei der Mittlung der Spannungen an den Rändern der Elemente ist aber Vorsicht geboten. Schließen zwei Element mit unterschiedlicher Stärke aneinander an, s. Abb. 4.35 a, dann sind die Normalkräfte $N_n^{(1)} = \sigma_{nn}^{(1)} \cdot t_1 = \sigma_{nn}^{(2)} \cdot t_2 = N_n^{(2)}$ (senkrecht zur gemeinsamen Kante) gleich, aber die Verzerrung springt, $\varepsilon_{nn}^{(1)} \neq \varepsilon_{nn}^{(2)}$. Ist die Stärke gleich, aber ändert sich der E-Modul, dann springen die Spannungen σ_{tt} parallel zur Kante: Weil die Verzerrungen ε_{tt} parallel zur Kante auf beiden Seiten gleich sind, folgt – wir setzen $\nu = 0$

$$\sigma_{tt}^{(1)} = E_1\, \varepsilon_{tt} \neq E_2\, \varepsilon_{tt} = \sigma_{tt}^{(2)}\,. \tag{4.80}$$

Parallel zum Rand liegt also unter Umständen links mehr Bewehrung als rechts, s. Abb. 4.36. Wird mit Anfangsspannungen gerechnet, dann wird es noch komplizierter.

Ein gutes FE-Programm wird die Mittelung der Elementspannungen nur dann durchführen, wenn die benachbarten Elemente gleiche Eigenschaften haben, und keine Lasten oder Auflager vorhanden sind, die in die Mittelwertbildung eingehen.

Welche Auswirkungen ein *Glättungsprozess* haben kann, der keine Rücksicht auf die Statik nimmt, sei an einem kleinen Beispiel erläutert. Für zwei übereinander angeordnete Elemente, die an der gemeinsamen Kante gelagert sind, ergeben sich im LF g am oberen Element Druckspannungen und im unteren Element Zugspannungen, s. Abb. 4.37.

Mittelt man die Knotenspannungen zwischen oben und unten, dann ergibt sich im gelagerten Knoten der Wert null. Besteht die Anordnung aus nur je einem Element oben und unten, dann erhält man so in allen Knoten die Spannung null, und bei der Interpolation der Spannungen aus diesen Eckspannungen wieder den Wert null – überall. Bei je zwei Elementen oben und unten halbieren sich immer noch die Spannungen. Erst bei sehr vielen Elementen wird die Mittelwertbildung fast unerheblich.

Aus der Differenz zwischen den Elementwerten und den gemittelten Knotenwerten kann man ersehen, wie gut ein Netz dem Problem angepasst ist. Trägt man Isolinien (= Linien gleicher Spannung) z.B. auf eine Scheibe auf, so kommt es an den Elementrändern zum Versatz zwischen diesen Linien, und man hat so eine optische Kontrolle über die Güte eines Netzes.

Allerdings schlägt dieser Indikator häufig so stark aus, dass der Anwender ihn bald gar nicht mehr anschauen mag, und man ihm zu liebe die Span-

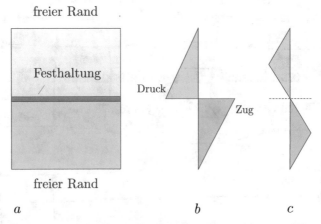

Abb. 4.37 Das obere Element drückt, das untere zieht an dem gemeinsamen Lager, **a)** System, **b)** Normalspannung im Element ohne Mittelung, **c)** mit Mittelung (beides bei je zwei Elementen)

nungen doch wieder glätten muss. Dabei sind Differenzen von 5 bis 15 % durchaus üblich und noch kein Warnzeichen. Auch Diskrepanzen in der Größenordnung von z.B. 40 % können noch tolerierbar sein, da man ja nicht notwendigerweise diese extremen Ausreißer verwendet, sondern sich z.B. auf die besseren Werte in den Elementmitten stützen kann.

4.11 Warum die Spannungen springen

Wenn die Spannungen springen, dann müssen doch auch die Einflussfunktionen springen. Wie kommt das?

Das sieht man in Abb. 4.38. Die äquivalenten Knotenkräfte, die die Einflussfunktion für σ_{yy} in dem oberen Punkt x_1 generieren, sind die Spannungen σ_{yy} der Einheitsverformungen φ_i in diesem Punkt. Weil nur die Einheitsverformungen des Elements, in dem x_1 liegt, Spannungen in dem Punkt x_1 erzeugen, werden nur die vier Knoten des Elementes belastet. Wenn der Punkt in das nächste Element wandert, $x_1 \to x_2$, dann verschwinden diese Knotenkräfte und tauchen an den vier Knoten des Nachbarelementes auf. Dieser plötzliche Sprung in den belasteten Knoten ist der Grund, warum die Spannungen springen: *Die Einflussfunktionen springen.*

Verschiebungen springen beim Überschreiten der Elementkanten nicht, weil sich die Einflussfunktionen beim Übergang über eine Elementlinie nicht ändern. Wäre es anders, dann wären die Elemente nicht konform – dann wären die *shape functions* unstetig.

Technisch ist es so, dass bei einer Verschiebungs-Einflussfunktion die beiden Knotenkräfte, die in Abb. 4.38 beim Wechsel ins Nachbarelement

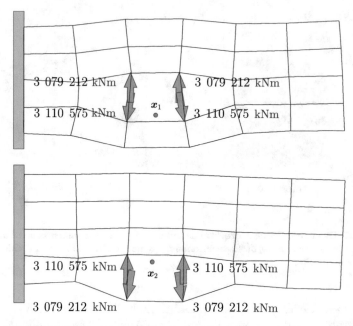

Abb. 4.38 FE-Einflussfunktion für σ_{yy} in zwei benachbarten Punkten und die Kräfte, die die Einflussfunktionen generieren

springen, gleich bleiben und die f_i in den anderen Knoten null sind, $f_i = \varphi_i(\boldsymbol{x} \pm 1\text{mm}) = 0$, wenn $\boldsymbol{x}$ auf der Kante liegt.

Am Verlauf der Einflussfunktionen in Abb. 4.39 erkennt man im übrigen, dass die Durchbiegungen bzw. die Verschiebungen in den Knoten am genauesten sind (bei 1-D Problemen sind sie dort sogar exakt, wenn EA oder EI konstant sind) und Spannungen sind es in der Mitte der Elemente. Wenn man Spannungen – gezwungenermaßen – an Knoten mittelt, dann ist das so, als ob man bei der Berechnung der Einflussfunktion für die Spannung die Elementgröße verdoppelt hätte.

4.12 Bemessung

Die FE-Programme gehen bei der Ermittlung der Dehnungen und Spannungen zunächst von einem isotropen, linear elastischem Werkstoff aus. Aus den rechnerisch ermittelten Spannungen $\sigma_{xx}, \sigma_{xy}, \sigma_{yy}$ werden dann die Hauptspannungen σ_I, σ_{II} berechnet und die Winkel ψ und $\psi + 90°$, um die die Hauptspannungen gegenüber dem Koordinatensystem gedreht sind.

Ausreichend wäre es dann theoretisch die Hauptzugspannungen – und gegebenenfalls auch die Hauptdruckspannungen – durch entsprechende Bewehrung

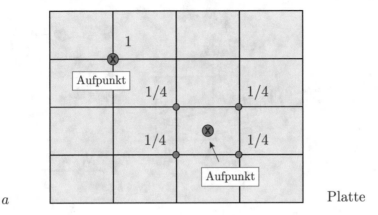

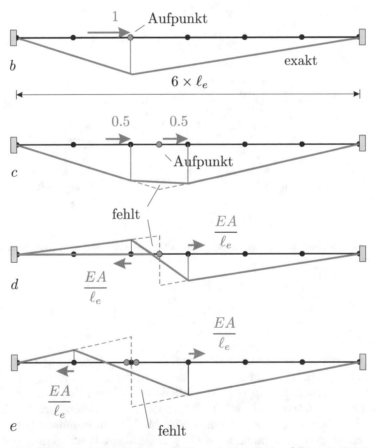

Abb. 4.39 Einflussfunktionen bei einer Platte und einem Stab, **a)** Lage der Knotenkräfte für die Durchbiegung der Platte in einem Knoten und in Elementmitte – das punktgenau gelingt in einem Knoten am besten, **b)** Einflussfunktion für eine Knotenverschiebung, **c)** für die Verschiebung in Elementmitte, **d)** für die Normalkraft in Elementmitte und **e)** für den Mittelwert der Normalkraft in einem Knoten, Mittel aus links und rechts

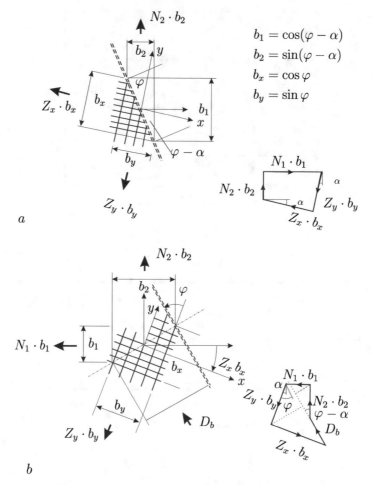

$$b_1 = \cos(\varphi - \alpha)$$
$$b_2 = \sin(\varphi - \alpha)$$
$$b_x = \cos\varphi$$
$$b_y = \sin\varphi$$

Abb. 4.40 Gleichgewicht der Kräfte **a)** im Riss und **b)** senkrecht zum Riss, nach Leonhardt, [80]

$$as_I = \frac{\sigma_I}{f_{yd}} \qquad (4.81)$$

abzudecken.

Weil der Beton kein isotroper Werkstoff ist, und die Bewehrung meist nicht in Richtung der Hauptspannungen verläuft, sind für die Bemessung von *Baumann* [15] und *Stiglat, Wippel* [132] spezielle Modelle entwickelt worden, mit denen man die Beton- und Stahlkräfte im gerissenen Beton herleiten kann. Für die Scheibenbemessung wird meist das Modell von Baumann benutzt.

In dem Modell wird punktweise ein geschlossenes Krafteck aus der Betondruckstrebe, der Zugkraft im Beton und der Zugkraft im Stahl gebildet, wobei die Rissneigung φ des Betons gegenüber der Bewehrung als zusätzlicher

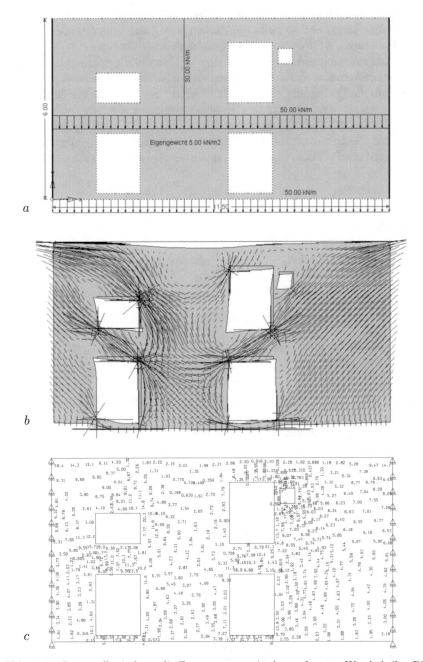

Abb. 4.41 Dargestellt sind nur die Zugspannungen in der verformten Wandscheibe. Die Wandscheibe hängt links und rechts an Querwänden

Parameter das Krafteck beeinflusst, s. Abb. 4.40. Formal ist das Problem statisch unbestimmt, und so muss die Rissneigung durch eine Nebenbedingung, das Minimum der Formänderungsarbeit, berechnet werden.

Im folgenden bezeichnet $\alpha < 45°$ den Winkel der Bewehrung as-x gegenüber der x-Achse, s. Abb. 4.40. Gegebenenfalls sind die Achsen zu vertauschen, um die Bedingung $\alpha < 45°$ einzuhalten. Ferner seien die Bezeichnungen so gewählt, dass die aus den Hauptspannungen resultierenden Normalkräfte N_1 und N_2 wie folgt geordnet seien: $|N_1| > |N_2|$ und $N_1 > 0$.

Ist der Ausnutzungsgrad der beiden Bewehrungsrichtungen gleich groß, davon geht man stillschweigend aus, dann ist $\varphi = 45°$ und man erhält für

$$k = \frac{N_2}{N_1} \geq -\tan(\alpha + \frac{\pi}{4}) \cdot \tan \alpha \qquad (4.82)$$

die Kräfte zu

$$Z_x = N_1 + \frac{N_1 - N_2}{2} \cdot \sin 2\alpha \cdot (1 - \tan \alpha) \qquad (4.83a)$$

$$Z_y = N_2 + \frac{N_1 - N_2}{2} \cdot \sin 2\alpha \cdot (1 + \tan \alpha) \qquad (4.83b)$$

$$D_b = (N_1 - N_2) \cdot \sin 2\alpha \,. \qquad (4.83c)$$

Ist die kleinere Hauptspannung σ_{II} eine Druckspannung und genügt der Quotient k der Ungleichung

$$k = \frac{N_2}{N_1} < -\tan(\alpha + \frac{\pi}{4}) \cdot \tan \alpha \,, \qquad (4.84)$$

ist also klein genug, dann lauten die Kräfte

$$Z_x = \frac{N_2}{\sin^2 \alpha + k \cdot \cos^2 \alpha} \qquad Z_y = 0 \qquad (4.85a)$$

$$D_b = (N_1 - N_2) \cdot \frac{\sin 2\alpha}{\sin 2\varphi} \,, \qquad \cot \varphi = \frac{\tan \alpha + k \cdot \cot \alpha}{k - 1} \,, \qquad (4.85b)$$

und man kann wegen $Z_y = 0$ auf die Bewehrung in y-Richtung verzichten.

Ist die Druckkraft D_b größer als die von der Betondruckstrebe maximal aufnehmbare Druckkraft D_b^{zul}, so muss Druckbewehrung eingelegt werden

$$a_{sD} = \frac{D_b - D_b^{zul}}{f_{yd}} \qquad D_b^{zul} = A_b \cdot f_{cd} \,. \qquad (4.86)$$

Ein genauer Nachweise verlangt allerdings noch die Berücksichtigung des Winkels zwischen der Druckkraft und der Druckbewehrung. Nur wenn die Bewehrungsrichtung und die Hauptdruckkraft denselben Winkel haben, kann der maximal zulässige Bewehrungsgrad von 9 % ausgenutzt werden.

In dem größten Teil einer Wandscheibe sind jedoch die Regeln des EC2 über die *Mindestbewehrung* für die Bemessung maßgebend.

Vom Einbau einer verteilten, netzartigen Bewehrung – abgesehen von der Mindestbewehrung – geht man in der Praxis aber oft ab und konzentriert statt dessen lieber die Bewehrung bei wandartigen Trägern unten im Zuggurt, weil man davon ausgeht, dass sich im gerissenen Beton die Gewölbewirkung viel stärker ausprägt, als das im Rechenmodell erfasst wird, [111].

Generell wird bei der Bemessung von Scheiben auch gerne mit Fachwerkmodellen gearbeitet, einmal wohl wegen der Nähe zur Fachwerkanalogie der Stahlbetonbemessung und weil die Methode sehr anschaulich ist, aber es ist zu fragen, ob nicht doch eine echte zweidimensionale Tragwerksanalyse – auch wenn der Beton teilweise gerissen ist – die Spannungsverteilung in der Scheibe genauer beschreibt, s. Abb. 4.41.

4.13 Mehrgeschossige Wandscheibe

Die mehrgeschossige Wandscheibe in Abb. 4.42 soll als Beispiel dafür dienen, wie man eine größere FE-Berechnung mit einer Handberechnung kontrollieren kann. Wir zitieren nachstehend aus [16].

Die Stahlbetonscheibe ist 25 cm dick. Der E-Modul beträgt $30\,000\,\mathrm{MN/m^2}$ und die Querdehnung ist $\nu = 0.0$. Untersucht wurde nur der in Abb. 4.42 gezeigte Lastfall bestehend aus Eigengewicht, Stockwerkslasten und Windlasten. Gerechnet wurde mit dem Element von Wilson (Q4 + 2).

Zum Vergleich wurden die Lagerkräfte an einem Zweifeldträger mit der Ersatzsteifigkeit

$$
\begin{aligned}
EI &= E \cdot \frac{h^3 \cdot b}{12} \\
&= \frac{30\,000\,\mathrm{MN/m^2} \cdot (13.06\,\mathrm{m})^3 \cdot 0.25\,\mathrm{m}}{12} = 1\,392\,225\,\mathrm{MNm^2}
\end{aligned}
\tag{4.87}
$$

und mit entsprechender Ersatzbelastung und elastischen Lagern

$$
c_w = \frac{EA_{\mathrm{Stütze}}}{h_{\mathrm{Stütze}}} = \frac{30\,000\,\mathrm{MN/m^2} \cdot 0.4\,\mathrm{m} \cdot 0.25\,\mathrm{m}}{4.74\,\mathrm{m}} = 633\,\mathrm{MN/m}
\tag{4.88}
$$

nachgerechnet, s. Abb. 4.43. Die Ergebnisse stimmen gut, wie man in Tabelle 4.5 ablesen kann, mit den FEM/BEM-Ergebnissen überein.

Um die Schnittkräfte zu kontrollieren, s. Abb. 4.44, wurden zwei Schnitte an den Stellen $x = 3$ m und $x = 10$ m gelegt, s. Tabelle 4.6 und Abb. 4.45. Die Normalkraft $N = N_x$ und die Querkraft $V = N_{xy}$ ergaben sich direkt durch Integration der Spannungen σ_{xx} bzw. σ_{xy}. Im Schnitt $x = 10.0$ betrugen die Druckkraft D und die Zugkraft Z in dem Querschnitt $\pm\,584.6$ kN, waren also gleich groß, so dass gesamthaft auch die Normalkraft $N = 0$ war. Der Abstand der Wirkungslinien von D und Z betrug 4.21 m. Das daraus resultierende

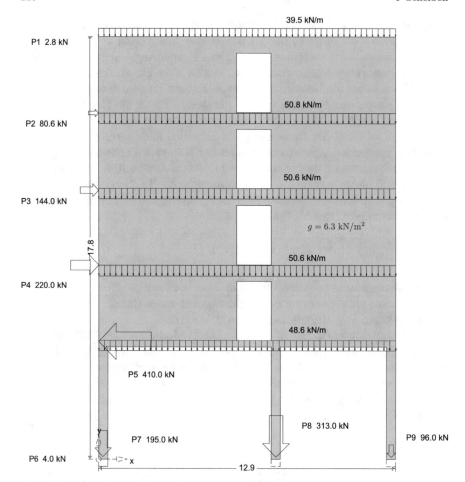

Abb. 4.42 Mehrgeschossige Wandscheibe

Tabelle 4.5 Lagerkräfte in kN der Wandscheibe in Abb. 4.42

Auflager	FEM	Stabstatik	Abweichung %	BEM
A_H	41	41	0.0	41
A_V	1493	1536	2.90	1498
B_V	1701	1589	6.60	1686
C_V	1503	1570	4.50	1511

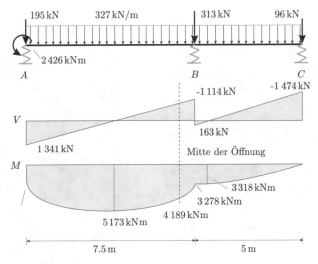

Abb. 4.43 Ersatzsystem

Tabelle 4.6 Vergleich der Schnittkräfte der Wandscheibe in Abb. 4.42

x = 3.0 m	FEM	Stabstatik	Abweichung %
N [kN]	0	0	0
V [kN]	330	425	29
M [kNm]	4506	4898	8.7
x = 10.0 m	FEM	Stabstatik	Abweichung %
N [kN]	0	0	0
V [kN]	-458	-590	28.8
M [kNm]	2461	2787	13.2

innere Moment

$$M = 584.6\,\text{kN} \cdot 4.21\,\text{m} = 2461.1\,\text{kNm} \tag{4.89}$$

stimmt relativ gut mit dem Balkenmoment von 2787 kNm überein.

Nach Heft 240 ergibt sich der Hebelarm z zu 7.5 m, wenn man, wegen des ‚durchhängenden' Momentes zur Bestimmung von z von einem Einfeldträger ausgeht. Die Zugkraft Z und die Feldbewehrung A_s betragen somit

$$Z_{\text{Feld 1}} = \frac{5173.7\,\text{kNm}}{7.5\,\text{m}} = 689.8\,\text{kN} \qquad A_s = \frac{689.8\,\text{kN}}{28.6\,\text{kN/m}^2} = 24.1\,\text{cm}^2, \tag{4.90}$$

während sich im Streifen S_1 gemäß FE-Programm, s. Abb. 4.46, der folgende Stahlquerschnitt ergibt

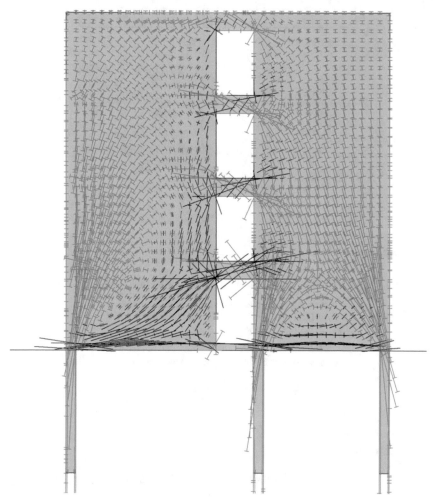

Abb. 4.44 Hauptspannungen, man beachte die schräg geneigten Zug- und Druckstreben in den Stürzen über den Türen – von links nach rechts ändern die Momente ihre Vorzeichen

$$A_s = 30\,\mathrm{cm}^2/\mathrm{m} \cdot 0.26\,\mathrm{m} + (26\,\mathrm{cm}^2/\mathrm{m} + 13\,\mathrm{cm}^2/\mathrm{m}) \cdot \frac{1}{4} \cdot 2.5\,\mathrm{m} = 32.2\,\mathrm{cm}^2\,.$$

$$(4.91)$$

Die Kontrolle der Stürze über den Türen ist nicht so einfach zu führen, da die Verteilung der Querkräfte auf die Stürze nur geschätzt werden kann. Bei dem Gurt über dem Erdgeschoss wurde unterstellt, dass er sich im Zustand II befindet und deshalb keine Querkraft überträgt. Nimmt man an, dass alle Stockwerke gleich belastet sind, dann wächst die Querkraft im Schnitt linear an. (Dies zeigte sich auch so in der Grafik). Der oberste Sturz, im vierten

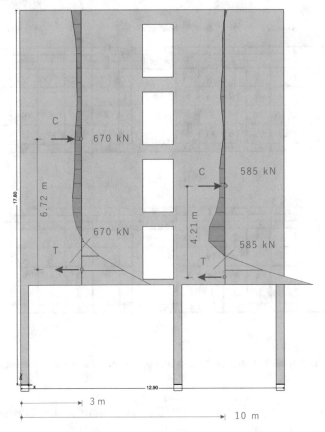

Abb. 4.45 Spannungen σ_{xx} in zwei Schnitten und zugehörige Druck- und Zugkräfte

Geschoss, trägt dann $V_{4.\text{OG}}$ ab, der darunter liegende $2 \cdot V_{4.\text{OG}}$ etc., so dass die Querkraft im Schnitt sich wie folgt zusammensetzt

$$V = V_{4.\text{OG}} + V_{3.\text{OG}} + V_{2.\text{OG}} + V_{1.\text{OG}}$$
$$= V_{4.\text{OG}} + 2 \cdot V_{4.\text{OG}} + 3 \cdot V_{4.\text{OG}} + 4 \cdot V_{4.\text{OG}} = 10 \cdot V_{4.\text{OG}} \,. \tag{4.92}$$

Ähnliche Überlegungen gelten für die Druck- und Zugkräfte in den Gurten. Es wird angenommen, dass in den oberen Stürzen, bis zum 2. Obergeschoss nur Druckkräfte vorhanden sind, die, da sie die Bewehrung mindern würden, nicht berücksichtigt werden, während in den unteren zwei Stürzen Zugkräfte wirken. Der Hebelarm z wird gleich dem Achsabstand des obersten Gurtes (4. OG) und des untersten Gurtes (EG) gesetzt

$$z = 13.06 \,\text{m} - \frac{1}{2}\, 0.7 \,\text{m} - \frac{1}{2}\, 0.26 \,\text{m} = 12.58 \,\text{m} \,. \tag{4.93}$$

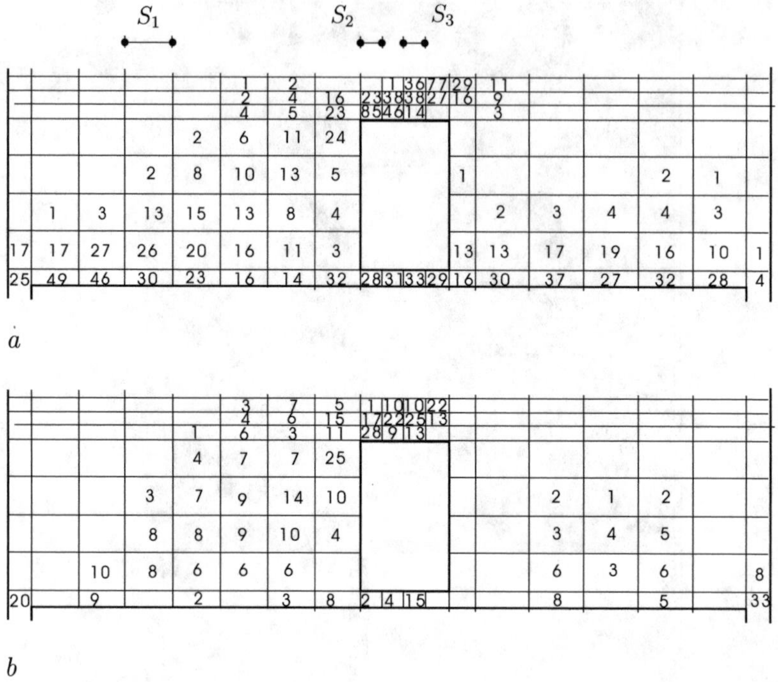

$$S_1 \qquad\qquad S_2 \quad S_3$$

Abb. 4.46 Detail der Bewehrung, a) in x-Richtung in cm^2/m, b) in y-Richtung in cm^2/m

Die Zugkraft $Z = M/z$ wird anteilig je zur Hälfte auf die beiden Gurte aufgeteilt

$$Z_{1.\,\mathrm{OG}} = Z_{\mathrm{EG}} = \frac{1}{2}\,\frac{M}{z}\,. \qquad\qquad (4.94)$$

Das Moment M und die Querkraft V im Schnitt betragen gemäß der Balkenanalogie, s. Abb. 4.43,

$$M = 4189.2\,\mathrm{kNm} \qquad V = -802.9\,\mathrm{kN}\,, \qquad\qquad (4.95)$$

womit man die folgenden, zur Sturzbemessung benötigten Werte,

$$V_{4.\mathrm{OG}} = \frac{1}{10}\,(-802.9\,\mathrm{kN}) = -80.3\,\mathrm{kN} \qquad\qquad (4.96\mathrm{a})$$

$$V_{3.\mathrm{OG}} = -160.6\,\mathrm{kN}\,, \ V_{2.\mathrm{OG}} = -240.9\,\mathrm{kN}\,, \ V_{1.\mathrm{OG}} = -321.2\,\mathrm{kN} \qquad (4.96\mathrm{b})$$

$$Z_{1.\mathrm{OG}} = Z_{\mathrm{EG}} = \frac{1}{2}\,\frac{4189.2\,\mathrm{kNm}}{12.58\,\mathrm{m}} = 166.5\,\mathrm{kN} \qquad\qquad (4.96\mathrm{c})$$

erhält.

Beispielhaft sollen hier nur die Bemessung des am stärksten belasteten Sturzes über dem ersten Obergeschoss sowie des Sturzes über dem Erdgeschoss gezeigt werden.

Bemessung des Sturzes über 1. OG

$$Z = 166.5\,\text{kN}\,, \qquad V = -321.2\,\text{kN}\,, \tag{4.97a}$$

$$M = \pm(-321.2\,\text{kN})\frac{1.5\,\text{m}}{2} = \pm 240.9\,\text{kNm} \tag{4.97b}$$

Biegebemessung[9]

$$z_s = \frac{0.7\,\text{m}}{2} - 0.05\,\text{m} = 0.3\,\text{m}\,, \qquad h = 0.7\,\text{m} - 0.05\,m = 0.65\,\text{m} \tag{4.98a}$$

$$M_s = M - N\,z_s = 240.9\,\text{kNm} - 166.5\,\text{kN}\,0.3\,\text{m} = 191.0\,\text{kNm} \tag{4.98b}$$

$$k_d = \frac{h\,[\text{cm}]}{\sqrt{M_s\,[\text{kNm}]\,/\,b\,[\text{m}]}} = \frac{65\,\text{cm}}{\sqrt{191.0\,\text{kNm}/0.25\,\text{m}}} = 2.4 \tag{4.98c}$$

$$A_s = k_s \cdot \frac{M_s[\text{kNm}]}{h[\text{cm}]} + \frac{10 \cdot [\text{kN}]}{286} \tag{4.98d}$$

$$= 3.9 \cdot \frac{191.0\,\text{kNm}}{65\,\text{cm}} + \frac{10 \cdot 166.5\,\text{kN}}{286} = 17.3\,\text{cm}^2 \tag{4.98e}$$

Schubbemessung

$$\tau_0 = \frac{V}{b \cdot z} \leq \max \tau_0 \quad \text{mit} \quad z = 0.85\,h \tag{4.99a}$$

$$\tau_0 = \frac{0.3212\,\text{MN}}{0.25\,\text{m} \cdot 0.85 \cdot 0.65\,\text{m}} = 2.33\,\text{MN/m}^2 \leq \tau_{03} = 3.0\,\text{MN/m}^2 \tag{4.99b}$$

$$a_s = \frac{\tau_0\,b}{\beta_s/1.75} = \frac{2330\,\text{kN/m}^2 \cdot 0.25\,\text{m}}{28.6\,\text{kN/cm}^2} = 20.4\,\text{cm}^2/\text{m} \tag{4.99c}$$

Aufhängebewehrung

$$A_s = \frac{V}{\beta_s/1.75} = \frac{321.2\,\text{kN}}{28.6\,\text{kN/cm}^2} = 11.2\,\text{cm}^2 \tag{4.100}$$

Bemessung des Sturzes über EG

$$Z = 166.5\,\text{kN}\,, \qquad V = 0\,\text{kN}\,, \qquad M = 0\,\text{kNm} \tag{4.101}$$

Biegebemessung

$$A_s = \frac{Z}{\beta_s/1.75} = \frac{166.5\,\text{kN}}{28.6\,\text{kN/cm}^2} = 5.8\,\text{cm}^2 \quad \text{je 2.9 cm}^2 \text{ oben und unten} \tag{4.102}$$

---

[9] nach DIN 1045

Aus den Bildern 4.46 a und b liest man für die FE-Bewehrung die folgenden
Werte ab

$$A_{\text{Obergurt}} = (85\,\text{cm}^2/\text{m} + 23\,\text{cm}^2/\text{m}\ ) \cdot \frac{1}{3} \cdot 0.7\,\text{m} = 25.2\,\text{cm}^2 \qquad (4.103a)$$

$$(\text{im Streifen } S_2)$$

$$A_{\text{Untergurt}} = 33\,\text{cm}^2/\text{m} \cdot 0.26\,\text{m} = 8.6\,\text{cm}^2 \qquad\qquad\qquad (4.103b)$$

$$\text{jeweils } 4.3\,\text{cm}^2 \text{ oben und unten (Streifen } S_3)$$

4.14 Wandscheibe mit angehängter Last

Das nächste Beispiel ist die Wandscheibe in Abb. 4.47 mit einer großen
Öffnung in deren Ecken die Spannungen theoretisch singulär werden. Die
Lager der Wandscheibe haben eine Tiefe von 25 cm. Im FE-Modell wurde
sicherheitshalber mit einer Spannweite von 7.75 m gerechnet. Die Scheibe
wurde auf zwei Punktlager gestellt.

Unser Interesse gilt hier zwei Details: Dem Gurt unter der Öffnung und
den Singularitäten in den Ecken. Belastet man einen Ersatzträger mit der
gleichen Vertikallast, so entsteht in der Mitte der Öffnung ein Moment M
von 531 kNm und somit näherungsweise im Ober- bzw. Untergurt die Druck-
und Zugkräfte

$$D = Z = \pm\frac{531}{3.51} = 151.3\,\text{kN} \quad z = 3.51\,\text{m} \quad (\text{Abstand der Gurte})\,. \quad (4.104)$$

Die Schnittgrößen in dem Untergurt betragen nach Balkentheorie

$$M = \frac{(40 + 5 \cdot 0.33) \cdot 3.3^2}{8} = 56.7\,\text{kNm}\,, \ V = \frac{41.65 \cdot 3.3}{2} = 68.7\,\text{kN}, \quad (4.105)$$

woraus sich, unter Berücksichtigung der Zugkraft $Z = 151.3$ kN, nach dem
k_d-Verfahren ein A_S von 10.9 cm^2 ergibt,

$$M_s = M - N\,z_s = 56.7\,\text{kNm} - 151\,\text{kN} \cdot 0.115\,\text{m} = 38.58\,\text{kNm} \qquad (4.106a)$$

$$k_d = \frac{28}{\sqrt{38.6/0.2}} = 2.0 \quad \rightarrow \quad k_s = 4.1 \qquad\qquad\qquad (4.106b)$$

$$A_s = 4.1\,\frac{38.58}{28} + \frac{151}{28.6} = 10.9\,\text{cm}^2\,. \qquad\qquad\qquad (4.106c)$$

In Abb. 4.48 sind die as-x Werte pro lfd. m in den Knoten angetragen. Durch
Integration über die Querschnittshöhe mittels der Trapezformel berechnet
man daraus den resultierenden A_s-Wert

$$A_s = \frac{6\,\text{cm}^2/\text{m} + 16.5\,\text{cm}^2/\text{m} \cdot 2 + 60.6\,\text{cm}^2/\text{m}}{2} \cdot 0.33\,\text{m} = 16.4\,\text{cm}^2\,, \quad (4.107)$$

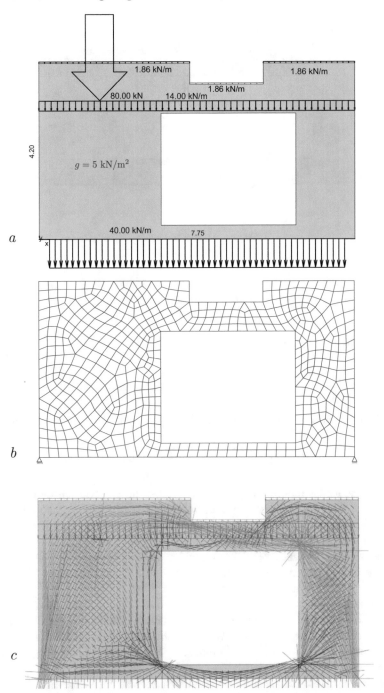

Abb. 4.47 Wandscheibe, **a)** System und Belastung, **b)** FE-Netz, **c)** Hauptspannungen

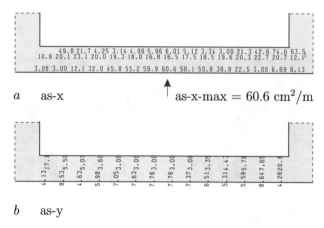

a   as-x   ↑ as-x-max $= 60.6\,\mathrm{cm}^2/\mathrm{m}$

b   as-y

Abb. 4.48 Bewehrung im Untergurt, **a)** as-x in cm^2/m, **b)** as-y in cm^2/m

der größer ist als der Wert nach der Balkenanalogie. Mit der Querkraft V aus der Balkenanalogie erhält man für die Schubbewehrung

$$\tau_0 = \frac{V}{b \cdot z} = \frac{0.687\,\mathrm{MN}}{0.2\,\mathrm{m} \cdot 0.85 \cdot 0.28\,\mathrm{m}} = 1.44\,\mathrm{MN/m}^2 < \tau_{02} = 1.80\,\mathrm{MN/m}^2$$

$$(4.108)$$

$$\tau = \frac{1.44^2}{1.80} = 1.15 \qquad a_s = \frac{1.15 \cdot 20}{2.86} = 8\,\mathrm{cm}^2/\mathrm{m}\,.$$

$$(4.109)$$

Das Integral von as-y über die Höhe des Untergurts ergibt gemäß Abb. 4.48

$$\int_0^{0.33} \mathrm{as\text{-}y}\, dy = \frac{1}{2} \cdot \frac{4.13 + 2 \cdot 17.3 + 0}{2} \cdot 0.33 = 3.20\,\mathrm{cm}^2\,.$$

$$(4.110)$$

Die Länge der Elemente – und damit der Abstand der Knoten in x-Richtung – beträgt 0.25 m, so dass die Schubbewehrung pro lfd. m $3.20 \cdot 4 = 12.8$ cm^2 beträgt. Auch diese ist also größer als die rechnerische Schubbewehrung. Diese Stichproben mögen genügen.

Das zweite Thema, das wir anschneiden wollen, sind die singulären Spannungen in den Ecken der Öffnung, s. Abb. 4.49. Es macht keinen Sinn durch noch so feine Elementierung einen genauen Wert berechnen zu wollen, denn je feiner man unterteilt, desto größer werden die Spannungen. Zum Glück ist es jedoch so, dass das Integral der Spannungen längs eines Kontrollschnittes, etwa über eine Länge von 50 cm, relativ stabil ist, und daher sollte man in solchen Punkten nicht Knotenwerte einzelner Spannungen betrachten, sondern Integrale der Spannungen.

In einem horizontal verlaufenden Schnitt von 50 cm Länge in der unteren linken Ecke der Öffnung ergaben sich als resultierende Schnittkraft für drei verschiedene Elementlängen, 0.5 m, 0.25 m und 0.20 m, die folgenden drei

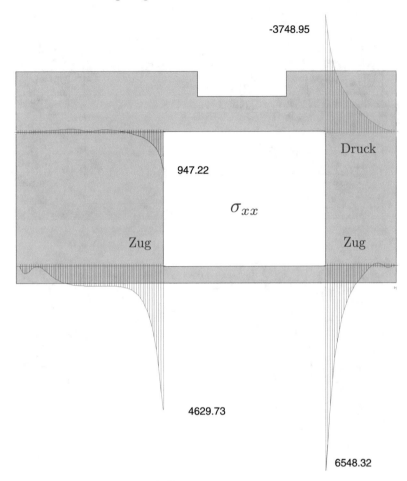

Abb. 4.49 Spannung σ_{xx} in kN/m^2 in horizontalen Schnitten

Werte

$$N_x = 238\,\text{kN} \ (0.50\,\text{m}) \quad = 246\,\text{kN} \ (0.25\,\text{m}) \quad = 254\,\text{kN} \ (0.20\,\text{m})\,. \quad (4.111)$$

Um den maximalen Wert abzudecken, benötigt man auf 0.5 m in horizontaler Richtung

$$A_s = \frac{254\,\text{kN}}{28.6\,\text{kN/cm}^2} = 8.9\,\text{cm}^2\,. \quad (4.112)$$

In analoger Weise kann man den Stahlbedarf in vertikaler Richtung ermitteln. Diesem Stahlbedarf hinzuzuschlagen ist noch die Aufhängebewehrung aus der Last im Untergurt. In analoger Weise kann man die anderen Ecken behandeln, und mit den so von Hand ermittelten Querschnitten sind die größ-

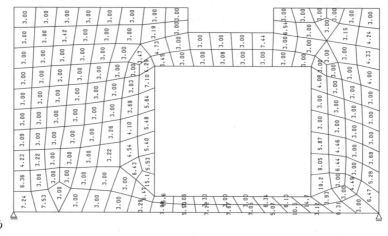

Abb. 4.50 Bewehrung, **a)** as-x in cm^2/m und **b)** as-y in cm^2/m bei einer Elementlänge von 0.5 m

ten Beanspruchungen abgedeckt, und außerhalb der Ecke kann man auf die as-Werte aus der FE-Bewehrung zurückgreifen. Im größten Teil der Wand ist dann nur die Mindestbewehrung erforderlich, s. Abb. 4.50.

4.15 Ebene Probleme der Bodenmechanik

In der Bodenmechanik werden Probleme gerne als ebene Probleme, also als Scheibenprobleme formuliert. Auf drei Punkte wollen wir dabei im folgenden hinweisen.

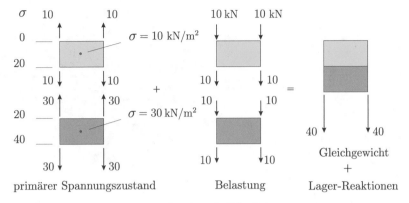

Abb. 4.51 Primärspannungszustand und zusätzliche Belastung

4.15.1 Eigenspannungen und Primärlastfälle

Eine besondere Aufmerksamkeit verdient die Berücksichtigung von Bauzuständen. Bei nichtlinearen Berechnungen ist es erforderlich, auf einen primären Spannungszustand aufzusetzen, damit der korrekte *Spannungspfad* berücksichtigt wird. Es kann aber auch passieren, dass Elemente ganz entfernt werden oder in ihrer Festigkeit reduziert werden, etwa beim Ausspülen einer Injektion oder beim Auftauen eines Frostkörpers. Dann entstehen Lasten aus dem Wegfall von Spannungen. Um dieses EDV-gerecht vollautomatisch berücksichtigen zu können, muss man alle Spannungen aller Elemente in Lasten rückrechnen, die dann beim Aufsummieren über alle Elemente sich in den ungestörten Bereichen gerade aufheben und nur an den gestörten Rändern zu echten Lasten führen.

Die Berechnung dieser Knotenlasten des Primärzustandes erfolgt über das *Prinzip der virtuellen Verrückungen* in der Form eines Gebietsintegrals.

Im Abb. 4.51 seien die Spannungen infolge Eigengewicht am oberen Rand gerade null, in der Mittellinie mögen sie 20 MPa betragen und am unteren Rand seien es 40 MPa. Im Schwerpunkt der Elemente ergeben sich dann Spannungen von 10 MPa und 30 MPa. Damit erhält man aus dem Primärzustand jeweils entgegengesetzt wirkende Kräfte: Im oberen Element von 10 kN, im unteren von 30 kN (alle Breiten = 1.0). Addiert man die Eigengewichtslasten von 10 kN in allen Elementknoten, so heben sich die Kräfte in allen Knoten gerade auf. In der unteren Knotenreihe ergeben sich jedoch die Gesamtlasten, die unmittelbar als Auflagerkraft wirken.

Würde man das Eigengewicht nicht aufbringen, ergäben sich nach oben gerichtete Belastungen, die gerade von der gleichen Größenordnung sind, wie die Belastung und somit zu Verschiebungen bzw. Spannungen führen würden, die zusammen mit den Primärspannungen gerade null ergeben.

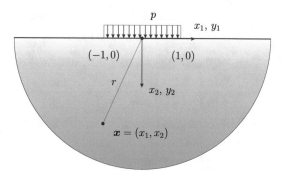

Abb. 4.52 Streckenlast
am Rand der elastischen
Halbebene

Dabei stellt sich bei den Horizontalspannungen noch ein besonderer Effekt ein. Da diese nicht unmittelbar mit Lasten im Gleichgewicht stehen, ergeben sich diese einzig aus der Querkontraktionszahl ν in der Größe des $\nu/(1-\nu)$-fachen der Vertikalspannungen. Nun ist es aber durchaus üblich dass der sogenannte *Seitendruckbeiwert* des Bodengutachters nicht diesem Wert entspricht, da infolge geologischer Vorbelastungen eine Plastifizierung stattgefunden hat. Der Körper wird dann auch bei vollständiger vertikaler Entlastung nicht spannungsfrei sein.

Interessanterweise ergibt auch bei einem Element mit konstantem Verschiebungsansatz eine linear zunehmende Spannung infolge Eigengewicht exakt die gleichen Knotenkräfte wie das Eigengewicht, so dass die Methode auch in diesem Falle noch funktioniert.

4.15.2 Setzungsberechnung

Bei der Setzungsberechnung gibt es einen merkwürdigen Effekt: Je größer man das Netz macht, desto größer wird die Setzung.

Dies Phänomen hat mit dem *Logarithmus naturalis*, $\ln r$, zu tun. Eine Einzelkraft $P = 1$, die am Rand der elastischen Halbebene angreift, erzeugt einen Setzungstrichter, der wie der Logarithmus aussieht. Im Punkt $r = 0$ hat die Verschiebung einen Pol. Dort ist sie unendlich groß. Entfernt man sich von der Kraft, dann klingt die Verschiebung zunächst bis auf null ab, um dann zwar sehr, sehr langsam aber unaufhörlich anzusteigen und dem anderen Pol, im Punkt $r = \infty$, entgegenzustreben, denn der Logarithmus hat *zwei* Unendlichkeitsstellen.

Das bedeutet, dass für Belastungen des ebenen Halbraums, die nicht mit sich im Gleichgewicht sind (Gleichgewichtsgruppen), keine endliche Verschiebung existiert. Wenn man das FE-Netz größer macht, erhält man größere Verformungen, und wenn man es unendlich groß machen könnte, so würde man auch unendlich große Verschiebungen erhalten.

Damit sich das auch so zeigt, darf sich kein Gewölbe unter dem Fundament ausbilden. Das Netz darf also seitlich nicht gekappt werden, sonst könnten sich die Druckspannungen gegen die imaginären Spundwände ($u = 0$) abstützen.

Es muss also eine unbehinderte Ausdehnung des Bodens möglich sein. Wächst das Netz in die Tiefe, so muss es auch in die Breite wachsen.

Nehmen wir an, die Belastung $p(\boldsymbol{x}) = p(x_1, x_2)$ greife am Rand des Halbraums, $x_2 = 0$, im Intervall $-1 \leq x_1 \leq +1$ an, s. Abb. 4.52. Die Vertikalverschiebung des Bodens in einem Punkt $\boldsymbol{x} = (x_1, x_2)$ unterhalb der Oberfläche lautet dann, wenn wir etwas vereinfachen und uns auf das Wesentliche konzentrieren,

$$v(\boldsymbol{x}) = \int_{-1}^{+1} \frac{1}{2\pi} \ln r \, p(\boldsymbol{y}) \, ds\boldsymbol{y} \,. \tag{4.113}$$

Die Punkte, in denen die Belastung wirkt und über die summiert wird, heißen jetzt $\boldsymbol{y} = (y_1, y_2)$, um sie vom Aufpunkt $\boldsymbol{x} = (x_1, x_2)$ zu unterscheiden.

Für einen Maulwurf, der sich in die Erde gräbt, schrumpft die Linienlast, die das Fundament darstellt, von weit unten gesehen zu einer Einzelkraft zusammen. Der Maulwurf kann keinen Unterschied mehr zwischen einer Einzelkraft und der Streckenlast erkennen. Mit wachsendem Abstand r von der Erdoberfläche gilt also

$$v(\boldsymbol{x}) = \frac{1}{2\pi} \ln r \int_{-1}^{+1} p(y_1, 0) \, dy_1 = P \cdot \frac{1}{2\pi} \ln r \,, \tag{4.114}$$

wenn P die Resultierende der Streckenlast ist, was bedeutet: Wenn wir das Netz nur groß genug machen, dann versinkt das Streifenfundament, wie eine Einzelkraft im Boden.

Das ist eigentlich auch anschaulich klar: Legt man den Nullpunkt nach unten, also dort, wo das Netz aufhört, so greift die Linienlast in einer Höhe $h = \dots$ oberhalb dieser Linie an. Und je höher die Erdscheibe ist, um so mehr wird sie aus der Sicht des Maulwurfs, der sich in Ruhe wähnt, zusammengedrückt.

Ganz anders verhält es sich mit den Spannungen im Boden. Sie zeigen die typische $1/r$-Singularität und sie werden somit immer kleiner, je weiter man sich von der Last entfernt. Spannungen kann man also berechnen, Setzungen nicht.

Zur Lösung dieses Problems gibt es verschiedene Möglichkeiten: Wie bei der Handrechnung, wo man sich z.B. für Grundwasserabsenkungen eine Reichweite nach *Sichardt* wählt, oder eben für Setzungsberechnungen eine Grenztiefe definiert, legt man auch bei einer FE-Berechnung willkürlich eine Grenze für das Netz nach unten fest und setzt dort $v = 0$. Jeder Anwender hat wohl seine eigene empirische Faustformel für diese Grenztiefe. Es ist natürlich eine etwas willkürliche Abgrenzung, solange man diesen Wert nicht an 3D-(Gedanken)Modellen ausrichtet.

Die zweite Möglichkeit wurde z.B. von *Duddeck* bei der Berechnung von Schildvortrieben gewählt. In einem vielleicht etwas willkürlichen, aber durchaus vernünftigem Akt, wurde einfach ein Lastteil eliminiert, so dass sich eine Gleichgewichtsgruppe von Kräften ergab. Wenn man dies nicht beachtet, so

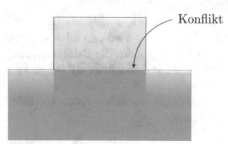

Abb. 4.53 Bauklötze

erhält man immer eine resultierende Kraft nach oben, die aus dem Auftrieb der Tunnelröhre durch den Erddruck resultiert.

Die dritte Möglichkeit schließlich berücksichtigt einen mit der Tiefe zunehmenden Elastizitätsmodul, so dass sich wieder eine endliche Lösung ergibt. Diese Methode ist allerdings wegen der starken Abhängigkeit vom Lastbild nicht so ohne weiteres anwendbar.

Angemerkt sei noch, dass bei räumlichen Problemen, wo ja die Setzungen, die eine Einzelkraft verursacht, sich wie $1/r^2$ verhalten, dieses Phänomen nicht auftritt.

4.15.3 Diskontinuitäten

Bodenplatte und Baugrund haben verschiedene Steifigkeiten. Allein das kann schon zu Problemen führen. Wenn man einen Bauklotz auf einen zweiten Bauklotz legt, s. Abb. 4.53, dann sieht das harmlos aus, und doch können in der Lagerfuge zwischen beiden Klötzen Spannungsspitzen oder sogar echte Singularitäten entstehen. Die Größe der Spannungsspitzen hängt vom Verhältnis der Steifigkeiten der beiden Bauklötze ab. Die Grenzfälle werden, wie der Grundbauer weiß, von zwei entgegengesetzten Polen, der schlaffen und der starren Lastfläche markiert.

Im ersten Fall (E-Modul unten deutlich größer als oben) erhält man eine konstante Pressung auf den unteren Klotz, und die Singularität ist nur schwach ausgeprägt. Zwar fällt die vertikale Spannung an der Oberfläche schlagartig auf null ab, aber schon in geringer Tiefe ist der Spannungssprung verwischt, laufen die Spannungen wieder stetig.

Diesen Spannungssprung an der Oberfläche können die beiden beteiligten Elemente jedoch nicht abbilden, da die gemeinsame Kante eine konstante Dehnung in beiden Elementen über die gesamte Höhe erzwingt, und damit zu einem Konflikt führt, s. Abb. 4.53.

Im zweiten Fall (= starrer Stempel auf Halbraum) ergeben sich singuläre Bodenpressungen an den Rändern des Stempels. Die finiten Elemente können diese natürlich nicht abbilden, und so ergibt sich hier die Situation, dass man bei einer Verfeinerung immer höhere Spannungen erhalten wird.

Dieses Beispiel wurde mit einem gröberen und einem feineren *unregelmä-ßigen* Netz untersucht. Dadurch ergeben sich rechts und links trotz der Symmetrie leicht unterschiedliche Spannungen. Das Verformungsbild ist übrigens nicht erkennbar unsymmetrisch.

Das Verhältnis der E-Moduli wurde variiert, und die sich ergebenden Vertikalspannungen in den äußeren Kontaktknoten bei einer Auflast von 100 MPa und dem nichtkonformen Element nach *Wilson* in der Tabelle 4.7 eingetragen. Die Ergebnisse in dieser Tabelle sollten zu denken geben. Obwohl

Tabelle 4.7 Vertikalspannungen *links/rechts* in den äußersten Kontaktknoten für verschiedene Verhältnisse $\eta = E_{oben}/E_{unten}$

Elemente	$\eta = 0.01$	$\eta = 0.1$	$\eta = 1.0$	$\eta = 10$	$\eta = 100$
521	44 / 55	55 / 67	102 / 107	138 / 133	143 / 136
884	39 / 72	56 / 94	152 / 179	226 / 216	222 / 208
2308	52 / 61	88 / 103	303 / 341	404 / 459	321 / 398

kein schlechtes Element verwendet wurde, ist die Bandbreite der Ergebnisse irritierend. Bei der schlaffen Lastfläche links erhält man den Wert von 50 aus der Mittelung von 0 und 100 für die Spannung in dem Knoten. Je feiner das Netz wird, um so höhere Spannungen erhält man in der Ecke. Auch bei dem feinsten Netz ergeben sich noch deutliche Abweichungen zwischen den Ecken rechts und links. Trotzdem macht es in der Regel jetzt keinen Sinn, den Aufwand ins unermessliche zu treiben, um die Spannungen in schwindelnde Höhen zu treiben. Für die Abschätzung der Rissgefährdung reichen die Ergebnisse auch des gröberen Netzes normalerweise aus.

4.16 3D Probleme

Formal besteht kein Unterschied zwischen der 2D- und 3D-Elastizitätstheorie, so dass die Ausführungen zur Scheibenstatik sinngemäß auch auf 3D-Probleme übertragen werden können.

Die Elemente, s. Abb. 4.54, sind jetzt Volumenelemente. Das einfachste Element ist ein Quader mit acht Knoten und acht linearen Formfunktionen

$$\psi_i(\xi, \eta, \zeta) = \frac{1}{8}(1 \pm \xi)(1 \pm \eta)(1 \pm \zeta), \qquad (4.115)$$

wobei sich die acht Formfunktionen durch entsprechende Variation der Vorzeichen ergeben. Bei einem quadratischen *Lagrange-Element* hat jede Seite noch einen Mittenknoten und im Elementschwerpunkt, $\xi = \eta = \zeta = 0$, einen weiteren Knoten, was insgesamt 27 Knoten ergibt. Ein quadratisches *Serendipity-Element* hat acht Eckknoten und zusätzlich auf jeder Kante einen Knoten, was insgesamt 20 Knoten ergibt. Ein gutes und robustes Element er-

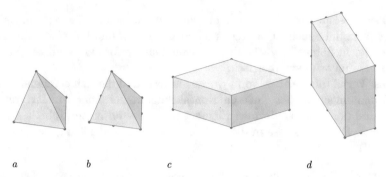

a b c d

Abb. 4.54 3D-Elemente, **a)** CST-Tetraeder, **b)** LST-Tetraeder, **c)** Trilinearer Quader, s.
(4.115), **d)** Serendipity-Element mit 20 Knoten

hält man, wenn man das ebene Wilson-Element Q4+2 auf drei Dimensionen
erweitert.

Die Spannungen in der Nähe einer Einzelkraft gehen jetzt wie $1/r^2$ gegen
Unendlich. Das rührt von dem r^2 in dem Oberflächenelement

$$ds = r^2 \sin^2 \theta \, d\theta \, d\varphi \, dr \qquad (4.116)$$

der Kugel her. Die unendlich große Energie liest man an dem Integral

$$A_i = \int_\Omega \sigma_{ij}\,\varepsilon_{ij}\,d\Omega \cong \int_0^R \int_0^{2\pi} \int_0^{2\pi} \frac{1}{r^2}\,\frac{1}{r^2} r^2 \, d\theta \, d\varphi \, dr = \infty \qquad (4.117)$$

ab, das die Verzerrungsenergie in einer Kugel Ω mit Radius R misst, in deren
Mittelpunkt eine Einzelkraft angreift.

4.17 Inkompressible Medien

Für die Beschreibung des Elastizitätsgesetzes kann man zwei Parameter
frei wählen, am häufigsten werden der E-Modul und die Querdehnzahl ν
gewählt. In der Bodenmechanik sind aber auch der *Kompressionsmodul* (*bulk
modulus*) und der *Schubmodul* gebräuchlich

$$K = \frac{E}{3(1 - 2\,\nu)} \,, \qquad G = \frac{E}{2(1 + \nu)} \,. \qquad (4.118)$$

Die Spannungen werden dabei in deviatorische Scherspannungen und einen
allseits konstanten Druck aufgeteilt $\boldsymbol{\sigma} = (G\,\boldsymbol{E}_G + K\,\boldsymbol{E}_K)\,\boldsymbol{\varepsilon}$ oder

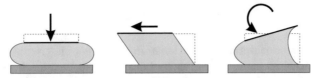

Abb. 4.55 Elastisches Lager – das Volumen ändert sich nicht

$$
\begin{bmatrix} \sigma_{xx} \\ \sigma_{yy} \\ \sigma_{zz} \\ \sigma_{xy} \\ \sigma_{xz} \\ \sigma_{yz} \end{bmatrix} = \left\{ G \begin{bmatrix} 4/3 & -2/3 & -2/3 & 0 & 0 & 0 \\ -2/3 & 4/3 & -2/3 & 0 & 0 & 0 \\ -2/3 & -2/3 & 4/3 & 0 & 0 & 0 \\ 0 & 0 & 0 & 1 & 0 & 0 \\ 0 & 0 & 0 & 0 & 1 & 0 \\ 0 & 0 & 0 & 0 & 0 & 1 \end{bmatrix} + K \begin{bmatrix} 1 & 1 & 1 & 0 & 0 & 0 \\ 1 & 1 & 1 & 0 & 0 & 0 \\ 1 & 1 & 1 & 0 & 0 & 0 \\ 0 & 0 & 0 & 0 & 0 & 0 \\ 0 & 0 & 0 & 0 & 0 & 0 \\ 0 & 0 & 0 & 0 & 0 & 0 \end{bmatrix} \right\} \begin{bmatrix} \varepsilon_{xx} \\ \varepsilon_{yy} \\ \varepsilon_{zz} \\ \varepsilon_{xy} \\ \varepsilon_{xz} \\ \varepsilon_{yz} \end{bmatrix}.
$$
(4.119)

Wenn sich die Querdehnzahl ν dem Wert 0.5 nähert, s. Abb. 4.55, so erhält man nach diesen Formeln einen unendlich großen Kompressionsmodul K. Da dies jedoch nicht so sein kann, müssen sich der E-Modul und der Schubmodul G im gleichen Maße reduzieren.

Im Bruchzustand wie für den Fall einer Flüssigkeit ergibt sich ein endlicher Kompressionsmodul, der jedoch sehr viel größer als der Elastizitäts- oder Schubmodul ist, weshalb diese Verhalten als inkompressibel bezeichnet wird, was aber eigentlich falsch ist, z.B. hat Wasser immer noch einen Kompressionsmodul von 2 000 MPa. Wenn man sich diesem Zustand nähert, so bedarf es besonderer Tricks, damit sich keine singulären Systeme ergeben. Tatsächlich beginnen die klassischen Elemente bei einem gewissen Wert des Schubmoduls zu ‚locken' d.h. die Lösung wird verfälscht. Diesen Effekt kann man z.B. durch sogenannte *enhanced strain Elemente*, [146], oder durch die Einführung einer *three field mixed formulation* nach Zienkiewicz [150] beseitigen.

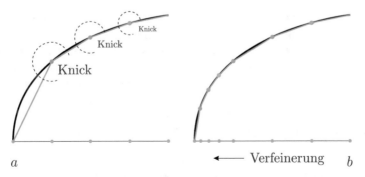

Abb. 4.56 Um das Netz an den richtigen Stellen zu verfeinern, muss man die exakte Lösung nicht kennen. Dort wo die Knicke in der FE-Lösung groß sind, dort verfeinert man. In der Statik sind die Knicke die Spannungssprünge zwischen den Elementen

4.18 Adaptive Verfahren

Ist der Anwender durch Oszillationen in den Ergebnissen misstrauisch geworden, so wird er als erstes versuchen das Netz zu verändern oder zu verfeinern. Es wäre schön, wenn das die Programme automatisch tun könnten. Das ist die Idee der adaptiven Verfahren.

Ein direkter Vergleich zwischen der exakten Lösung einer Scheibe und der FE-Lösung ist nicht möglich, weil die exakten Verschiebungen und Spannungen unbekannt sind. Das Programm kann nur den Abstand zwischen dem Lastfall p und dem Lastfall p_h als ein Maß für die Güte einer FE-Lösung nehmen. Dort wo die Differenz groß ist, verkleinert das Programm die Elemente oder erhöht es den Grad der Ansatzfunktionen. Das ist die Idee der adaptiven Verfahren, s. Abb. 4.56.

Die Lasten, die den FE-Lastfall p_h bilden erhält das Programm, indem es die Spannungen σ_{ij}^h der FE-Lösung elementweise in die Scheibengleichung einsetzt

$$-\frac{\partial \sigma_{xx}^h}{\partial x} - \frac{\partial \sigma_{xy}^h}{\partial y} = p_x^h \qquad (4.120\text{a})$$

$$-\frac{\partial \sigma_{yx}^h}{\partial x} - \frac{\partial \sigma_{yy}^h}{\partial y} = p_y^h\,, \qquad (4.120\text{b})$$

und die Sprünge t^Δ in den Schnittkräften (dem Spannungsvektor) an den Elementkanten auswertet, denn diese Sprünge können wir der Wirkung von Linienlasten zuschreiben, die auf diese Weise sichtbar werden, s. Abb. 4.57. Es ist sozusagen eine umgedrehte Statik. Gegeben sind die Schnittkräfte: Wie sieht die Belastung aus, die diese Schnittkräfte hervorruft?

Die Sprünge sind gleich der Differenz der Spannungsvektoren auf der gemeinsamen Kante zweier benachbarter Elemente i und j

$$S_i\,n_i + S_j\,n_j = t_i + t_j = t^\Delta\,. \qquad (4.121)$$

Dies ist eine Differenz, weil die Normalenvektoren n_i und n_j auf den beiden Elementrändern entgegengesetzt gerichtet sind.

Das Verfahren läuft so ab, dass man auf einem relativ groben Gitter beginnt, elementweise die Fehlerkräfte $r = p - p_h$ ermittelt und dazu auf jeder Kante die Sprünge t^Δ misst und dort, wo diese Fehlerkräfte am größten sind, verfeinert man das Netz und löst die Aufgabe neu. In der Regel wird diese Schleife mehrmals durchlaufen, s. Abb. 4.58.

Dabei unterscheidet man zwischen der

- *h-Methode* – Verkleinerung der Elemente
- *p-Methode* – Erhöhung des Polynomgrades.

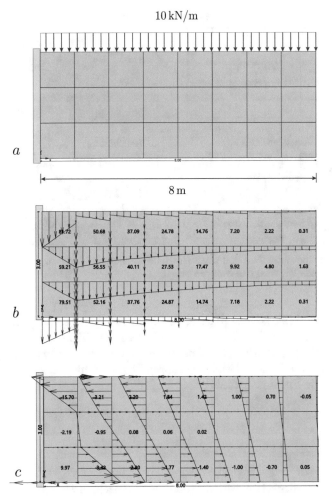

Abb. 4.57 Kragscheibe, bilineare Elemente, **a)** System und LF p, **b)** vertikale Komponenten von p_h, **c)** horizontale Komponenten, die Zahlen in den Elementen sind die resultierenden Elementlasten, die ‚Fächer' sind die Linienlasten t_x^Δ und t_y^Δ auf den Netzlinien, entsprechend den Spannungssprüngen zwischen den Elementen

Eine Mischung aus beiden Methoden – und theoretisch und praktisch die erfolgversprechenste Methode – ist die *hp-Methode*, wo die Erhöhung des Polynomgrades mit einer Verkleinerung der Elemente Hand in Hand geht.

Insbesondere die Erhöhung des Polynomgrades sollte man sich – so sieht es aus – für Gebiete aufheben, wo die Lösung glatt ist, denn dort wo das Modell unangepaßt ist, nur schlecht die Mechanik wiedergibt, dort ist es oft sinnvoller, die Elemente zu halbieren, um so über die Hürden hinweg zu kommen. Bei Dickensprüngen den Polynomgrad zu erhöhen ist z.B. viel weniger effektiv, als eine Netzverdichtung in Dickenrichtung vorzunehmen.

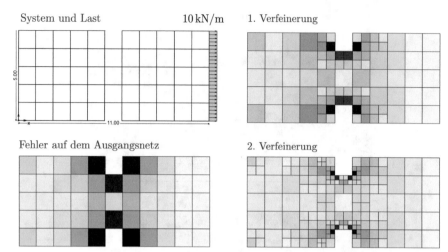

Abb. 4.58 Scheibe unter Zug und adaptive Netzverfeinerung; dort, wo die Abweichung $p - p_h$ am größten ist, wird das Netz verfeinert

Anmerkung 4.2. Man könnte nach diesen Bemerkungen nun vermuten, dass fehlende Sprünge eine Garantie dafür sind, dass die FE-Lösung ‚genau' ist, aber das ist nicht garantiert, [45], denn Fernfeldfehler, Stichwort *pollution*, können zu einem *drift* der FE-Lösung führen, den man nicht registriert, wenn man nur auf die Sprünge achtet.

4.18.1 Dualitätstechniken

Eine weitere Möglichkeit die FE-Ergebnisse in einzelnen Punkten zu verbessern, ist die Technik des *goal oriented refinement*. Weil die Güte der Ergebnisse von der Güte der Einflussfunktionen abhängt, liegt es nahe das Netz so einzurichten, dass die Einflussfunktion für den Wert, den man möglichst präzise haben will, optimal eingestellt ist, der Fehler $|G(\boldsymbol{y},\boldsymbol{x}) - G^h(\boldsymbol{y},\boldsymbol{x})|$ also möglichst klein ist, denn das sollte die Genauigkeit deutlich verbessern.

$$u(\boldsymbol{x}) - u_h(\boldsymbol{x}) = \int_\Omega [\, G(\boldsymbol{y},\boldsymbol{x}) - G^h(\boldsymbol{y},\boldsymbol{x}) \,] \, p(\boldsymbol{y}) \, d\Omega_{\boldsymbol{y}} \,. \tag{4.122}$$

Man nennt diese Technik *goal oriented adaptive refinement*, weil es eine Verfeinerung in Richtung eines ganz speziellen Wertes ist.

Weil man im Sinne der Statik eine zum gesuchten *Wert* konjugierte oder *duale* Größe als Belastung aufbringt, spricht man von *Dualitätstechniken*.

Bei dieser Technik löst man auf einem Netz zwei Probleme, das so genannte *primale Problem*, das ist der ursprüngliche Lastfall, und das *duale Problem*,

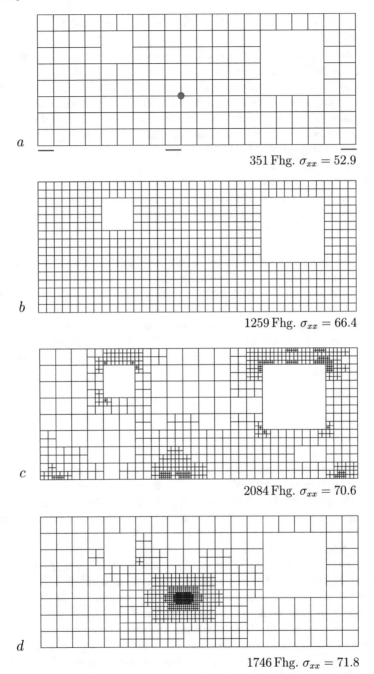

a

351 Fhg. $\sigma_{xx} = 52.9$

b

1259 Fhg. $\sigma_{xx} = 66.4$

c

2084 Fhg. $\sigma_{xx} = 70.6$

d

1746 Fhg. $\sigma_{xx} = 71.8$

Abb. 4.59 Bilineare Elemente, LF g, Berechnung von σ_{xx}, **a)** Ausgangsnetz, **b)** halbe Elementlänge, **c)** adaptive Verfeinerung, **d)** Verfeinerung mittels Dualitätstechnik

das ist die Einflussfunktion und das Netz wird so verfeinert, dass die Fehler in beiden Problemen möglichst klein werden.

In Abb. 4.59 ist das Ergebnis einer solchen Verfeinerung dargestellt. Das Ziel war eine möglichst genau Berechnung der Spannung σ_{xx} in der Mitte der Scheibe im LF g, s. Abb. 4.59 a. Auf dem Startnetz betrug $\sigma_{xx} = 52.9\,\mathrm{kN/m^2}$. Die Halbierung der Elemente, s. Abb. 4.59 b, ließ den Wert auf $\sigma_{xx} = 66.4\,\mathrm{kN/m^2}$ ansteigen. Die normale adaptive Verfeinerung lieferte auf dem Netz in Abb. 4.59 c den Wert $\sigma_{xx} = 70.6\,\mathrm{kN/m^2}$ bei 2084 Freiheitsgraden, während eine Verfeinerung mittels der Dualitätstechnik, s. Abb. 4.59 d, den Wert von $\sigma_{xx} = 71.8\,\mathrm{kN/m^2}$ lieferte.

Der Vorteil der Dualitätstechnik ist, dass man mit weniger Aufwand, ein besseres Ergebnis erzielt, als bei einer globalen adaptiven Verfeinerung, die auch an Stellen verfeinert, die nicht interessieren, wie man beim Vergleich von Abb. 4.59 c und4.59 d sieht.

Anmerkung 4.3. Mathematisch ist das Maß für eine Punktversetzung bei Scheiben nicht einfach eine Spreizung um eins, sondern man bewegt sich im Kreis einmal um den Aufpunkt herum und danach ist man 1 m weiter rechts. Wenn man also zwei gegenüberliegende Knoten horizontal auseinander drückt, dann erhält man zwar eine Idee davon, wie die Einflussfunktion für σ_{xx} aussehen könnte, aber um wirklich in die Nähe zu kommen, müsste man die Knoten in der Umgebung mit den Spannungen der Einheitsverformungen belasten, $f_i = \sigma_{xx}(\boldsymbol{\varphi}_i)$.

4.19 Singularitäten

Die Spannungen in einer Scheibe sind dort unendlich groß, wo die Verzerrungen unendlich groß sind. Wie es zu solchen Situationen kommt, illustriert sehr anschaulich das Problem der *Brachystochrone*. Das ist die Kurve, die zwei Punkte A und B so verbindet, dass man mit Hilfe des Schwerefelds der Erde möglichst schnell von A nach B kommt. Die Lösung dieses Problems ist eine *Zykloide*, s. Abb. 4.60.

Nicht der kürzeste Weg führt also am schnellsten ins Ziel, sondern der Weg, bei dem wir am Anfang möglichst viel Geschwindigkeit holen, indem wir uns zunächst senkrecht nach unten fallen lassen, die Steigung $= -\infty$ ausnutzen. Genauso verhalten sich unsere Bauteile: Das Material will möglichst schnell weg aus der Gefahrenzone, d.h. die Verzerrung ε ist unendlich groß, wie in Abb. 4.61 wo die vertikale Verschiebung u_y mit unendlich großem Tempo, unendlich großer Steigung aus dem Rissgrund herausläuft und dieser ,Raketenstart' führt damit natürlich zu unendlich großen Spannungen σ_{yy}.

In der Unfallforschung sagt man: *Wo der Weg (= Bremsweg) null ist, ist die Kraft unendlich.* Sinngemäß dasselbe gilt auch für die Statik. Was

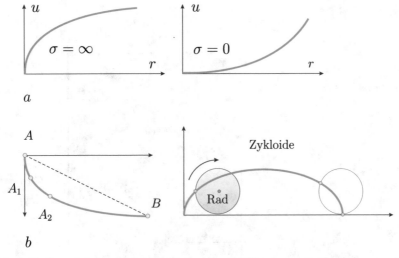

Abb. 4.60 Je nachdem, wie die Verschiebungen ausklingen, sind die Spannungen endlich oder unendlich. Die schnellste Verbindung von A nach B im Schwerefeld der Erde ist nicht die kürzeste Verbindung $(- - -)$, sondern eine Kurve, eine Zykloide. Weil die Anfangsbeschleunigung in den tieferen Startpunkten A_1 bzw. A_2 kleiner ist als in A (flachere Tangenten), dauert die Reise von dort aus nach B genauso lange wie von A aus

beim Auto die Beschleunigung $a = dv/dt$ ist[10], ist bei unseren Tragwerken die Verzerrung $\varepsilon = du/dx$ (Scheiben) bzw. die Krümmung $\kappa = d^2w/dx^2$ (Platten). Reißt eine Scheibe auf, dann ist die Verzerrung unendlich groß, denn die Bruchflächen hatten vorher den Abstand $dx = 0$, und daher ist bei noch so kleiner Rissöffnung du die Verzerrung $du/dx = du/0 = \infty$.

Bei einem Seil, wo die vertikale Komponente $V = H \tan \varphi$ der Seilkraft $S = \sqrt{H^2 + V^2}$ proportional der Seilneigung $w' = \tan \varphi$ ist, darf daher – anders als bei einer biegesteifen Zylinderschale wie einer Regenrinne – keine vertikale Tangente vorkommen, s. Abb. 4.62. Das Einkaufsnetz der Hausfrau weiß das!

Ein weiteres Beispiel für solch dramatisch anwachsende oder abklingende Verformungen ist der starre Stempel auf dem Halbraum, s. Abb. 4.63. Direkt neben der Fundamentsohle nehmen die Setzungen schlagartig ab, um dann ganz abzuebben. Das zu Beginn vertikale nach oben Schießen der Setzungen, ist der Grund für die unendlich großen Pressungen an den Kanten des Stempels.

---

[10] Das ungebremste Auto, $v = 100$, wird bei der Fahrt gegen die Wand in 0 Sekunden auf $v = 0$ abgebremst, $a = \Delta v/\Delta t = -100/0 = -\infty$.

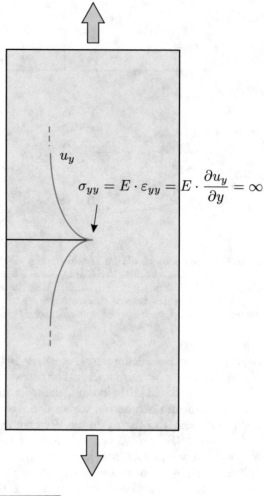

Abb. 4.61 Die Spannungen σ_{yy} im Rissgrund sind unendlich groß, weil u_y mit unendlich großer Steigung aus dem Rissgrund herausläuft ($\nu = 0$)

$$\sigma_{yy} = E \cdot \varepsilon_{yy} = E \cdot \frac{\partial u_y}{\partial y} = \infty$$

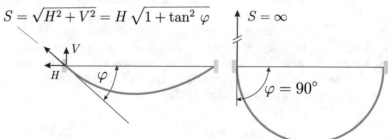

$$S = \sqrt{H^2 + V^2} = H \sqrt{1 + \tan^2 \varphi} \qquad S = \infty$$

$$\varphi = 90°$$

Abb. 4.62 Ein Seil kann nicht die Form einer Regenrinne annehmen, denn bei einer Seilneigung von 90°, wäre die Seilkraft unendlich groß, wie bei einem Segeltuch, das an einer einspringenden Ecke einreißt

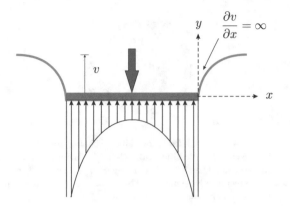

Abb. 4.63 Starrer Stempel auf Halbraum. An den Kanten des Stempels sind die Spannungen unendlich groß, weil dort die Verzerrungen im Boden unendlich groß sind

4.19.1 Einzelkräfte

Auch Einzelkräfte verursachen singuläre Spannungen, denn wenn wir um den Aufpunkt Kreise mit dem Radius r schlagen, s. Abb. 4.64 a, dann müssen die über den Kreis aufintegrierten horizontalen Spannungen $t_x = \sigma_{xx} \cos\varphi + \sigma_{xy} \sin\varphi$ der Punktlast 1 das Gleichgewicht halten, $1 - 1 = 0$, und das muss auch so bleiben, wenn der Radius r gegen null geht

$$\lim_{r \to 0} \int_\Gamma t_x \, ds = \int_0^{2\pi} t_x \, r \, d\varphi = -\int_0^{2\pi} \frac{1}{2\pi r} r \, d\varphi = -1 \,, \qquad (4.123)$$

d.h. die Spannungen müssen wie $1/r$ gegen Unendlich gehen um den schrumpfenden Umfang $U = 2\pi r$ auszugleichen.

Frage: Um wieviel verschiebt sich der Aufpunkt, der Fusspunkt der Einzelkraft? Dies finden wir heraus, indem wir die Verzerrungen integrieren. Setzen wir der Einfachheit halber die Querdehnungszahl $\nu = 0$, dann hängt die Dehnung $\varepsilon_{xx} = 1/E \cdot \sigma_{xx}$ nur von der horizontalen Spannung ab und wegen

$$\sigma_{xx} = -\frac{1}{2\pi r} = E \cdot \varepsilon_{xx} = E \cdot \frac{\partial u}{\partial x} \simeq -\frac{1}{r} \qquad (4.124)$$

folgt, dass sich die horizontale Verschiebung u wie $-\ln r$ verhält, weil dies die Stammfunktion von $-1/r$ ist, und dies bedeutet, dass die Verschiebung im Aufpunkt unendlich groß wird, denn $-\ln 0 = \infty$.

Es gilt also:

- Unter Einzelkräften werden die Spannungen unendlich groß
- Die unendlich großen Spannungen führen dazu, dass das Material fließt.
- Punktlager (= Punktkräfte) können eine Scheibe daher nicht festhalten.

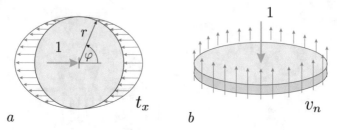

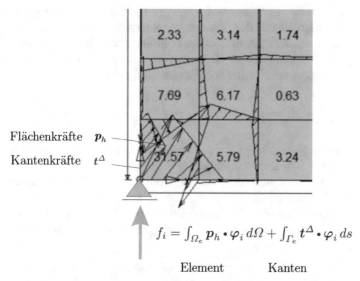

Abb. 4.64 Einzelkraft bei einer Scheibe und bei einer Platte. Bei einer schubstarren Platte wachsen die Querkräfte (Kirchhoffschub v_n) auch wie $1/r$, aber weil w das dreifache Integral der Querkräfte ist, ist $w = \iiint 1/r = r^2 \ln r \, dr$ auch im Punkt $r = 0$ endlich. Bei einer schubweichen Platte, $q = -1/r \simeq w_{,i}$, rutscht die Einzelkraft durch, denn $w = -\int 1/r \, dr = -\ln r = \infty$ im Aufpunkt

Nun kann man aber, all diesem zu Trotz, bei einer FE-Berechnung Knoten festhalten und auch Knotenverschiebungen vorgeben. Wie das?

Flächenkräfte $\boldsymbol{p}_h$

Kantenkräfte t^Δ

$$f_i = \int_{\Omega_e} \boldsymbol{p}_h \bullet \boldsymbol{\varphi}_i \, d\Omega + \int_{\Gamma_e} t^\Delta \bullet \boldsymbol{\varphi}_i \, ds$$

Element   Kanten

Abb. 4.65 Haltekräfte = Flächenkräfte + Kantenkräfte nahe einem Lagerknoten. Die Flächenkräfte $\boldsymbol{p}_h$ sind nur über ihre Integrale, Glg. (4.125), das sind die Zahlen in den Elementen, dargestellt. Die Kräfte t^Δ längs den Kanten sieht man als Pfeile

Des Rätsels Lösung ist natürlich, dass die FE-Lösung keine exakte Lösung ist. In einem Lagerknoten sind die Verschiebungen $u_i = 0$ in der Tat null, aber das sind verteilte Kräfte, die das zuwege bringen, s. Abb. 4.65, und keine echten Einzelkräfte.

Zwar steht im Ausdruck eine Knotenkraft f_i, aber das ist eine rein rechnerische Größe, eine *äquivalente Knotenkraft*, die stellvertretend für die wahren

Haltekräfte wie in Abb. 4.65 steht. Es sind vielmehr Linienkräfte längs den Elementkanten und Flächenkräfte in den Elementen, die die Scheibe stützen. Die Zahlen in Abb. 4.65 sind die aufintegrierten Flächenkräfte pro Element

$$\int_{\Omega_e} (p_x^2 + p_y^2)\, d\Omega\,. \tag{4.125}$$

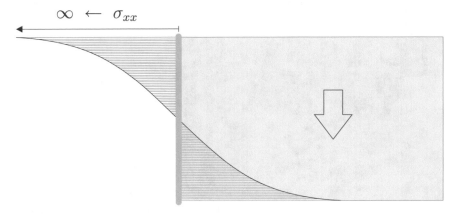

Abb. 4.66 Das Eigengewicht der Kragscheibe erzeugt unendlich große Spannungen in den Randfasern

4.19.2 Kragscheibe

Aber selbst in einem scheinbar so harmlosen Bauteil wie der Kragscheibe in Abb. 4.66 treten im LF g unendlich große Spannungen in den äußersten Fasern auf. Wir dürfen annehmen, dass das auch passieren würde, wenn das Eigengewicht durch eine Einzelkraft P ersetzt würde, die in irgendeinem inneren Punkt $\boldsymbol{y}_P$ der Scheibe angreift.

Wenn dies richtig ist, dann muss die Einflussfunktion für die obere Randspannung σ_{xx} den Wert ∞ in fast allen Punkten der Scheibe haben

$$\sigma_{xx}(\boldsymbol{x}) = \boldsymbol{G}(\boldsymbol{y}_P, \boldsymbol{x}) \bullet \boldsymbol{P} = \infty \cdot |\boldsymbol{P}|\,. \tag{4.126}$$

Die Einflussfunktion für die Spannung σ_{xx} in dem Eckpunkt wird erzeugt, indem man die Spannungen σ_{xx}, die die Knotenverschiebungen $\boldsymbol{\varphi}_i$ in der Ecke haben, als Belastung aufbringt. Weil nur die $\boldsymbol{\varphi}_i$ des Eckelementes Spannungen in der Ecke erzeugen, gibt es Kräfte f_i nur in den Knoten des Eckelementes, und diese f_i sind proportional zu E/h, also dem Elastizitätsmodul des Materials, $E = 2.1 \cdot 10^5$ N/mm^2, und dem Kehrwert $1/h$ der Elementlänge.

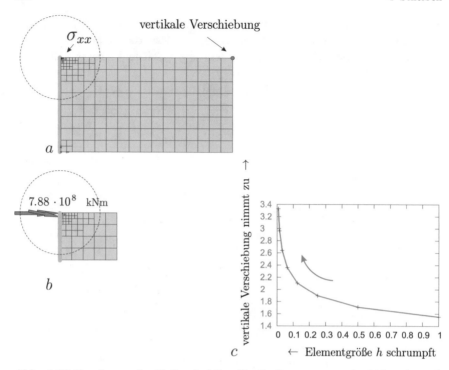

Abb. 4.67 Berechnung der Einflussfunktion für die Spannung σ_{xx} im Eckpunkt, **a)** Netz, **b)**äquivalente Knotenkräfte, **c)** vertikale Verschiebung der oberen rechten Ecke in Abhängigkeit von der Elementlänge h

Beim numerischen Test, siehe Abb. 4.67, wuchs die Eckverschiebung der Einflussfunktion in der Tat mit $h \to 0$ exponentiell an.

Um das Auftreten der singulären Spannungen zu verstehen, machen wir ein Gedankenexperiment: Wir ersetzen die Hauptspannungen durch paarweise orthogonale Pfeile („Stromlinien'), siehe Abb. 4.68 a und 4.68 b. In jedem Schnitt muss die Vektorsumme der beiden Pfeile gleich der Resultierenden der aufgebrachten Belastung sein.

Damit ist alles klar. Je näher die Stromlinien (= Hauptspannungen) dem linken Rand kommen, um so geringer ist ihre Neigung, weil der Rand in vertikaler Richtung festgehalten wird, und so müssen sich die Stromlinien immer weiter strecken, damit ihre immer kleiner werdenden vertikalen Komponenten der Belastung das Gleichgewicht halten können.

Das ist wie bei einer Straßenlaterne, die an einem Seil zwischen zwei Häusern hängt. *Bevor man das Seil richtig straff ziehen kann, reißt das Seil.*

Wenn aber die Ecken ausgerundet werden, dann können die Stromlinien sich drehen, und dann haben sie es leichter der vertikalen Belastung das Gleichgewicht zu halten, siehe Abb. 4.69 und 4.70; dann besteht kein Grund

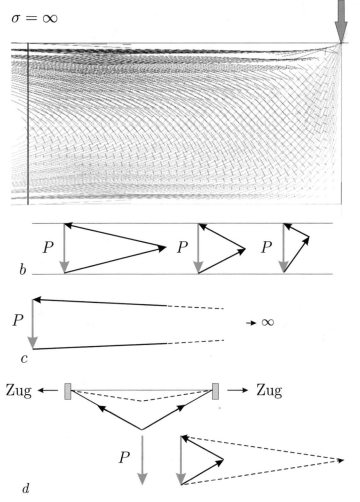

Abb. 4.68 Kragscheibe, **a)** Hauptspannungen (‚Stromlinien‘), **b)** Krafteck in verschiedenen Schnitten, **c)** nahe dem linken Rand wird das Krafteck nahezu unendlich flach und unendlich lang, **d)** Straßenlaterne – dasselbe Prinzip

mehr, unendlich große Spannungen zu generieren.

Anmerkung 4.4. Numerische Tests belegen, dass horizontale Lasten, die mit einem Lastmoment einhergehen, nicht zu singulären Spannungen in der Einspannfuge führen, s. Abb. 4.71, und ebenso gilt das für vertikale Kräftepaare.

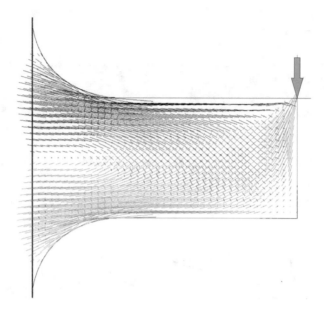

Abb. 4.69 Wenn man die Ecken ausrundet, dann können sich die ‚Stromlinien' (= Haupt-spannungen) verdrehen und dann haben sie es leichter der vertikalen Belastung das Gleich-gewicht zu halten

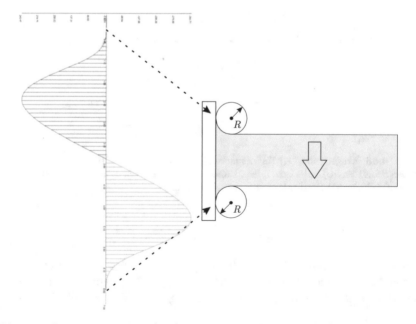

Abb. 4.70 Spannungsverteilung (σ_{xx}) in der Einspannfuge, wenn die Ecken ausgerundet werden

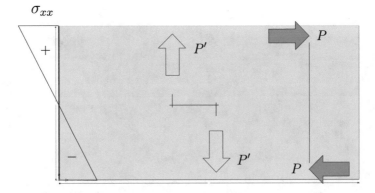

Abb. 4.71 Die Biegespannungen σ_{xx} in der Einspannfuge bleiben in diesen Lastfällen endlich

4.20 Sensitivitätsplots

Der Auswertung einer Einflussfunktion, $J(u_h) = \boldsymbol{g}^T \boldsymbol{f}$, entspricht das Skalarprodukt aus dem Vektor $\boldsymbol{g}$, also den Knotenwerten der Einflussfunktion, und dem Vektor $\boldsymbol{f}$ der äquivalenten Knotenkräfte aus der Belastung. Dieses Skalarprodukt kann man als eine Summe über die N Knoten des FE-Netzes schreiben

$$J(u_h) = \sum_{i=1}^{N} \boldsymbol{g}_i^T \boldsymbol{f}_i \qquad i = \text{Knoten}, \tag{4.127}$$

wobei die Vektoren $\boldsymbol{g}_i$ und $\boldsymbol{f}_i$ die Anteile aus den großen Vektoren $\boldsymbol{g}$ and $\boldsymbol{f}$ sind, die sich auf den Knoten i beziehen

$$\boldsymbol{g} = \{\underbrace{g_1, g_2}_{\boldsymbol{g}_1}, \underbrace{g_3, g_4}_{\boldsymbol{g}_2}, \ldots, g_{2N}\}^T \qquad 2 - D. \tag{4.128}$$

Wenn daher $\boldsymbol{f}_i$ in einem Knoten orthogonal zu $\boldsymbol{g}_i$ ist, dann ist der Beitrag des Knotens zu $J(u_h)$ null. Der Plot der Vektoren $\boldsymbol{g}_i$ gleicht somit einem *Sensitivitätsplot* des Funktionals $J(u_h)$, siehe die Bilder 4.72, 4.73 und 4.74. Knotenkräfte $\boldsymbol{f}_i$, die in dieselbe Richtung zeigen wie die $\boldsymbol{g}_i$, üben dagegen einen maximal großen Einfluss auf $J(u_h)$ aus.

Anmerkung 4.5. Mit einem FE-Programm erzeugt man diese Bilder wie folgt:

1. Man bringt die $j_i = J(\boldsymbol{\varphi}_i)$ als äquivalente Knotenkräfte auf und löst das System $\boldsymbol{K}\boldsymbol{g} = \boldsymbol{j}$.
2. Man plottet in jedem Knoten k den Vektor $\boldsymbol{g}_k = \{g_x^{(k)}, g_y^{(k)}\}^T$, also die horizontale und vertikale Verschiebung des Knotens.

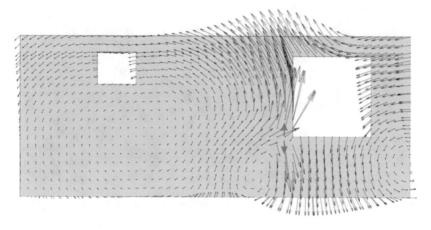

a

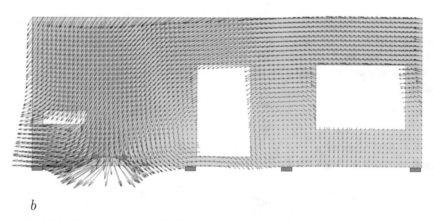

b

Abb. 4.72 Einflussfunktionen für Spannungen σ_{yy} und σ_{xx} in zwei Punkten. Die Pfeile sind die Knotenverschiebungen $\boldsymbol{g}_i$ in den Knoten $\boldsymbol{x}_i$ aus der Spreizung der Aufpunkte. Knotenkräfte $\boldsymbol{f}_i$, die in Richtung der $\boldsymbol{g}_i$ weisen, haben maximalen Einfluss und Knotenkräfte, die senkrecht auf den $\boldsymbol{g}_i$ stehen, keinen Einfluss

Bei Platten macht man Einflussfunktionen durch Niveaulinien sichtbar. Das sind dann die Sensitivitätsplots.

4.21 Reanalysis

Das Thema zielt auf die Frage, wie sich die Schnittkräfte ändern, wenn man die Steifigkeiten einzelner Elemente oder einzelner Bauteile ändert. Muss man, wenn eine Stütze im vierten Stock ausfällt, alles noch einmal neu be-

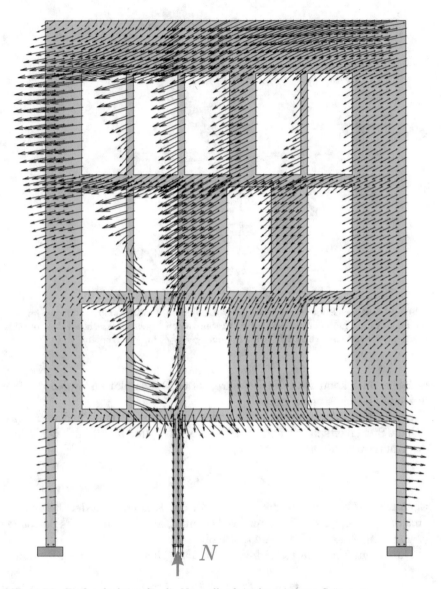

Abb. 4.73 Einflussfunktion für die Normalkraft in der mittleren Stütze

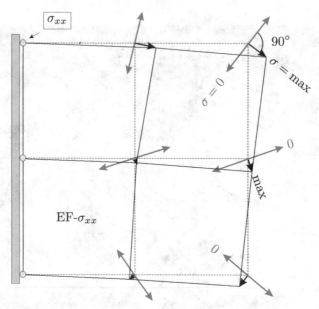

Abb. 4.74 Kragscheibe aus vier bilinearen Elementen, Einflussfunktion für σ_{xx} im Knoten oben links. Knotenkräfte, die auf den roten Linien liegen, senkrecht zu den Verschiebungen der Knoten, verursachen keine Spannungen σ_{xx} in dem Knoten

rechnen, oder kann man die Bewehrung der Deckenplatten in den darüber liegenden Geschossen so lassen?

Steifigkeitsänderungen in einem (oder mehreren) Element bedeuten, dass sich die Steifigkeitsmatrix ändert, $\boldsymbol{K} \to \boldsymbol{K} + \boldsymbol{\Delta K}$, und damit auch der Vektor der Knotenverschiebungen, $\boldsymbol{u} \to \boldsymbol{u}_c$,

$$(\boldsymbol{K} + \boldsymbol{\Delta K})\,\boldsymbol{u}_c = \boldsymbol{f}\,, \tag{4.129}$$

wenn wir mit $\boldsymbol{u}_c$ den Verschiebungsvektor der Knoten nach der Steifigkeitsänderung bezeichnen. Man kann das so deuten, als ob man vor das betroffene Element ein Zusatzelement setzt, s. Abb. 4.75.

Durch einfaches Umstellen folgt, dass diese Gleichung mit dem System

$$\boldsymbol{K}\boldsymbol{u}_c = \boldsymbol{f} - \boldsymbol{\Delta K}\boldsymbol{u}_c = \boldsymbol{f} + \boldsymbol{f}^+ \tag{4.130}$$

identisch ist. Der neue Vektor $\boldsymbol{u}_c$ kann also als Lösung des ursprünglichen Systems gelten, wenn man zu der rechten Seite $\boldsymbol{f}$ den Vektor

$$\boldsymbol{f}^+ := -\boldsymbol{\Delta K}\boldsymbol{u}_c \tag{4.131}$$

addiert.

Die Schwierigkeit dabei ist natürlich, dass der Vektor $\boldsymbol{f}^+ = -\boldsymbol{\Delta K}\boldsymbol{u}_c$ von dem neuen Vektor $\boldsymbol{u}_c$ abhängt, den wir ja nicht kennen. (Näherungsweise

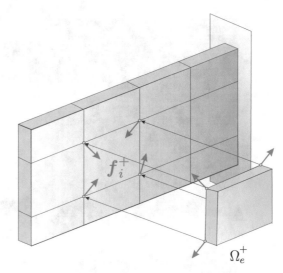

Abb. 4.75 Eine Steifig-
keitsänderung $K + \Delta K$
bedeutet, dass man ein
Zusatzelement Ω_e^+ mit der
Steifigkeit ΔK an das
Tragwerk koppelt, [46]

kann man für u_c den alten Vektor u setzen oder u_c iterativ bestimmen oder
ein kleines Hilfssystem lösen, [50]). Aber es geht uns nicht darum, den Computer zu schlagen, sondern es geht uns primär um das statische Verständnis.

Die Kräfte f^+ sind gerade die Elemente, die das vorgesetzte Element an
die Struktur koppeln. Es sind *Gleichgewichtskräfte* f^+, denn sonst würde das
Zusatzelement wegfliegen.

Gleichgewichtskräfte bedeutet: Wenn der Verschiebungsvektor $u_0 = a +
b \times x$ der Knoten eine Starrkörperbewegung des Tragwerks darstellt, also eine
Translation a plus einer möglichen Drehung um eine Achse b (Kreuzprodukt),
dann ist die Arbeit der Kräfte f^+ null,

$$f^{+T} u_0 = 0 \,. \tag{4.132}$$

Gleichgewichtskräfte wie der Vektor f^+ leisten also keine Arbeit auf Starrkörperbewegungen. Daraus können wir den folgenden Schluss ziehen:

Steifigkeitsänderungen sind in ihren Auswirkungen lokal begrenzt, weil sich
die Wirkungen der Gleichgewichtskräfte f^+ in der Ferne aufheben.

Je weiter man sich vom Aufpunkt entfernt, um so ,linearer' wird eine
Einflussfunktion, d.h. der Vektor g der Knotenverschiebungen gleicht mehr
und mehr einem Vektor $u_0 = a + x \times b$ und das bedeutet, weil die Vektoren
f^+ orthogonal zu den Vektoren u_0 sind, dass der Einfluss von Änderungen
,in der Ferne' auf den Aufpunkt umso kleiner ist, je größer der Abstand der
Änderung zum Aufpunkt ist

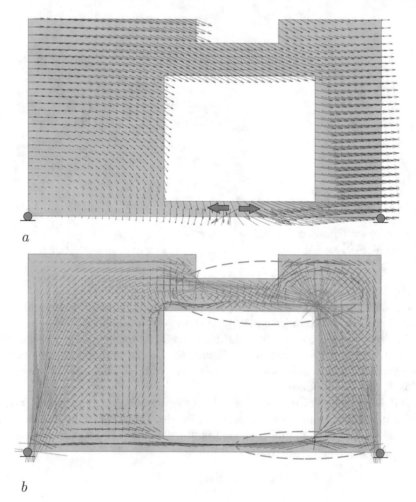

a

b

Abb. 4.76 Wandscheibe, **a)** Einflussfunktion für σ_{xx}, die Pfeile sind die $\boldsymbol{g}_i$ **b)** Hauptspannungen im LF g. Mögliche Steifigkeitsänderungen führen zu Kräften $\boldsymbol{f}_i^+$, die den Hauptspannungen folgen. Damit die Änderungen merkbar sind, müssen die Kräfte $\boldsymbol{f}_i^+$ in Richtung der Pfeile $\boldsymbol{g}_i$ in Bild **a)** zeigen und das ist vorwiegend in den markierten Bereichen der Fall

$$J(e) = J(u_c) - J(u) = \boldsymbol{g}^T \boldsymbol{f}^+ \simeq (\boldsymbol{a} + \boldsymbol{x} \times \boldsymbol{b})^T \boldsymbol{f}^+ = 0. \qquad (4.133)$$

Diesem ‚Abstandsargument' überlagert sich nun noch ein zweites Argument und zwar die mögliche Orthogonalität zwischen den Kräften f_i^+ und den Richtungen der Einflussfunktionen. In Abb. 4.76 ist die Einflussfläche für die Spannung σ_{xx} in einer Wandscheibe (Sensitivitätsplot) dargestellt.

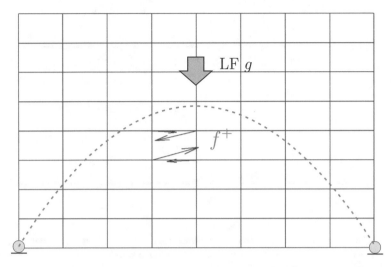

Abb. 4.77 Steifigkeitsänderung in einem Element und die zugehörigen Koppelkräfte $\boldsymbol{f}_i^+$. Diese Kräfte folgen den Hauptspannungsrichtungen (- - -) und es sind Gleichgewichtskräfte, die Pseudo-Dipolen gleichen.

Knotenkräfte $\boldsymbol{f}_i$, die in Richtung der Pfeile, der $\boldsymbol{g}_i$, zeigen, haben maximalen Einfluss und Kräfte senkrecht dazu keinen Einfluss.

Das gilt auch für die $\boldsymbol{f}_i^+$, denn es ist anschaulich klar[11], dass sie in Richtung der Hauptspannungen zeigen. Steifigkeitsänderungen in einem oder mehreren Elementen haben also dann maximalen bzw. minimalen Effekt, wenn die Hauptspannungen in dem betreffenden Lastfall den Pfeilen $\boldsymbol{g}_i$ im Sensitivitätsplot folgen bzw. orthogonal zu ihnen sind.

Reanalysis = Sensitivitätsplots × Hauptspannungen

Glg. (4.133) ist die zentrale Gleichung, um den Effekt von Steifigkeitsänderungen auf Verformungen und Schnittgrößen abzuschätzen. Mit ihr kann man gezielt Steifigkeiten da erhöhen, wo sie am meisten bewirken, [45], [50].

4.22 Dipole und Monopole

Zwei gegengleiche Kräfte $f_i^+ = \pm 1/h$, die mit schrumpfendem Abstand $h \to 0$ über alle Grenzen wachsen, bilden ein Dipol.

Bleiben die beiden gegengleichen Kräfte hingegen auch im Grenzfall $h = 0$ endlich, dann nennen wir dies einen *Pseudo-Dipol*. Das Proton (+) und das

---

[11] Man reduziere die Hauptspannungen in einem Element auf zwei orthogonale Pfeile $\boldsymbol{P}_I$ und $\boldsymbol{P}_{II}$. Die äquiv. Eckkräfte $\boldsymbol{f}_i^+$ aus einer Änderung $E \to E + \Delta E$ sind näherungsweise die virt. Arbeiten der Kraft $\boldsymbol{P}_\Delta = \Delta E/E \cdot (\boldsymbol{P}_I + \boldsymbol{P}_{II})$ auf den Wegen $\boldsymbol{\varphi}_i$ der Ecken

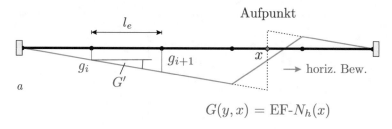

$$G(y, x) = \text{EF-}N_h(x)$$

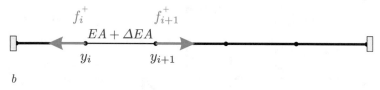

Abb. 4.78 Abnahme der Steifigkeit in einem Element, ΔEA ist negativ, und die zugehörigen Koppelkräfte $\boldsymbol{f}_i^+$. Diese Kräfte differenzieren die Einflussfunktion, denn die Änderung ΔN in der Normalkraft ist gleich $f_i^+ \cdot G' \cdot l_e$

Elektron (-) in einem Wasserstoffatom bilden einen solchen Pseudo-Dipol, und der Abstand der beiden entgegengesetzten Elementarladungen ist so klein, dass sich ihre Wirkungen auf eine Punktladung außerhalb des Atomes praktisch aufheben.

In ähnlicher Weise stellen die Kräfte f_i^+ Pseudo-Dipole dar, d.h. zu jeder aufwärts gerichteten Kraft f_i^+ gibt es eine entgegengesetzt wirkende Kraft f_j^+, so dass die beiden Kräfte f^+ aus der Ferne betrachtet einem Pseudo-Dipol gleichen, s. Abb. 4.77.

Die Wirkung der Kräfte f_i^+ auf irgendeinen Punkt x des Tragwerks hängt nun davon ab, wie groß die Laufzeitunterschiede von dem Punkt x zu der Kraft $+f_i^+$ und der Gegenkraft $-f_i^+$ sind. Wenn zwei Kräfte $\pm f_i^+$ fast deckungsgleich sind, weil das Element Ω_e sehr klein ist, dann heben sich ihre Wirkungen nahezu auf, weil die Einflussfunktion sich auf dem winzigen Element kaum ändert, $g' \simeq 0$.

Betrachten wir ein einfaches Beispiel. Ein Stabelement (das vierte von links in Abb. 4.78 a) wird gespreizt und so die Einflussfunktion für die Normalkraft in der Mitte des vierten Elements erzeugt. Nun ändere sich in dem zweiten Element von links die Steifigkeit, $EA_c = EA + \Delta EA$.

Die Einflussfunktion pflanzt sich rückwärts vom Aufpunkt bis zu dem Element $EA_c = EA + \Delta EA$ fort und vereinbarungsgemäß wirken dort zwei Zusatzkräfte $\pm f^+$, die den Effekt der Steifigkeitsänderung in dem Element nachbilden. Am Anfang des Stabelementes ziehe die Kraft f_i^+ nach links und am Ende ziehe eine gleichgroße Kraft f_{i+1}^+ nach rechts, und die Einflussfunktion für die Normalkraft

$$G(y, x) = \sum_j g_j(x)\, \varphi_j(y) \tag{4.134}$$

habe im linken Knoten den Wert g_i und im rechten Knoten den Wert g_{i+1}. Dann beträgt der Unterschied in der Normalkraft N, die wir als Funktional $N = J(u)$ lesen, also der Unterschied $N_{neu} - N_{alt} = N_c - N$,

$$J(u_c) - J(u) = -f_i^+\, g_i + f_{i+1}^+ g_{i+1} = f_i^+ \cdot (g_{i+1} - g_i) = f_i^+ \cdot G' \cdot l_e\,. \tag{4.135}$$

Die Wirkung der Steifigkeitsänderung wird also nur dann zu spüren sein, wenn die Einflussfunktion in dem geänderten Element halbwegs merkbar ansteigt oder fällt, $|G'| \gg 0$. Die Wirkung der $\pm f^+$ lebt also von der Differenz zwischen Elementanfang und Elementende, also kurz gesagt von G'.

Die Kräftepaare $\pm f_i^+$ registrieren die Unterschiede in den Einflussfunktionen am Elementanfang und Elementende, sie ,differenzieren' die Einflussfunktionen.

4.23 Die Bedeutung für die Praxis

Die Bedeutung dieser Ergebnisse für die Praxis liegt darin, dass sie erklären, warum *Homogenisierungsmethoden* erfolgreich sind.

Beton setzt sich aus den unterschiedlichsten Kiessorten und Zementstein zusammen. Jedes Zuschlagskorn hat ja einen anderen Elastizitätsmodul und daher müssten wir eigentlich jedes Zuschlagskorn durch ein eigenes finites Element modellieren. Stattdessen rechnen wir aber mit einem gemittelten Elastizitätsmodul und erhalten durchaus glaubhafte Ergebnisse.

Dies dürfte wesentlich daran liegen, dass die Knotenkräfte f_i^+ auf der Hülle des Zuschlagskorns, mit denen wir ja die Abweichungen des Elastizitätsmoduls vom Mittelwert korrigieren, Gleichgewichtskräfte sind, die nahe beieinanderliegen, und ihre Fernwirkungen daher gegen null tendieren.

Eine Scheibe Ω bestehe z.Bsp. aus einer Reihe von unterschiedlichen Elementen, $\Omega = \Omega_1 \cup \Omega_2 \cup \ldots \Omega_n$, die alle einen eigenen E-Modul E_i aufweisen, der um einen Betrag $\Delta E_i = E - E_i$ von dem Mittelwert E abweicht, s. Abb. 4.79. Der exakte Knotenverschiebungsvektor $\boldsymbol{u}_c$ wäre daher die Lösung des Systems

$$\boldsymbol{K}_c \boldsymbol{u}_c = \boldsymbol{f}\,, \tag{4.136}$$

wobei die Matrix $\boldsymbol{K}_c$ sich aus den unterschiedlichen Elementmatrizen $\boldsymbol{K}_e(E_i)$ zusammensetzt. Rechnet man hingegen mit einem einheitlichen E-Modul, also einer vereinfachten Matrix $\boldsymbol{K}$,

$$\boldsymbol{K}\boldsymbol{u} = \boldsymbol{f}\,, \tag{4.137}$$

dann ist der Fehler in einer Verschiebung

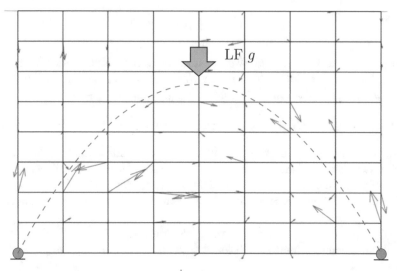

Abb. 4.79 Eigengewicht und Kräfte f_i^+. Die Scheibe wurde erst mit einem einheitlichen E-Modul $E = 1$ berechnet und dann wurde der E-Modul in den Elementen zufällig, $0.5 < E_i < 1.5$, variiert, und es wurden die Kräfte f_i^+ berechnet. Diese Kräfte f_i^+ plus den Kräften f_i aus dem Lastfall Eigengewicht erzeugen in dem Modell $\boldsymbol{K}$ den Verschiebungsvektor $\boldsymbol{u}_c$ der Scheibe, $\boldsymbol{K}\boldsymbol{u}_c = \boldsymbol{f} + \boldsymbol{f}^+$. Es ist derselbe Vektor $\boldsymbol{u}_c$ wie in dem Modell $\boldsymbol{K}_c\,\boldsymbol{u}_c = \boldsymbol{f}$ wo die Matrix $\boldsymbol{K}_c$ auf den zufällig gestreuten Werten E_i beruht.

$$J(u_c) - J(u) = \boldsymbol{g}^T(\boldsymbol{f} + \boldsymbol{f}^+) - \boldsymbol{g}^T\boldsymbol{f} = \boldsymbol{g}^T\boldsymbol{f}^+ \qquad (4.138)$$

relativ klein, weil die Kräfte f_i^+, die von den Fehlertermen $\Delta E_i = E_i - E$ herrühren

$$\boldsymbol{K}\boldsymbol{u}_c = \boldsymbol{f} + \boldsymbol{f}^+\,, \qquad (4.139)$$

zum einen (1) Gleichgewichtsgruppen bilden und (2) zum andern sich positive Abweichungen $\Delta E_i > 0$ und negative Abweichungen $\Delta E_j < 0$ ungefähr die Waage halten werden, so dass diese beiden Effekte zusammen dafür sorgen, dass die Fernfeldfehler klein sein werden, s. Abb. 4.79. Man muss nicht jedes Zuschlagskorn durch ein eigenes Element darstellen, die Natur sorgt dafür, dass sich die Fehler aufheben.

In zwei anderen Beispielen, den Wandscheiben in den Abb. 4.80 a und 4.80 b wurde im LF g die Steifigkeit in den markierten Bereichen auf 10% reduziert. Bemerkenswert ist dabei, wie sich die Kräfte f_i^+ auf den Rand der geschwächten Bereiche konzentrieren[12].

Man muss jedoch aufpassen! Wenn wie in Abb. 4.81, eine Stütze zwischen zwei Geschossen ausfällt, dann kann man das am Originaltragwerk durch den Angriff von zwei gegengleichen Knotenkräften f_i^+ korrigieren und weil beide gleich groß sind, heben sich ihre Wirkungen in der Ferne auf. Das ist richtig.

---

[12] Mit Potentialtheorie kann man das erklären [50]

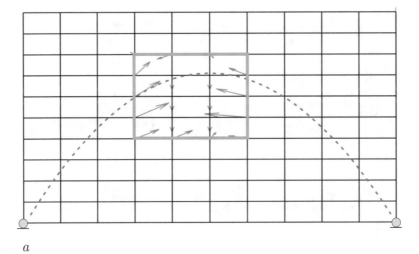

a

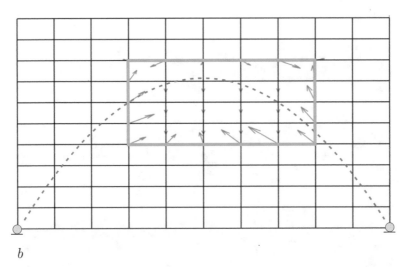

b

Abb. 4.80 Wandscheibe unter Eigengewicht, in den Elementen mit den Knotenkräften f_i^+ wurde der E-Modul um 90 % verringert. Im Grunde verhalten sich die geschwächten Bereiche wie Öffnungen. Bemerkenswert ist, dass die Kräfte f_i^+ auf den Rand konzentriert sind, sie ziehen die ,Öffnung' zusammen. Die Analogie ist naheliegend: In einem Stück Blech, das man zur Verstärkung mit Heftnähten auf eine Stahlwand schweißt, dürften dieselben Kräfte auftreten, nur dass sie kontinuierlich über den geschweißten Rand verteilt sind und die umgekehrte Richtung haben

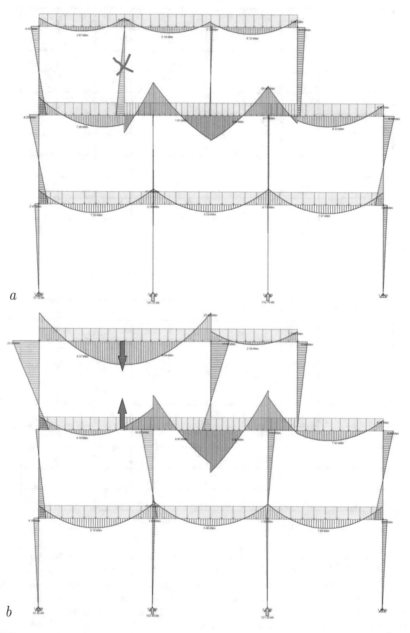

Abb. 4.81 Ausfall einer Zwischenstütze, **a)** Momentenverteilung vor dem Ausfall und **b)** nach dem Ausfall der Zwischenstütze, [49]

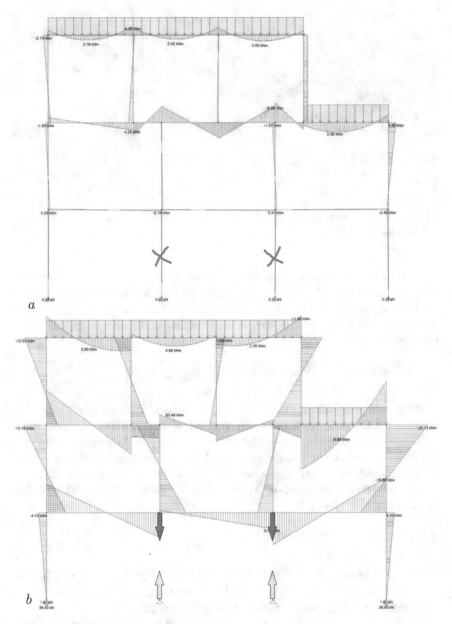

Abb. 4.82 Ausfall von Fundamentstützen, **a)** Momentenverteilung vor und **b)** nach dem Ausfall der beiden Stützen, [49]

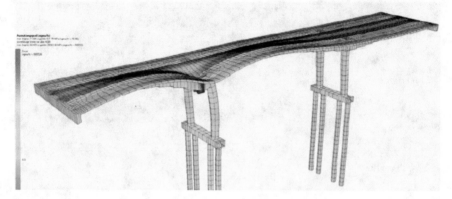

Abb. 4.83 Semi-integrale Brücke auf Pfählen – Einflussfunktion für das Moment $M(x)$ in einem Längsträger

Wenn aber eine Fundamentstütze ausfällt, dann wirken zwar auch wieder zwei Kräfte $\pm f_i^+$, aber die untere Kraft ist am Boden verankert und so bleibt von dem Paar $\pm f_i^+$ nur die Kraft f_i^+ am Stützenkopf übrig, die, weil sie keinen Antagonisten hat, weiter ausstrahlen wird, als ein gegengleiches Kräftepaar $\pm f_i^+$, s. Abb. 4.82.

> Der Ausfall einer Fundamentstütze ist kritischer, als der Ausfall einer Zwischenstütze.

Aber auch das Abklingverhalten der Einflussfunktionen spielt eine Rolle, denn bei Kragträgern werden die Ausschläge der Einflussfunktionen umso größer, je größer der Abstand zum Aufpunkt ist. Im gewissen Sinn gehören dazu auch Stockwerkrahmen, die zwar wie Schubträger tragen, aber derselben Logik unterliegen. Intern, zwischen den Stockwerken, klingen die Einflussfunktionen schnell ab, aber die Windkräfte, die ganz oben angreifen, haben einen großen Hebelarm[13].

4.24 Integrale Brücken

Eine Anwendung finden diese Ideen z.B. bei integralen Brücken, bei denen die Widerlager, die Pfeiler und der Überbau monolithisch miteinander verbunden sind, um die Wartungsarbeiten zu vereinfachen.

Die Idee ist relativ neu und als daher im Zug der Autobahnerneuerung der A3 die *Fahrbachtalbrücke* bei Aschaffenburg, eine semi-integrale Brücke (keine monolithische Verbindung mit den Widerlagern), errichtet werden sollte, hat das Brückenbauamt für Nordbayern darauf bestanden, dass Untersuchun-

---

[13] Studenten können das Thema Reanalysis selbst ausprobieren, [49]

gen an Pfählen vorgenommen wurden, um den Einfluss der Grenzwerte $c \pm \Delta c$ der elastischen Bettung c auf den Überbau abschätzen zu können, [115].

In einer Diplomarbeit wurden die hier entwickelten Ideen benutzt, um dies rechnerisch zu verfolgen, [125]. Das Beispiel eignet sich gut, weil ja zwischen den Aufpunkten im Überbau der Brücke und den Pfählen eine relativ lange ‚Strecke' liegt, s. Abb. 4.83, und der Einfluss den Weg praktisch zweimal gehen muss, vom Überbau zu den Pfählen, um die Kräfte $\boldsymbol{f}^{+}$ zu erzeugen und die Kräfte $\boldsymbol{f}^{+}$ gehen denselben Weg zurück, um die Schnittgrößen zu ändern, $M(x) \to M_c(x)$, $V(x) \to V_c(x)$ etc. Eine Situation, die typisch für *Substrukturen* ist.

In Substrukturen spielen die Einflüsse nach einer Steifigkeitsänderung ‚Ping-Pong', wechseln die Signale zwischen dem Lastgurt und der Substruktur hin und her bis die Signale ausgeglichen sind. Die Kräfte $\boldsymbol{f} + \boldsymbol{f}^{+}$ erzeugen die neue Gleichgewichtslage $\boldsymbol{u}_c$ und die muss genau so groß sein, dass $\boldsymbol{u}_c$ die Kräfte $\boldsymbol{f}^{+}$ erzeugt.

Betrachten wir zum Beispiel das Moment $M(x)$ im Überbau an einer Stelle x, das sich durch die Überlagerung der Einflussfunktion $G_2(y, x)$ mit der Belastung p berechnen lässt

$$M(x) = \int_0^l G_2(y, x)\, p(y)\, dy = \boldsymbol{g}^T \boldsymbol{f}\,. \tag{4.140}$$

Die Frage, wie sich das Moment ändert, wenn sich der Bettungsmodul der Pfähle ändert, $c \to c + \Delta c$, zielt auf den Unterschied zwischen der Einflussfunktion G_2 (Modul c, Matrix $\boldsymbol{K}$) und der Einflussfunktion G_{2c}, die am System $\boldsymbol{K} + \boldsymbol{\Delta K}$ mit dem Modul $c + \Delta c$ berechnet wird

$$M_c(x) = \int_0^l G_{2c}(y, x)\, p(y)\, dy = \boldsymbol{g}_c^T \boldsymbol{f}\,. \tag{4.141}$$

Wegen

$$\boldsymbol{g}_c^T \boldsymbol{f} = \boldsymbol{g}^T (\boldsymbol{f} + \boldsymbol{f}^{+}) \tag{4.142}$$

kann man das auf die Bedeutung des Vektors $\boldsymbol{f}^{+}$ für das System $\boldsymbol{K}$ zurückspielen.

Die Vektoren $\boldsymbol{g}$ und $\boldsymbol{g}_c$ sind die Knotenwerte der beiden Einflussfunktionen am Modell $\boldsymbol{K}$ bzw. $\boldsymbol{K}_c = \boldsymbol{K} + \boldsymbol{\Delta K}$. Der Vektor $\boldsymbol{f}^{+} = -\boldsymbol{\Delta K} \boldsymbol{u}_c$ sind die Zusatzkräfte in den Knoten der Pfähle aus der Änderung des Bettungsmoduls, $c \to c + \Delta$.

Schreiben wir die Biegeverformung im Bereich der Pfähle elementweise als Taylorreihe

$$w_c(x) = w_c(0) + w_c'(0) \cdot x + \frac{1}{2}\, w_c''(0) \cdot x^2 + \dots \tag{4.143}$$

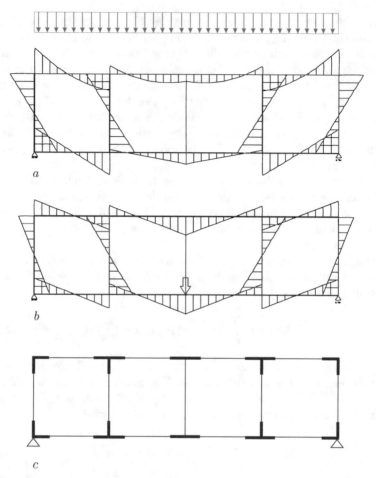

Abb. 4.84 Verstärkung eines Vierendeel Träger, **a)** Biegemomente aus der Riegellast, **b)** Biegemomente M_G aus der Punktlast $P = 1$ (Dirac delta δ_0), **c)** vorgeschlagene Änderungen, [45]

dann liefern nur die quadratischen Terme Beiträge zu $\boldsymbol{f}^+ = -\boldsymbol{\Delta K u}_c$, weil in jedem Element die Zeilen von $\boldsymbol{\Delta K}_e$ orthogonal zu Starrkörperbewegungen sind – den ersten beiden Termen. Die quadratischen Terme werden jedoch die kleinsten der drei Terme sein, so dass auch $\boldsymbol{f}^+$ relativ klein sein wird. Dazu kommt noch, dass die Pfähle relativ weit vom Überbau entfernt liegen, so dass der Einfluss der Pfahlkräfte $\boldsymbol{f}^+$ auf den Überbau, unabhängig von ihrer Größe, relativ klein sein wird. Die Rechenergebnisse bestätigten das, die Momente $M(x)$ und $M_c(x)$ weichen kaum voneinander ab.

Man kann das Ganze auch andersherum aufzäumen, indem man direkt die Änderungen $G_2(y, x) \to G_{2c}(y, x)$ verfolgt. Die Knotenwerte $\boldsymbol{g}$ der Einflussfunktion G_2 sind die Lösung des Systems $\boldsymbol{Kg} = \boldsymbol{j}$ mit $j_i = M(\varphi_i)(x)$ und die Knotenwerte $\boldsymbol{g}_c$ der Einflussfunktion G_{2c} sind die Lösung des Systems

$$\boldsymbol{K}\boldsymbol{g}_c = \boldsymbol{j} + \boldsymbol{j}^+ \tag{4.144}$$

mit dem Vektor $\boldsymbol{j}^+ = -\boldsymbol{\Delta K}\,\boldsymbol{g}_c$. Die durch die Spreizung des Aufpunktes x erzeugte Bewegung $g_c(x) = g_c(0) + g_c'(0)\,x + 0.5 * g_c''(0)^2/x\ldots$ (in den Pfählen) dürfte aber demselben Argument unterliegen wie oben. Die Einträge in dem Vektor $\boldsymbol{j}^+ = -\boldsymbol{\Delta K}\,\boldsymbol{g}_c$ sollten relativ klein sein und weil die Knoten der Pfähle vom Überbau relativ weit weg liegen, sollte der Einfluss der $\boldsymbol{j}^+$ klein sein und somit auch der Unterschied zwischen den Einflussfunktionen $G_2(y, x)$ und $G_{2c}(y, x)$.

4.25 Verstärkungen

Die Einflussfunktionen kann man auch dazu benutzen, um Tragwerke gezielt zu verstärken (*Retrofitting*). Glg. (4.133) auf S. 252 beinhaltet die wichtige Aussage, dass man Änderungen $J(e) = J(u_c) - J(u)$ allein durch Betrachtung des verstärkten Elements berechnen kann,

$$J(e) = J(u_c) - J(u) = \boldsymbol{g}^T \boldsymbol{f}^+ = \boldsymbol{g}^T \boldsymbol{\Delta K} \boldsymbol{u}_c\,. \tag{4.145}$$

Man muss nur die Änderung $\boldsymbol{\Delta K}$ in der Steifigkeitsmatrix des Elements von links und rechts mit den entsprechenden Teilen der Vektoren $\boldsymbol{g}^T$ und $\boldsymbol{u}_c$ multiplizieren. Das Problem ist natürlich, dass wir die dafür nötigen Komponenten des Vektors $\boldsymbol{u}_c$ nicht kennen, aber es gibt Möglichkeiten, an diese Werte zu kommen, [50], oder man rechnet einfach mit $\boldsymbol{u}$.

Bei Rahmentragwerken hat diese Gleichung, wenn wir uns auf die Biegeeffekte beschränken, die Gestalt, [45]

$$J(e) = J(u_c) - J(u) = -\frac{\Delta EI}{EI} \int_{x_a}^{x_b} \frac{M_G\,M_c}{EI_c}\,dx\,. \tag{4.146}$$

Hier ist ΔEI die Steifigkeitsänderung in dem Balkenstück (x_a, x_b), M_G ist das Moment aus der Einflussfunktion, die zu dem Funktional $J(u)$ gehört, und M_c ist das Moment in dem Balkenstück *nach* der Steifigkeitsänderung.

Angenommen wir wollen den Vierendeel-Träger in Abb. 4.84 so verstärken, dass die Durchbiegung im unteren Riegel, kleiner wird. Hierzu belasten wir die Mitte des unteren Trägers mit einer Einzelkraft $P = 1$ – das ergibt die Einflussfunktion für die Durchbiegung – und vergleichen die Momente M_G aus der Einzelkraft mit den Momenten $M \sim M_c$ aus der Riegellast. Dort, wo beide Momente groß sind (und nicht orthogonal zueinander), dort ändern wir am besten die Steifigkeit $EI \to EI + \Delta EI$. Das sind – nicht überraschend – gerade die Ecken.

5. Platten

Beim Übergang zur Platte, s. Abb. 5.1, wird aus der Balkengleichung $EI\, w^{IV} = p$ die biharmonische Differentialgleichung der *Kirchhoffplatte*

$$K(w_{,xxxx} + 2\,w_{,xxyy} + w_{,yyyy}) = K\Delta\Delta w = p \qquad (5.1)$$

in deren Wechselwirkungsenergie – wie beim Balken – Ableitungen zweiter Ordnung, also die Krümmungen, stehen

$$a(w, \delta w) = \int_{\Omega} K\,(w_{,xx}\,\delta w_{,xx} + 2\,w_{,xy}\,\delta w_{,xy} + w_{,yy}\,\delta w_{,yy})\,d\Omega\,, \qquad (5.2)$$

und daher müssen die Ansatzfunktionen C^1 sein, darf es keinen Knick in der Platte geben, denn senkrecht zu einem solchen Knick, $\rho = 0$, wäre die Krümmung $\kappa = 1/\rho$ unendlich. Das ist der Grund, warum Platten heute meist schubweich gerechnet werden, denn bei solchen Platten sind Knicke erlaubt, reichen also C^0 Ansatzfunktionen aus.

In der klassischen Balkenstatik (*Bernoulli-Balken*), $EIw^{IV} = p$, rechnen wir Balken *schubstarr*, vernachlässigen wir die Schubverformungen aus der Querkraft. Ein Querschnitt, der vor der Verformung senkrecht zur Balkenachse steht, dreht sich mit der Achse mit, wenn sie sich neigt, er behält die 90° bei. Bei einem schubweichen Balken (*Timoshenko-Balken*), geht jedoch der Querschnitt aus dem Lot, er kippt um einen Winkel γ gegenüber der Senkrechten auf die geneigte Achse, s. Abb. 5.16.

Dem Bernoulli-Balken entspricht die *Kirchhoffplatte* und dem Timoshenko-Balken entspricht die schubweiche *Reissner-Mindlin-Platte*,

- schubstarr – Bernoulli-Balken, Kirchhoff-Platte
- schubweich – Timoshenko-Balken, Reissner-Mindlin-Platte

Die Tabellenwerke von *Rüsch* [113], *Czerny* [31], *Stiglat, Wippel* [133] basieren auf der Kirchhoffschen Plattentheorie. Mit den finiten Elementen haben sich jedoch die Gewichte – aus den oben genannten Gründen – in Richtung der schubweichen Platte verschoben, s. Abb. 5.2.

Weil bei Deckenstärken, wie sie im Hochbau üblich sind, Schubverformungen keine Rolle spielen, ist es im Idealfall fast gleichgültig, ob eine Platte schubstarr oder schubweich gerechnet wird, weil sich gute schubweiche Ele-

© Springer-Verlag GmbH Deutschland, ein Teil von Springer Nature 2019
F. Hartmann, C. Katz, *Statik mit finiten Elementen*,
https://doi.org/10.1007/978-3-662-58925-0_5

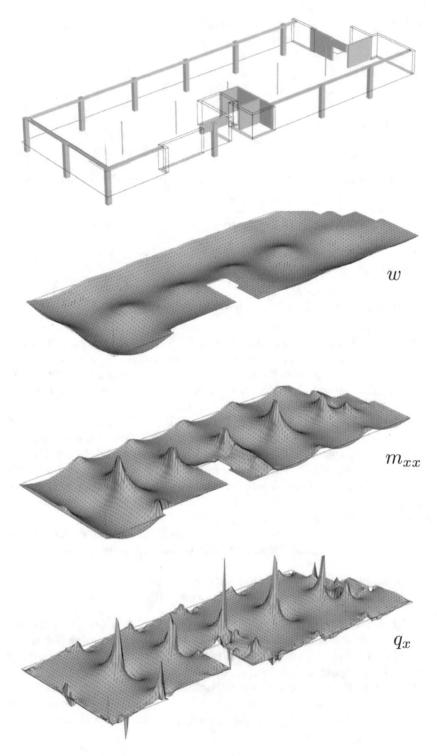

Abb. 5.1 Flächentragwerk kommt von Fläche und die Komplexität nimmt mit der Ordnung der Ableitungen zu

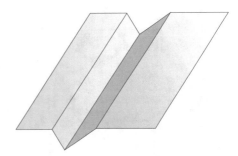

Abb. 5.2 Man kann eine schubstarre Platte nicht wie ein Blech falzen, eine schubweiche Platte aber schon

mente bei diesen Deckenstärken – von den Randbereichen der Platten viel-leicht abgesehen – wie schubstarre Elemente verhalten.

5.1 Schubstarre Platten

Die Grundgrößen der Platte, die Durchbiegung w, die drei Krümmungen κ_{ij} und die drei Biegemomente m_{ij}, sind über ein System von sieben Differentialgleichungen miteinander verknüpft. In Tensorschreibweise lautet dieses System

$$\kappa_{ij} - w_{,ij} = 0\,, \qquad \text{(3 Glg.)},$$
$$K\{(1-\nu)\kappa_{ij} + \nu\kappa_{kk}\delta_{ij}\} + m_{ij} = 0\,, \qquad \text{(3 Glg.)}, \qquad (5.3)$$
$$-m_{ij,ji} = p\,, \qquad \text{(1 Glg.)}\,.$$

Die Konstante

$$K = \frac{Eh^3}{12(1-\nu^2)} \qquad h = \text{Plattenstärke} \qquad (5.4)$$

ist die Plattensteifigkeit und ν ist die Querdehnung (*Poissonsche Konstante*).

Setzt man diese sieben Gleichungen ineinander ein, dann erhält man die eingangs zitierte biharmonische Differentialgleichung (5.1) für die Biegefläche $w(x,y)$ der Platte.

Wie beim Balken sind die Momente in der Platte proportional den Krümmungen der Biegefläche, s. Abb. 5.3,

$$m_{xx} = -K(w_{,xx} + \nu\, w_{,yy})\,, \quad m_{yy} = -K(w_{,yy} + \nu\, w_{,xx})\,,$$
$$m_{xy} = -(1-\nu)Kw_{,xy}\,,$$

und die Querkräfte folgen den dritten Ableitungen

$$q_x = -K(w_{,xxx} + w_{,yyx})\,, \qquad q_y = -K(w_{,xxy} + w_{,yyy})\,.$$

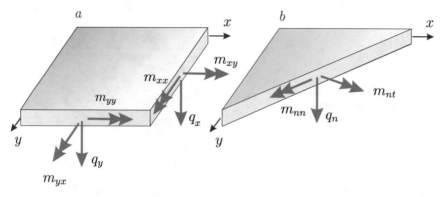

Abb. 5.3 Schnittkräfte in einer Platte

Die Momente m_{xx} werden durch Eisen in x-Richtung abgedeckt, und die Momente m_{yy} durch Eisen in y-Richtung. Alle Schnittkräfte sind Schnittkräfte pro lfd. m.

In einem schiefen Schnitt lauten die Schnittgrößen bei Benutzung der Tensorschreibweise

$$m_{nn} = m_{ij}\, n_i\, n_j\,, \qquad m_{nt} = m_{ij}\, n_i\, t_j\,, \qquad q_n = q_i\, n_i\,,$$

wobei $\boldsymbol{n} = \{n_x, n_y\}^T$ der Normalenvektor in dem Schnitt ist und $\boldsymbol{t} = \{t_x, t_y\}^T = \{-n_y, n_x\}^T$ der dazu orthogonale Tangentenvektor. In dem Schnitt mit dem Winkel

$$\tan 2\varphi = \frac{2\, m_{yy}}{m_{xx} - m_{yy}}\,, \tag{5.5}$$

treten die Hauptmomente auf,

$$m_{I,II} = \frac{m_{xx} + m_{yy}}{2} \pm \sqrt{\left[\frac{m_{xx} - m_{yy}}{2}\right]^2 + m_{xy}^2}\,. \tag{5.6}$$

5.1.1 Querdehnung

Die Analogie *Platte-Balken* ist streng genommen nur dann richtig, wenn man die Querdehnung ν vernachlässigt, denn sie ist ja wesentlich für die zweiachsige Tragwirkung verantwortlich: In der Druckzone verbreitert sich der Balkenstreifen und in der Zugzone schnürt er sich zusammen, s. Abb. 5.4.

Mit größer werdender Querdehnung ν nehmen die Momente in einer Platte daher zu, während die Durchbiegung und auch die Eckkraft F abnehmen, s. Abb. 5.5. Die Abnahme der Durchbiegung w beruht auf der Zunahme der

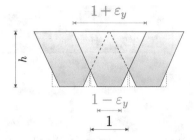

Abb. 5.4 Die Querdeh-
nung führt zur Aufweitung
der Druckzone und Ein-
schnürung der Zugzone,
[132]

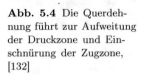

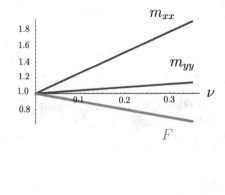

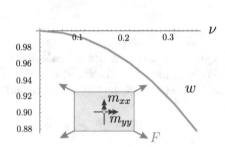

Abb. 5.5 Einfluss der Querdehnung ν auf die Biegemomente, die Durchbiegung in Feldmitte und die Eckkräfte F bei einer gelenkig gelagerten Platte. Alle Werte sind bezogen
auf die Werte für $\nu = 0$. Die Momente steigen mit ν an, während die Eckkraft F und die
Durchbiegung w kleiner werden

Biegesteifigkeit K mit der Zunahme von ν

$$K = \frac{E\,h^3}{12\,(1 - \nu^2)}\,, \tag{5.7}$$

was z.B. bei einer Stahlbetonplatte aus C 20/25 mit der Stärke $h = 0.2$
m bedeutet, dass die Steifigkeit von $K_0 = 20\,000$ kNm² ($\nu = 0$) auf
$K_{0.2} = 20\,833$ kNm² ($\nu = 0.2$) anwächst. Dem Verhältnis der Steifigkeiten
$K_0/K_{0.2} = 0.96$ entspricht das Verhältnis der Durchbiegungen $w_{0.2}/w_0 =$
$1.506/1.568 = 0.96$ in Feldmitte.

Für die meisten Materialien liegt ν zwischen 0.0 und 0.3. Für Stahlbeton
wird in den Normen ein Wert von 0.2 für den ungerissenen Zustand empfoh-
len. Viele Tafelwerke basieren auf $\nu = 0.0$, und man erhält die Schnittmomente für $\nu \neq 0$ gemäß den Formeln

$$m_{xx}(\nu) = m_{xx}(0) + \nu\,m_{yy}(0)\,, \qquad m_{yy}(\nu) = m_{yy}(0) + \nu\,m_{xx}(0)\,. \tag{5.8}$$

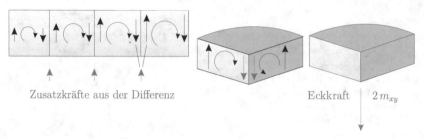

Zusatzkräfte aus der Differenz   Eckkraft $2\,m_{xy}$

Abb. 5.6   Zerlegung des Torsionsmoments in Randkräfte

5.1.2 Gleichgewicht

Die Kraft, die eine schubstarre Platte im Gleichgewicht hält, ist nicht die Querkraft, sondern der *Kirchhoffschub*. Der Kirchhoffschub v_n ist die Querkraft q_n plus der Ableitung des Torsionsmomentes[1] m_{nt} nach der laufenden Koordinate s (Bogenlänge) des Schnittufers

$$v_n = q_n + \frac{dm_{nt}}{ds}\,, \tag{5.9}$$

also bei vertikalem (|) bzw. horizontalem (–) Rand

$$v_x = q_x + \frac{dm_{xy}}{dy} \qquad v_y = q_y + \frac{dm_{xy}}{dx}\,. \tag{5.10}$$

Czerny [31] benutzt die Bezeichnung $\bar{q}_n$ für den Kirchhoffschub und q_n für die Querkraft in Richtung der Randnormalen $\boldsymbol{n} = \{n_x, n_y\}^T$. Wie es zur Zusatzkraft

$$\frac{dm_{nt}}{ds} = \frac{\text{kNm/m}}{\text{m}} = \text{kN/m} \tag{5.11}$$

kommt, versteht man, wenn man das Drillmoment am Rand abschnittsweise (alle Δx m) in Kräftepaare zerlegt, s. Abb. 5.6, und die ab- und aufwärtsgerichteten Kräfte an den Abschnittsgrenzen gegeneinander aufrechnet. Was übrigbleibt, sind die Zusatzkräfte, die q_n zu v_n erweitern.

In den FE-Knotenkräften ist automatisch ,alles' enthalten, was nur irgendwie zur $\sum V$ beiträgt, und daher muss man sich nicht um den Unterschied zwischen q_n und v_n kümmern. Dies gilt auch dann, wenn das FE-Programm die Knotenkräfte [kN] in verteilte Lagerkräfte [kN/m] umrechnet. Diese entsprechen dann dem Kirchhoffschub v_n und nicht der Querkraft q_n. FE-Programme rechnen also richtig mit v_n.

---

[1] es gleicht seitlich in die Platte gesteckten Korkenziehern

Dass wir den Schubspannungsnachweis mit q_n statt mit v_n führen, kann man vielleicht damit rechtfertigen, dass der Anteil des Torsionsmoments m_{nt} schon durch die Biegebewehrung abgedeckt wird, $m_{xx}, m_{xy}, m_{yy} \rightarrow m_I, m_{II} \rightarrow as - x, as - y$.

An freien Rändern ist die Querkraft im übrigen nicht null, der Kirchhoffschub aber natürlich schon. An einem freien vertikalen Rand sind z.B. die Querkräfte q_x und Torsionsmomente m_{xy} so aufeinander abgestimmt, dass die Änderung von m_{xy} pro Schrittlänge dy durch q_x ausgeglichen wird, so dass gesamthaft der Kirchhoffschub sich zu null ergibt

$$v_x = q_x + \frac{dm_{xy}}{dy} = 0 \,. \qquad (5.12)$$

Nur längs eingespannter Ränder fällt, wegen $m_{nt} = 0$, die Querkraft q_n mit dem Kirchhoffschub v_n zusammen. Bei allen anderen Lagerbedingungen ist $q_n \neq v_n$. Der Unterschied ist allerdings in der Regel nicht sehr groß, wie man an Hand der *Czerny-Tafeln* erkennt, [31].

5.1.3 Eckkraft

An den Ecken addieren sich die Kräfte $d\,mn_t/ds$ von beiden Seiten zur Eckkraft F auf. Man spricht von *drillsteifer* bzw. *drillweicher* Lagerung einer Decke, je nachdem ob Zuganker diese Eckkraft aufnehmen oder nicht. Bei drillsteifer Lagerung verlaufen die Hauptmomente zu den Ecken hin unter 45°. Fehlen die Zuganker, dann muss iterativ eine Gleichgewichtslage der Platte gefunden werden, bei der sich die Ecken von den Lagern abheben.

5.2 Der Weggrößenansatz

In dem idealen FE-Modell einer Platte beschreiben die Einheitsdurchbiegungen $\varphi_i(x, y)$ der Knoten die Situation, dass ein Knoten um eine Längeneinheit ausgelenkt wird, $w = 1$, oder um einen Winkel von 45° um die y- oder x-Achse verdreht wird, $w_{,x} = 1$ und $w_{,y} = 1$.

Aus diesen Einheitsverformungen schöpft die Platte ihre Bewegungsmöglichkeiten, und der gesamte FE-Ansatz ist die Entwicklung der Biegefläche w nach diesen $3n$ Einheitsverformungen

$$w_h(x, y) = \sum_{i=1}^{3n} w_i \, \varphi_i(x, y) \,, \qquad (5.13)$$

wobei die Freiheitsgrade w_i im Dreier-Rhythmus $w_1 = w, w_2 = w_{,x}, w_3 = w_{,y}$ etc. die Knotendurchbiegungen und Knotenverdrehungen der n Knoten sind.

Jede dieser Einheitsverformungen φ_i wird von einem gewissen Satz von Kräften erzeugt, die wir die *shape forces* p_i nennen, und zu einem $3n$-

gliedrigen FE-Ansatz gehört daher in der Summe der Lastfall

$$p_h = \sum_{i=1}^{3n} w_i \, p_i \,, \tag{5.14}$$

der so austariert wird, dass er dem Originallastfall bezüglich der $3n$ Einheitsverformungen φ_i äquivalent ist

$$\delta A_a(p_h, \varphi_i) = \delta A_a(p, \varphi_i) \qquad i = 1, 2, \ldots 3n \,. \tag{5.15}$$

5.3 Elemente

Die natürliche Wahl für ein Plattenelement wäre ein dreiecksförmiges Element mit den Freiheitsgraden $w, w_{,x}, w_{,y}$ in den drei Ecken und einem kubischen Ansatz für die Durchbiegung, was lineare Momentenverläufe und konstante Querkräfte im Element ergeben würde. Aber weil ein vollständiges
kubisches Polynom aus 10 Termen besteht, wie man am *Pascalschen Dreieck*
ablesen kann, ist dieser Weg verbaut. Das Element wäre auch nicht konform,
d.h. auf dem Bildschirm würde man Knicke in der Biegefläche sehen.

Ein konformes und rechteckiges Element mit je vier Freiheitsgraden
$w, w_{,x}, w_{,y}, w_{,xy}$ in den vier Ecken erhält man mit dem *Produktansatz*

$$\varphi^e_{..}(x, y) = \varphi_i(x)\, \varphi_j(y) \qquad i, j = 1, 2, 3, 4\,, \tag{5.16}$$

der auf den Einheitsverformungen $\varphi_i(x)$ des Balkens basiert

$$
\begin{aligned}
\varphi_1(x) &= 1 - \frac{3x^2}{l^2} + \frac{2x^3}{l^3} & \varphi_3(x) &= \frac{3x^2}{l^2} - \frac{2x^3}{l^3} \\
\varphi_2(x) &= -x + \frac{2x^2}{l} - \frac{x^3}{l^2} & \varphi_4(x) &= \frac{x^2}{l} - \frac{x^3}{l^2}\,.
\end{aligned}
\tag{5.17}
$$

Aber ein solches Element ist leider auf rechteckige Platten beschränkt; zudem
stört der Freiheitsgrad $w_{,xy}$ bei der Kopplung mit anderen Bauteilen.

Ein echtes isoparametrisches, konformes Viereckelement – das auch konform bleibt, wenn man die Berandung beliebig wählt – bekommt man nur,
wenn auch die Darstellung des Elements C^1 ist, denn nach der Kettenregel

$$w_{,x} = w_{,\xi}\, \xi_{,x} + w_{,\eta}\, \eta_{,x} \qquad \xi, \eta = \text{Koordinaten des Masterelements} \tag{5.18}$$

ist $w_{,x}$ nur stetig, wenn auch die Ableitungen $\xi_{,x}$ und $\eta_{,x}$, etc., der bild-
gebenden Funktionen $x(\xi, \eta)$ und $y(\xi, \eta)$ und ihrer Kehrfunktionen $\xi(x, y)$
und $\eta(x, y)$ stetig sind, was bedeutet, dass die Koordinatenlinien $\xi = const.$
und $\eta = const.$ an den Elementgrenzen keine Knicke haben dürfen, sondern

glatt wie die Wellenlinien im Sand, ineinander übergehen müssen. Das ist numerisch nur aufwendig zu realisieren.

5.4 Steifigkeitsmatrizen

Haben wir diese Hürden überwunden, und konforme Elemente konstruiert, dann sind die Elemente k^e_{ij} der Steifigkeitsmatrix eines Elements die Wechselwirkungsenergien, s. (5.2),

$$k^e_{ij} = a(\varphi^e_i, \varphi^e_j) \tag{5.19}$$

zwischen den Element-Einheitsverformungen φ^e_i der Knoten.

Das Element k^e_{ii} auf der Diagonalen ist die äquivalente Knotenkraft, die nötig ist, um den Knoten auszulenken oder zu verdrehen, $w_i = 1$, und die Elemente k^e_{ij} in derselben Spalte, also oberhalb und unterhalb von k^e_{ii}, sind die äquivalenten Knotenkräfte, die dafür sorgen, dass die Bewegung an den umliegenden Knoten zum Erliegen kommt[2].

Die Wechselwirkungsenergie (5.2) zweier Biegeflächen w und δw ist das Skalarprodukt des Momententensors $\boldsymbol{M} = [m_{ij}]$ von w mit dem Krümmungstensor $\boldsymbol{\delta K} = [\delta \kappa_{ij}]$ von δw (hier in Tensornotation)

$$a(w, \delta w) = \int_\Omega \boldsymbol{M} \bullet \boldsymbol{\delta K} \, d\Omega = \int_\Omega m_{ij} \, \delta \kappa_{ij} \, d\Omega \tag{5.20}$$

oder, in einer äquivalenten Notation, das Skalarprodukt zwischen dem Vektor $\boldsymbol{m} = \{m_{xx}, m_{yy}, m_{xy}\}^T$ und dem Vektor $\boldsymbol{\delta \kappa} = \{\delta \kappa_{xx}, \delta \kappa_{yy}, 2 \, \delta \kappa_{xy}\}^T$

$$a(w, \delta w) = \int_\Omega \boldsymbol{m} \bullet \boldsymbol{\delta \kappa} \, d\Omega = \int_\Omega [m_{xx}\delta \kappa_{xx} + 2 \, m_{xy}\delta \kappa_{xy} + m_{yy}\delta \kappa_{yy}] \, d\Omega \,, \tag{5.21}$$

wobei der letzteren Schreibweise in der FE-Literatur wieder der Vorzug gegeben wird. Der Elastizitätstensor der Platte wird in der FE-Literatur zu einer 3×3-Matrix $\boldsymbol{D}$

$$\underbrace{\begin{bmatrix} m_{xx} \\ m_{yy} \\ m_{xy} \end{bmatrix}}_{\boldsymbol{m}} = \underbrace{\begin{bmatrix} K & \nu K & 0 \\ \nu K & K & 0 \\ 0 & 0 & (1-\nu) K/2 \end{bmatrix}}_{\boldsymbol{D}} \underbrace{\begin{bmatrix} \kappa_{xx} \\ \kappa_{yy} \\ 2 \, \kappa_{xy} \end{bmatrix}}_{\boldsymbol{\kappa}} . \tag{5.22}$$

Bezeichne $\boldsymbol{m}_i$ und $\boldsymbol{\kappa}_i$ den ‚Momenten'- und ‚Krümmungsvektor' der Ansatzfunktion[3] φ^e_i, so sind also die Elemente der Elementsteifigkeitsmatrix die

---

[2] Also die Arbeiten, die die Bremskräfte auf dem Weg φ_i leisten

[3] Der obere Index e kennzeichnet die lokalen Ansatzfunktionen auf dem Element, im Gegensatz zu den globalen Ansatzfunktionen φ_i, die durch Fortsetzung der φ^e_i entstehen.

Überlagerung dieser Vektoren

$$k^e_{ij} = \int_{\Omega_e} \boldsymbol{m}_i \cdot \boldsymbol{\kappa}_j \, d\Omega = \int_{\Omega_e} \boldsymbol{m}_i^T \boldsymbol{\kappa}_j \, d\Omega = \int_{\Omega_e} (\boldsymbol{D}\,\boldsymbol{\kappa}_i)^T \boldsymbol{\kappa}_j \, d\Omega \qquad (5.23)$$

$$= \int_{\Omega_e} \boldsymbol{\kappa}_i^T \boldsymbol{D}\,\boldsymbol{\kappa}_j \, d\Omega \qquad\qquad\qquad (5.24)$$

und die Elementsteifigkeitsmatrix eines Elements mit n Freiheitsgraden, also n Ansatzfunktionen, ergibt sich so zu

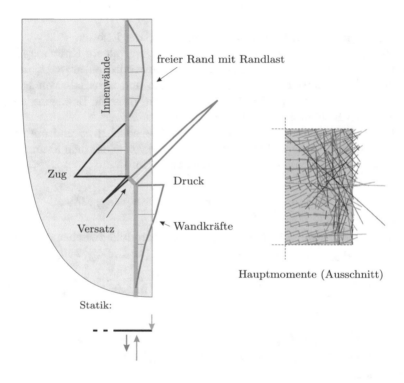

Abb. 5.7 Blick auf eine Deckenplatte – ein kleiner Versatz in den tragenden Innenwänden und die Folgen.

$$\boldsymbol{K}^e_{(n \times n)} = \int_{\Omega_e} \boldsymbol{B}^T_{(n \times 3)} \boldsymbol{D}_{(3 \times 3)} \boldsymbol{B}_{(3 \times n)} \, d\Omega \,, \qquad (5.25)$$

wobei in der Zeile i der Matrix $\boldsymbol{B}$ die Krümmungen $\kappa_{xx}, \kappa_{yy}, 2\,\kappa_{xy}$ der Biegefläche φ_i^e stehen.

5.5 Die Kinematik schubstarrer Platten

Das *handicap* der schubstarren Platte ist ihre geringere innere Flexibilität. Was nicht heißt, dass sich die schubstarre Platte weniger durchbiegt als eine schubweich gerechnete Platte – die Verformungen sind nahezu gleich – sondern es meint ihr Verhalten, wenn man sie über eine Ecke biegt oder ihr schnelle Richtungswechsel auf kurzer Distanz aufzwingen will, s. Abb. 5.7. Solchen Bewegungen folgt sie nur ungern.

Tabelle 5.1 Werden diese Innenwinkel überschritten, werden die Momente bzw. Lagerkräfte einer schubstarren Platte singulär, e = eingespannt, f = frei, g = gelenkig, [89].

Kritische Winkel für die Kirchhoffplatte		
Lagerwechsel	Momente	Lagerkraft
e/e	180°	126°
e/g	129°	90°
e/f	95°	52°
g/g	90°	60°
g/f	90°	51°
f/f	180°	78°

Eine schubweiche Platte hat da – im begrenzten Umfang – etwas mehr Möglichkeiten. Sie kann sich wehren indem z.B. der Querschnitt kippt, ohne dass man das der Platte von außen ansieht. Theoretisch kann sie dabei flach liegen bleiben, s. Abb. 5.17, aber sie kann auch, etwa an einer Einspannstelle, mit einem Knick nach unten weglaufen.

Dieses (relativ) starre Verhalten bringt die schubstarre Platte immer dann in Nöte, wenn die Lagerkanten schief aufeinander zulaufen oder Lagerbedingungen wechseln oder einfach die Eckenwinkel zu groß sind, wie man in Tabelle 5.1 ablesen kann.

Teilweise sind diese Singularitäten unphysikalisch, also aus statischer Sicht nicht nachvollziehbar. Das bekannteste Beispiel dafür sind die Singularitäten in gelenkig gelagerten Ecken mit Eckenwinkel größer 90° wie z.B. bei Trapezplatten. Weil in solchen Ecken nicht nur die Durchbiegung null ist, sondern auch die Drehungen um die beiden Koordinatenachsen,

$$w = w,_x = w,_y = 0\,, \tag{5.26}$$

stellt eine solche Ecke eine punktförmige Einspannung dar, s. Abb. 5.8.

Hierher gehören auch die schiefen Plattenbrücken, die von stumpfer Ecke zu stumpfer Ecke tragen. Unglücklicherweise werden gerade in den stumpfen Ecken die Auflagerkräfte und die Schnittmomente singulär, s. Abb. 5.9.

In den stumpfen Ecken sollte man daher die Verdrehung der Platte $w,_x$ tangential zum Lagerrand freigeben. Gelenkige Lagerung heißt ja am oberen und unteren Rand $w = m_{yy} = 0$. Wenn aber längs der x-Achse die Durch-

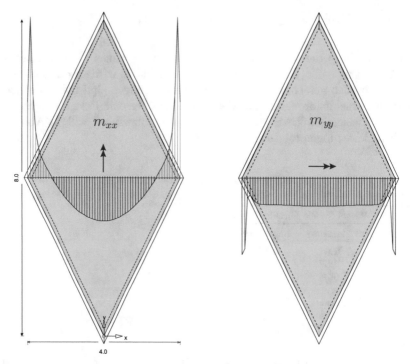

Abb. 5.8 In den beiden weiten Ecken ($> 90°$) der gelenkig gelagerten rhombusförmigen Platte werden die Momente singulär, $m_{xx} \to -\infty$ und $m_{yy} \to +\infty$

biegung $w = 0$ ist, dann ist auch die Ableitung null, $\partial w/\partial x = w,_x = 0$, und deswegen setzt man bei einer Kirchhoffplatte in den Lagerknoten – bei dieser Orientierung des Randes – die Verdrehung $w,_x = 0$. Wenn man aber die Verdrehung in dem Eckknoten entsperrt, sie frei gibt, w bleibt weiterhin gesperrt, mildert man deutlich die Effekte, die in solchen Ecken auftreten.

Generell sollte man bei schubstarren aber auch bei schubweichen Platten immer die Nachgiebigkeit der Lager mit ansetzen, weil so die negativen Effekte, die aus kinematisch schwierigen Lagerbedingungen herrühren, gedämpft, wenn nicht gar beseitigt werden können.

Was passieren kann, wenn ein Randknoten nur leicht aus der Flucht ist, illustrieren die Abb. 5.10, 5.11 und 5.12.

5.6 Pollution

Der englische Begriff *pollution* meint das Phänomen, dass die Lösung in einem Teil A des Tragwerks von Fehlerquellen, die in einem abliegenden Teil

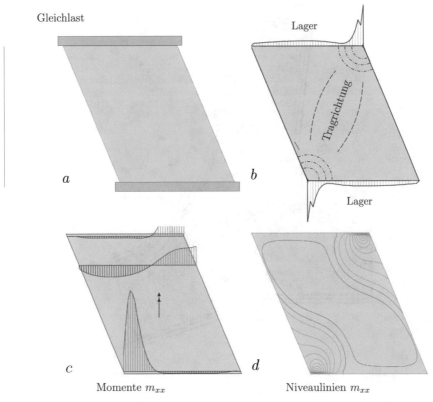

Abb. 5.9 In den stumpfen Ecken der Plattenbrücke werden die Lagerkräfte und auch die Schnittmomente m_{xx} unendlich groß

B auftreten, negativ beeinflusst wird. Bei Flächentragwerken haben die Einflussfunktionen mit diesem Effekt zu kämpfen wie z.B. bei einer schrägen Plattenbrücke, s. Abb. 5.9. Der Ingenieur wird die Singularitäten in den stumpfen Ecken mit einem gewissen Abstand betrachten, ,das Material ist klüger', und er sieht, von der ,Intelligenz' der Platte überzeugt, daher keinen Grund die Momente der FE-Lösung in der Plattenmitte anzuzweifeln.

Tatsache ist jedoch, dass die Singularitäten in den Ecken auch die Ergebnisse im Feld verschlechtern. Das liegt daran, dass *alle* Einflussfunktionen primär vom Rand her leben[4] (die FEM ist an dieser Stelle mit der BEM, den Randelementen, identisch) und wenn die Randdaten ungenau sind oder singulär werden, dann hat das einen negativen Einfluss auf die Güte der Ein-

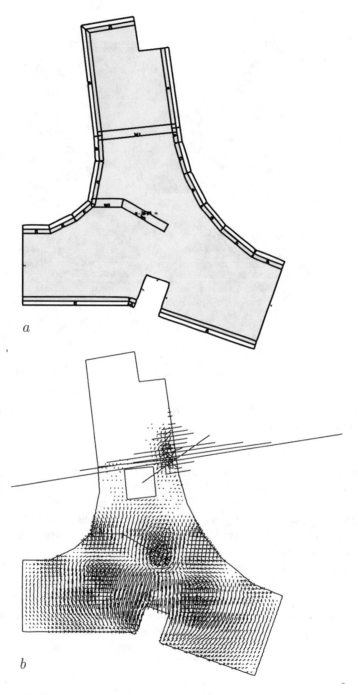

Abb. 5.10 Ein kleiner Fehler in der Plazierung eines Randknotens führt zu Singularitäten in den Momenten, **a)** Platte, **b)** Hauptmomente

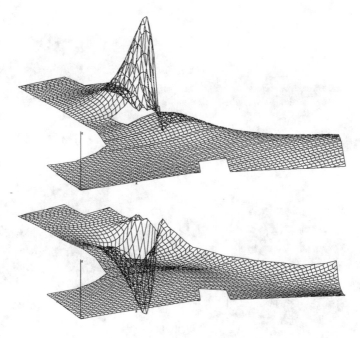

Abb. 5.11 Die Einflussfunktionen für das Einspannmoment in zwei nahe beieinander liegenden Randpunkten unterscheiden sich stark

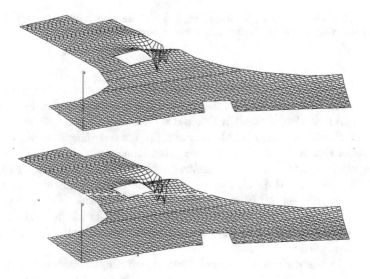

Abb. 5.12 Dieselben Einflussfunktionen, nachdem die Lage des Knotens korrigiert wurde

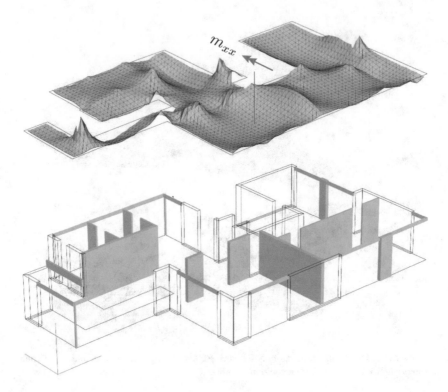

Abb. 5.13 Stahlbetondecke, Momente m_{xx} und Unterkonstruktion. Die Steifigkeiten müssen stimmen, damit die Einflussfunktionen realistische Werte für die Momente m_{xx} liefern

flussfunktionen – gleichgültig wo der Aufpunkt liegt, wenn natürlich auch mit wachsender Distanz zum Rand negative Einflüsse gedämpft werden, [50].

Es lohnt sich also, in solchen Ecken das Netz zu verfeinern, denn während die reale Platte die Singularitäten durch Gegenbewegungen abbauen kann, muss das FE-Modell mit den Singularitäten leben.

Singularitäten treten bei Flächentragwerken praktisch in jeder Ecke auf. Es ist einfach eine Maßstabsfrage – wie genau schaut man hin. Und dann fallen die Störungen natürlich unterschiedlich heftig aus. ‚Echte‘ Singularitäten wie bei der schiefen Plattenbrücke sind nicht so häufig und ein guter Tragwerksplaner muss nicht erst durch das FE-Programm auf Problemzonen hingewiesen werden.

In der Praxis dürften die Auswirkungen von Singularitäten in der Regel auch nicht so dramatisch sein, wie man das nach diesen Hinweisen vielleicht vermuten könnte, denn im Bauwesen sind die Toleranzen doch relativ groß

---

[4] Man denke an ein Lineal. Um zwei Punkte zu verbinden, legt man das Lineal an die Endpunkte der Geraden an. Fehler in den Randdaten propagieren nach Innen

und der erfahrene Ingenieur hat zudem ein gut entwickeltes Gespür dafür, was glaubhaft ist und was nicht.

Schwerwiegender als die numerischen Fehler in den Einflussfunktionen sind dann doch eher die *Modellfehler*. Auch dann ist die Kommunikation zwischen der Belastung und dem Aufpunkt gestört, übermitteln die Einflussfunktionen das falsche Signal, weil sie nicht zum Tragwerk passen, s. Abb. 5.13.

Dazu noch eine Anmerkung: Im Massivbau wird zwischen *Biegebereichen* und *Diskontinuitätsbereichen* unterschieden. Die Bemessung von Biegebereichen mag einfacher sein als die von Diskontinuitätsbereichen, aber es ist nicht gesagt, dass die Schnittkräfte in Biegebereichen automatisch genauer sind. Wenn die Einflussfunktionen für die Schnittgrößen in dem Biegebereich auf falschen Steifigkeiten beruhen – und das gilt für den ganzen (!) Weg zwischen Belastung und Aufpunkt – dann sind auch die Schnittgrößen in einem Biegebereich falsch.

5.7 Schubweiche Platten

Schubweiche Platten bilden unter Linienlasten Knicke aus wie in Abb. 5.14. Erst die Gleitung $\gamma = w/0.5\,l$ weckt die Schubspannung $\tau = G\gamma$, die dann als Querkraft $V = \tau A = GA\gamma$ der Einzelkraft das Gleichgewicht hält. Bei einer Streckenlast kommt es ebenfalls zu einer – bis zur Balkenmitte stetig zunehmenden Gleitung – die insgesamt zu einer wohlgerundeten Biegelinie, einem Polynom 2. Grades, führt. Bei schubweichen Platten stört es also nicht, wenn die Einheitsverformungen Knicke aufweisen, C^0-Elemente reichen daher aus, s. Abb. 5.15.

Die Kinematik der schubweichen Platte wird von drei Größen bestimmt, der *Durchbiegung* und den *Verdrehungen* der Schnittfläche in Richtung der x- bzw. y-Achse, s. Abb. 5.16,

$$w \quad \theta_x \quad \theta_y\,. \tag{5.27}$$

Man nennt die Maße

$$\gamma_x = w,_x + \theta_x \qquad \gamma_y = w,_y + \theta_y \tag{5.28}$$

die *Gleitung*. Bei der Kirchhoffplatte sind die Gleitungen null.

Die drei Differentialgleichungen der schubweichen Platte lauten in Tensorschreibweise

$$K(1-\nu)\{-(\frac{1}{2}(\theta_{\alpha,\beta} + \theta_{\beta,\alpha}) + \frac{\nu}{1-\nu}\theta_{\gamma,\gamma}\,\delta_{\alpha\beta}),_\beta$$

$$+\,\bar{\lambda}^2(\theta_\alpha + w,_\alpha)\} = \frac{\nu}{1-\nu}\frac{1}{\bar{\lambda}^2}\,p,_\alpha \qquad \alpha = 1,2 \tag{5.29}$$

$$-\frac{1}{2}K(1-\nu)\bar{\lambda}^2(\theta_\alpha + w,_\alpha),_\alpha = p \tag{5.30}$$

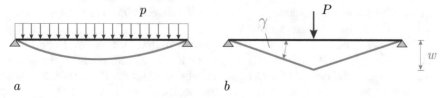

Abb. 5.14 Schubträger, **a)** unter Streckenlast und **b)** unter einer Einzelkraft

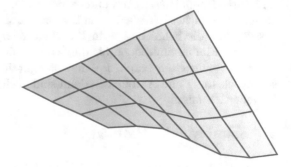

Abb. 5.15 Eine schub-
weiche Platte darf Knicke
haben

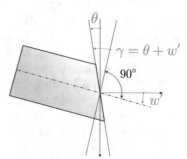

Abb. 5.16 Die Gleitung γ

mit

$$K = \frac{Eh^3}{12(1 - \nu^2)}, \qquad \bar{\lambda}^2 = \frac{10}{h^2} \qquad h = \text{Plattenstärke}. \qquad (5.31)$$

Dies ist ein System von drei partiellen Differentialgleichungen zweiter Ordnung für die drei Größen w, θ_x, θ_y. Auf der rechten Seite steht der Gradient
$\nabla p = \{p_{,x}, p_{,y}\}^T$ der vertikalen Belastung in x- und y-Richtung und in der
dritten Gleichung steht die vertikale Belastung p selbst. Bei konstanter Belastung p ist der Gradient ∇p null.

Man muss diese drei Komponenten w, θ_x, θ_y so ähnlich lesen, wie die drei
Verschiebungskomponenten u, v, w eines elastischen Kontinuums. So wie wir
dort die Komponenten zu einem Vektor $\boldsymbol{u}$ zusammenfassen, so können wir
hier einen entsprechenden Vektor

$$\boldsymbol{u}(x, y) = \{w(x, y), \theta_x(x, y), \theta_y(x, y)\}^T \qquad (5.32)$$

einführen, der die Verformungsanteile einer schubweichen Platte enthält. Es
ist kein echter Verformungsvektor, weil $\boldsymbol{x} + \boldsymbol{u}$ nicht die Lage des Punktes $\boldsymbol{x}$
nach der Verformung ist – die Koordinaten der neuen Lage $\boldsymbol{x}'$ berechnen sich
vielmehr gemäß der Formel

$$x' = \theta_x \, z \qquad y' = \theta_y \, z \qquad z' = w \tag{5.33}$$

– sondern der Vektor $\boldsymbol{u}$ stellt einfach die *Liste* der relevanten Verformungsanteile dar.

Die Biegemomente in der Platte sind proportional zu den Ableitungen der
Verdrehungen der Querschnitte ($\sim$ Krümmungen)

$$m_{xx} = K \left(\theta_{x,x} + \nu \, \theta_{y,y} \right), \qquad m_{yy} = K \left(\theta_{y,y} + \nu \, \theta_{x,x} \right),$$
$$m_{xy} = (1 - \nu) \, K \left(\theta_{x,y} + \theta_{y,x} \right), \tag{5.34}$$

während in die Querkräfte auch noch die Ableitungen von w eingehen

$$q_x = K \, \frac{1 - \nu}{2} \, \bar{\lambda}^2 \left(\theta_x + w_{,x} \right), \qquad q_y = K \, \frac{1 - \nu}{2} \, \bar{\lambda}^2 \left(\theta_y + w_{,y} \right). \tag{5.35}$$

Hier sieht man deutlich, dass die Querkräfte, wie bei einer Konsole, aus den
Gleitungen, aus den Schubverformungen θ_x und θ_y resultieren.

Anders als die schubstarre Platte kann eine schubweiche Platte Einzel-
kräfte nicht festhalten; das hat sie mit der Scheibe gemein. Ebenso würden
Einzelmomente keinen Widerstand spüren. Praktisch geht es schon, denn FE-
Knotenkräfte und FE-Knotenmomente sind ja äquivalente Kraftgrößen ('Re-
chenpfennige'), stehen stellvertretend für mehr oder weniger konzentrierte
Flächenkräfte.

Die Statik der schubweichen Platte unterscheidet sich ansonsten, was Fragen der Bewehrung, der Lagerkräfte, der Durchbiegung im Zustand I und II
betrifft, etc., nicht von der Statik der schubstarren Platte. Bei dünnen Platten sind die Schubverformungen ja nahezu null, und dann ist es gleichgültig,
ob man eine Platte nach Kirchhoff oder nach Reissner-Mindlin berechnet.
In der Regel wird man daher, abgesehen von der unmittelbaren Randnähe,
bei den üblichen Deckenstärken nur geringe Unterschiede feststellen. Es sind
weiterhin die Krümmungen der Plattenmittelfläche

$$\kappa_{xx} = \theta_{x,x} \qquad \kappa_{xy} = \frac{1}{2} (\theta_{y,x} + \theta_{x,y}) \qquad \kappa_{yy} = \theta_{y,y}, \tag{5.36}$$

die die Momente bestimmen, s. (5.34).

Weil das Differentialgleichungssystem für w, θ_x, θ_y von zweiter Ordnung
ist, kommen in der symmetrischen Wechselwirkungsenergie

$$a(\boldsymbol{u}, \boldsymbol{\delta u}) = \int_\Omega [m_{xx} \, \delta\theta_{x,x} + m_{xy} \, \delta\theta_{x,y} + m_{yx} \, \delta\theta_{y,x} + m_{yy} \, \delta\theta_{y,y}$$
$$+ \, q_x \left(\delta\theta_x + \delta w_{,x} \right) + q_y \left(\delta\theta_y + \delta w_{,y} \right)] \, d\Omega$$

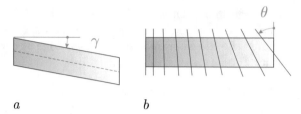

Abb. 5.17 Bewegungen eines schubweichen Balkenelements, **a)** Typ 1: $w = ax$, $\theta = 0$,
b) Typ 2: $w = 0$, $\theta = ax$

nur Ableitungen erster Ordnung vor. Daher reicht es aus, wenn die Einheitsverformungen – die wir uns wieder elementweise durch Polynome dargestellt
denken – an den Elementgrenzen stetig aneinander anschließen, ohne dass die
Neigungen der Flächen gleich groß sein müssen.

Formal ist die Lösung einer Reissner-Mindlin-Platte eine vektorwertige
Funktion, s. (5.32), und daher macht man mit finiten Elementen für die Lösung einen Ansatz der Art

$$
\boldsymbol{u}_h = u_1 \underbrace{\begin{bmatrix} \varphi_1 \\ 0 \\ 0 \end{bmatrix} + u_2 \begin{bmatrix} 0 \\ \varphi_2 \\ 0 \end{bmatrix} + u_3 \begin{bmatrix} 0 \\ 0 \\ \varphi_3 \end{bmatrix}}_{\text{Knoten 1}} \tag{5.37}
$$

$$
\underbrace{+\, u_4 \begin{bmatrix} \varphi_4 \\ 0 \\ 0 \end{bmatrix} + u_5 \begin{bmatrix} 0 \\ \varphi_5 \\ 0 \end{bmatrix} + u_6 \begin{bmatrix} 0 \\ 0 \\ \varphi_6 \end{bmatrix}}_{\text{Knoten 2}} + \ldots, \tag{5.38}
$$

wobei die Freiheitsgrade u_i und Ansatzfunktionen $\varphi_i(x,y)$ im Dreier-
Rhythmus pro Knoten die Durchbiegungen, die Verdrehungen in x-Richtung
und die Verdrehungen in y-Richtung bezeichnen.

Das Grundmuster, das sich für jeden Knoten wiederholt, ist also eine Ab-
folge von drei speziellen Einheitsverformungen

$$
\begin{bmatrix} w \\ 0 \\ 0 \end{bmatrix} \quad \begin{bmatrix} 0 \\ \theta_x \\ 0 \end{bmatrix} \quad \begin{bmatrix} 0 \\ 0 \\ \theta_y \end{bmatrix}. \tag{5.39}
$$

Bei der ersten Verformung neigt sich das Element, s. Abb. 5.17, aber die
Querschnitte bleiben senkrecht, weil wegen $\gamma_x = w_{,x} + \theta_x$ etc. die Gleitungen
$\gamma_x = w_{,x}$ und $\gamma_y = w_{,y}$ gerade die Neigung der Tangenten ausbalancieren.

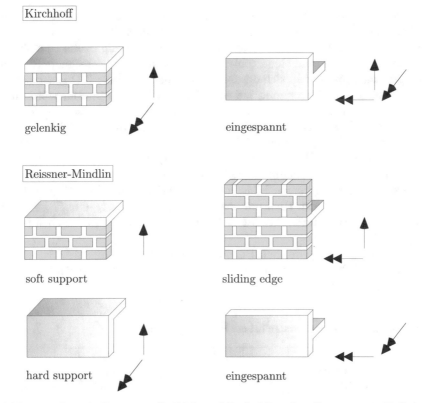

Kirchhoff

gelenkig   eingespannt

Reissner-Mindlin

soft support   sliding edge

hard support   eingespannt

Abb. 5.18 Lagerbedingungen, die Pfeile und Drehpfeile geben die gesperrten Freiheitsgrade an

Bei den anderen beiden Verformungen bleibt das Element gerade liegen, $w = 0$, aber die Querschnitte verdrehen sich, s. Abb. 5.17.

5.8 Die Kinematik der schubweichen Platte

Alle Plattenmodelle entstehen durch Reduktion des dreidimensionalen elastischen Kontinuums auf ein ebenes Modell. Je nach den Annahmen, die man dabei trifft, erhält man die schubstarre Kirchhoffplatte oder die schubweiche Reissner-Mindlin-Platte.

Dass durch die Reduktion unsere Modelle ärmer werden, macht sich am ehesten am Rand bemerkbar. Insbesondere in Ecken können die Schnittgrößen singulär werden. Bei der schubweichen Platte gibt es zudem noch den sogenannten *boundary layer effect*, [134]. Das meint die Beobachtung, dass die Lösung zum Rande hin ungenauer wird. Der Rand ist auch der Bereich, in dem sich schubstarre und schubweiche Platten am ehesten unterscheiden, [134].

Allerdings liegen die Verhältnisse bei normalen Netzen so, dass es nicht auffällt. Der Benutzer weiß es nicht, und er hat auch kein Interesse daran, das Programm diesbezüglich herauszufordern oder auf die Probe zu stellen.

Dass der Plattenrand eine Problemzone für schubweich gerechnete Platten ist, ahnt man, wenn man sich daran erinnert, dass es in der 3-D Elastizitätstheorie keine Linienlager gibt, sie sind ‚zu scharf', das Material würde unter dem Lagerdruck plastifizieren. Der *boundary layer effect* belegt also sehr schön die größere Nähe der schubweichen Platten zur 3-D Elastizitätstheorie – im Vergleich mit der Kirchhoffplatte.

Die schubweiche Platte kennt zwei Lagerungsarten für den gelenkig gelagerten Rand: Den sogenannten *hard support*, $w = w_{,t} = 0$, er entspricht der gelenkigen Lagerung bei der Kirchhoffplatte und den *soft support*, $w = 0$, bei dem die Verdrehung in Richtung des Randes, $w_{,t} = w_{,x}\,t_x + w_{,y}\,t_y$, also in Richtung des Tangentenvektors $\boldsymbol{t} = \{t_x, t_y\}^T$ des Randes, freigegeben ist, s. Abb. 5.18.

Auch bei der schubweichen Platte treten am Rand Singularitäten auf, s. Tabelle 5.2, [109]. Bis auf zwei Fälle sind die kritischen Eckenwinkel unabhängig von der Querdehnzahl ν.

Tabelle 5.2 Eckensingularitäten bei der Reissner-Mindlin-Platte

Lagerungsarten im Eckpunkt	Biegemoment unbeschränkt ab	Querkraft unbeschränkt ab
eingespannt-eingespannt	180°	180°
sliding edge-sliding edge	90°	180°
hard support-hard support	90°	180°
soft support-soft support	180°	180°
frei-frei	180°	180°
eingespannt-sliding edge	90°	180°
eingespannt-hard support	90°	180°
eingespannt-soft support	$\approx 61.70°\ (\nu = 0.29)$	180°
eingespannt-frei	$\approx 61.70°\ (\nu = 0.29)$	90°
sliding edge-hard support	45°	90°
sliding edge-soft support	90°	180°
sliding edge-frei	90°	90°
hard support-soft support	$\approx 128.73°$	180°
hard support-frei	$\approx 128.73°$	90°
soft support-frei	180°	90°

Praktisch gibt es also in jeder Ecke Singularitäten. Zum Glück(?) sind die Netze aber nicht so fein, dass sich die Singularitäten bemerkbar machen. Im Grunde akzeptiert der Ingenieur auch nur Singularitäten, die er nachvollziehen kann, die die Standsicherheit gefährden können, während Singularitäten, die aus der beschränkten Kinematik eines Modells folgen, für ihn zweitranging sind.

5.8.1 Shear locking

Die Vorteile der schubweichen Platte liegen in den geringen Ansprüchen, die sie an die Stetigkeit der Ansatzfunktionen stellt und in ihrem inneren ‚Reichtum' an Kinematen. Dafür bereitet das *shear locking* Schwierigkeiten. Der Übergang von der schubweichen Platte – also relativ dicken Platten (Fundamentplatten) – zu schubstarren Platten, wie sie überwiegend im Hochbau vorkommen, bereitet Schwierigkeiten.

Die Reissner-Mindlin-Platte enthält ja im Grunde die schubstarre Kirchhoff-Platte als Spezialfall, denn beim Übergang zur schubstarren Platte muss man nur die Gleitungen null setzen

$$\gamma_x = w_{,x} + \theta_x = 0 \qquad \gamma_y = w_{,y} + \theta_y = 0 \,. \tag{5.40}$$

Da sich Schubverformungen nur bei gedrungenen Balken (und Platten) bemerkbar machen, erwarten wir, dass die Reissner-Mindlin-Platte sich bei geringer Plattenstärke wie eine schubstarre Kirchhoff-Platte verhält.

Dem ist (rechnerisch) aber leider nicht so. Mit abnehmender Plattenhöhe h versteift sich eine nach Reissner-Mindlin gerechnete Platte zusehends, die Durchbiegungen hinken immer mehr den Ergebnissen nach Kirchhoff hinterher, bis zuletzt die Ergebnisse unbrauchbar werden, weil die Platte sich kaum noch durchbiegt. Das meint man mit *shear-locking*.

Zum Verständnis sei gesagt, dass dies ein Problem der finiten Elemente ist und nicht der Plattentheorie. Könnte man die Gleichungen exakt lösen, dann würden die Ergebnisse nach Reissner-Mindlin mit abnehmender Plattenstärke h nahtlos (im Sinne der Energie [134], S. 263) in die Ergebnisse nach Kirchhoff übergehen, auch noch in der Grenze $h \mapsto 0$.

Wie es zum *shear locking* kommt, kann man am einfachsten an einem Balken, wie z.B. einem schubweichen Kragträger, $\boldsymbol{u} = [w, \theta]^T$, verfolgen, s. Abb. 5.19. Die Wechselwirkungsenergie ist

$$a(\boldsymbol{u}, \hat{\boldsymbol{u}}) = \int_0^l EI\theta' \, \hat{\theta}' \, dx + \int_0^l GA_s \, (w' + \theta) \, (\hat{w}' + \hat{\theta}) \, dx \,, \tag{5.41}$$

so dass man mit entsprechenden Einheitsverformungen – 2 für jeden Knoten –

$$\underbrace{\boldsymbol{\varphi}_1(x) = \begin{bmatrix} w_1 \\ 0 \end{bmatrix} \quad \boldsymbol{\varphi}_2(x) = \begin{bmatrix} 0 \\ \theta_2 \end{bmatrix}}_{\text{Knoten 1}} \quad \underbrace{\boldsymbol{\varphi}_3(x) = \begin{bmatrix} w_3 \\ 0 \end{bmatrix} \quad \boldsymbol{\varphi}_4(x) = \begin{bmatrix} 0 \\ \theta_4 \end{bmatrix}}_{\text{Knoten 2}} \dots \tag{5.42}$$

etwa in Form linearer Ansätze

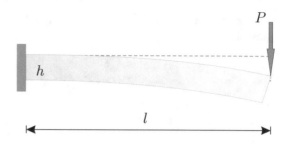

Abb. 5.19 Kragträger

$$w_i(x) = \frac{l-x}{l} \qquad \theta_j(x) = \frac{x}{l} \tag{5.43}$$

eine Beziehung wie

$$(\boldsymbol{K}_B + \boldsymbol{K}_S)\boldsymbol{u} = \boldsymbol{f} \tag{5.44}$$

erhält, wobei die Einträge in der Matrix $\boldsymbol{K}_B$ die Biegeanteile berücksichtigen und die Einträge in $\boldsymbol{K}_S$ die Schubanteile

$$k_{ij}^B = \int_0^l EI\theta_i' \, \theta_j' \, dx \qquad k_{ij}^S = \int_0^l GA_s \, (w_i' + \theta_i) \, (w_j' + \theta_j) \, dx \,. \tag{5.45}$$

Rechnet man den Kragträger in Abb. 5.19 schubweich, so erhält man mit einem Element, für die Durchbiegung der Kragarmspitze das Resultat

$$w(l) = \frac{12(h/l)^2 + 20}{12(h/l)^2 + 5} \cdot \frac{Pl}{GA_s} \qquad A_s = \text{,Schubfläche'} \,. \tag{5.46}$$

Bei sehr kurzen Balken, $l \ll 1$ wird der erste Bruch ungefähr Eins, und am Trägerende zeigt sich die korrekte Schubverformung

$$w = \frac{Pl}{GA_s} \,. \tag{5.47}$$

Ist $l \gg h$, also die Länge l groß gegen die Trägerhöhe h, dann wird der erste Bruch ungefähr 20/5 und man erhält eine viel zu geringe Durchbiegung

$$w = 4\frac{Pl}{GA_s} \tag{5.48}$$

für die Kragarmspitze. Das ist *shear-locking*.

Die Ursache für diesen Versteifungseffekt ist die unterschiedliche Sensitivität der Biegesteifigkeit EI und der Schubsteifigkeit GA_s gegenüber der Trägerhöhe h

$$EI = \frac{b\,h^3}{12} \qquad GA_s = b\,h \qquad \text{(Rechteckquerschnitt)} \,. \tag{5.49}$$

Lässt man die Trägerhöhe h – und damit die Schubverformungen $\gamma = w' + \theta$ – in Gedanken gegen null gehen, dann sinkt die Biegesteifigkeit viel rascher ab als die Schubsteifigkeit. Dies führt, so wie bei der Gleichung

$$(1 + 10^5)\,u = 10 \qquad \text{Lösung } u = 0.999^{-5} \approx 0 \,, \tag{5.50}$$

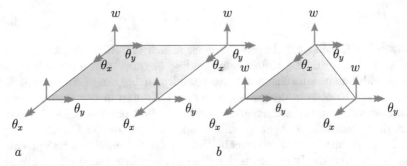

Abb. 5.20 Schubweiche Elemente, **a)** Bathe-Dvorkin-Element, **b)** DKT-Element. An den Knoten ist beim DKT-Element die Gleitung null, $\theta_{xi} = -\partial w/\partial x_i$, $\theta_{yi} = -\partial w/\partial y_i$

dazu, dass in (5.44) die Matrix $\boldsymbol{K}_S$ wegen des stark anwachsenden Einflusses von GA_s zunehmend dominiert. Wenn man exakt rechnen könnte, dann würde der wachsende Einfluss von GA_s durch die zu null gehende Gleitung $w' + \theta = \gamma \mapsto 0$ mehr als kompensiert. In einem FE-Programm funktioniert das aber leider nicht, und deswegen muss die Lösung $\boldsymbol{u}$ des Gleichungssystems gegen null gehen, sprich es kommt zur Schubversteifung.

All dies gilt sinngemäß auch für schubweiche Platten: Der Übergang von schubweich (mittlere bis große Plattenstärke) zu schubstarr (kleine Plattenstärke) gelingt numerisch nicht.

Es sind eine ganze Reihe von Maßnahmen vorgeschlagen worden, um das *shear-locking* zu vermeiden. Am sichersten ist es, den Polynomgrad zu erhöhen. Dies gilt nicht nur hier, sondern für alle Phänomene, wo durch *internal constraints* die Freiwerte der Ansätze dazu gebraucht werden, die *constraints* zu erfüllen und dann keine Freiwerte mehr vorhanden sind, um die Bewegungen zu beschreiben.

5.9 Schubweiche Plattenelemente

Es gibt eine Vielzahl von Plattenelementen, die auf der Reissner-Mindlin-Theorie beruhen. Wir erwähnen hier nur drei Elemente, das *Bathe-Dvorkin-Element*, das *DKT-Element* und das *DST-Element*, weil sie am populärsten sind.

5.9.1 Das Bathe-Dvorkin-Element

Dieses Element, s. Abb. 5.20 a, wurde von *Hughes* und *Tezduyar* [56] hergeleitet und von *Bathe* und *Dvorkin* [11] dann auf Schalen erweitert.

Das Element ist ein isoparametrisches Vier-Knoten-Element mit bilinearen Ansätzen für die Durchbiegung w und die Rotationen θ_x und θ_y. Wie man an

$$\gamma_x = w_{,x} + \theta_x \qquad \gamma_y = w_{,y} + \theta_y \qquad (5.51)$$

ablesen kann, sollte der Ansatz für w eigentlich um einen Polynomgrad höher sein als der für die Rotationen. Und so beginnt man auch: Als Ansatz für w wählt man zunächst einen neungliedrigen Lagrange Ansatz – 4 Eckknoten + 4 Knoten in den Seitenmitten + 1 Knoten in der Elementmitte – und passend dazu einen bilinearen Ansatz für die Rotationen. Die Idee ist es nun, die Schubverformungen γ_x und γ_y unabhängig von der Durchbiegung in der Elementmitte und den Durchbiegungen der Seitenmitten zu berechnen. Damit gehen in die Berechnung der Steifigkeitsmatrix nur die Durchbiegungen w in den vier Ecken ein, und somit reichen bilineare Ansätze für w aus. Diese Vereinfachung beruht auf der Beobachtung, dass die Schubverformungen parallel zu den Elementseiten in den Seitenmitten unabhängig von den Durchbiegungen in den Seitenmitten und der Elementmitte sind.

Was das Element vor allem auszeichnet ist, dass es keine Schwierigkeiten mit dem Übergang zu dünnen Platten hat und somit universell einsetzbar ist. Ähnlich wie bei dem bilinearen Scheibenelement verläuft das Moment m_{xx} in der Tragrichtung – hier sei das die x-Achse – konstant und das Moment m_{yy} quer dazu linear. Die Querkräfte q_x und q_y sind natürlich konstant.

Die Idee liegt nahe, dass man so wie beim Wilson-Element in der Scheibenstatik, aus dem Q4-Element ein Q4+2 Element macht, indem man quadratische Ansätze dazu addiert. Dann verlaufen auch die Momente in Tragrichtung linear. Dieses verbesserte Element wird als Plattenelement in den SOFiSTiK-Programmen benutzt.

5.9.2 Das DKT-Element

Zur Herleitung des DKT-Elements geht man von einer Reissner-Mindlin-Platte aus und nimmt aber an, dass die Gleitungen null sind, die Platte sich also schubstarr verhält, [12]. Damit reduziert sich die Wechselwirkungsenergie auf die Überlagerung der Biegemomente mit den Krümmungen

$$a(\boldsymbol{u}, \boldsymbol{\delta u}) = \int_\Omega [m_{xx}\,\delta\theta_{x,x} + m_{xy}\,\delta\theta_{x,y} + m_{yx}\,\delta\theta_{y,x} + m_{yy}\,\delta\theta_{y,y}]\,d\Omega\,. \quad (5.52)$$

Die Ansätze, mit denen man in dieses Modell praktisch hineingeht, erfüllen die Annahme $\gamma_x = \gamma_y = 0$ aber nur in diskreten Punkten, nämlich den Ecken der (dreiecksförmigen) Elemente und in den Mitten der Kanten. Deswegen spricht man von einem *discrete Kirchhoff triangle*.

Das DKT-Element ist sehr populär und wird sehr gerne eingesetzt, weil man mit geringem Aufwand – C^0-Ansätze reichen ja aus – ein Dreieckselement mit den Knotenfreiheitsgraden $w, w_{,x}, w_{,y}$ erhält. Praktisch handelt es sich aber auch um ein nichtkonformes Plattenelement.

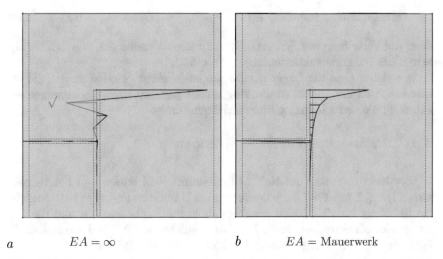

a $EA = \infty$ b $EA = $ Mauerwerk

Abb. 5.21 Lagerkräfte einer Wohnhausdecke, **a)** Lagerung auf starren Wänden, **b)** Lagerung auf Mauerwerk. Die Schwankungen links sind korrekt: Die Einflussfunktion für die Lagerkraft an der Spitze ist eine relativ große Delle vor der Wand, während eine Absenkung (= Einflussfunktion) des Punktes dahinter die Decke vor der Wand anhebt, und so wird der Wert negativ

5.9.3 Das DST-Element

Das DST-Element ist formal eng verwandt mit dem DKT-Element, [13]. Das S steht für Schub, für schubweich, denn anders als beim DKT-Element ist die Gleitung γ in den Knoten nicht null. Der Ausgangspunkt ist eine schwache Formulierung der Reissner-Mindlin Gleichungen im Sinne eines Hellinger-Reissner-Funktionals mit $w, \varphi_x, \varphi_y, \gamma_x, \gamma_y, q_x, q_y$ als unabhängigen Variablen. Durch entsprechende schwache Kopplungen der Terme (L_2-Orthogonalität) gelingt es, ein dreiecksförmiges Element mit drei Knoten und pro Knoten drei Knotenvariablen w, φ_x, φ_y herzuleiten. Die Bezeichnung *discrete* rührt daher, dass ähnlich wie beim DKT-Element die Gleitungen γ_x und γ_y nur in drei Punkten, den Seitenmitten, an die übrigen Freiheitsgraden w, φ_x, φ_y gekoppelt werden.

5.10 Lager

Nach Möglichkeit sollte man elastisch rechnen, sollten also die Lagerkraft r und das Einspannmoment m_n an die Lagerbewegungen – nach Maßgabe der Lagersteifigkeit k und k_φ – gekoppelt sein

gelenkige Lagerung $w \cdot k + r = 0, \quad m_n = 0$

eingespannter Rand $w \cdot k + r = 0, \quad w_n \cdot k_\varphi + m_n = 0,$ (5.53)

denn die Verteilung der Schnittkräfte hängt ganz wesentlich von den Steifigkeiten der Subkonstruktionen ab, s. Abb. 5.21.

Je weicher man die Lager macht, um so ‚schöner' werden zudem die Ergebnisse, weil der Platte so die Möglichkeit gegeben wird, Zwängungen abzubauen, die sonst leicht zu Singularitäten führen.

5.10.1 Tür- und Fensteröffnungen

Hier kann man sich auf Heft 240 Abschnitt 2.4 berufen und bei Verhältnissen $l/h \leq 7$ mit l = Länge der fehlenden Unterstützung, h = Plattendicke, die Stützung im FE-Modell gegebenenfalls durchgehen lassen und die Öffnungen konstruktiv bewehren. Erst ab Verhältnissen $h/l > 7$ muss man die fehlende Unterstützung auch im FE-Modell berücksichtigen.

5.10.2 Deckengleiche Unterzüge

Die Wirkung von deckengleichen Unterzügen auf das Tragverhalten einer Platte wird oft überschätzt. Die Erhöhung der Steifigkeit durch die zusätzliche Bewehrung ist zu gering, als dass sich eine starre Stützung ergäbe. „Der deckengleiche Unterzug ist ein typisches Beispiel für ein ‚Ingenieurmodell', bei dem die Realität nicht abgebildet wird, sondern nach Erfahrung der Machbarkeit ersetzt wird", [120].

5.10.3 Wände

Auch Wände sollten nachgiebig gerechnet werden. Für die Modellierung des Wandauflagers eine eigene, schmale Reihe von Plattenelementen vorzusehen, ist bei den üblichen Wandabmessungen nicht notwendig und irritiert eher, als dass es einen Gewinn an Genauigkeit darstellen würde.

5.10.4 Stützen

Stützen sollten elastisch, $k = EA/h$, gerechnet werden, und wenn möglich und konstruktiv gerechtfertigt, sollten auch die Drehsteifigkeiten des Stützenkopfes um die beiden Achsen

$$k_\varphi = \frac{3\,EI}{h} \qquad \text{gelenkige Lagerung des Fußpunktes} \qquad (5.54)$$

$$k_\varphi = \frac{4\,EI}{h} \qquad \text{eingespannter Fußpunkt} \qquad (5.55)$$

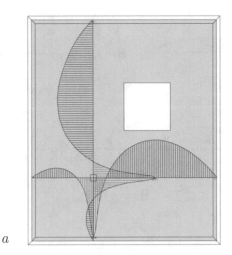

a

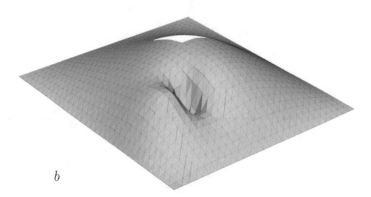

b

Abb. 5.22 Platte mit Öffnung und Innenstütze, **a)** Momente im LF g in zwei Schnitten, **b)** Einflussfunktion für das Moment m_{xx} über der Stütze. Die ‚Delle' entsteht, weil Kräfte über der Stütze direkt in die Stütze wandern, wie auch in der nächsten Abb. 5.23

berücksichtigt werden, denn in eine Stütze, die Kopfmomente übertragen kann, fließen größere Lagerkräfte als in eine Stütze mit gelenkigem Anschluss, weil ja die Einflussfläche für die Stützenkraft runder und völliger wird.

Das eigentliche Problem ist jedoch die Ermittlung der Stützenanschnittsmomente, denn die Einflussfunktionen für die Momente haben steile Flanken, s. Abb. 5.22. Die Ermittlung des Anschnittsmoments m_{xx} aus einer Einzelkraft in der Nähe der Stütze dürfte Geduld erfordern.

Dass die Situation kritisch ist, ahnt man, wenn man sich anschaut, s. Abb. 5.23, wie die Einflussfunktion für das Moment in einem Durchlaufträger über den Träger wandert und sich dabei im Grunde immer gleich bleibt. Wenn die Einflussfunktion über der Innenstütze angekommen ist, dann wölbt sie

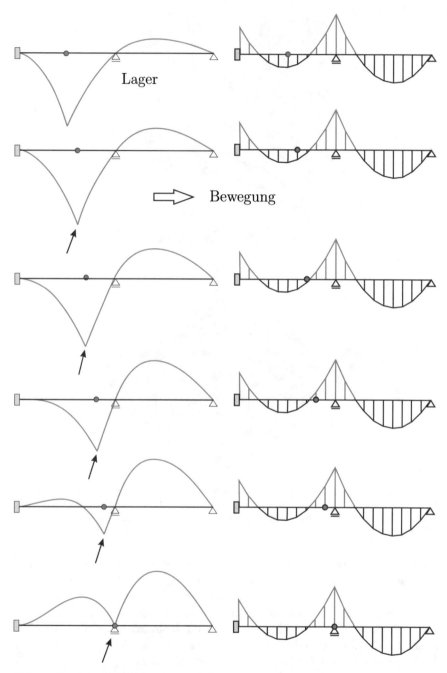

Abb. 5.23 Wie die Einflussfunktion für das Biegemoment über den Träger wandert und dabei im Grunde immer gleich bleibt, [46].

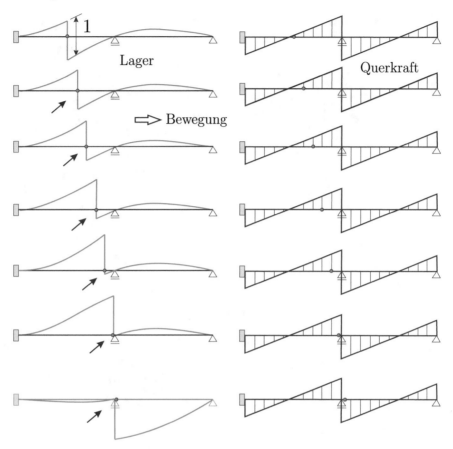

Abb. 5.24 Wie die Einflussfunktion für die Querkraft über den Träger wandert und dabei im Grunde immer gleich bleibt, [46].

sich maximal auf. Sie reagiert hier am empfindlichsten auf eine Verschiebung des Aufpunktes, $x \pm \Delta x$, wie man an dem steilen Anstieg des Biegemomentes über der Stütze sieht, während eine Lageänderung Δx des Aufpunkts im Feld sich viel weniger auswirkt. Bei der Einflussfunktion für die Querkraft, s. Abb. 5.24, ist es nicht anders.

Ähnliches passiert bei Platten, s. Abb. 5.25 a. Zwar wird die Einflussfunktion für Momente m_{xx} im Aufpunkt singulär, aber wenn man mit einer Flächenlast darüber hinweg integriert, dann ist das Moment endlich und die Unterschiede in den Einflussfunktionen benachbarter Punkte, $\boldsymbol{x} \pm \boldsymbol{\Delta x}$, sind proportional zu der Schrittweite $\boldsymbol{\Delta x}$. Mit Stütze und nahe der Stütze, s. Abb. 5.25 b ist das anders. Die Stütze zwingt die Einflussfunktion nach oben und zwar ungleich, denn links geschieht der Anstieg rascher als rechts und dieses unterschiedliche Tempo macht, dass das Anschnittsmoment zum einen viel

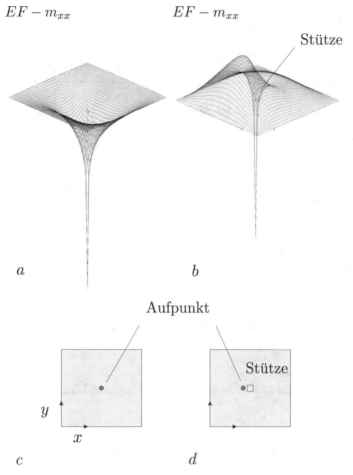

$EF - m_{xx}$ $EF - m_{xx}$

Stütze

a   b

Aufpunkt

Stütze

y

x

c   d

Abb. 5.25 Einflussfunktion für das Biegemoment m_{xx} in einer Platte ohne und mit Innenstütze, **a)** EF ohne Stütze in Plattenmitte und **b)** Aufpunkt neben der Stütze (Anschnittsmoment)

größer wird als m_{xx} im Feld und zum andern viel sensitiver auf Änderungen $x \pm \boldsymbol{\Delta x}$ in der Lage des Aufpunkts reagiert.

Da die Singulärfunktionen nicht in die FE-Programme eingebaut sind, so muss man versuchen, durch eine angepasste Modellierung die Situation zu entschärfen.

- Wenn keine speziellen Koppelelemente im Bereich der Stützen eingebaut werden, s. den nächsten Abschnitt, dann sollte die Elementlänge zur Stütze hin in etwa zwei Schritten, $1 \rightarrow 1/2 \rightarrow 1/4$ verfeinert werden.
- Gut bewährt hat sich auch die Technik, den Stützenquerschnitt in vier Elemente zu unterteilen, deren Stärke vom Rand hin zur Stützenmitte

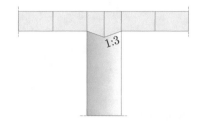

Abb. 5.26 Modellierung
durch Aufweitung der Ele-
mente über dem Stützen-
kopf

mit einer Neigung von 1:3 zunimmt, und die Platte im zentralen Knoten
(elastisch) zu lagern, s. Abb. 5.26.

- Wenn möglich, sollten a) die Elementmitten mit den Ecken oder den Seitenmitten der Stütze zusammenfallen oder b) die Stütze sollte durch ein
  Element oder vier Elemente (s.o.) dargestellt werden, so dass die An-
  schnittsmomente die Momente in den Seitenmitten sind.
- Es reicht, wenn ein Knoten, der Mittelpunkt der Stütze, festgehalten wird.
  Das Mehrknotenmodell bringt keinen Gewinn an Genauigkeit. Insbesondere stellt sich beim Mehrknotenmodell bei einseitiger Belastung leicht eine
  ungewollte Einspannung ein. Auf keinen Fall sollte ein starres Mehrknotenmodell benutzt werden.

5.11 Äquivalente Spannungs Transformation

Mittels der *Äquivalenten Spannungs Tranformation* von *Werkle* kann man
spezielle Koppelelemente herleiten, die das Problem wesentlich entschärfen,
[139]. Das Vorgehen ist sinngemäß dasselbe wie in Kapitel 4 bei der Kopplung
von Balken und Scheiben.

Aus den Schnittkräften $\boldsymbol{f}_S = \{N, M_x, M_y\}^T$ in der Stütze werden zunächst
die Spannungen

$$\sigma(x, y) = \frac{N}{A} + \frac{M_x}{I_x}\, y - \frac{M_y}{I_x}\, x \qquad (5.56)$$

in der Koppelfuge ermittelt. Da die Spannungsverteilung linear ist, kann sie
durch die Elementansatzfunktionen φ_i^e in der Koppelfuge wiedergegeben werden. Nennen wir die Koeffizienten der Darstellung p_i, dann kann die Bezie-
hung $\boldsymbol{f}_S \to \boldsymbol{p}$ mit einer Matrix beschrieben werden, die wir wieder $\boldsymbol{P}$ (wie
Polynome) nennen

$$\boldsymbol{p}_{(n)} = \boldsymbol{P}_{(n \times 3)}\, \boldsymbol{f}_{S(3)} \qquad n = \text{Zahl der Knoten}. \qquad (5.57)$$

Die Ermittlung der äquivalenten Knotenkräfte aus den als Flächenlast aufgefassten Spannungen kann ebenfalls durch eine Matrix $\boldsymbol{Q}$ (wie Quadratur)
beschrieben werden,

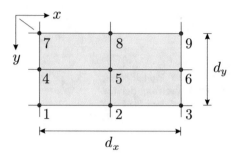

Abb. 5.27 Koppelfuge
zwischen Platte und Stütze,
[139]

$$\boldsymbol{f}_{P(n)} = \boldsymbol{Q}_{(n \times n)}\, \boldsymbol{p}_{(n)}\,. \tag{5.58}$$

Koppelt man die beiden Gleichungen, dann entsteht so die gesuchte Beziehung zwischen den Kraftgrößen der beiden Seiten

$$\boldsymbol{f}_{P(n)} = \boldsymbol{Q}_{(n \times n)}\, \boldsymbol{P}_{(n \times 3)}\, \boldsymbol{f}_{S(3)} = \boldsymbol{A}^{T}_{(n \times 3)}\, \boldsymbol{f}_{S(3)} \tag{5.59}$$

und damit im Umkehrschluss die Beziehung

$$\boldsymbol{u}_{S(3)} = \boldsymbol{A}_{(3 \times n)}\, \boldsymbol{u}_{P(n)} \qquad \boldsymbol{A}_{(3 \times n)} = \boldsymbol{P}^{T}_{(3 \times n)}\, \boldsymbol{Q}^{T}_{(n \times n)} \tag{5.60}$$

zwischen den Weggrößen $\boldsymbol{u}_S = \{u, \tan \varphi_x, \tan \varphi_y\}^T$ auf der Seite der Stütze und den Weggrößen $\boldsymbol{u}_P$ auf der Seite der Platte.

Bei der Koppelfuge in Abb. 5.27 z.B. lautet die Kopplungsmatrix $\boldsymbol{A}$ zwischen den Durchbiegungen $\boldsymbol{w}_{Pl} = \{w_1, w_2, \ldots, w_9\}^T$ der $n = 9$ Plattenknoten und den drei Freiheitsgraden der Stütze

$$\boldsymbol{A} = \begin{bmatrix} \dfrac{1}{16} & \dfrac{1}{8} & \dfrac{1}{16} & \dfrac{1}{8} & \dfrac{1}{4} & \dfrac{1}{8} & \dfrac{1}{16} & \dfrac{1}{8} & \dfrac{1}{16} \\[2mm] \dfrac{1}{4 \cdot d_x} & 0 & \dfrac{-1}{4 \cdot d_x} & \dfrac{1}{2 \cdot d_x} & 0 & \dfrac{-1}{2 \cdot d_x} & \dfrac{1}{4 \cdot d_x} & 0 & \dfrac{-1}{4 \cdot d_x} \\[2mm] \dfrac{1}{4 \cdot d_y} & \dfrac{1}{2 \cdot d_y} & \dfrac{1}{4 \cdot d_y} & 0 & 0 & 0 & \dfrac{-1}{4 \cdot d_y} & \dfrac{-1}{2 \cdot d_y} & \dfrac{-1}{4 \cdot d_y} \end{bmatrix}. \tag{5.61}$$

Für die Normalkraft in der Stütze ergibt das z.B. die folgende Gewichtsverteilung

$$N = \frac{1}{16}\, w_1 + \frac{1}{8}\, w_2 + \frac{1}{16}\, w_3 + \underbrace{\frac{1}{8}\, w_4 + \frac{1}{4}\, w_5 + \frac{1}{8}\, w_6}_{innen} + \frac{1}{16}\, w_7 + \frac{1}{8}\, w_8 + \frac{1}{16}\, w_9\,.$$

$$\tag{5.62}$$

Die Knoten in der inneren Reihe haben also einen größeren Einfluss auf N als die Knoten in den beiden äußeren Reihen und den größten Einfluss hat der zentrale Knoten 5.

Die eigentliche Koppelmatrix erhält man wieder so wie in Kapitel 4 beschrieben, s. (4.59) und folgende, so dass wir hier diese Schritte nicht wiederholen müssen.

5.12 Warum Lagerkräfte relativ genau sind

Bei Vergleichsrechnungen stellt man immer wieder fest, dass die Lagerkräfte schon früh auskonvergiert sind und Netzverfeinerungen nicht mehr viel daran ändern.

Dies liegt daran, dass die Einflussfunktionen für Lagerkräfte schon auf einfachen Netzen gut reproduzierbar sind, denn die Einflussfunktionen entstehen ja einfach dadurch, dass man die Wand oder die Stütze als Ganzes um einen Meter (rein rechnerisch natürlich) absenkt. Dabei entsteht eine Delle in der Platte oder bei frei stehenden Wänden ein länglicher Trog, der die Einflussfläche für die resultierende Lagerkraft in der Wand ist.

Komplizierter ist es, wenn die Wand nicht frei steht, sondern im Verbund mit anderen Wänden steht. Wenn jetzt die Wand um 1 m nach unten geht, dann reißt die Platte theoretisch an den Übergängen zu den Nachbarwänden ab. Praktisch wird es natürlich so sein, dass die Nachbarwände dem Druck nachgeben, und so der Sprung von null auf Eins gemildert wird, was aber auch bedeutet, dass die Gestalt und Größe der Einflussfläche von den Steifigkeiten der Nachbarwände beeinflusst wird.

Einen Sonderfall stellen die Punktlager bei schubweichen Platten (wie auch bei Scheiben) dar, denn die Platte bzw. die Scheibe rutscht an dem Lager einfach vorbei, s. Abb. 5.28. Theoretisch bringt auch das Anschlussmoment eines Kragträgers das Material einer Platte zum Fließen.

Wir können die Sache aber retten, wenn wir die Idee mit dem punktförmigen, mathematischen Lager aufgeben und statt dessen von einem realen Lager mit einer gewissen Länge b und einer gewissen Tiefe d ausgehen. Dann wird die Stützenkraft als Flächenlast eingetragen, und wir dürfen annehmen, dass die Einflussfläche für ein solches Lager so ähnlich aussieht wie die Biegefläche, die entsteht wenn man einen oder mehrere Knoten absenkt.

5.13 Querkräfte

Die Querkräfte gehören nicht zu den Größen, die man gerne vorzeigt, weil sie am ehesten zu Sprüngen und erratischem Verhalten neigen, s. Abb. 5.29.

In einem Weggrößenansatz für eine Kirchhoffplatte sind die Querkräfte die dritten Ableitungen der Einheitsverformungen, wie aus

$$q_x = -K(w,_{xxx} + w,_{yyx}), \qquad q_y = -K(w,_{xxy} + w,_{yyy}) \qquad (5.63)$$

folgt. Rechnet man gemischt, dann sind die Querkräfte die ersten Ableitungen der Biegemomente

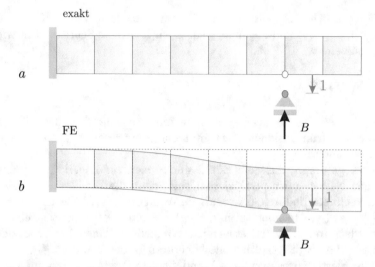

exakt

a

FE

b

B

B

Abb. 5.28 Balken als Scheibe, **a)** Die exakte Einflussfläche für die Lagerkraft B ist null, weil man das Lager (= ein Punkt der Scheibe) ohne Kraftaufwand um die Strecke Eins verschieben kann, **b)** die FE-Lösung für die Einflussfläche folgt dagegen ziemlich genau der Balkenlösung, und deswegen ist die FE-Lagerkraft B für praktisch alle Fälle mit der Lagerkraft des Balkens identisch

$$q_x = m_{xx,x} + m_{xy,y} \qquad q_y = m_{yy,y} + m_{yx,x} \qquad (5.64)$$

und damit meist konstant, weil in der Regel bei gemischten Methoden (die Durchbiegung w und die Momente werden getrennt voneinander approximiert) lineare Ansätze für die Biegemomente m_{xx}, m_{xy}, m_{yy} benutzt werden.

Bei einer schubweichen Platte sind die Querkräfte proportional zu den Gleitungen γ_x und γ_y und damit proportional zu den Verdrehungen θ_x, θ_y und den Ableitungen von w

$$q_x = K \frac{1-\nu}{2} \bar{\lambda}^2 (\theta_x + w_{,x}) \qquad q_y = K \frac{1-\nu}{2} \bar{\lambda}^2 (\theta_y + w_{,y}). \qquad (5.65)$$

Wählt man bilineare Ansätze für w und θ_x und θ_y, so sind theoretisch auch die Querkräfte bilinear. Bei dem *Bathe-Dvorkin-Element* ist es jedoch so, dass die Querkraft in Tragrichtung konstant und nur quer dazu linear veränderlich ist. Das liegt an den Modifikationen, die an diesen Elementen vorgenommen werden.

Dem erratischen Verhalten der Querkräfte an den Wandenden und in den Ecken kann man nur so begegnen, dass man zu einer ‚ganzheitlichen' Betrachtung wechselt und in solchen Punkten einen Durchstanznachweis führt, wie z.B. bei der dreiseitig gelagerten Deckenplatte in Abb. 5.30.

Die Auflagerkräfte wurden hier über die doppelte Länge (= $2 \cdot 0.2$ m) der Wandstärke integriert, um etwaige Oszillationen auszugleichen, s. Abb.

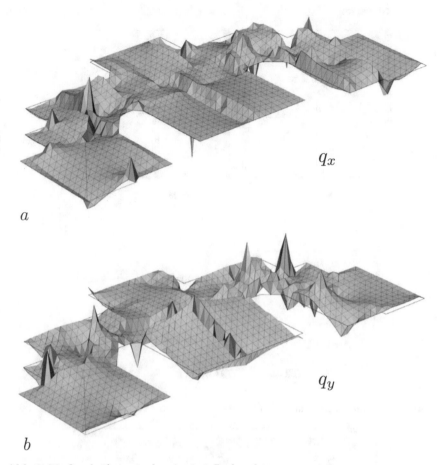

Abb. 5.29 Querkräfte q_x und q_y in einer Deckenplatte

5.30 b und mit dieser Resultierenden R wurde dann am Wandende ein Durchstanznachweis für eine Stütze 20 cm × 20 cm mit $V_R = 0.5 \cdot R$ geführt.

Heute wird in FE-Programmen routinemäßig an jeder Wandecke ein Durchstanznachweis geführt, s. Abb. 5.31. Als wirksame Lager-Wandfläche verwendet ein FE-Programm, [124], in der Voreinstellung eine Wanddicke d von 24 cm sowie eine zugehörige Auflagerbreite b von $1.5 \cdot 24 = 36$ cm. Aus den Auflagerreaktionen addiert das Programm im Umkreis $d_r = c + h_m$ um den Eckpunkt herum alle Auflagerkräfte (kN/m) und führt dafür mit den Abmessungen d, b einen Durchstanznachweis. Falls die Einzelknotenkraft des zugehörigen Randknotens größer ist, wird diese verwendet. Der Rundschnitt wird wie beim Stützen-Durchstanznachweis aus der Geometrie selbst gesucht und kann bei Wandenden und Wandecken innerhalb einer Platte den vollen Umfang wie bei einer Einzelstütze ausnutzen. Dafür wird wegen nicht-rotationssymmetrischer Beanspruchung die Schubspan-

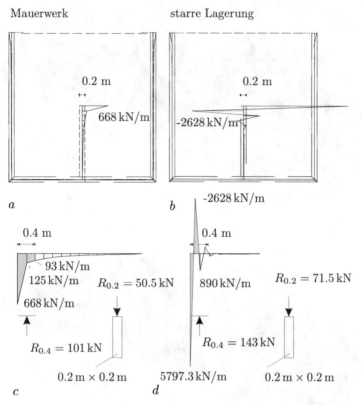

Mauerwerk   starre Lagerung

a   *b*

Abb. 5.30 Durchstanznachweis am Wandende

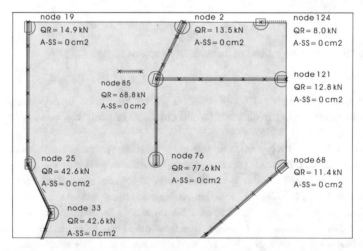

Abb. 5.31 In einem FE-Programm wird heute routinemäßig an jeder Wandecke ein Durchstanznachweis geführt. Die Kreise deuten die Größe der Durchstanzkegel an

nung τ_R immer um 40 % erhöht. Liegen zwei Wandenden direkt nebeneinander, wird U auf $0.6 \cdot U_0$ begrenzt, um eine Überschneidung der Rundschnitte zu verhindern. Die 0.5 % obere Mindestbewehrung (Stützen) wird bei Wandenden und Wandecken nicht angesetzt. Das Bemessungsmoment wird ausgerundet, eine Erhöhung der Plattendicke im zentralen Knoten erfolgt allerdings nicht, da in der Regel auf eine Mauerwerkswand aufgelagert wird.

5.14 Unterschiedliche Plattenstärken

Bei einer an der Oberseite glatten, durchgehenden Deckenplatte, deren Stärke sich feldweise ändert, sind die Mittelebenen der einzelnen Felder gegeneinander versetzt, s. Abb. 5.32 a. Will man dies auch so in einem FE-Programm modellieren, so muss man Elemente benutzen, bei denen ein Versatz der Elementebene möglich ist. Mit normalen Plattenelementen rechnet man mit einer durchgehenden Mittelebene, s. Abb. 5.32 e.

Wenn die Stärke der Platte sich ändert, dann gibt es teilweise Sprünge im Schnittkraftverlauf, s. Abb. 5.32. Bei dieser Platte beträgt die Stärke im linken Teil $h = 20$ cm und im rechten Teil $h = 40$ cm.

An der Übergangsstelle müssen das Moment m_{xx} und die Krümmung $\kappa_{yy} = w,_{yy}$ auf beiden Seiten gleich groß sein

$$m_{xx}^L = -K^L(w^L,_{xx} + \nu\, w,_{yy}) = -K^R(w^R,_{xx} + \nu\, w,_{yy}) = m_{xx}^R, \qquad (5.66)$$

während das Moment m_{yy} springt.

Für das Verhältnis der beiden Momente m_{yy} vor und hinter der Kante ergibt sich näherungsweise, wenn wir $\nu = 0$ setzen,

$$\frac{m_{yy}^L}{m_{yy}^R} = \frac{K^L}{K^R} \frac{(w,_{yy} + \nu\, w^L,_{xx})}{(w,_{yy} + \nu\, w^R,_{xx})} \simeq \frac{K^L}{K^R} = \frac{h_L^3}{h_R^3} = \frac{0.2^3}{0.4^3} = \frac{1}{8}. \qquad (5.67)$$

Die doppelte Höhe bedeutet wegen h^3 ein achtfach größeres Moment. Statisch ist es so, dass sich die dünnere Platte bei der stärken Platte einhängt.

Insbesondere an Stützenkopfverstärkungen erreichen die Momente ihr maximales Niveau eher und auf eine größere Länge, wie man an Abb. 5.33 sieht.

In Abb. 5.34 a sind die Hauptmomente einer Platte mit unterschiedlichen Deckenstärken unter Gleichlast dargestellt und in Abb. 5.34 b und c zum Vergleich die Einflussfunktionen für das Moment m_{xx} in dem normalen Bereich ($h = 40$ cm) und daneben für m_{xx} im abgeminderten Bereich. Man sieht deutlich, dass die zweite Einflussfunktion nicht weit ausstrahlt.

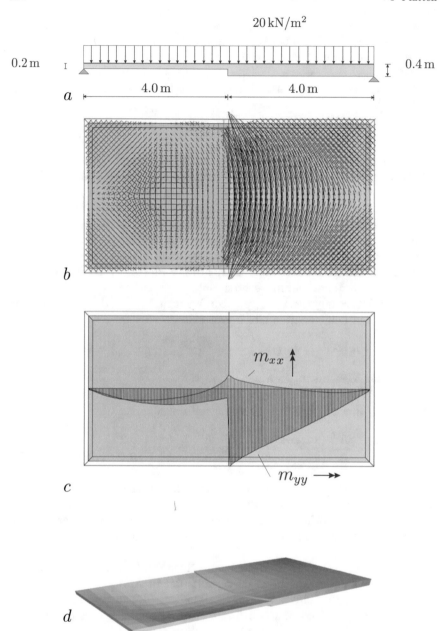

Abb. 5.32 Verkehrslast $p = 20$ kN/m^2 auf gelenkig gelagerter Einfeldplatte mit unterschiedlicher Plattenstärke, **a)** Schnitt durch die Platte, **b)** Hauptmomente, **c)** Momente m_{xx} und m_{yy} im Längsschnitt, **d)** die 3D-Ansicht der verformten Platte zeigt, dass die Platte zentrisch gerechnet wurde

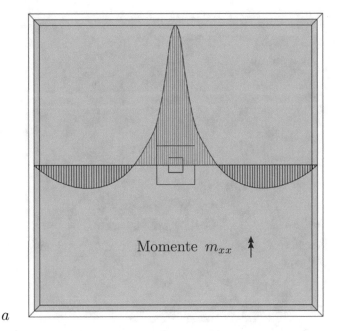

Abb. 5.33 Innenstütze einer gelenkig gelagerten Platte mit Stützenkopfverstärkung, **a)** Momente m_{xx} und **b)** Momente m_{yy} in einem horizontalen Schnitt. In einem vertikalen Schnitt wäre es umgekehrt, wäre m_{yy} stetig und m_{xx} würde springen

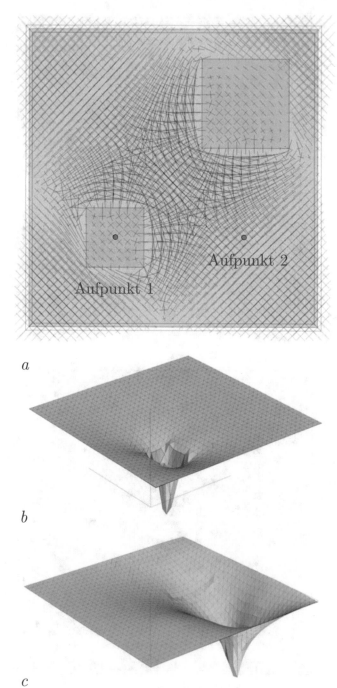

a

b

c

Abb. 5.34 Hochbauplatte mit zwei abgeminderten Bereichen, 20 cm statt 40 cm im LF
g, **a)** Hauptmomente, **b)** Einflussfunktion für m_{xx} im Aufpunkt 1 und **c)** im Aufpunkt 2

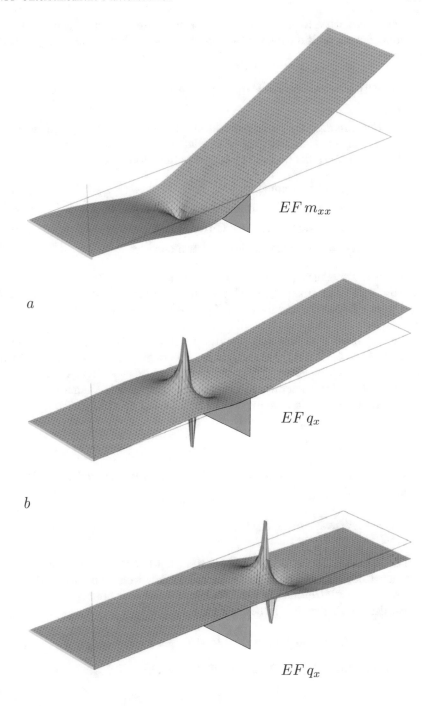

Abb. 5.35 Einflussfunktionen bei Kragplatten klingen nicht ab, ja sie können sogar umso weiter ausschwingen, je weiter sie sich vom Aufpunkt entfernen, **a)** Einflussfunktion für ein Moment m_{xx} und für eine Querkraft q_x, **b)** vor und **c)** hinter der Zwischenwand – die erste steigt an und die zweite verläuft flach

Bei Kragplatten hingegen, wo sich ja Einflussfunktionen ungehindert ausbreiten können, fehlt die die für Deckenplatten so typische Dämpfung, s. Abb. 5.35.

5.15 Punktgestützte Platten

Die Berechnung von punktgestützten Platten von Hand geschieht gerne in Anlehnung an Heft 240 [38]. Die Platte wird gedanklich in *Gurt- und Feldstreifen* unterteilt, und die Grenzwerte der Momente

$$m_{ss} = \text{Stützmomente} \tag{5.68a}$$

$$m_{sf} = \text{negative Stützmomente des Feldstreifens} \tag{5.68b}$$

$$m_{fg} = \text{Feldmoment des Gurtstreifens} \tag{5.68c}$$

$$m_{ff} = \text{Feldmoment des Feldstreifens} \tag{5.68d}$$

gemäß den Tabellenwerten von Heft 240 ermittelt.

Abb. 5.36 zeigt einen Vergleich zwischen den Grenzwerten nach Heft 240 und einer FE-Berechnung für den LF g. Die Übereinstimmung ist wie immer gut.

Gerade beim Studium von punktgestützten Platten können Einflussflächen, s. Abb. 5.37, gute Dienste leisten. So erkennt man, dass für ein Stützenmoment die vier Felder direkt um die Stütze belastet werden müssen.

Unter Vollast werden die Stützenmomente geringfügig kleiner als bei feldweiser Anordnung, wie man an den kleinen Dellen in Abb. 5.37 b sieht.

5.16 Sonderfälle

Wir wollen hier kurz auf orthotrope Platten und Balkenmodelle für Platten eingehen.

5.16.1 Orthotrope Platten

Die Erweiterung auf orthotrope Platten, bei denen die Othotropieachsen mit den Koordinatenachsen zusammenfallen, ist, wenn wir uns hier auf die Kirchhoffsche Plattentheorie beschränken, formal sehr einfach, [2]. Entsprechend der modifizierten Plattengleichung

$$D_{11}\, w_{,xxxx} + 2\,(D_{12} + 2\,D_{44})\, w_{,xxyy} + D_{22}\, w_{,yyyy} = p \tag{5.69}$$

erscheinen in der Matrix $\boldsymbol{D}$ jetzt Steifigkeiten D_{ij}.

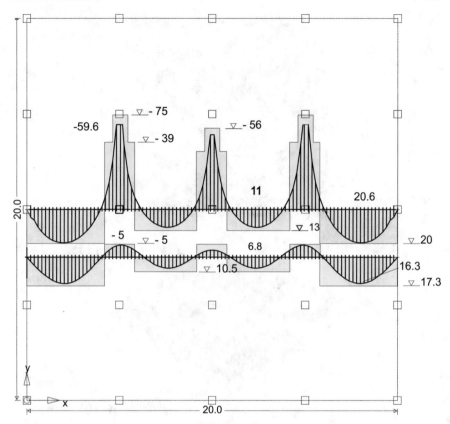

Abb. 5.36 Punktgestützte Platte im LF g, Vergleich mit Heft 240

$$
\begin{bmatrix} m_{xx} \\ m_{yy} \\ m_{xy} \end{bmatrix} = \underbrace{\begin{bmatrix} D_{11} & D_{12} & 0 \\ D_{21} & D_{22} & 0 \\ 0 & 0 & D_{44} \end{bmatrix}}_{D} \begin{bmatrix} \kappa_{xx} \\ \kappa_{yy} \\ 2\,\kappa_{xy} \end{bmatrix}, \tag{5.70}
$$

die von den Steifigkeiten der beiden Richtungen abhängen, wie etwa z.B.

$$
D_{11} = \frac{EI_1}{1 - \nu_{12}\,\nu_{21}}. \tag{5.71}
$$

Orthotropie tritt in der Praxis vorwiegend in der Form von Rippendecken auf. Seltener sind die Bewehrungsquerschnitte so stark unterschiedlich, dass eine Berechnung als orthotrope Platte sinnvoll erscheint. Für beide Fälle findet man in [2] Gleichungen für die Steifigkeiten D_{ij}.

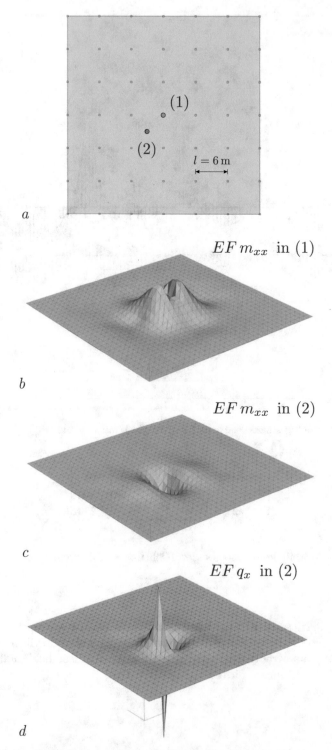

a

$EF\,m_{xx}$ in (1)

b

$EF\,m_{xx}$ in (2)

c

$EF\,q_x$ in (2)

d

Abb. 5.37 Die Einflussfunktionen bestätigen, was man ahnt: Die Momente und Querkräfte ,im Feld' der punktgestützten Platte werden nur von Lasten im Nahbereich des Aufpunkts beeinflusst, dagegen schwingt die Einflussfunktion für das Stützmoment in (1) weiter aus. Die Spitzen treten im Feld, ungefähr im Abstand $l/4$ vom Aufpunkt (1), auf

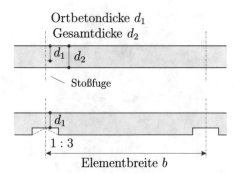

Abb. 5.38 Halbfertigteildecke

5.16.2 Elementdecken

Halbfertigteildecken werden meist auf der Grundlage einer Ortbetonkonstruktion bemessen. Werden die Verbundbeanspruchungen zwischen Fertigteil und Ortbeton sicher übertragen, bleibt nur die Stoßfuge zwischen den Elementen als Störzone. Nach *Bechert* und *Furche* [17] beträgt die Größe dieser Störzone etwa das dreifache der Fugenhöhe $d_2 - d_1$, s. Abb. 5.38. In der Fuge steht örtlich über die gesamte Breite eine geringere Querschnittshöhe zur Verfügung, und auch die Drillsteifigkeit ist geschwächt. *Bechert* und *Furche* haben solche Elementdecken mit finiten Elementen unter Berücksichtigung des Steifigkeitsverlustes in den Fugen untersucht und kommen zu dem Schluss, dass die Störzonen nur einen geringen Einfluss auf die maximalen Schnittgrößen haben. Wird die Platte homogen gerechnet, also ohne Fugen, so empfehlen die Autoren die Feldbewehrung um 5 % zu erhöhen.

5.17 Balkenmodelle

Balkenmodelle eignen sich gut dazu, das Tragverhalten von Platten nachzubilden und FE-Berechnungen zu kontrollieren. Man muss dabei jedoch vorsichtig sein. Die Decke in Abb. 5.39 wurde für den LF $g = 9.5$ kN/m^2 plus einer Verkehrslast von $p = 5$ kN/m^2 auf dem Balkon berechnet. Für das Kragmoment des Balkons erhält man nach der Balkentheorie den Wert $m_{xx} = -pl^2/2 = -14.5 \cdot 1.5^2/2 = -16.3$ kNm/m während die FE-Lösung in der Mitte des Übergangs Balkon-Platte den scheinbar viel zu kleinen Wert $m_{xx} \simeq 0.0$ kNm/m liefert.

Dies liegt jedoch an der Nachgiebigkeit der Platte, wie man in der 3D-Darstellung der Verformungen, Abb. 5.39 c, erkennt. Der Vergleich mit der Balkenlösung ist hier nicht statthaft. Nur in den Viertelspunkten trifft die Balkenlösung in etwa die wahren Verhältnisse.

Umgekehrt werden die Kragarmmomente m_{xx} der FE-Lösung zu den festen Lagern hin, oben (- 56.6 kNm/m) und unten (- 44.1 kNm/m), deutlich

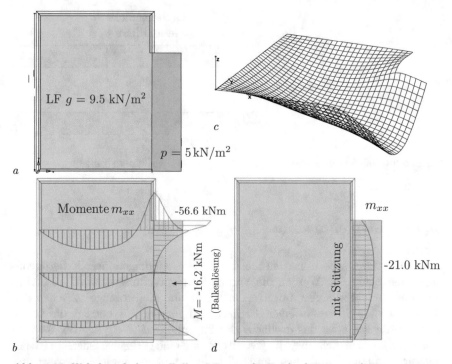

Abb. 5.39 Wohnhausdecke mit Balkon LF $g + p$ (Balkon), **a)** System, **b)** Momente m_{xx} in verschiedenen Schnitten, **c)** 3D-Darstellung der Biegefläche, **d)** Kragarmmomente bei Stützung durch Innenwand

größer als nach der Balkentheorie. Das Integral der Biegemomente im Schnitt muss ja gleich dem Kragarmmoment sein

$$M = \int_0^b m_{xx} \, dy = \frac{(g + p) \, b \, l^2}{2}, \qquad b = \text{Breite des Balkons} \qquad (5.72)$$

und das geht nur, wenn die Momente m_{xx} zu den Seiten hin ansteigen.

Wenn man dagegen die Balkonplatte im Anschnitt unterstützt, s. Abb. 5.39 d, werden die Momente im Anschnitt größer (!) als nach Balkentheorie und zu den Rändern hin fallen sie ab.

5.18 Kreisplatten

Unterteilt man eine Kreisplatte in dreieckige oder auch viereckige Elemente, so wird aus dem Rand ein Vieleck in dessen Ecken sich, bei einer ansonsten gelenkigen Lagerung des Randes, eine gewisse Einspannung einstellt, die zu ganz erheblichen Abweichungen bei der Durchbiegung in Plattenmitte und den Schnittkräften führen kann, s. Abb. 5.40. Die Platte wird durch die Ecken

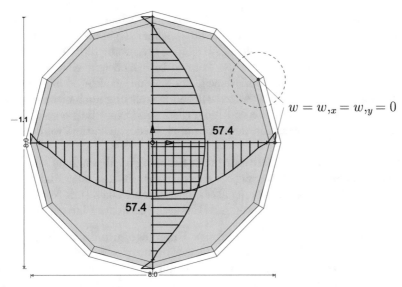

Abb. 5.40 Gelenkig gelagerte Kreisplatte, Momente in zwei Schnitten

sozusagen zusätzlich ausgesteift und senkt sich nicht so stark durch, denn dort, wo zwei schiefe, gelenkig gelagerte Plattenränder zusammenstoßen, ist nicht nur die Durchbiegung $w = 0$, sondern sind es auch die Verdrehung $w_{,x} = w_{,y} = 0$. Das Paradoxe ist: Je mehr Ecken man einbaut, je besser das Vieleck also den Kreis beschreibt, um so mehr weicht die Lagerung von einer gelenkigen Lagerung ab, *Babuškas Paradoxon* [5].

Man kann das Problem etwas abmildern, indem man in den Ecken die Einspannung $w = w_{,x} = w_{,y} = 0$ durch einen *soft support* $w = 0$ ersetzt, indem man also die Verdrehungen in den Ecken freigibt. Programme, die schubweich rechnen, haben in der Regel diese Probleme nicht, weil sie von Hause aus meist gelenkige Lager als *soft support* modellieren, also nur die Durchbiegung $w = 0$ sperren, aber die Verdrehung $w_{,t}$ längs des Randes frei geben.

Eine solche ungewollte Einspannung liegt im übrigen auch vor, wenn man Ecken in einen eigentlich geraden, gelenkig gelagerten Plattenrand einbaut. Das war das Problem in Abb. 5.10.

5.19 Plattenbalken

Kaum ein anderes Thema stößt auf soviel Interesse, wie das Thema Plattenbalken und die damit zusammenhängenden Fragen, [61], [139], [147]. Wenn man es intensiver studiert, so erkennt man, dass es sich um ein ausgesprochen komplexes, dreidimensionales Problem handelt. Die Ingenieure haben sich jedoch schon immer mit vereinfachten Vorstellungen

wie z.B. der mitwirkenden Breite oder anderen Näherungsansätzen an die
Realität herangetastet. Je nachdem, an welchem Ergebnis man interessiert
ist, ergeben sich andere Vorgehensweisen. Auch wenn die Rechner immer
leistungsfähiger werden, so ist die komplette 3D-Lösung einerseits immer
noch viel zu aufwendig, andererseits hilft eine exakte Ermittlung der
Spannungen für die Wahl der erforderlichen Bewehrung noch nicht allzu viel.
Es gibt deshalb eine Vielfalt von möglichen Ansätzen, die unterschiedliche
Genauigkeiten aufweisen und deshalb immer wieder diskutiert werden:

- Platte und Balken als Faltwerk (auch Schalenmodell genannt)
- Platte als Faltwerk, Unterzug als exzentrischer Balken oder Platte
- Platte als Platte und Unterzug als exzentrischen Balken (mit Normalkraft)
- Platte als Platte und Unterzug mit Schwereachse in der Plattenmittelebene

Die Tatsache, dass manche Ingenieure Unterzüge grundsätzlich unendlich
steif ($EI = \infty$) rechnen, mag ein Hinweis darauf sein, wieviel ‚Luft' die
Modellierung von Unterzügen, zumindest im Hochbau, enthält. Für einen
Nachweis der Tragfähigkeit ist dies auch noch akzeptierbar, bei erhöhten An-
forderungen an die Wirtschaftlichkeit oder für Nachweise der Verformungen
ist dies aber nicht mehr so ohne weiteres vertretbar.

Im ersten Schritt wollen wir uns darauf beschränken, die Spannungen bzw.
Kräfte im System richtig zu erfassen. Wenn man einmal von der echten 3D-
Lösung absieht, die höchstens im Bereich von Lasteinleitungen erforderlich
werden kann, so unterscheiden sich die ersten beiden Lösungen in der Berücksichtigung des Steges. Im ersten Modell wirkt der Steg als Scheibe, d.h.
die Normalspannungen haben keinen linearen Verlauf über die Höhe. Beim
zweiten Modell hingegen wird die Bernoulli-Hypothese vom Ebenbleiben der
Querschnitte aktiviert, und man hat die klassische lineare Verteilung der Biegespannungen.

Beide Modelle können die Ausbreitung der Normalspannungen über die
Breite sehr genau erfassen, die mitwirkende Breite ist sozusagen das Ergebnis
der Berechnung. Bei diesen Modellen sieht man am Bildschirm dann tatsächlich, wie sich die mitwirkende Plattenbreite b_m zum Feld hin aufweitet und
zu den Lagern hin wieder einschnürt.

Bei allen anderen Modellen handelt es sich um die Ankopplung eines Balkens an ein Flächentragwerk (die Platte), s. Abb. 5.41, wobei die Platte entweder als Faltwerk (m_{ij}, q_i, n_{ij}) behandelt wird oder eben einfach ‚nur' als
Platte (m_{ij}, q_i).

Die Ankopplung im Sinne der finiten Elemente bedeutet, dass die Bewegungen des Balkens und die Bewegungen der Platte in den Knoten gleich-
geschaltet sind. Es ist also eine *punktweise geometrische* (= gleiche Verformungen in den Knoten) und *energetische* Kopplung (= gleiche Arbeiten der
Schnittkräfte in der Schnittfuge von Balken und Platte).

Seien u, w und φ (= Verdrehung) die entsprechenden Freiheitsgrade von
Platte, P, und Balken, B, dann bedeutet dies also

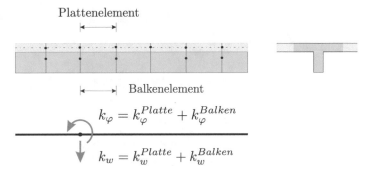

Abb. 5.41 Die Unterzugsknoten und Plattenknoten liegen übereinander.

$$w_B = w_P \qquad u_B = u_P + \varphi_P\, e \qquad \varphi_B = \varphi_P\,, \qquad (5.73)$$

oder, wenn wir die Platte dehnsteif rechnen, für die Längsverformung u_B noch einfacher $u_B = \varphi_P \cdot e$. Hierbei ist e der Abstand der Schwereachse des Balkens von der Plattenmittelfläche. In Gedanken sind Platte und Balken also durch einen starren Stab der Länge e verbunden, so dass Rotationen in der Platte zu Längsdehnungen im Balken führen.

Je nachdem, ob man diese Ausmitte e berücksichtigt oder nicht, spricht man von einem *zentrisch* oder einem *exzentrisch* angeschlossenen Balken. Die Modelle unterscheiden sich dann bezüglich der Art und Weise wie die Normalkräfte aus dieser Exzentrizität in die Rechnung eingeführt werden.

Durch die Kopplung der Elemente entstehen eine ganze Reihe von Inkompatibilitäten bzw. Fehlern. Wir erinnern uns daran, dass das Schnittprinzip bei der FE-Kopplung *unterschiedlicher* Bauteile nicht mehr gilt, s. S. 52. Nur die *virtuellen Arbeiten* der Schnittkräfte sind gleich. Dazu kommt noch, dass Balken und Platte sich unterschiedlich durchbiegen, denn die Biegelinie w des Balkens wird in der Regel nicht mit der Biegefläche $w(x, y)$ der Platte in der Balkenachse übereinstimmen. Oft hat man eine Reissner-Mindlin-Platte mit Schubverformungen, die an einen Balken ohne diese angekoppelt werden. Jeder Gedanke an eine reale Einleitung der Balkenkräfte in das Plattensystem führt in die Irre, hier kann man nur in energetisch gleichwertigen Knotenkräften denken.

Zum anderen hat man auch einen Fehler bei der Schubübertragung, denn der Anteil der Längsverformung aus der Exzentrizität ist zumindest bei der Kirchhoffplatte von quadratischem Ansatz, während die Normalkraftverformungen normalerweise nur linear sind. Dieser Fehler sinkt zwar mit der Netzverdichtung quadratisch ab, jedoch erfordert er eine Unterteilung der Feldweite in mehrere Elemente und macht sich bei der Auswertung durch einen stufenförmigen Verlauf der Normalkraft bemerkbar.

Auch wenn die Steifigkeiten also real nur in den diskreten Knoten addiert werden, so ist es doch zumindest hilfreich, in Biegesteifigkeiten des Gesamtsystems zu denken. Die Biegesteifigkeit der Platte erhöht sich um die

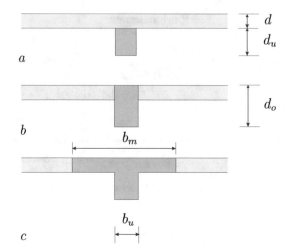

Abb. 5.42 Lage des Unterzuges zur Platte

entsprechenden Anteile aus den Balkenelementen

$$k_w = b_m \cdot \frac{Et^3}{12(1-\mu^2)} + EI + EA \cdot e^2 \,, \qquad (5.74)$$

wie man auch an der modifizierten Steifigkeitsmatrix des Balkens abliest

$$\boldsymbol{K} = \begin{bmatrix} 12EI/l^3 & -6EI/l^2 & -12EI/l^3 & 6EI/l^2 \\ \cdot & 4EI/l + EA/l \cdot e^2 & 6EI/l^2 & 2EI/l - EA/l \cdot e^2 \\ \cdot & \cdot & 12EI/l^3 & 6EI/l^2 \\ \text{sym.} & \cdot & \cdot & 4EI/l + EA/l \cdot e^2 \end{bmatrix} .$$

Soweit die technische Seite. Entscheidend ist nun, neben der Wahl der Ausmitte e, welchen Wert man für das Trägheitsmoment I des Unterzuges ansetzt, welche Flächen man also dem Unterzug zurechnet, s. Abb. 5.42.

Lässt man den Unterzug bis zur Oberkante der Platte durchgehen, Abb. 5.42b, so wird in [147] gesetzt

$$A_B = b_U\, d_0 \qquad e = \frac{d_0 - d}{2} \qquad I_B = \frac{b_U\, d_0^3}{12} - \frac{b_U\, d^3}{12} \,. \qquad (5.75)$$

Setzt man für den Unterzug die Steifigkeit des Plattenbalkens (T-Querschnitt) in Rechnung, so erhält man

$$A_B = b_U\, d_U + b_m\, d \qquad e = \frac{b_U\, d_U}{b_U\, d_U + b_m\, d} \frac{d_0}{2} \qquad (5.76)$$

$$I_B = \frac{b_U\, d_U^3}{12} - \frac{b_U\, d_U\, b_m\, d}{b_U\, d_U + b_m\, d} \frac{d_0^2}{4} \,. \qquad (5.77)$$

Setzt man für den Unterzug nur die Fläche des Stegs in Rechnung, s. Abb. 5.42 a, so folgt

$$I_B = \frac{b_U \, d_U^3}{12} + b_U \, d_U \, \frac{d_0^2}{4} \, . \tag{5.78}$$

Bevor wir nun diskutieren, welchen Ansatz man wählen sollte, wollen wir uns in Erinnerung rufen, wie ‚virtuell' die ganze Kopplung doch eigentlich ist, denn weder sind die Schnittkräfte zwischen Balken und Platte gleich, noch sind die Verformungen – von den Knoten abgesehen – gleich, es handelt sich hier um eine hochgradig nichtkonforme Angelegenheit, man muss also, s.o., in äquivalenten Knotenkräften denken. Dann aber sind die Auswirkungen der Fehler in den Kopplungen gar nicht mehr so gravierend und Untersuchungen von *Ramm* [102] haben ergeben, dass z.B. bei der Kopplung von Faltwerken in einem Knick die einfachste Kopplung die besten Ergebnisse erbringt.

So gesehen sollte man das Modellieren von Unterzug und Platte durch ausgefuchste Koppelmodelle nicht übertreiben. Die Mühe, die sich der Ingenieur macht, wird im Grunde vom FE-Programm nicht honoriert. Ob man nun den *Steinerschen Anteil* mitnimmt oder nicht, ob man Flächen doppelt zählt, ob die Trägerachse in der Plattenmittelebene oder unterhalb der Ebene verläuft, ist nur insofern wichtig, wie man dadurch die Biegesteifigkeit EI und damit die Dreh- und Senksteifigkeit des Unterzugs, also den Widerstand des Unterzugs gegen Knotenverformungen in der Platte, besser erfasst, s. Abb. 5.43.

Wir meinen, dass es am sinnvollsten ist, wenn man es so einrichtet, dass die Summe der Steifigkeiten der echten Lösung entspricht. Wenn man also eine mitwirkende Breite gewählt hat, so hat das Gesamtsystem Plattenbalken eine Steifigkeit bezogen auf den gemeinsamen Schwerpunkt, die nach Abzug der Plattensteifigkeit an sich und der Wahl einer Exzentrizität die Reststeifigkeit des Balkens zwangsweise ergibt. Tatsächlich hat die Wahl der mitwirkenden Breite einen geringen Einfluss auf die Ergebnisse, die Wahl von $l_0/3$ ist in den meisten Fällen völlig ausreichend, [61].

Der Vollständigkeit halber sei noch erwähnt, dass man einen Unterzug nicht einfach dadurch modellieren sollte, dass man die Plattenelemente in der Achse des Unterzugs um die Steghöhe dicker macht. Formal wäre das eine Modellierung mit der Ausmitte $e = 0$, weil die Elemente um die halbe Steghöhe nach unten und oben aus der Platte ragen würden. Wenn man diesen Weg gehen will, muss man die Elemente insgesamt exzentrisch nach unten anordnen, was nur ganz wenige Programme vorsehen. Dann wird es aber auch erforderlich, bei der Auswertung der Ergebnisse insbesondere in den Knoten, die Unstetigkeit der Dicke entsprechend zu berücksichtigen.

Bei der BEM werden die Plattenbalken wie ‚Rüstträger' modelliert, d.h. die Platte liegt auf den Trägern auf, und die Stützkräfte werden – wie beim Kraftgrößenverfahren – so bestimmt, dass die Durchbiegung der Platte gleich der Durchbiegung der Träger ist. Die Plattenbalken werden dann für diese Linienlasten (= Stützkräfte) bemessen.

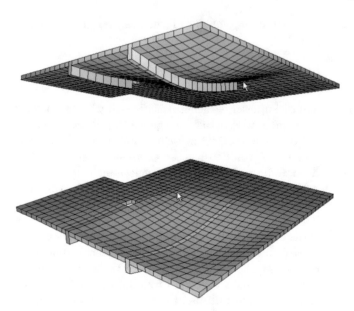

Abb. 5.43 Verformungen des Systems Platte und Unterzug - stark überhöht

Ein Vergleich verschiedener FE-Modelle, [139], A = Unterzug als zentrischer Balken, B = UZ als zentrischer Balken, $b_m = \infty$, C = UZ als exzentrischer Balken, D = UZ als starres Lager, zeigt, dass die Ergebnisse trotz zum Teil unterschiedlicher Modellierung dicht beieinander liegen.

Modell	M Balken	m_{yy} [kNm/m]	m_{xx} [kNm/m]	f [mm]
FEM A	481	4.7	-30	1.8
FEM B	493	4.5	-31.2	1.5
FEM C	490	4.3	-30.9	1.6
FEM D	-	0	-36.4	0
BEM	485	5.3	-31.4	1.7

Eine ähnliche Übereinstimmung der Resultate wurde in [147] beobachtet. Bedenkt man, mit wieviel Unsicherheiten eine Stahlbetonberechnung behaftet ist, so erscheint die Wahl des Modells nicht so entscheidend zu sein. Für ein Programm müssen jedoch auch noch Grenzfälle der Abmessungen zu vernünftigen Ergebnissen führen, und hier können bei der systematischen Vernachlässigung von Effekten wie z.B. der Normalkraftverformungen der Platte oder der Forderung nach einer konsistenten Gesamtsteifigkeit entsprechend deutliche Abweichungen bei den Ergebnissen entstehen.

5.19.1 Empfehlung

Wir empfehlen deshalb das Modell *exzentrischer Balken* am Faltwerk zu wählen, also die Steifigkeit des Unterzugs um den Anteil aus der gesamten Ausmitte e zu erhöhen und dabei die Normalkraftverformungen in der Platte über einen FE-Scheibenansatz zu berücksichtigen. Für viele praktische Fälle ist jedoch auch das Modell des zentrischen Plattenbalkens ausreichend. Dabei sollte man dann ein Ersatzträgheitsmoment $\tilde{I}$ so wählen, dass die Summe der Biegesteifigkeiten die des vollen Plattenbalkens erreicht

$$EI_{tot} = b_m \cdot \frac{E \cdot d^3}{12(1-\nu^2)} + \frac{b_0 \cdot d_u{}^3}{12} + E \cdot b_m \cdot d \cdot e_p^2 + E \cdot b_0 \cdot d_u \cdot e_b^2 \,, \quad (5.79)$$

$$EI_{tot} = b_m \cdot \frac{E \cdot d^3}{12(1-\nu^2)} + E\tilde{I} \,. \quad (5.80)$$

Hierbei sind e_p und e_b die Abstände der Platten- bzw. Balkenmitte zum Gesamtschwerpunkt. Daraus ergibt sich $\tilde{I}$ als das Trägheitsmoment des gesamten Plattenbalkenquerschnitts abzüglich der Steifigkeit der Platte selbst.

Wir empfehlen darüber hinaus jedem Anwender, das von ihm gewählte Verfahren bezüglich der Grenzwerte praktisch auszutesten.

5.19.2 Schnittkräfte

Sind dann die Knotenverformungen bekannt, so kann man die Schnittkräfte m_{ij}, q_i, n_{ij} in der Platte und im Balken, M_B, V_B, N_B, berechnen. Die Krux beginnt nun damit, dass viele Anwender bzw. Programme diese Schnittgrößen völlig getrennt und unabhängig für die Platte und den Balken bemessen, weil es anders, d.h. richtig, halt nicht vorgesehen ist. Wenn man aus diesem Dilemma dadurch herauszukommen versucht, dass man an den Steifigkeiten dreht, so treibt man letztendlich den Teufel mit dem Belzebub aus. Das Ergebnis sind Bewehrungspläne, bei denen die Zugbewehrung in der Druckzone der Platte liegt oder einfach unter den Tisch gefallen lassen wurde, was entweder zu unsicheren oder zu unwirtschaftlichen Konstruktionen führt.

Richtig kann nur eine Bemessung auf den Gesamtquerschnitt sein, dessen Schwereachse unterhalb der Plattenmittelebene verläuft. Dazu benötigt man zuerst das Moment im Plattenbalkenquerschnitt (PB) sowie die Querkraft im Querschnitt, die sich aus

$$M_{PB} = M_B + N_B \cdot e_b + \int_P (m_{yy} + n_{xx} \cdot e_p)\,dx\,, \quad (5.81)$$

$$V_{PB} = V_B + \int_P q_z\,dx\,. \quad (5.82)$$

ergeben. Damit erhält man die richtige Bewehrung im Unterzug unter
Berücksichtigung der Druckzone in der Platte. Für die Platte selbst gibt es
drei Möglichkeiten:

- Platte weist als Faltwerk bereits Normalkräfte auf.
- Plattenbewehrung wird in den Unterzug über Hebelarm umgerechnet.
- Eine Normalkraft wird für die Bemessung rückgerechnet.

Für den letzten Punkt kann man die Herleitung der Reststeifigkeit verwenden. Da die Krümmung im gesamten Querschnitt konstant ist, entspricht dem
Gesamtmoment die Gesamtsteifigkeit, dem Plattenmoment die Plattensteifigkeit und der Rest teilt sich auf auf die Eigensteifigkeit des Unterzuges alleine
und die Steineranteile von Platte und Unterzug bezogen auf den gemeinsamen Schwerpunkt bzw. der Normalkraft multipliziert mit dem Abstand der
Schwerpunkte.

Bei der Bemessung wird ein Bruchzustand der gesamten Beanspruchung
zugrundegelegt. Wenn man statt dessen Platte und Steg getrennt für ihre Beanspruchungen bemessen würde, oder gar die elastischen Spannungen
punktweise abdecken würde, so ist man zumindest unwirtschaftlich; es gibt
jedoch auch Fälle in denen man unsichere Konstruktionen errechnet.

Bei den meisten Vergleichen, die veröffentlicht wurden, fehlt dieser Aspekt
entweder völlig, oder er beschränkt sich auf die Biegebemessung. Wenn man
aber eine vernünftige Schubbemessung abliefern will, so gibt es gar keinen
anderen Weg als den über den Gesamtquerschnitt, denn ein Plattenbalken,
bei dem der Steg im Schubbereich 3 ist, und die Platte ohne Schubbewehrung
bzw. Anschlussbewehrung auskommt, sollte ernsthaft hinterfragt werden.

5.20 Bodenplatten

5.20.1 Bettungsmodulverfahren

Beim Bettungsmodulverfahren wird der Boden als ein System von Einzelfedern betrachtet, die sich unabhängig voneinander verformen, und die mit
der Kraft cw gegen die Platte drücken. Dies führt auf die bekannten Differentialgleichungen

$$EIw^{IV} + cw = p \qquad \text{Balken}$$
$$K\Delta\Delta w + cw = p \qquad \text{Platte}.$$

Die zugehörigen Wechselwirkungsenergien lauten

$$a(w, \delta w) = \int_0^l \frac{M\,\delta M}{EI}\,dx + c\int_0^l w\,\delta w\,dx \qquad (5.83)$$

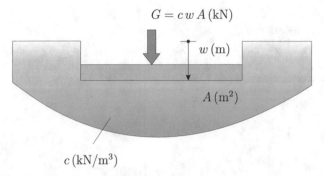

Abb. 5.44 Bettungsmodulverfahren: Lastfall Eigengewicht

$$a(w, \delta w) = \int_\Omega \boldsymbol{m} \bullet \delta\boldsymbol{\kappa}\, d\Omega + c \int_\Omega w\, \delta w\, d\Omega\,, \qquad (5.84)$$

so dass man zur Steifigkeitsmatrix $\boldsymbol{K}$ nur die sogenannte *Gramsche Matrix* $\boldsymbol{G}$, die Überlagerung der Einheitsverformungen

$$g_{ij} = \int_\Omega \varphi_i\, \varphi_j\, d\Omega\,, \qquad (5.85)$$

addieren muss

$$(\boldsymbol{K} + c\,\boldsymbol{G})\,\boldsymbol{u} = \boldsymbol{f}\,, \qquad (5.86)$$

um auf die entsprechende Steifigkeitsmatrix zu kommen. Das Federmodell bedeutet, dass es im LF g zu einer gleichmäßigen Setzung $w = G/c$ der Platte unter ihrem Eigengewicht G kommt, damit also keine Momente entstehen, s. Abb. 5.44. Dasselbe gilt natürlich sinngemäß für den Lastfall Wasserdruck.

In Abb. 5.44 sieht man auch gleich den wesentlichen Einwand gegen das Bettungsmodulverfahren: Weil die Federn nicht miteinander gekoppelt sind, bleibt der Boden neben der Platte einfach stehen. Oder: Wenn man den Halbraum mit der Sohlpressung $c\,w$ belastet, dann stellt sich nicht die Setzungsmulde w im Bereich der Bodenplatte ein. Es passt also wenig zusammen.

Der Bettungsmodul hängt nicht nur von dem Baugrund ab, sondern auch von der Größe der Bodenplatte. Er muss theoretisch auch veränderlich sein, denn anders kann man z.B. die zum Rand hin stark ansteigende Sohlpressung p unter einem starren Stempel (also konstante Setzung w_0) nicht aus dem Federgesetz $p(\boldsymbol{x}) = c(\boldsymbol{x})\,w_0$ ableiten, s. Abb. 4.63.

Es sind eine ganze Reihe von Verfahren ersonnen worden, um diese Defekte zu korrigieren. Meist geschieht dies iterativ indem der Bettungsmodul c lokal so abgeändert wird, dass Platte und Boden sich einander anpassen.

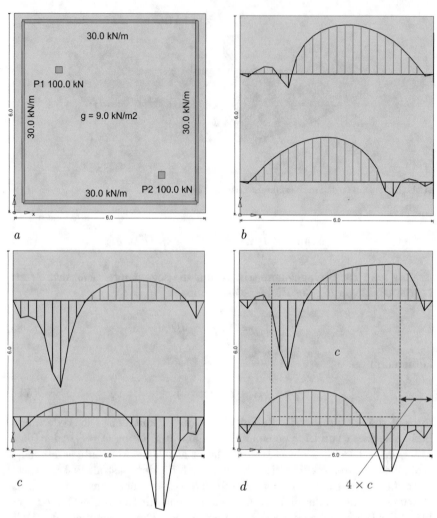

Abb. 5.45 Modifiziertes Bettungsmodulverfahren Momente m_{xx} in einigen Schnitten, **a)** System und Belastung, **b)** konstanter Bettungsmodul, **c)** Steifemodulverfahren, **d)** in einem Randstreifen von 1 m Breite wurde der Bettungsmodul um den Faktor vier erhöht

5.20.2 Erhöhung des Bettungsmoduls zum Rand

Rechnet man eine Platte nach dem Steifemodulverfahren, dann steigt die Sohlspannung zum Rand hin stark an. Also müsste der Bettungsmodul zum Rand hin größer werden. Rechnet man mit konstantem Bettungsmodul, dann sinkt die Platte am Rand stark ein, wie man z.B. in Abb. 5.45 b sieht. Es empfiehlt sich daher den Bettungsmodul in der Nähe des Randes zu erhöhen. Bei

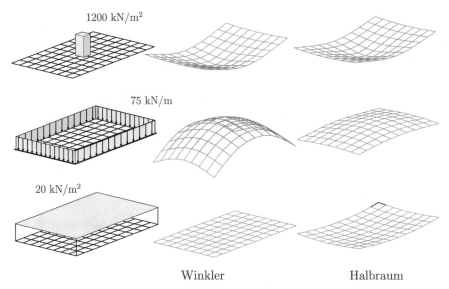

Abb. 5.46 Verformungen beim Bettungs- und beim Steifemodulverfahren

der Platte in Abb. 5.45 wurde zunächst mit einem konstanten Bettungsmodul $c = 10\,000$ kN/m^3 gerechnet, Abb. 5.45 b, und dann in einem Randstreifen von 1 m Breite der Bettungsmodul um den Faktor vier erhöht. Die Momente m_{xx} bei diesem verbesserten Modell, s. Abb. 5.45 d, haben sehr viel mehr Ähnlichkeit mit den Ergebnissen einer Berechnung nach dem Steifemodulverfahren ($E_S = 50\,000$ kN/m^2), Abb. 5.45 c, als die Ergebnisse in Abb. 5.45 b.

5.20.3 Steifemodulverfahren

Die technisch sauberste Lösung ist allerdings die Berechnung nach dem *Steifemodulverfahren*, weil hierbei der Boden, der elastische Halbraum, als gleichberechtigtes Tragglied neben die Platte tritt. Die Bodenpressung zwischen Platte und Boden wird so eingestellt, dass die Durchbiegung der Platte gleich der Durchbiegung des Bodens ist, s. Abb. 5.46.

Das Hilfsmittel hierzu ist die *Boussinesq-Lösung*, die angibt wie groß die Durchbiegung w in einem Punkt $\boldsymbol{x} = (x_1, x_2, x_3)$ des Halbraums ist, wenn im Punkt $\boldsymbol{y} = (y_1, y_2, 0)$ der Oberfläche eine vertikale Kraft P auf den Boden drückt, s. Abb. 5.47,

$$G_B(\boldsymbol{x}, \boldsymbol{y}) = \frac{1+\nu}{2\pi\,E} \left(\frac{[x_3 - y_3]^2}{r^3} + 2\,\frac{1-\nu}{r} \right) P \qquad r = |\boldsymbol{x} - \boldsymbol{y}|. \qquad (5.87)$$

Die vertikale Spannung in einem abliegenden Punkt $\boldsymbol{x}$ beträgt dabei

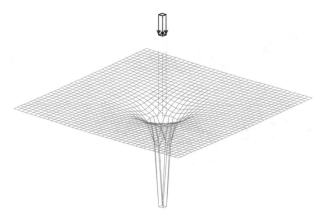

Abb. 5.47 Konzentrierte Pressung auf eine Bodenplatte, die keine Eigensteifigkeit hat, $K = 0$

$$\sigma_3(\boldsymbol{x}, \boldsymbol{y}) = \frac{3}{2\pi} \frac{(x_3 - y_3)^3}{r^5} \, P \,. \qquad (5.88)$$

Man beachte, dass σ_3 unabhängig von dem Elastizitätsmodul E ist.

Um die Einzelkraft P bildet sich ein Setzungstrichter aus, in dessen tiefstem Punkt, im Punkt ∞, die Kraft selbst sitzt, denn der elastische Halbraum kann eine Punktlast nicht festhalten. Auch Linienkräfte wären noch zu ,scharf'. Erst Flächenkräfte werden abgebremst, können nur noch ,Dellen' im Boden verursachen.

Denken wir uns die Bodenpressung $p(\boldsymbol{y})$ nach Anteilen $\psi_i(\boldsymbol{y})$ entwickelt

$$p(\boldsymbol{y}) = \sum_i \psi_i(\boldsymbol{y}) p_i \,, \qquad (5.89)$$

wobei die Flächenkräfte $\psi_i(\boldsymbol{y})$ wie kleine Pyramiden aussehen, die vom Wert 1 im gleichnamigen Knoten i auf den Wert null zu den Nachbarknoten hin abfallen, so entsteht in dem Punkt $\boldsymbol{x}$ somit die Verformung

$$w(\boldsymbol{x}) = \sum_i \int_\Omega G_B(\boldsymbol{x}, \boldsymbol{y}) \, \psi_i(\boldsymbol{y}) \, d\Omega_{\boldsymbol{y}} \, p_i = \sum_i \eta_i(\boldsymbol{x}) \, p_i \qquad (5.90)$$

und die Spannung

$$\sigma_z(\boldsymbol{x}) = \sum_i \int_\Omega \frac{3}{2\pi} \frac{(x_3 - y_3)^3}{r^5} \, p_i(\boldsymbol{y}) \, d\Omega_{\boldsymbol{y}} \, p_i = \sum_i \theta_i(\boldsymbol{x}) \, p_i \,. \qquad (5.91)$$

Das gekoppelte Problem führt damit auf das Gleichungssystem

$$\begin{bmatrix} \boldsymbol{K}_{(nn)} & \boldsymbol{L}_{(nm)} \\ \boldsymbol{I}^w_{(mn)} & -\boldsymbol{J}_{(mm)} \end{bmatrix} \begin{bmatrix} \boldsymbol{u}_{(n)} \\ \boldsymbol{p}_{(m)} \end{bmatrix} = \begin{bmatrix} \boldsymbol{f}_{(n)} \\ \boldsymbol{0}_{(m)} \end{bmatrix} \quad \begin{array}{l} \text{\scriptsize FEM mit Bodenpressung} \\ w_{\text{Platte}} - w_{\text{Boden}} = 0 \end{array} \qquad (5.92)$$

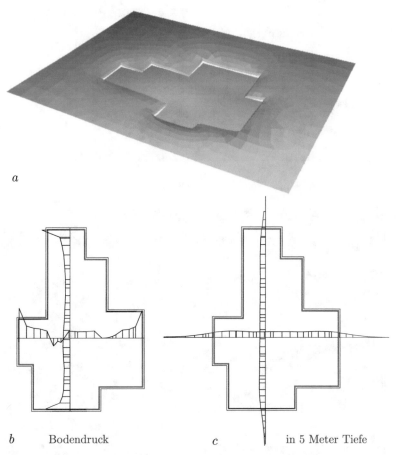

a

b   Bodendruck   *c*   in 5 Meter Tiefe

Abb. 5.48 Bodenplatte mit gemischter Pfahl-Platten-Gründung, Rechnung mit dem Steifemodulverfahren

mit

$$k_{ij} = a(\varphi_i, \varphi_j) \quad l_{ij} = \int_\Omega \psi_i\, \varphi_j\, d\Omega \quad J_{ij} = \eta_j(\boldsymbol{x}_i) \qquad (5.93)$$

und mit I^w als der von n Zeilen auf m Zeilen ‚zusammengestrichenen' Einheitsmatrix. In der Sohlfuge werden ja nur die Durchbiegungen gleichgesetzt, denn die Drehfreiheitsgrade in dem Vektor $\boldsymbol{u}$ spielen im Boden keine Rolle. Wenn man daher in der Einheitsmatrix die unterstrichenen Zeilen

$$1, \underline{2}, \underline{3}, 4, \underline{5}, \underline{6}, 7, \underline{8}, \underline{9}, \ldots \qquad (5.94)$$

streicht und den Rest zusammenschiebt, dann hat man genau die Matrix I^w.

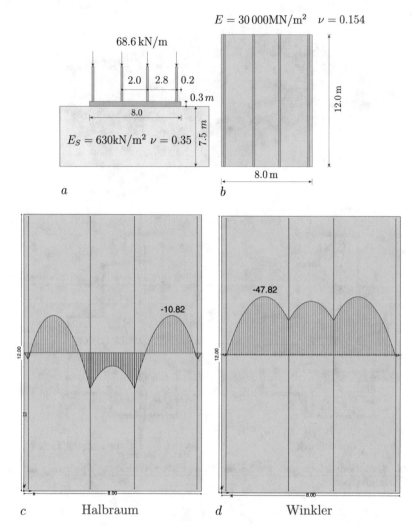

$E = 30\,000 \mathrm{MN/m^2} \quad \nu = 0.154$

Abb. 5.49 Vergleich von Berechnungen mit dem Steifemodul- und Bettungsmodulverfahren, **a)** und **b)** Ansichten, **c)** und **d)** Momente m_{xx}

Die Bodenpressung $p \downarrow$ hat auf der Unterseite der Platte das entgegengesetzte Vorzeichen, und somit lautet die um die äquivalenten Knotenkräfte $-\boldsymbol{L}\boldsymbol{p}$ aus dem Bodendruck erweiterte FE-Gleichung $\boldsymbol{K}\boldsymbol{u} = \boldsymbol{f} - \boldsymbol{L}\boldsymbol{p}$ oder eben $\boldsymbol{K}\boldsymbol{u} + \boldsymbol{L}\boldsymbol{p} = \boldsymbol{f}$.

Zur Erweiterung auf geschichtete Böden muss man die Gesamtsetzung eines Punktes $\boldsymbol{x}$ auf der Oberfläche des Halbraums aus der Zusammendrückung s_i der einzelnen Schichten, E_i, ν_i, h_i, berechnen

$$G_B^{\Sigma}(\boldsymbol{x}, \boldsymbol{y}) = \sum_i s_i(\boldsymbol{x}, \boldsymbol{y})\, P\,, \tag{5.95}$$

wobei die Setzung s_i einer Schicht mit (5.87) berechnet wird

$$s_i(\boldsymbol{x}, \boldsymbol{y}) = G_B(\boldsymbol{x}_o^i, \boldsymbol{y}) - G_B(\boldsymbol{x}_u^i, \boldsymbol{y}) \qquad |\boldsymbol{x}_o^i - \boldsymbol{x}_u^i| = h_i \quad \text{Schichtdicke}. \tag{5.96}$$

Die Punkte $\boldsymbol{x}_o^i$ und $\boldsymbol{x}_u^i$ sind die Punkte, in denen das Lot vom Punkt $\boldsymbol{x}$ nach unten die Schichtgrenzen trifft.

Die *Boussinesq-Lösung* basiert auf der linearen Elastizitätstheorie, nur wird in der Bodenmechanik statt des Elastizitätsmoduls E meist der *Steifemodul* E_s benutzt,

$$E_s = \frac{1-\nu}{1-\nu-2\,\nu^2}\, E. \tag{5.97}$$

Die Querdehnung ν des Baugrunds schwankt zwischen $\nu = 0.20$ und $\nu = 0.33$, [62].

Tabelle 5.3 Steifemodul E_S, Elastizitätsmodul E und Querdehnzahl ν einiger Böden, [35].

Bodenart	E_S MN/m^2	ν	E MN/m^2
Sand, locker, rund	20 - 50	0.33	13.5-33.7
Sand, locker, eckig	40 - 80	0.32	28.0 - 55.9
Sand, mitteldicht, rund	50 -100	0.32	34.9 - 69.9
Sand, mitteldicht, eckig	80 - 150	0.3	59.4 - 111.4
Kies ohne Sand	100 - 200	0.28	78.2 - 156.4
Naturschotter, scharfkantig	150 - 300	0.26	122.6 - 245.2
Sand, dicht, eckig	150 - 250	0.28	117.3 - 195.6
Ton, halbfest	5 -1 0	0.37	2.8 - 5.7
Ton, schwer knetbar,steif	2.5 - 5	0.4	1.2 - 2.3
Ton, leicht knetbar, weich	1 - 2.5	0.41	0.43 - 1.1
Geschiebemergel, fest	30 - 100	0.33	20.2 - 67.5
Lehm, halbfest	5 -20	0.35	3.1 - 12.5
Lehm, weich	4 - 8	0.35	2.5 - 5.0
Schluff	3 - 10	0.4	0.93 - 2.3

Das Steifemodulverfahren ist also im Grunde genau so einfach handhabbar wie das Bettungsmodulverfahren. Die eigentliche Schwierigkeit ist programmtechnischer Natur: Weil das Gleichungssystem (5.92) *unsymmetrisch* ist, kann man die Standard-Gleichungslöser nicht mehr einsetzen.

Typisch für das Steifemodulverfahren ist der Anstieg der Sohlpressung zu den Rändern hin, s. Abb. 5.48 b. Dieser Anstieg resultiert aus der großen Verzerrung $\varepsilon_z = \partial w/\partial z$ des Bodens direkt neben der Sohlplatte, denn die Verzerrung ist gleich dem Tangens des Böschungswinkels.

5.20.4 Aussteifende Wände

Nach Möglichkeit sollte auch die aussteifende Wirkung von Betonwänden, die auf einer Bodenplatte stehen, in Rechnung gestellt werden, da hierdurch ein anderes Tragbild entsteht als bei einer ,schlaffen' Bodenplatte. Solche Wände kann man sehr leicht durch steife, deckengleiche Unterzüge mit einer entsprechend angepassten Biegesteifigkeit EI modellieren.

5.20.5 Zugausschaltung

Weil der Boden keine Zugspannungen aufnehmen kann, muss man gegebenenfalls iterativ rechnen und eine Gleichgewichtslage finden, bei der keine Zugkräfte zwischen Platte und Boden auftreten. Die Zugausschaltung lässt sich bei beiden Verfahren einsetzen, allerdings darf man dann die Ergebnisse der einzelnen Lastfälle nicht mehr überlagern, weil die Ergebnisse möglicherweise an verschiedenen Systemen erzielt wurden.

5.21 Bemessung

Berechnet man eine Platte nach *Pieper-Martens*, den *Czerny-Tafeln* oder durch eine Balkenanalogie, so wird a) die Platte in der Regel nur für die Feld- und die Stützenmomente bemessen und b) nimmt man an, dass die Momente m_{xx} und m_{yy} im Feld oder über den Wänden die Hauptmomente sind, die Hauptkrümmungsrichtungen also an den meistbeanspruchten Stellen achsenparallel verlaufen. Nur in den Ecken, wo die Hauptkrümmungsrichtungen um $45°$ gegenüber den Achsen gedreht sind, bemisst man die Platte für die Drillmomente $m_{xy} = m_I = m_{II}$ (betragsmäßig).

Bei dieser Vorgehensweise, wie sie für den Hochbau typisch ist, wird also kein Unterschied zwischen *Schnittmomenten*, *Hauptmomenten* und *Bemessungsmomenten* gemacht.

Bei der Bemessung in FE-Programmen geht man dagegen schulmäßig vor: Aus den Schnittmomenten m_{xx}, m_{xy}, m_{yy} werden zunächst die Hauptmomente m_I, m_{II} ermittelt und ihre Lage zur x-Achse, die Winkel φ und $\varphi + 90°$, bestimmt. Die Hauptmomente beruhen auf der linearen Elastizitätstheorie (homogenes und isotropes Material) und gelten für den Zustand I (ungerissener Beton). Aus diesen Hauptmomenten werden dann unter Berücksichtigung des Winkels δ, den die Bewehrung gegenüber den Hauptachsrichtungen einschließt, und des Innenwinkels α der Bewehrung (= Winkel der Eisen untereinander) die sogenannten *Bemessungsmomente* m_ξ, m_η getrennt nach oberer und unterer Plattenseite ermittelt.

Wie man von den Hauptmomenten zu den Bemessungsmomenten kommt, darin unterscheiden sich die verschiedenen Bemessungsverfahren nach *Stiglat, Wippel* [132] und *Baumann* [80]. Die Bemessung nach *Baumann* wird auf eine Scheibenbemessung zurückgespielt, und daher ergeben sich sinngemäß dieselben Gleichungen wie in Kapitel 4.

Bei der Bemessung nach *Stiglat, Wippel* wird die folgende Beziehung zwischen den Bemessungsmomenten und den aufnehmbaren Hauptmomenten zu Grunde gelegt

$$m_I = m_\eta \cos^2 \delta + m_\xi \sin^2 \delta \qquad (5.98)$$

$$m_{II} = m_\eta \sin^2 \delta + m_\xi \cos^2 \delta \,, \qquad (5.99)$$

wobei $m_I > 0$ das betragsmäßig größere der beiden Hauptmomente ist, so dass der Quotient

$$\lambda = \frac{m_{II}}{m_I} \qquad 0 \le \lambda \le 1 \qquad (5.100)$$

zwischen null und Eins liegt. Das Verhältnis der Bemessungsmomente wird durch den Quotienten

$$\lambda_t = \frac{m_\xi}{m_\eta} = \frac{as_\xi \, d_\xi}{as_\eta \, d_\eta} \qquad 0 \le \lambda_t \le 1 \qquad (5.101)$$

charakterisiert, wobei d_ξ und d_η die entsprechenden statischen Nutzhöhen im Querschnitt sind. Damit das nach (5.98) aufnehmbare Moment m_{II} größer als das vorhandene Hauptmoment m_{II} ist, muss der Quotient λ_t der Ungleichung

$$\lambda_t \ge \frac{\lambda - \tan^2 \delta}{1 - \lambda \tan^2 \delta} \qquad (5.102)$$

genügen. Unter Beachtung dieser Restriktion kann man (5.98) umformen in die Bemessungsgleichung

$$m_\eta = k \cdot m_I = \frac{1}{\cos^2 \delta + \lambda_t \cdot \sin^2 \alpha} \cdot m_I \qquad (5.103)$$

$$m_\xi = \lambda_t \, m_\eta \,. \qquad (5.104)$$

Für $\delta = 0$ und $\delta = 45°$ liefern beide Bemessungsverfahren übereinstimmende Ergebnisse. Bei anderen Winkeln gibt es jedoch Unterschiede, [111].

6. Schalen

Schalenelemente zählen zu den anspruchvollsten Elementen. Sie müssen Membran- und Biegespannungszustände gleichermaßen gut darstellen können und auch noch mit den Schwierigkeiten fertig werden, die aus der Krümmung der Elemente und aus der Kopplung dieser Spannungszustände resultieren, s. Abb. 6.1. Das Thema ist so komplex, dass wir es in seiner ganzen Fülle hier natürlich nicht abhandeln können. Wir wollen uns vielmehr darauf beschränken, die charakteristischen Merkmale anzusprechen und die Verbindung mit der Statik der ebenen Flächentragwerke aufzuzeigen.

Abb. 6.1 Schalendach

6.1 Schalengleichungen

Die Mittelfläche der Schale wird durch den Ortsvektor dargestellt

$$\boldsymbol{x}(\theta_1, \theta_2) = [\boldsymbol{x}_1(\theta_1, \theta_2), x_2(\theta_1, \theta_2), x_3(\theta_1, \theta_2)]^T \,. \tag{6.1}$$

Hält man die Parameter θ_1 bzw. θ_2 fest, so entstehen Parameterlinien $\theta_i = c$ auf der Schalenmittelfläche, s. Abb. 6.2. Auf einer Kugel sind das z.B. die

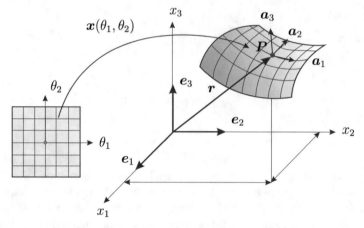

Abb. 6.2 Darstellung der Schalenmittelfläche durch eine Funktion $\boldsymbol{x}(\theta_1, \theta_2)$

Meridiane und die Breitenkreise. Die beiden Tangentenvektoren

$$\boldsymbol{a}_1 = \frac{\partial \boldsymbol{x}}{\partial \theta_1}, \qquad \boldsymbol{a}_2 = \frac{\partial \boldsymbol{x}}{\partial \theta_2} \qquad (6.2)$$

bilden zusammen mit dem Normalenvektor

$$\boldsymbol{a}_3 = \frac{\boldsymbol{a}_1 \times \boldsymbol{a}_2}{|\boldsymbol{a}_1 \times \boldsymbol{a}_2|} \qquad (6.3)$$

die Basis eines krummlinigen Koordinatensystems. Der symmetrische Tensor

$$a_{ik} = \boldsymbol{a}_i \cdot \boldsymbol{a}_k \qquad \begin{bmatrix} a_{11} & a_{12} \\ a_{21} & a_{22} \end{bmatrix} = \begin{bmatrix} E & F \\ F & G \end{bmatrix} \qquad (6.4)$$

heißt die *Erste Fundamentalform* der Fläche und der Tensor

$$b_{\alpha\beta} = \frac{\partial \boldsymbol{a}_\alpha}{\partial \theta_\beta} \cdot \boldsymbol{a}_3 = \boldsymbol{a}_{\alpha,\beta} \cdot \boldsymbol{a}_3 \qquad (6.5)$$

heißt die *Zweite Fundamentalform* der Fläche (Krümmungstensor).

Es gibt verschiedene Schalenmodelle, die sich durch die Annahmen unterscheiden, die bei der Herleitung gemacht werden. Die bekanntesten Modelle sind mit den Namen *Flügge*, *Vlasov*, *Koiter*, *Naghdi* verknüpft. Unschwer erkennt man aber, wie etwa an den folgenden Gleichungen (*Koiter*)

$$-(\bar{n}^{\alpha\beta} - b_\lambda^\beta \bar{m}^{\lambda\alpha})|_\alpha + b_\alpha^\beta \bar{m}^{\lambda\alpha}|_\lambda = p^\beta \qquad \beta = 1, 2$$

$$-b_{\alpha\beta}(\bar{n}^{\alpha\beta} - b_\lambda^\beta \bar{m}^{\lambda\alpha}) - \bar{m}^{\alpha\beta}|_{\alpha\beta} = p^3, \qquad (6.6)$$

dass sich in einer Schale die Scheiben- und die Plattentragwirkung überlagern. Ohne die Krümmungsterme $b_{\alpha\beta}$ und $b_\alpha^\beta = b_{\beta\rho}\,a^{\rho\alpha}$ wäre das System entkoppelt. Insbesondere wären dann die Verschiebungen in der Mittelfläche Lösung eines Differentialgleichungssystems zweiter Ordnung und die Durchbiegung w – bei diesem schubstarren Modell – Lösung der biharmonischen Gleichung ($\bar{m}^{\alpha\beta}|_{\alpha\beta}$ führt auf $K\,\Delta\Delta w$). In anderen Schalenmodellen wird schubweich gerechnet, aber auch das geht konform mit der Erfahrung in der Plattenstatik. Insofern können wir viele Resultate aus der Scheiben- und Plattenstatik auf Schalen übertragen. Insbesondere alles, was wir zu dem Thema Einzelkräfte, Punktlager und Energie gesagt haben.

Die Wechselwirkungsenergie

$$a(\boldsymbol{u}, \hat{\boldsymbol{u}}) = \int_S \left[\bar{n}^{\alpha\beta}(\boldsymbol{u})\,\gamma_{\alpha\beta}(\hat{\boldsymbol{u}}) + \bar{m}^{\alpha\beta}(\boldsymbol{u})\,\rho_{\alpha\beta}(\hat{\boldsymbol{u}}) \right] ds \qquad (6.7)$$

besteht jetzt aus Dehnungstermen

$$\gamma_{\alpha\beta} = \gamma_{\beta\alpha} = \frac{1}{2}\left(u_\alpha|_\beta + u_\beta|_\alpha\right) - b_{\alpha\beta}\,u_3 \qquad (6.8)$$

und Krümmungstermen

$$\rho_{\alpha\beta} = \rho_{\beta\alpha} = -\left[u_3|_{\alpha\beta} - b_\alpha^\lambda\,b_{\lambda\beta}\,u_3 + b_\alpha^\lambda\,u_\lambda|_\beta + b_\beta^\lambda\,u_\lambda|_\alpha + b_\beta^\lambda|_\alpha\,u_\lambda\right]\,, \qquad (6.9)$$

die mit den dazu konjugierten Schnittkräften

$$\bar{n}^{\alpha\beta} = t\,C^{\alpha\beta\lambda\delta}\,\gamma_{\lambda\delta} \qquad \bar{m}^{\alpha\beta} = \frac{t^3}{12}\,C^{\alpha\beta\lambda\delta}\rho_{\lambda\delta} \qquad (6.10)$$

überlagert werden, $t = $ Schalendicke. Der Elastizitätstensor

$$C^{\alpha\beta\lambda\delta} = C^{\lambda\delta\alpha\beta} = \mu\left[a^{\alpha\lambda}\,a^{\beta\delta} + a^{\alpha\delta}\,a^{\beta\lambda} + \frac{2\nu}{1-\nu}\,a^{\alpha\beta}\,a^{\lambda\delta}\right] \qquad (6.11)$$

hängt, wie auch die Verzerrungen und Krümmungen, von dem Metriktensor $a^{ik} = \boldsymbol{a}^i \cdot \boldsymbol{a}^k$ der Schalenmittelfläche ab.

6.1.1 Membranspannungszustand

Die Differentialgleichungen der Statik sind in der Regel elliptisch. Eine Ausnahme bilden die *Membranspannungszustände* der Schalen, wenn also die Lasten allein durch Normalkräfte abgetragen werden

$$n_{xx} = \int_{-t/2}^{t/2} \sigma_{xx}\,dz \qquad n_{yy} = \int_{-t/2}^{t/2} \sigma_{yy}\,dz \qquad n_{xy} = \int_{-t/2}^{t/2} \sigma_{xy}\,dz\,. \qquad (6.12)$$

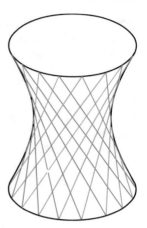

Abb. 6.3 Der Membran-
spannungszustand des Hy-
perboloid wird durch eine
hyperbolische Differentialgleichung beschrieben

In jedem Punkt einer Schalenmittelfläche gibt es zwei zueinander senkrechte
Richtungen, bezüglich derer die Krümmung $\kappa = 1/R$ maximal bzw. minimal ist. Bezeichne R_1 und R_2 die zugehörigen Krümmungskreisradien, dann
entscheidet die *Gaußsche Krümmung*

$$K = \det b_\alpha^\beta = \frac{1}{\kappa_1 \, \kappa_2} \tag{6.13}$$

über den Typ der Differentialgleichung, der im Membranspannungszustand
die Verschiebungen mit der Belastung verknüpft, [6] S. 265.

Zum Beispiel ist die Differentialgleichung von Kühltürmen wie in Abb. 6.3
wegen $K < 0$ vom hyperbolischen Typ, von Zylinderschalen, wegen $K = 0$,
von parabolischem Typ und nur bei einer Kugelschale ist die Differentialgleichung elliptisch, s. Tab. 6.1. Nur für elliptische Differentialgleichungen

Tabelle 6.1 Zusammenhang zwischen Gaußscher Krümmung und Typ der Differentialgleichung

Gaußsche Krümmung	Typ der DGL	Beispiel
positiv	elliptisch	Kugelschale
null	parabolisch	Zylinderschale
negativ	hyperbolisch	Kühlturmschale

gilt das *Prinzip von St. Venant*. Bei Kühltürmen pflanzen sich dagegen lokale Störungen vom unteren Rand theoretisch längs der Erzeugenden bis zum
oberen Rand fort. (In Wirklichkeit sind Kühltürme keine reinen Hyperbolo-
idschalen).

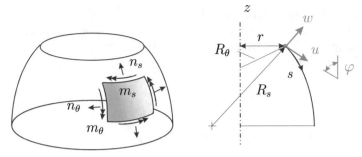

Abb. 6.4 Rotationsschale

All diese Bemerkungen gelten für den Membranspannungszustand. Die Differentialgleichungen, die die Biegezustände beschreiben, sind *alle* elliptisch, [99]. Für Biegezustände gilt also das Prinzip von St. Venant.

6.2 Rotationsschalen

Bei rotationssymmetrischen Verformungs- und Spannungszuständen sind die Verschiebungen v in Umfangsrichtung der Breitenkreise null, und es verbleiben nur die Verformungen senkrecht zum Meridian, w, und tangential an den Meridian, u, s. Abb. 6.4. Die Elementierung geschieht so, dass der Meridian (= die Erzeugende) stückweise in Elemente zerlegt wird. Die Elemente können gerade sein, wie bei Zylinderschalen oder Kegelstümpfen oder gekrümmt wie etwa bei Wasser- oder Gasbehältern.

Die Beziehungen zwischen der Bogenlänge s auf einem Element und den Bestimmungsgrößen des Rotationskörpers lauten, s. Abb. 6.4,

$$R_\vartheta = \frac{r}{\cos \varphi} \qquad R_s = -\frac{ds}{d\varphi} \qquad \sin \varphi = \frac{dr}{ds} \qquad \cos \varphi = -\frac{dz}{ds}. \qquad (6.14)$$

Hierbei sind R_ϑ und R_s die Hauptkrümmungskreisradien. Bei geradlinigen Elementen wie sie bei Kegelschalen oder Zylinderschalen verwendet werden, ist der Krümmungskreisradius in der Ebene des Meridians unendlich, $R_s = \infty$. Die Dehnungen lauten

$$\varepsilon_s = \frac{d u}{d s} + \frac{w}{R_s} \qquad\qquad \varepsilon_\vartheta = \frac{u \sin \varphi + w \cos \varphi}{r} \qquad (6.15)$$

$$\kappa_s = \frac{d}{ds}\left(\frac{u}{R}\right) - \frac{d^2 w}{d s^2} \qquad \kappa_\vartheta = \frac{\sin \varphi}{r}\left(\frac{u}{R_s} - \frac{d w}{d s}\right), \qquad (6.16)$$

wobei ε_s und ε_ϑ die Verzerrungen der Mittelfläche in Richtung eines Meridians (Bogenlänge s) bzw. in Umfangsrichtung (ϑ) sind und κ_s und κ_ϑ die
Krümmungen. Schubdehnungen werden vernachlässigt.

Die Verzerrungsenergie in einem Element beträgt

$$a(u,u) = \int_0^l \varepsilon^T \begin{bmatrix} \boldsymbol{D}_M & \boldsymbol{0} \\ \boldsymbol{0} & \boldsymbol{D}_K \end{bmatrix} \varepsilon \, 2\,\pi\,r\,ds \qquad (6.17)$$

mit, $C = E\,t/(1 - \nu^2)$, $D = E\,t^3/(12(1 - \nu^2))$

$$\boldsymbol{D}_M = C \begin{bmatrix} 1 & \nu \\ \nu & 1 \end{bmatrix} \qquad \boldsymbol{D}_K = D \begin{bmatrix} 1 & \nu \\ \nu & 1 \end{bmatrix} \qquad \varepsilon = \begin{bmatrix} \varepsilon_s \\ \varepsilon_\vartheta \\ \kappa_s \\ \kappa_\vartheta \end{bmatrix}, \qquad (6.18)$$

und die Schnittgrößen sind

$$\begin{bmatrix} n_s \\ n_\vartheta \end{bmatrix} = \frac{E\,t}{1 - \nu^2} \begin{bmatrix} 1 & \nu \\ \nu & 1 \end{bmatrix} \begin{bmatrix} \varepsilon_s \\ \varepsilon_\vartheta \end{bmatrix} \qquad \begin{bmatrix} m_s \\ m_\vartheta \end{bmatrix} = \frac{E\,t^3}{12\,(1 - \nu^2)} \begin{bmatrix} 1 & \nu \\ \nu & 1 \end{bmatrix} \begin{bmatrix} \kappa_s \\ \kappa_\vartheta \end{bmatrix}.$$
$$(6.19)$$

Im Sinne der isoparametrischen Elemente wird das im allgemeinen gekrümmte Elemente interpretiert als das C^1-Bild eines *master elements* $-1 \le \xi \le +1$
auf dem vier kubische Ansatzfunktionen, entsprechend den zwei Knoten
$\xi_1 = -1, \xi_2 = +1$ und $\xi_0 = \xi_i\,\xi$, definiert sind

$$\varphi_i^{(1)}(\xi) = \frac{1}{4}(\xi_0\,\xi^2 - 3\,\xi_0 + 2) \qquad \varphi_i^{(2)}(\xi) = \frac{1}{4}(1 - \xi_0)^2\,(1 + \xi_0)\,. \qquad (6.20)$$

Sie bieten die Möglichkeit die Geometrie des Elements, also die Funktionen
r und z

$$r(\xi) = \sum_{i=1}^2 (\varphi_i^{(1)}(\xi)\,r(\xi_i) + \varphi_i^{(2)}(\xi)\frac{dr}{d\xi}(\xi_i)) \qquad (6.21)$$

(sinngemäß ebenso $z(\xi)$), wie auch die Verformungen u und w des Meridians
C^1-stetig darzustellen. Die Freiheitsgrade in den Elementknoten sind die Verschiebungen und die ersten Ableitungen nach der Bogenlänge s

$$\boldsymbol{u}_e = \{u_i, w_i, u_i', w_i'\}^T\,. \qquad (6.22)$$

Die C^1-Fortsetzung der Verschiebung u ist ungewöhnlich. Sie muss man aufgeben, wenn die Stärke der Schale sich ändert, weil dann die Verzerrungen
ε_s springen, [150].

6.3 Volumenelemente und degenerierte Schalenelemente

Der Einsatz von Volumenelementen in der Schalenstatik ist in der Regel nicht empfehlenswert. Zum einen wird einfach die Zahl der Freiheitsgrade zu groß, und zum andern sind die Steifigkeitsunterschiede in Quer- und Längsrichtung auf Grund der geringen Schalenstärke sehr groß, und solche Elemente reagieren daher sehr empfindlich auf Rundungsfehler.

Besser ist es daher, die Volumenelemente zu modifizieren. Man kommt so zu den degenerierten Schalenelemente, s. Abb. 6.5. Weil sie aus 3D-Elementen hergeleitet werden, sind es schubweiche Elemente, und man spricht daher auch von *Mindlin-Schalen-Elementen*. Der Vorteil dieser Elemente ist, dass man – vordergründig zumindest – keine Schalentheorie braucht.

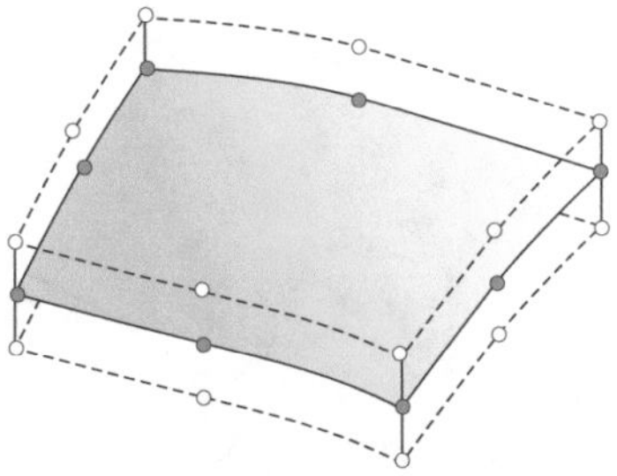

Abb. 6.5 Degeneriertes Schalenelement, Reduktion eines Volumenelements mit 20 Knoten auf ein Schalenelement mit 8 Knoten

Im Wesentlichen besteht die Reduktion darin, dass man alles auf die Mittelfläche reduziert und die Schichten oberhalb und unterhalb der Mittelfläche durch Addition eines Vektors $v_3 \simeq n$ erreicht

$$x(\xi, \eta) = \sum_i x_i \, \varphi_i(\xi, \eta) + \sum_i \varphi_i(\xi, \eta) \, \frac{\zeta}{2} \, v_{3i} \, . \qquad (6.23)$$

Der erste Teil ist eine Entwicklung nach den cartesischen Koordinaten der Knoten, und der zweite Teil ist der Teil, der aus der Fläche herausragt. Die Schalenkoordinaten sind ξ, η, ζ.

Ähnlich kann man das Verschiebungsfeld der Schale aus der Mittelfläche ($\zeta = 0$) heraus entwickeln

$$u(\xi, \eta) = \sum_i u_i \, \varphi_i(\xi, \eta) + \sum_i \varphi_i(\xi, \eta) \, \frac{\zeta \, t_i}{2} \, [v_{1i} \, \alpha_i - v_{2i} \, \beta_i] \, , \qquad (6.24)$$

wobei der zweite Teil die Verdrehungen α_i und β_i um die Vektoren v_{1i} und v_{2i} in der Tangentialebene an die Schalenmittelfläche in Bewegungen in der Höhe $\zeta \, t_i/2$ oberhalb der Fläche übersetzt.

So präpariert kann man nun, unter Beachtung von $\sigma_{33} = 0$, eine Steifigkeitsmatrix für das Schalenelement herleiten

$$\boldsymbol{K}^e = \int_{-1}^{+l} \int_{-1}^{+l} \int_{-1}^{+l} \boldsymbol{B}^T \, \boldsymbol{E} \, \boldsymbol{B} \, \det \boldsymbol{J} \, d\xi \, d\eta \, d\zeta \, . \tag{6.25}$$

Zu beachten ist dabei wieder, dass für $t \to 0$ *shear-locking* droht, und wenn das Element gekrümmt ist auch *membrane locking*. Deswegen gibt es einen ganzen Katalog von Gegenmaßnahmen, mit denen man diesen Tendenzen entgegenwirkt, [10].

6.4 Kreisbögen

Zur Einführung in die Problematik des *shear locking* bei Schalenelementen wollen wir kurz die Modellierung von Bogentragwerken mit finiten Elementen besprechen.

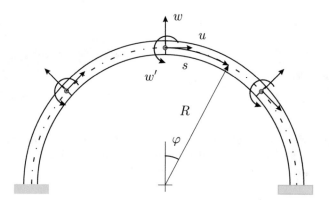

Abb. 6.6 Kreisbogen

Die Verschiebung eines Punktes auf der Mittelachse messen wir in tangentialer Richtung, Verschiebung u, und normal dazu, Verschiebung w, s. Abb. 6.6. In erster Näherung lauten die Verzerrungen einer Faser im Abstand z von der Mittelachse, [30],

$$\varepsilon_s = \varepsilon_m + z \, \kappa \qquad \text{mit} \qquad \varepsilon_m = u_{,s} + \frac{w}{R} \qquad \kappa = \frac{u_{,s}}{R} - w_{,ss} \, . \tag{6.26}$$

Das Integral der Energiedichte $E \, \varepsilon_s^2$ über die Bogenhöhe t, liefert den folgenden Ausdruck für die Wechselwirkungsenergie

$$a(\boldsymbol{u}, \boldsymbol{u}) = \int_0^l EA \, \varepsilon_m^2 \, ds + \int_0^l EI \, \kappa^2 \, ds \qquad \boldsymbol{u} = \{u, w\} \, , \tag{6.27}$$

wobei E der Elastizitätsmodul ist, $A = b\,t$ ist die Querschnittsfläche, und $I = b\,t^3/12$ ist das Trägheitsmoment des Querschnitts.

Bei Starrkörperbewegungen sind die Dehnungen und Krümmungen null, $\varepsilon_m = \kappa = 0$, was für die Verschiebungen das folgende Resultat liefert

$$u = b_1 \cos\varphi + b_2 \cos\sin\varphi + b_3\,, \quad w = b_1 \sin\varphi - b_2 \cos\varphi\,, \quad \varphi = \frac{s}{R}\,.$$
$$(6.28)$$

Die Konstanten b_1 und b_2 stellen Verschiebungen in zwei orthogonalen Richtungen dar, und b_3 stellt eine Verdrehung um den Mittelpunkt des Bogens dar. Bei einer Drehung des Bogens ist $w = 0$, und alle Punkte bewegen sich tangential zum Bogen, $u = b_3$.

Bei einem dünnen Bogen ist die Dehnung ε_m der Bogenachse praktisch null, und alle Änderung von u kommt allein aus der Biegeverformung w

$$\varepsilon_m = 0 \qquad \rightarrow \qquad u_{,s} + \frac{w}{R} = 0\,. \tag{6.29}$$

Als Ansatzfunktionen wählen wir lineare Ansätze für u und kubische für w

$$u = a_0 + a_1\,s \qquad w = b_0 + b_1\,s + b_2\,s^2 + b_3\,s^3\,, \tag{6.30}$$

und wir erhalten so

$$\varepsilon_m = \left(a_1 + \frac{b_0}{R}\right) + \frac{b_1}{R}\,s + \frac{b_2}{R}\,s^2 + \frac{b_3}{R}\,s^3\,. \tag{6.31}$$

Wenn jetzt die Stärke t des Bogens gegen null geht, dann muss auch die Mittelachse dehnungsfrei werden, $\varepsilon_m = 0$, was bedingt, dass

$$a_1 + \frac{b_0}{R} = b_1 = b_2 = b_3 = 0 \tag{6.32}$$

gelten muss, was weiter impliziert, dass die Flexibilität des Bogens gegen null geht, denn es verbleibt nur $w = b_0$ als Ansatz für die Biegeverformungen. Alle Ableitungen dieser Biegelinie sind null, $w_{,s} = w_{,ss} = w_{,sss} = 0$. Das Element wird mit $t \to 0$ immer steifer. Hier deutet sich das sogenannte *membrane locking* an. Der Term EA dominiert zunehmend den Term EI in der Wechselwirkungsenergie, und der Versuch über $EA/EI \to \infty$ die Dehnung $\varepsilon_m = 0$ zu erzwingen, führt auch dazu, dass die Biegeverformungen viel zu klein werden.

In der Praxis lassen sich solche Effekte durch *reduzierte Integration* vermeiden. Für den Biegeanteil in (6.27) benutzt man eine Zwei-Punkte-Formel, aber für den Membrananteil nur eine Ein-Punkt-Formel, indem man nur den Wert in der Mitte des Elements, $s = 0$, abfragt. Dort ist die Bedingung

$$a_1 + \frac{b_0}{R} = 0 \tag{6.33}$$

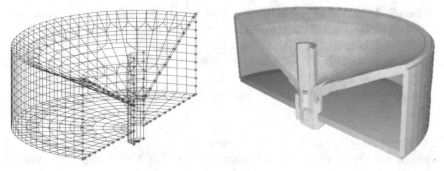

Abb. 6.7 Berechnung eines Wasserbehälters mit Faltwerkselementen

erfüllt, und so wird nur ein Freiheitsgrad geopfert, um die Zwangsbedingungen zu erfüllen. Besser ist es allerdings, den Polynomgrad der Ansätze zu erhöhen. Auf diesem Wege erzielt man denselben Effekt. Niedrige Ansätze ‚verbrauchen' sozusagen all ihre Freiwerte, um die *constraints*, die Zwangsbedingungen wie $\varepsilon_m \simeq 0$ zu erfüllen. Mittels *constraint counting* kann man die notwendige Ordnung der Polynomansätze abschätzen, [30].

6.5 Faltwerkelemente

Der überwiegende Teil der Schalen dürfte heute mit Faltwerkselementen berechnet werden, s. Abb. 6.7, Abb. 6.12 und 6.13. Mit Faltwerkselementen eine Schale nachzubilden ist relativ einfach und für die Schnittgrößenermittlung meist ausreichend. Faltwerkelemente können Starrkörperbewegungen darstellen, und weil die Membranspannungszustände und die Biegezustände entkoppelt sind, sind solche Elemente gut zu kontrollieren. Die Verformungsansätze können aus bewährten Scheiben- und Plattenansätzen aufgebaut werden.

Die erste Idee ist es, dreiecksförmige Elemente zu benutzen, s. Abb. 6.8. Wenn wir die Knoten eines Dreiecks mit drei Verschiebungen und drei Drehungen ausstatten, dann hat ein Dreieckelement 18 Freiheitsgrade, die wir uns wie folgt angeordnet denken können

$$\boldsymbol{u} = [\boldsymbol{u}_i, \boldsymbol{v}_i, \boldsymbol{\vartheta}_{zi}, \boldsymbol{w}_i, \boldsymbol{\vartheta}_{xi}, \boldsymbol{\vartheta}_{yi}]^T \,, \tag{6.34}$$

wobei in den Vektoren $\boldsymbol{u}_i = \{u_1, u_2, u_3\}^T$, $\boldsymbol{\vartheta}_{zi} = \{\vartheta_{z1}, \vartheta_{z2}, \vartheta_{z3}\}^T$, etc. die Verformungen der einzelnen Knoten stehen.

Wie man ein Scheibenelement erfolgreich mit Drehfreiheitsgraden ϑ_i ausstattet, haben wir in Kapitel 1 skizziert, s. S. 60. Historisch betrachtet gab es eine ganze Reihe von Vorschlägen, etwa [1], [20], [29], wie man vorgehen könnte. Vielleicht ist es instruktiv, auf diese Ideen näher einzugehen.

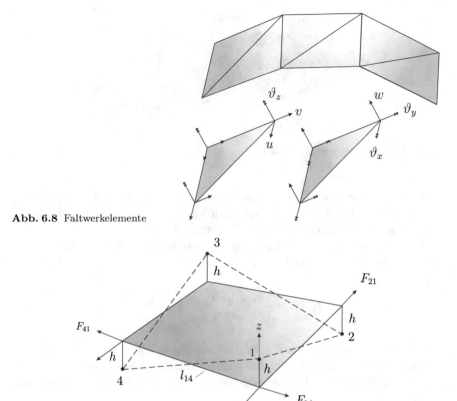

Abb. 6.8 Faltwerkelemente

Abb. 6.9 Ursprünglich ebenes Element dessen vier Knoten nicht mehr in einer Ebene liegen, [84]

Es sei $\boldsymbol{K}^M$ die zugehörige 9×9 Steifigkeitsmatrix für den Membranspannungszustand des Elements. Der Einfachheit halber wählen wir für den Biegeanteil ein DKT-Element. Bezeichne $\boldsymbol{K}^B$ die zugehörige Steifigkeitsmatrix, so sehen wir

$$
\boldsymbol{K}^e \, \boldsymbol{u} = \begin{bmatrix} \boldsymbol{K}^M_{(9\times9)} & \boldsymbol{0}_{(9\times9)} \\ \boldsymbol{0}_{(9\times9)} & \boldsymbol{K}^B_{(9\times9)} \end{bmatrix} \begin{bmatrix} \boldsymbol{u}_i \\ \boldsymbol{v}_i \\ \vartheta_i \\ \boldsymbol{w}_i \\ \boldsymbol{\vartheta}_{xi} \\ \boldsymbol{\vartheta}_{yi} \end{bmatrix} = \boldsymbol{f}, \qquad (6.35)
$$

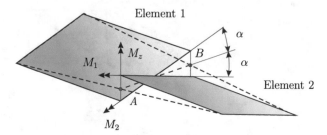

Abb. 6.10 *Twisted beam problem,* [84]

dass die Membran- und Biegeanteile in der Tat entkoppelt sind. Erst durch die Transformation auf die globalen Koordinaten und den Zusammenhang an den Knoten entsteht das räumliche Tragverhalten.

Benutzen wir für den Membranspannungszustand das *CST-Element*, so gibt es keine Drehsteifigkeiten um die Hochachse

$$
\boldsymbol{K}^M \boldsymbol{u} = \begin{bmatrix} \boldsymbol{K}^{CST}_{(6\times6)} & \boldsymbol{0}_{(6\times3)} \\ \boldsymbol{0}_{(3\times6)} & \boldsymbol{0}_{(3\times3)} \end{bmatrix} \begin{bmatrix} \boldsymbol{u}_i \\ \boldsymbol{v}_i \\ \boldsymbol{\vartheta}_{zi} \end{bmatrix}, \tag{6.36}
$$

was bedeutet, dass ein Knoten, in dem alle Elemente in einer Ebene liegen, keine Steifigkeit um die Hochachse besitzt, und die globale Steifigkeitsmatrix somit singulär ist. Um dies zu vermeiden, wurden künstlich Drehsteifigkeiten eingebaut,

$$
\alpha\,E\,V \begin{bmatrix} 1.0 & -0.5 & -0.5 \\ -0.5 & 1.0 & -0.5 \\ -0.5 & -0.5 & 1.0 \end{bmatrix} \begin{bmatrix} \vartheta_{z1} \\ \vartheta_{z2} \\ \vartheta_{z3} \end{bmatrix} = \begin{bmatrix} M_{z1} \\ M_{z2} \\ M_{z3} \end{bmatrix}. \tag{6.37}
$$

Hierbei sind E, V, α, der Elastizitätsmodul, das Volumen des Elements und α ist ein Skalierungsfaktor (< 0.5), [150]. Die null-Matrix auf der Diagonalen in (6.36) wird also durch diese Matrix ersetzt. Man überzeugt sich leicht, dass Starrkörperdrehungen wie $\vartheta_{z1} = \vartheta_{z2} = \vartheta_{z3}$ keine Knotenmomente hervorrufen.

Eine gute Wahl für ein Faltwerkselement ist eine Kombination aus dem Wilson-Element Q4+2 und einem schubweichen, vierknotigen Plattenelement. Dabei ist jedoch eine Besonderheit zu beachten: Während die Knoten eines Dreieckselements immer in einer Ebene liegen, ist dies bei Vier-Knoten-Elementen nicht garantiert. Daher muss man die Steifigkeitsmatrizen dahingehend modifizieren, dass sie die eventuelle Ausmitte der Knoten gegenüber der Elementebene berücksichtigen, s. Abb. 6.9

$$
\hat{\boldsymbol{K}} = \boldsymbol{S}^T \boldsymbol{K} \boldsymbol{S}. \tag{6.38}
$$

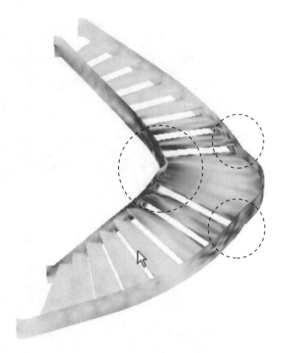

Abb. 6.11 Berechnung einer gekrümmten Treppe mit Faltwerkelementen – Ansicht der verformten Treppe im LF g

Hierbei ist $\boldsymbol{S}$ die Matrix, die die Kopplung zwischen den Freiheitsgraden der verschobenen Knoten und den Knoten in der Ebene des Elements darstellt

$$\boldsymbol{u} = \boldsymbol{S}\hat{\boldsymbol{u}}, \tag{6.39}$$

und die transponierte Matrix $\boldsymbol{S}^T$ rechnet die Knotenkräfte $\boldsymbol{f}$ des Elements in die Knotenkräfte $\hat{\boldsymbol{f}}$ der verschobenen Knoten um

$$\hat{\boldsymbol{f}} = \boldsymbol{S}^T \boldsymbol{f} \qquad \boldsymbol{f}_i = [N_x^{(i)}, N_y^{(i)}, P_z^{(i)}, M_x^{(i)}, M_y^{(i)}, 0]^T. \tag{6.40}$$

Hierbei wird angenommen, dass die ausmittigen Knoten durch kleine starre Stäbe der Länge h an das Element gebunden sind, und man kann so mittels Gleichgewichtsbedingungen den Zusammenhang zwischen den Knotenkräften $\boldsymbol{f}$ und $\hat{\boldsymbol{f}}$ beschreiben, also die Matrix $\boldsymbol{S}^T$ formulieren.

Rechnerisch entstehen auf Grund des Hebelarms h Versatzmomente

$$\hat{M}_x = \pm h\, N_y, \qquad \hat{M}_y = \pm h\, N_x \tag{6.41}$$

in den Knoten. Wie in [84] bemerkt wird, ist diese Vorgehensweise jedoch keine gute Taktik, weil die Knotenmomente einen etwaigen Membranspannungszustand empfindlich stören können. Es ist besser die Momente, die durch die Ausmitte der Knoten entstehen, durch vertikale Kräftepaare (*couples*) aufzunehmen. So wird z.B. das Moment, das die beiden Kräfte F_{14} und F_{41}

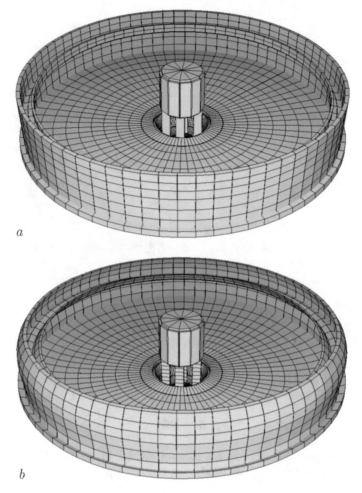

a

b

Abb. 6.12 Klärbecken, Berechnung mit Faltwerkselementen **a)** System **b)** Verformungen unter ungleichmäßiger Temperatur

erzeugen, s. Abb. 6.9, durch zwei gegengleiche vertikale Kräfte

$$F_{1z} = -F_{4z} = \frac{h}{l_{14}}(F_{14} - F_{41})$$ (6.42)

aufgenommen.

Modelliert man die Verwindung eines Plattenstreifens (*twisted beam problem*), dann zeigt sich, dass bei der Übertragung der Momente an den Knoten noch ein Moment M_z um die Hochachse auftritt, was, weil das Element ja keine Steifigkeit um diese Achse hat, zum Versagen des Modells führt. Man kann sich dann so behelfen, dass man die z-Komponente des Moments M_1,

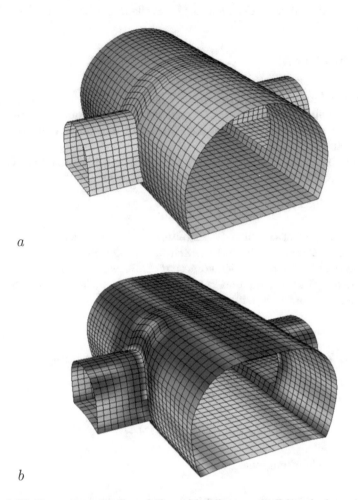

Abb. 6.13 Kreuzung zweier Tunnelröhren, Modellierung mit Faltwerkselementen a) System b) Verformung der elastisch gebetteten Tunnelröhren

s. Abb. 6.10, durch ein vertikale gerichtetes Kräftepaar aufnimmt

$$F_A = -F_B = \frac{\sin \alpha}{l_{AB}} M_1 . \tag{6.43}$$

Faltwerkelemente neigen, bedingt durch die vielen Kanten, die bei einer facettenartigen Approximation der Geometrie entstehen, zu Singularitäten. Einen Eindruck davon vermittelt die Stahltreppe in Abb. 6.11, die aus zwei Stahlwangen (Stärke 12 mm) mit eingeschweißten Stufen und Stufenträgern (Stärke 5 mm) besteht. Die Wangen wurden oben und unten allseitig gelenkig gelagert angenommen. Im LF g, aber auch den anderen Lastfällen, ergeben sich im Rechenmodell an den markierten Stellen, s. Abb. 6.11 lokale Spannungsspitzen.

6.6 Membranen

Die Berechnung von Zeltdächern oder anderen Membranen kann mittels spezieller Scheibenelemente vorgenommen werden. Man kombiniert praktisch das Tragverhalten einer vorgespannten Membran mit einem dehnsteifen Segeltuch, [23].

Die Durchbiegung w einer nach allen Richtungen mit derselben Kraft H vorgespannten Membran genügt der Differentialgleichung

$$-H\,(w,_{xx} + w,_{yy}) = p \qquad p = \text{Winddruck}\,. \tag{6.44}$$

Es ist, wie man leicht erkennt, die Erweiterung der Seilgleichung $-H\,w'' = p$ auf zwei Dimensionen. Nun wird ein Zeltdach in der Regel in Richtung von Kette und Schuss unterschiedlich vorgespannt. Bezeichnen wir diese konstanten Vorspannkräfte mit H_x und H_y, so sind wir versucht, für die Durchbiegung w der Membran die Differentialgleichung

$$-H_x\,w,_{xx} - H_y\,w,_{yy} = p \tag{6.45}$$

anzusetzen. Zu dieser Differentialgleichung gehört die Identität

$$G(w,\hat{w}) = \int_\Omega (-H_x\,w,_{xx} - H_y\,w,_{yy})\,\hat{w}\,d\Omega \tag{6.46}$$

$$+ \int_\Gamma (H_x\,w,_x\,n_x + H_y\,w,_y\,n_y)\,\hat{w}\,ds - a(w,\hat{w}) = 0 \tag{6.47}$$

mit der Wechselwirkungsenergie

$$a(w,\hat{w}) = \int_\Omega (H_x\,w,_x\,\hat{w},_x + H_y\,w,_y\,\hat{w},_y)\,d\Omega\,. \tag{6.48}$$

Um zu verstehen, wie man weiter vorgeht, wollen wir ein Stabelement betrachten. Zu dem Stabelement gehört ursprünglich eine 2×2-Matrix, die man jedoch, wenn man den Stab später in einer gedrehten Lage einbaut, s. Abb. 6.14, zu einer 4×4-Matrix erweitern muss

$$\frac{EA}{l_e} \begin{bmatrix} 1 & -1 \\ -1 & 1 \end{bmatrix} \begin{bmatrix} u_1 \\ u_2 \end{bmatrix} \quad \Rightarrow \quad \frac{EA}{l_e} \begin{bmatrix} 1 & 0 & -1 & 0 \\ 0 & 0 & 0 & 0 \\ -1 & 0 & 1 & 0 \\ 0 & 0 & 0 & 0 \end{bmatrix} \begin{bmatrix} u_1 \\ u_2 \\ u_3 \\ u_4 \end{bmatrix}\,. \tag{6.49}$$

Denken wir uns jetzt das Stabelement durch eine Horizontalkraft H stabilisiert, so erhalten wir für das Element die Beziehung

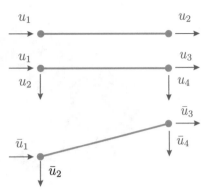

Abb. 6.14 Fachwerkstab
in gedrehter Lage

$$\boldsymbol{Ku} = \left\{ \frac{EA}{l_e} \begin{bmatrix} 1 & 0 & -1 & 0 \\ 0 & 0 & 0 & 0 \\ -1 & 0 & 1 & 0 \\ 0 & 0 & 0 & 0 \end{bmatrix} + \frac{H}{l_e} \begin{bmatrix} 0 & 0 & 0 & 0 \\ 0 & 1 & 0 & -1 \\ 0 & 0 & 0 & 0 \\ 0 & -1 & 0 & 1 \end{bmatrix} \right\} \begin{bmatrix} u_1 \\ u_2 \\ u_3 \\ u_4 \end{bmatrix} = \boldsymbol{f}. \quad (6.50)$$

Die Horizontalkraft H versieht den Stab mit einer vertikalen Steifigkeit, weil die Kraft H die Tendenz hat, den ausgelenkten Stab gerade zu ziehen.

Diese Matrix erinnert ihrer formalen Struktur nach an die genäherte Steifigkeitsmatrix des Balkens nach Theorie II. Ordnung. Der erste Teil ist die lineare Steifigkeitsmatrix, und die zweite Matrix ist die sogenannte geometrische Steifigkeitsmatrix. Sie ist die auf die Größe 4×4 erweiterte Steifigkeitsmatrix des Seils

$$\frac{H}{l_e} \begin{bmatrix} 1 & -1 \\ -1 & 1 \end{bmatrix} \begin{bmatrix} u_1 \\ u_2 \end{bmatrix} = \begin{bmatrix} f_1 \\ f_2 \end{bmatrix}, \quad (6.51)$$

wobei jetzt natürlich die u_i und f_i nicht die Richtungen wie in Abb. 6.14 haben, sondern vertikal gerichtete Größen an den Seilenden sind.

Die Steifigkeitsmatrix eines Membranelements setzt sich also sinngemäß aus der Scheibenmatrix $\boldsymbol{K}^S$ des Segeltuchs (orthotropes Material) und einer Membranmatrix $\boldsymbol{K}^M$ zusammen

$$\boldsymbol{K} = \boldsymbol{K}^S + \boldsymbol{K}^M. \quad (6.52)$$

Sinnvollerweise wählt man für den Scheibenanteil das viereckige Q4+2-Element und ergänzt das Element mit vier bilinearen Einheitsverformungen für die Durchbiegung der vier Ecken, so dass in der Membranmatrix $\boldsymbol{K}^M$ die Wechselwirkungsenergien dieser vertikalen Einheitsverformungen der Knoten stehen

$$k_{ij}^M = \int_\Omega \left(H_x\, \varphi_{i,x}\, \varphi_{j,x} + H_y\, \varphi_{i,y}\, \varphi_{j,y} \right) d\Omega. \quad (6.53)$$

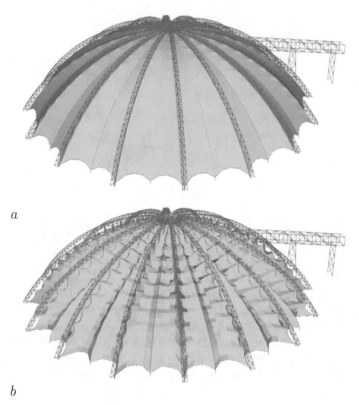

a

b

Abb. 6.15 Überdachung einer Mischanlage mit einer vorgespannten Membran **a)** System **b)** Verformung unter Ausbaulast + Verkehrslast + Schnee

Die Berechnung einer vorgespannten Membran gliedert sich dann in zwei Rechenschritte: In die *Formfindung* und in die eigentliche *Spannungsberechnung*.

Im ersten Schritt, der Formfindung, wird nur mit der geometrischen Matrix aus der Vorspannung gerechnet, also die Längssteifigkeit null gesetzt. Damit aber die Knoten in tangentialer Richtung auf der Membranoberfläche nicht, wie bei einer Seifenhaut, davon schwimmen, werden die Knoten in tangentialer Richtung durch kleine Federn künstlich stabilisiert. Ist dann die Form der Membran gefunden, so wird im zweiten Schritt der Spannungszustand der Membran berechnet, s. Abb. 6.15.

Das Abb. 6.16 a illustriert die Formfindung bei einem vorgespannten Seil. Vorgegeben sind hier die Auslenkungen der Knoten Eins und Vier, $u_1 = 1.0$ m, $u_4 = 1.4$ m. Die Unbekannten sind die zugehörigen Knotenkräfte f_1, f_4 und die Verschiebungen u_2, u_3 der freien Knoten, so dass das Gleichungssystem zur Bestimmung der unbekannten Größen wie folgt lautet

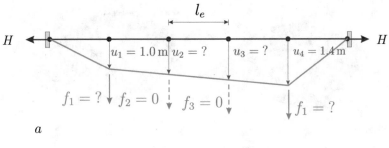

a

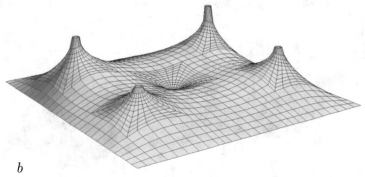

b

Abb. 6.16 Formfindung, **a)** bei einem vorgespannten Seil und **b)** bei einer Membran

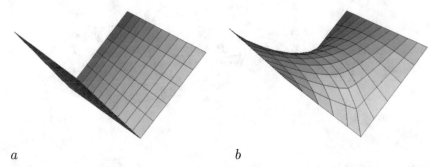

a   b

Abb. 6.17 Formfindung, die Membran ist ringsum gelagert, **a)** Ausgangslage, **b)** endgültige Gestalt

$$\frac{H}{l_e} \begin{bmatrix} 2 & -1 & 0 & 0 \\ -1 & 2 & -1 & 0 \\ 0 & -1 & 2 & -1 \\ 0 & 0 & -1 & 2 \end{bmatrix} = \begin{bmatrix} 1.0 \\ u_2 \\ u_3 \\ 1.4 \end{bmatrix} = \begin{bmatrix} f_1 \\ 0 \\ 0 \\ f_4 \end{bmatrix}. \tag{6.54}$$

Die Ausgangslage für die Formfindung kann entweder ein räumliches, s. Abb. 6.17, oder ein ebenes System sein. Beginnt man mit einem räumlichen System, dann werden die verbindenden Flächen als ebene Teilflächen, als Faltwerk,

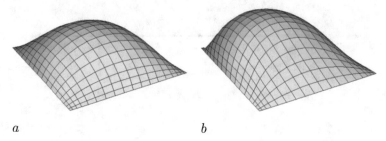

a   b

Abb. 6.18 Windbelastung einer Membran, **a)** unverformtes System, **b)** Verformung unter Wind

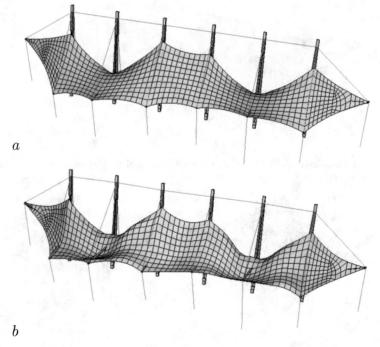

a

b

Abb. 6.19 Wind auf Zeltdach, **a)** unverformtes System, **b)** Verformungen unter Wind (leicht überhöht), die maximale Durchbiegung in Membranmitte betrug rund 30 cm

eingegeben. Beginnt man mit einem ebenen System, wie in Abb. 6.16 b, dann wird die Membran an den Auflagerknoten oder Aufhängepunkten nach oben gezogen.

Nach der Formfindung müssen die für die Bemessung der Membran wesentlichen Belastungen wie Wind und Schnee untersucht werden. Während sich die Schneelast einfach eingeben lässt, ist die Windlast von der Höhe, Lage und Orientierung der einzelnen Elemente abhängig, s. Abb. 6.18 und Abb. 6.19. Unter hohen Windkräften können leicht die Zugspannungen aus der

Vorspannung aufgebraucht werden, und dann entstehen *Falten* in der Membran. Weil die volle Windbelastung in einem Schritt meist nicht konvergiert, muss die Windlast stufenweise aufgebracht werden.

Literaturverzeichnis

1. Allman, D.J. (1988) A quadrilateral finite element including vertex rotations for plane elasticity problem, Int. J. Num. Methods in Engng, Vol.26
2. Altenbach H, Altenbach J, Naumenko K (1998) Ebene Flächentragwerke. Springer Verlag
3. Allman DJ (1984) "A compatible triangular element including vertex rotations for plane elasticity analysis". Computers & Structures 19, S. 1-8
4. Argyris J, Mljenek H-P (1988) Die Methode der finiten Elemente, Band I Verschiebungsmethode in der Statik, Band II Kraft- und gemischte Methoden, Nichtlinearitäten, Band III Einführung in die Dynamik, Vieweg
5. Babuška I, Pitkäranta J (1990) "The Plate Paradox for Hard and Soft Simple Support". SIAM Journal for Numerical Analysis 21, 551-576.
6. Başar Y, Krätzig W B (1985) Mechanik der Flächentragwerke. Vieweg
7. Barth Ch, Petrasch K, Zumpe G (1988) "Kontrolle der Geometrie- und Vernetzungsparameter im Rahmen einer FE-Lösung". Bauinformation Wissenschaft und Technik, Heft 4,
8. Barth Ch (1993) "Fehlerabschätzungen von FE-Lösungen - Stand und Perspektive aus der Sicht der Baupraxis". Bauinformatik, 6
9. Barth Ch, Rustler W (2013) Finite Elemente in der Baustatik-Praxis. Bauwerk
10. Bathe K-J (1996) Finite Element Procedures. Prentice Hall
11. Bathe K.-J, Dvorkin E N (1985) "A Four-Node Plate Bending Element Based on Mindlin/Reissner Theory and a Mixed Interpolation". Int. J. Num. Methods Engng. Vol. 21, 367-383
12. Batoz JL, Bathe K-J, Ho LW (1980) "A Study of Three-Node Triangular Plate Bending Elements". Int. J. Num. Meth. Engng., Vol 15, No. 12, 1980, 1771-1812
13. Batoz JL, Katili I (1992) "Simple triangular Reisner-Mindlin plate based on incompatible modes and discrete contacts". Int. J. Num. Meth. Engng., Vol. 35
14. Barthold, F-J, Stein E (1997), Elastizitätstheorie, in: Der Ingenieurbau Ed. G. Mehlhorn Band Werkstoffe, Elastizitätstheorie Ernst & Sohn Berlin
15. Baumann Th (1972) "Zur Frage der Netzbewehrung von Flächentragwerken". Der Bauingenieur 47 (1972), 367-377, Springer Verlag
16. Baumann A (2000) Scheibenbemessung unter Anwendung der Finite-Elemente-Software Sofistik, Diplomarbeit Nr. 369 im Fachgebiet Baustatik, TU München Oktober 2000
17. Bechert H, Furche J (1993) "Bemessung von Elementdecken mit der Methode der Finiten Elemente" Betonwerk + Fertigteil-Technik, 5, 1993, 47-51
18. Beer G, Watson JO (1992) Introduction to Finite and Boundary Element Methods for Engineers, John Wiley & Sons
19. Bellmann J (1987) Hierarchische Finite-Element-Ansätze und adaptive Methoden für Scheiben- und Plattenprobleme, Dissertation, TU München 1987, Mitteilungen aus dem Institut für Bauingenieurwesen I TU München Heft 21
20. Bergan, P.G., C.A. Felippa (1985) A Triangular Membrane Element with Rotational Degrees of Freedom, Computer Methods in Applied Mechanics and Engineering, 50, 25-69

© Springer-Verlag GmbH Deutschland, ein Teil von Springer Nature 2019
F. Hartmann, C. Katz, *Statik mit finiten Elementen*,
https://doi.org/10.1007/978-3-662-58925-0

21. Bernadou M (1996) Finite Element Methods for Thin Shell Problems. John Wiley & Sons Chichester, Masson Paris

22. Betten J (2004) Finite Elemente für Ingenieure 1. Springer Verlag

23. Bletzinger K-U, Ziegler R (2000) Theoretische Grundlagen der numerischen Formfindung von Membrantragwerken und Minimalflächen, Betonkalender 2000, Teil II, 441-456, Ernst & Sohn Berlin

24. Bletzinger K-U, Bischoff M, Ramm E (2000) "A Unified Approach for Shear - Locking - Free Triangular and Rectangular Shell Finite Elements". Comp. & Structures (2000), Vol. 73, pp. 321-334.

25. Brandes R (1977) "M_{ik}-Integrale für sich einseitig und für sich beidseitig gradlinig stetig ändernde Querschnitte", Bauingenieur 52 , S 25-26

26. Bürg M, Schneider J (1994) "Variability in Professional Design". Strct. Engineering Intern. 1994, 247-250

27. Bundesvereinigung der Prüfingenieure für Bautechnik e.V. (2001) Richtlinie für das Aufstellen und Prüfen EDV-unterstützter Standsicherheitsnachweise (Ri-EDV-AP-2001), in: Der Prüfingenieur 18, 2001, 49-54, http://www.bvpi.de

28. Chen W-F (200) "Toward practical Advanced Analysis for Steel Frame Design", Structural Engineering International 234-239

29. Cook, R.D. (1987) A Plane Hybrid Element with Rotational D.O.F. and Adjustable Stiffness, Int. J. Num. Meth. Engng., Vol. 24, 8, 1499-1508

30. Cook, R.D., D. S. Malkus, M. E. Plesha (1989) Concepts and Applications of Finite Element Analysis, John Wiley & Sons New York 3rd Ed.

31. Czerny, F. (1999) Tafeln für Rechteckplatten, Betonkalender 1999 Band I, Ernst & Sohn, Berlin

32. Deger Y (2017) Die Methode der finiten Elemente: Grundlagen und Einsatz in der Praxis. Export-Verlag

33. Duddeck H (1983) "Die Ingenieuraufgabe, die Realität in ein Berechnungsmodell zu übersetzen". Die Bautechnik, 1983

34. Duddeck H (1989) "Wie konsistent sind unsere Ingenieurmodelle?". Bauingenieur 64, 1989, 1-8

35. EAU (1996) Empfehlungen des Arbeitsausschusses Ufereinfassungen, Häfen und Wasserstraßen. Ernst & Sohn 1996.

36. Girkmann, K. (1963) Flächentragwerke, Springer Verlag Wien

37. Grätsch T (2002) L_2-Statik, Dissertation Universität Kassel

38. Grasser E, Thielen G (1991) Hilfsmittel zur Berechnung der Schnittgrößen und Formänderungen von Stahlbetontragwerken, Deutscher Ausschuß für Stahlbeton, Heft 240, 3. Auflage Beuth

39. Harte, R. (1982) Doppelt gekrümmte finite Dreieckelemente für die lineare und geometrisch nichtlineare Berechnung allgemeiner Flächentragwerke, Technisch-wissenschaftliche Mitteilungen des Instituts für konstruktiven Ingenieurbau Nr. 82-10, Ruhr-Universität Bochum

40. Hartmann, F (1985) The Mathematical Foundation of Structural Mechanics. Springer Verlag

41. Hartmann, F (1987) Methode der Randelemente. Springer Verlag

42. Hartmann F (1989) Introduction to Boundary Elements. Springer Verlag

43. Hartmann, F, Pickhardt S (1985) "Der Fehler bei finiten Elementen". Bauingenieur, 60, 1985, 463-468

44. Hartmann F, Katz C (2000) Statik mit finiten Elementen, Springer Verlag

45. Hartmann F, Katz C (2010) Structural Analysis with Finite Elements, 2nd ed. Springer Verlag

46. Hartmann F (2013) Green's Functions and Finite Elements. Springer Verlag

47. Hartmann F, Jahn P (2014) "Steifigkeitsänderungen bei finiten Elementen", Bauingenieur 89, 209-215

48. Hartman F, Jahn P (2017) Statics and Influence Functions – From a Modern Perspective. Springer Verlag

49. Hartman F (2018) BE-FRAMES http://www.be-statik.de

50. Hartman F, Jahn P (2018) Statik und Einflussfunktionen—vom modernen Standpunkt. http://dx.doi.org/doi:10.17170/kobra-2019010785

51. Heyman J (1969) "Hambly's paradox: why design calculations do not reflect real behaviour". Proc. Inst. Civil Engng. 114 161-166

52. Hinton E (1990) Finite Elemente Programme für Platten und Schalen. Springer Verlag

53. Hobst E (2000) "Methode der finiten Elemente im Stahlbetonbau Randbedingungen und Singularitäten - wie genau ist die Finite-Elemente-Methode?". Beton und Stahlbetonbau, Heft 10, 2000

54. Holzer S (1997) "Gestaltung ingenieurgemäßer Statiksoftware". Bauingenieur 72, 103-110, 1997

55. Hughes, T.J.R. (1987) The Finite Element Method, Prentice-Hall, Englewood Cliffs, New Jersey 1987

56. Hughes TJR (1981) "Finite Elements Based Upon Mindlin Plate Theory With Particular Reference to the Four-Node Bilinear Isoparametric Element". Journal of Applied Mechanics, Vol. 48, 587-596, 1981

57. Hughes TJR, Evans JA (2010) Isogeometric Analysis. The Institute for Computational Engineering and Sciences Report 10-18 The University of Texas, Austin (2010)

58. Hughes TJR, Brezzi F (1989) "On drilling degrees of Freedom" Comp.Meth.Appl.Mechanics and Engineering 72, S. 105-121

59. Jeyachandrabose C, Kirkhope J (1985) "An Alternative Formulation for the DKT Plate Bending Element". Int. J. Num. Meth. Engng., Vol 21, No.7, 1985, 1289-1293

60. Jung M, Langer U (2013) Methode der finiten Elemente für Ingenieure. Springer Vieweg

61. Katz C, Stieda J (1993) "Praktische FE-Berechnung mit Plattenbalken". Bauinformatik 1/92 30-34

62. Graßhoff, H., M. Kany (1997) Berechnung von Flächengründungen, in: Grundbau-Taschenbuch, Teil 3, 5. Aufl. Ed. U. Smoltczyk, Ernst & Sohn, Berlin 1997

63. Katz C, Werner H (1982) "Implementation of nonlinear boundary conditions in finite element analysis". Computers & Structures Vol. 15, No. 3, 299-304, 1982

64. Katz C (1995) "Kann die FE-Methode wirklich alles?" FEM 95 - Finite Elemente in der Baupraxis, Ed. E. Ramm, E. Stein, W. Wunderlich Ernst & Sohn, Berlin

65. Katz C (1986) "Berechnung von allgemeinen Pfahlwerken". Bauingenieur 61 Heft 12

66. Katz C (1997) "Fließzonentheorie mit Interaktion aller Stabschnittgrößen bei Stahltragwerken". Stahlbau 66, Heft 4, 205-213

67. Katz C (1996) "Vertrauen ist gut, Kontrolle ist besser", in: Software für Statik und Konstruktion, Eds. C. Katz, B. Protopsaltis, A.A. Balkema Rotterdam, (1996)

68. Katz C (1997) Fließzonentheorie mit Interaktion aller Schnittgrößen bei Stahltragwerken, Stahlbau 66, Heft 4, 205-213

69. Katz C (2013) "Software für Stahlbauer Möglichkeiten und Module" Stahlbauseminar der FH Biberach

70. Kemmler R, Ramm E (2001) "Modellierung mit der Methode der Finiten Elemente". Betonkalender 2001 Ernst & Sohn, Berlin 2001, 381-446

71. Kiener G, Henke P (1983) "Die Anwendung der Methode der Variation der Konstanten in der Baustatik". Bauingenieur 58 429-436

72. Kiener G., Henke P (1988) "Übertragungsmatrizen, Lastvektoren, Steifigkeitsmatrizen und Volleinspannschnittgrößen einer Gruppe konischer Stäbe mit linear veränderlichem Querschnitt". Bauingenieur 63, 567-574

73. Kindmann R, Kraus M (2007) Finite-Elemente-Methoden im Stahlbau. Ernst & Sohn

74. Kindmannm R, Krüger U (2015) Stahlbau, Teil 1: Grundlagen, Ernst & Sohn

75. Klein B (2014) FEM, Grundlagen und Anwendungen der Finite-Elemente-Methode. Vieweg

76. Knothe K, Wessels H (2017) Finite Elemente. Springer Verlag

77. Kraus M (2005) Computerorientierte Berechnungsmethoden für beliebige Stabquerschnitte des Stahlbaus. Dissertation, Universität Dortmund

78. Kurrer K-E (2018) The History of the Theory of Structures. Wiley Ernst & Sohn

79. König G., Tue N. (1998) Grundlagen des Stahlbetonbaus. B. G. Teubner

80. Leonhardt F, Mönnig E (1974) Vorlesungen über Massivbau, zweiter Teil, Sonderfälle der Bemessung im Stahlbetonbau. Springer Verlag

81. Lesaint P (1985) "On the convergence of Wilson's nonconforming element for solving elastic problems". Comp. Meth. Appl. Mech. Engng., 7, 1

82. Link M (2014) Finite Elemente in der Statik und Dynamik. B.G. Teubner-Verlag, 4. Auflage

83. Lumpe G, Gensichen V (2014) Evaluierung der linearen und nichtlinearen Stabstatik in Theorie und Software. Ernst & Sohn

84. MacNeal, R.H. (1994) Finite elements: their design and performance, Dekker New York

85. Mehlhorn G (1995) "Grundlagen zur physikalischen nichtlinearen FEM-Berechnung von Tragwerken aus Konstruktionsbeton. Materialmodelle für Bewehrung und Beton". Bauingenieur 70 (1995), 313-320

86. Mehlhorn G, Kollegger J (1995) "Anwendung der Finite Elemente Methode im Stahlbetonbau", in: Der Ingenieurbau Grundwissen (Ed.: G. Mehlhorn), Band Rechnerorientierte Baumechanik, Ernst & Sohn, Berlin, 1995.

87. Mehlhorn G (1996) "Grundlagen zur physikalisch nichtlinearen FEM-Berechnung von Tragwerken aus bewehrtem Konstruktionsbeton. Verbund zwischen Beton und Bewehrung und Modellierung von bewehrtem Konstruktionsbeton". Bauingenieur 71 (1996), 187-193

88. Meissner U, Maurial A (2009) Die Methode der finiten Elemente: Eine Einführung in die Grundlagen. Springer

89. Melzer H, Rannacher R (1980) "Spannungskonzentrationen in Eckpunkten der Kirchhoffschen Platte". Bauingenieur 55 (1980) 181-184

90. Merkel M, Öchsner A (2015) Eindimensionale Finite Elemente: Ein Einstieg in die Method. Springer Vieweg

91. Nasitta K, Hagel H (1992) Finite Elemente, Mechanik, Physik und nichtlineare Prozesse. Springer Verlag

92. Osterrieder P (2005) "Plastic bending and torsion of open thin-walled steel members". Proceedings of EUROSTEEL 2005, 4th European Conference on Steel and Composite Structures, Maastricht

93. Pauli W (2000) "Unerwartete Effekte bei nichtlinearen Berechnungen", Software für Statik und Konstruktion - 3 (Eds. Katz C, Protopsaltis B) A.A.Balkema, Rotterdam Broolfield

94. Petersen C (1980) Statik und Stabilität der Baukonstruktionen. Vieweg

95. Petersen C, Werkle H (2018) Dynamik der Baukonstruktionen. 2. Aufl. Springer Vieweg

96. Pickhardt S (1987) Fehlerabschätzungen bei ausgesuchten finiten Elementen. Dissertation Universität Dortmund

97. Pilkey WD, Wunderlich W (1994) Mechanics of Structures, Variational and Computational Methods, CRC Press

98. Pimpinelli G (2004) "An assumed strain quadrilateral element with drilling degrees of freedom", Finite Elements in Analysis and Design 41,267-283

99. Pitkaeranta, J., A.-M. Matache, C. Schwab, (1999) Fourier mode analysis of layers in shallow shell deformations, Research Report 1999 ETH Seminar for Applied Mathematics, Zürich

100. Ramm E, Müller L (1989) "Flachdecken und Finite Elemente - Einfluss des Rechenmodells im Stützenbereich", in: Finite Elemente - Anwendungen in der Baupraxis, Ernst & Sohn, Berlin 1989

101. Ramm E, Hofmann TJ (1995) "Stabtragwerke", in: Der Ingenieurbau, Ed. G. Mehlhorn, Band Baustatik Baudynamik, Ernst & Sohn, Berlin 1995

102. Ramm, E., N. Fleischmann, A. Burmeister, (1993) Modellierung mit Faltwerkselementen, Baustatik Baupraxis, Tagung Universtät München

103. Rank E, Roßmann A (1987) "Fehlerschätzung und automatische Netzanpassung bei Finite-Element-Berechnungen", Bauingenieur, 62, (1987), 449-454

104. Rank E, Rücker E, Schweingruber M (1994) "Automatische Generierung von Finite-Element-Netzen". Bauingenieur, 69, 373-379

105. Rank E, Halfmann A, Rücker M, Katz C, Gebhard S, (2000) "Integrierte Modellierungs- und Berechnungssoftware für den konstruktiven Ingenieurbau: Systemarchitektur und Netzgenerierung". Bauingenieur, 75, 60-66

106. Rank E, Bröker H, Düster A, Rücker M (2001) "Integrierte Modellierungs- und Berechnungssoftware für den konstruktiven Ingenieurbau: Die p-Version und geometrische Elemente". Bauingenieur 76, 53-61

107. Rasmussen Kim JR, Zhang H, Sena Cardoso F (2016) "The next generation of design specifications for steel structures", SEMC 2016, A. Zingoni ed.

108. Rieg F, Hackenschmidt R (2014) Finite Elemente Analyse für Ingenieure. Hanser-Verlag

109. Rössle, A., A.-M. Sändig, (2001) Corner singularities and regularity results for the Reissner/Mindlin plate model. Preprint 01/04 des Sonderforschungsbereiches 404 ‚Mehrfeldprobleme in der Kontinuumsmechanik' an der Universität Stuttgart, 2001.

110. Rössle A (2000) "Corner Singularities and Regularity of Weak Solutions for the Two-Dimensional Lamé Equations on Domains with Angular Corners". Journal of Elasticity, 60, 57-75

111. Rombach G (2016) Anwendung der Finite-Elemente-Methode im Betonbau, Ernst & Sohn, Berlin, 2. Auflage

112. Rubin H (1993) Baustatik ebener Stabwerke, in Stahlbau-Handbuch Teil A. Stahlbau-Verlagsgesellschaft

113. Rüsch H, Hergenröder A (1969) Einflussfelder der Momente schiefwinkliger Platten. Werner-Verlag 3. Auflage

114. Schade D (1987) "Zur Berechnung von Querschnittswerten und Spannungsverteilungen für Torsion und Profilverformungen von prismatischen Stäben mit dünnwandigen Querschnitten" Z. Flugwiss. Weltraumforschung 11 , 167-173

115. Schiefer S, Fuchs M, Brandt B, Maggauer G, Egerer A, (2006) "Besonderheiten beim Entwurf semi-integraler Spannbetonbrücken" , Beton und Stahlbetonbau, Oktober 2006, 790-802

116. Schier K (2010) Finite Elemente Modelle der Statik und Festigkeitslehre: 101 Anwendungsfälle zur Modellbildung. Springer

117. Schikora K, Eierle B (1998) "Ebene und räumliche Finite-Element-Berechnungen" , in: Software für Statik und Konstruktion, Eds. C. Katz, B. Protopsaltis, A.A. Balkema, Rotterdam Brookfield

118. Schikora K, Fink T (1982) "Berechnungsmethoden moderner bergmännischer Bauweisen beim U-Bahn-Bau" . Bauingenieur, 57, 193-198

119. Schmoll J, Uhrig R, (1990) "Zum Tragverhalten von im Grundriß gekrümmten Stabtragwerken" , Bautechnik 97, 73-76

120. Schroeter H (2000) "Die Kunst des Rechenmodells oder wie wird aus der 6B-Skizze ein Bewehrungsplan", Vortrag vor der Bauakademie Biberach, 2000

121. Schroeter, H. (1980) Berechnung idealer Kipplasten von Trägern linear veränderlicher Höhe mit Hilfe Hermite'scher Polynome, Mitteilungen aus dem Institut für Bauingenieurwesen I, TU München Heft 5, (1980)

122. Schütz K, Schüren P (1990) "Statische und dynamische Berechnung ebener gekrümmter Durchlaufträger" . Bautechnik 97, 77-84, (1990)

123. Schwarz HR, (1991) Methode der finiten Elemente. B.G. Teubner-Verlag

124. Sofistik AG (1999) Statik-Anwenderbrief Nr. 20, Dezember 1999, Sofistik AG,

125. Sopoth M, Sopoth G (2008) Sensitivitätsanalyse an einem Brückenbauwerk in semi-integraler Bauweise. Diplomarbeit Universität Kassel

126. Spierig S, Stein E (1999) Technische Mechanik, in: Der Ingenieurbau, Ed. G. Mehlhorn, Band Mathematik Technische Mechanik, Ernst & Sohn, Berlin

127. Stein E, Ohnimus S, Seifert B, Mahnken R (1994) "Adaptive Finite-Element Diskretisierungen von Flächentragwerken" . Bauingenieur, 69, 1, 53-62

128. Stein E, Ohnimus ES (1994) "Integrierte Lösungs- und Modelladaptivität für die Finite-Elemente Methode von Flächentragwerken" , Bauingenieur, 73, 11, 473-483

129. Steinbuch R (2008) Finite Elemente – Ein Einstieg. Springer Verlag

130. Steinke P (2015) Finite-Elemente-Methode: Rechnergestützte Einführung. Springer Vieweg

131. Stempniewski L, Eibl J (1996) "Finite Elemente im Stahlbeton",
     Betonkalender 1996, Teil II, Ed. J. Eibl, Ernst & Sohn Berlin

132. Stiglat K, Wippel H (2000) "Massive Platten", in: Betonkalender
     2000, Teil II, 211 - 290, (Ed. Eibl), Ernst & Sohn Berlin 2000

133. Stiglat K, Wippel H (1968) Platten. Ernst & Sohn

134. Szabó, B., I. Babuška (1991) Finite Element Analysis John Wiley &
     Sons, Inc. New York

135. Thieme D (1996) Einführung in die Finite-Elemente-Methode für
     Bauingenieure, 2. Auflage, Verlag für Bauwesen,

136. Turner MJ, Clough RW, Martin HC, Topp LJ (1956) "Stiffness and
     deflection analysis of complex structures". Journal of the Aeronau-
     tical Sciences, Vol. 23, No. 9, 805-823. Auszug in [78] 882-883

137. VDI (2014/17) VDI Richtlinie 6201, Softwaregestützte Tragwerks-
     berechnung Teil 1 - Grundlagen, Anforderungen, Modellbildungen,
     2014 Teil 2 - Verifikationsbeispiele, 2017

138. Wagenknecht G (2018) Baustatik - Weggrößenverfahren: Grundlagen
     - Finite Elemente der Stabstatik. Beuth Verlag

139. Werkle H (2008) Finite Elemente in der Baustatik. Springer Vieweg.
     3. Auflage

140. Werkle H (2000) "Konsistente Modellierung von Stützen bei der
     Finite-Element-Berechnung von Flachdecken", Bautechnik 77 (2000)
     416–425

141. Werkle H (2000) "Konsistente Modellierung von Stützen bei der
     Finite-Element-Berechnung von Flachdecken". Bautechnik, 6, 2000

142. Werkle H (2006) Vorlesung Baustatik III, Skriptum

143. https://de.wikipedia.org/wiki/Prinzip_von_St._Venant

144. Williams ML (1952) "Stress singularities resulting from various boun-
     dary conditions in angular corners of plates in extension", Jounal of
     Applied Mechanics, 12, 526-528

145. Wilson, E., R.L. Taylor, W.P. Doherty, J. Ghaboussi, (1971) "Incom-
     patible displacement models". Symposium on Numerical Methods,
     University of Illinois 1971

146. Wriggers P (2001), Nichtlineare Finite-Element-Methoden, Springer
     Verlag

147. Wunderlich W, Kiener G, Ostermann W (1994) "Modellierung und
     Berechnung von Deckenplatten mit Unterzügen". Bauingenieur 69
     (1994) 381-390

148. Wunderlich W (1996) Die Methode der Finiten Elemente, in: Der
     Ingenieurbau, Ed. G. Mehlhorn, Band Rechnerorientierte Baume-
     chanik, Ernst & Sohn, Berlin

149. Yuan M, Sun S, Chen P (1998) "Applications of drilling degrees of
     freedom for 2D and 3D structural analysis", Idelsohn, Onate Dvor-
     kin, Computational Mechanics

150. Zienkiewicz OC, Taylor RL (1994) The Finite Element Method, 4th
     Ed. McGraw-Hill

151. Zimmermann S (1989) "Parameterstudie an Platte mit Unterzug",
     1. FEM Tagung Kaiserslautern

Sachverzeichnis

© Springer-Verlag GmbH Deutschland, ein Teil von Springer Nature 2019

F. Hartmann, C. Katz, *Statik mit finiten Elementen*,

https://doi.org/10.1007/978-3-662-58925-0

Printed in the United States
By Bookmasters